现代选矿技术手册

张泾生 主编

第 3 册

磁电选与重选

主　编　周岳远
副主编　马崇振　刘石梅　李茂林　张建文

北　京
冶 金 工 业 出 版 社
2022

内 容 简 介

本书是《现代选矿技术手册》（共 8 册）中的第 3 册《磁电选与重选》。全书分磁选、电选、重选三篇介绍了三种重要的物理选矿技术。书中分别详细介绍了国内外技术发展的历史沿革、理论基础、工业设备和生产工艺流程，重点突出了近年来磁选、电选与重选技术与装备的新进展。

本书可供从事选矿工作和相关专业的科研、生产管理人员及高等院校有关专业师生阅读参考。

图书在版编目(CIP)数据

现代选矿技术手册．第 3 册，磁电选与重选/周岳远主编．—北京：冶金工业出版社，2022. 7

ISBN 978-7-5024-9180-2

Ⅰ.①现… Ⅱ.①周… Ⅲ.①选矿—技术手册 ②电磁选矿—技术手册 Ⅳ.①TD9-62 ②TD924-62

中国版本图书馆 CIP 数据核字(2022) 第 105262 号

现代选矿技术手册　第 3 册　磁电选与重选

出版发行　冶金工业出版社　　**电　　话**　(010)64027926
地　　址　北京市东城区嵩祝院北巷 39 号　　**邮　　编**　100009
网　　址　www. mip1953. com　　**电子信箱**　service@ mip1953. com

责任编辑　郭冬艳　美术编辑　彭子赫　版式设计　郑小利
责任校对　王永欣　责任印制　禹　蕊

北京捷迅佳彩印刷有限公司印刷
2022 年 7 月第 1 版，2022 年 7 月第 1 次印刷
787mm×1092mm　1/16；22. 25 印张；531 千字；330 页

定价 140. 00 元

投稿电话　(010)64027932　投稿信箱　tougao@cnmip. com. cn
营销中心电话　(010)64044283
冶金工业出版社天猫旗舰店　yjgycbs. tmall. com
(本书如有印装质量问题，本社营销中心负责退换)

《现代选矿技术手册》
编辑委员会

《现代选矿技术手册》

各册主编人员

第 1 册	破碎筛分与磨矿分级	张国旺
第 2 册	浮选与化学选矿	张泾生
第 3 册	磁电选与重选	周岳远
第 4 册	黑色金属选矿实践	陈　雯
第 5 册	有色金属选矿实践	谢建国
第 6 册	稀贵金属选矿实践	肖松文
第 7 册	选矿厂设计	黄　丹
第 8 册	环境保护与资源循环	肖松文

《现代选矿技术手册》前言

进入新世纪以来，国民经济的快速发展，催生了对矿产资源的强劲需求，也极大地推动了选矿科学技术进步的步伐。选矿领域中新工艺、新技术、新设备、新药剂大量出现。

为了提高我国在选矿科研、设计、生产方面的水平和总结近十年选矿技术进步的经验，推动选矿事业的进一步发展，冶金工业出版社决定出版《现代选矿技术手册》，由中国金属学会选矿分会的挂靠单位——长沙矿冶研究院牵头组织专家编写。参加《现代选矿技术手册》编写工作的除长沙矿冶研究院的专业人士外，还邀请了全国知名高校、科研院所、厂矿企业的专家、教授、工程技术人员。整个编写过程，实行三级审核，严格贯彻“主编责任制”和“编辑委员会最终审核制”。

《现代选矿技术手册》全书共分8册，陆续出版。第1~8册书名分别为：《破碎筛分与磨矿分级》、《浮选与化学选矿》、《磁电选与重选》、《黑色金属选矿实践》、《有色金属选矿实践》、《稀贵金属选矿实践》、《选矿厂设计》以及《环境保护与资源循环》。《现代选矿技术手册》内容主要包括金属矿选矿，不包括非金属矿及煤的选矿技术。

《现代选矿技术手册》是一部供具有中专以上文化程度选矿工作者及有关人员使用的工具书，详细阐述和介绍了较成熟的选矿理论、方法、工艺、药剂、设备和生产实践，相关内容还充分考虑和结合了目前国家正在实施的有关环保、安全生产等法规和规章。因此，《现代选矿技术手册》不仅内容丰富先进，而且实用性强；写作上文字叙述力求简洁明了，希望做到深入浅出。

《现代选矿技术手册》的编写以1988年冶金工业出版社陆续出版的《选矿手册》为基础，参阅了自那时以来，尤其是近十年来的大量文献，收集了众多厂矿的生产实践资料。限于篇幅，本书参考文献主要列举了图书专著，未能将全部期刊文章及企业资料一一列举。在此，谨向文献作者一并致谢。由于时间和水平的关系，本书不当之处，欢迎读者批评指正。

《现代选矿技术手册》的编写出版得到了长沙矿冶研究院、冶金工业出版社及有关单位的大力支持，在此，表示衷心的感谢。

《现代选矿技术手册》编辑委员会

2009年11月

《现代选矿技术手册》各册目录

第1册　破碎筛分与磨矿分级

第2册　浮选与化学选矿

第3册　磁电选与重选

第4册　黑色金属选矿实践

第5册　有色金属选矿实践

第6册　稀贵金属选矿实践

第7册　选矿厂设计

第8册　环境保护与资源循环

《磁电选与重选》编写委员会

（按姓氏笔画排列）

主　编　周岳远

副主编　马崇振　刘石梅　李茂林　张建文

编　委　马圣尧　王明才　方　勇　卢冀伟　白利宾

刘　洋　刘恒发　李小静　李明德　豆中磊

张　华　周光华　庞云娟　夏常路　黄雄林

曹传辉　曾尚林　廖　乾

《磁电选与重选》前言

由冶金工业出版社出版，中国金属学会选矿分会挂靠单位长沙矿冶研究院牵头组织编写的《现代选矿技术手册》（共 8 册）陆续出版，本书为该手册的第 3 册《磁电选与重选》。

本书分为磁选、电选、重选三篇，各篇均包括概论、理论基础、各种设备类型和典型的生产工艺流程等内容，尽可能完整地阐述磁选、电选及重选的发展历史、最新的工艺技术以及在选矿和相关行业的工业应用实践。

磁选、电选、重选工艺技术及其工业装备是国内外矿山工业应用最为广泛的工艺与装备技术。本书在编写时突出了待处理物料的物理化学特性与所采用的工艺技术之间存在着必要的关联性，也就是说必须根据物料特性选择合理的工艺和设备，在描述不同矿物的化学结构的同时，介绍了典型矿物的磁性、电性及密度差异，以及矿物物理性能表征值的测定手段；磁选、电选、重选设备合理选择是保证生产工艺有效运行的关键所在，而新型高效设备的研发和生产应用是提高分选效率、改善生产工艺技术指标以及扩大磁选、电选、重选工艺技术应用领域的基本条件，因此，在编写时除了系统介绍各种类型设备分选原理、性能特点、应用范围以及新型磁选、电选、重选设备之外，还介绍了与设备开发密切相关的磁学、静电学、流体力学、动力学等基础学科在磁选、电选、重选分离设备领域的理论支撑；由于磁选、电选、重选设备在生产运行中主要是利用物理分离的基本原理，物理场特性既主导矿物的高效分离，同时也存在诸如漏磁、涡流、电弧放电、紊流干涉等妨碍有效分离的不利因素，因此，在最大限度地利用有利于分离的物理特性的同时，还要限制不利于分选的各种因素，这不仅需要先进的专业设计、精密的加工制造，同时还需要新型材料的应用与优化；此外，面对矿物资源的多样性和复杂性，单一的选矿工艺流程或设备难以有效解决某一资源的高效开发利用的所有问题，因此，现代化的矿山工业需要采用多种选矿工艺技术和选矿装备的合理组合，以获取资源开发利用综合效益的最大化，并保证绿色开采和环境友好型生产运行，朝着智慧矿山建设迈进，为人类社会提供足够的基础原材料。

作为工具书，本书在编写时，凝聚了编写团队各位编者多年的科研成果和实践经验，坚持基础理论与实践应用有机结合，在内容编写上力求系统全面，文字表达上力求科学严谨，编排体例上力求统一和创新。特别注意反映《选矿手册》出版发行后20多年来磁选、电选与重选技术所取得的巨大进步。

本书除主编外，磁选部分：刘石梅高工、马圣尧硕士、庞云娟硕士、曹传辉同志对资料查询和收集、公式的编排、图表的制作以及书稿的成稿付出了辛勤的努力，李明德、李小静两位教授和王明才高工进行了仔细审阅；电选部分：张建文高工负责电选概论、电选理论基础和电选设备部分编写和插图清绘，马崇振高工、东北大学卢冀伟副教授负责电选工艺流程内容编写和插图清绘，张华教授、刘洋高工负责校对；重选部分：马崇振高工负责重选设备内容编写和插图清绘，张建文高工负责概论和重选理论基础内容编写和插图清绘，廖乾高工负责重选工艺流程内容编写和插图清绘。除上述同志外，参与编写的还有周光华教授、方勇教授、曾尚林高工、黄雄林高工、豆中磊高工、夏常路高工、白利宾硕士、刘恒发硕士。李茂林教授仔细审阅了全部书稿。

本书在编写过程中得到了相关高校、科研院所、国内外设备供应商以及生产应用企业的大力支持和帮助，在此一并表示衷心的感谢！

由于时间和编写人员水平所限，书中不当之处，敬请读者批评指正。

《磁电选与重选》编写委员会

2021年10月

《磁电选与重选》目录

第1篇　磁　选

第2篇 电 选

第3篇 重 选

第1篇

磁　选

1 概　　论

磁选（magnetic separation）是根据颗粒物料的磁性差别使各成分彼此分离的一种简单而高效的物理分离方法。磁选法是基于不同的矿物颗粒（或物料颗粒）之间的磁性差异，在非均匀磁场中，利用磁力和其他机械力（包括重力、离心力、水流动力，等等）的作用，来实现不同磁性颗粒的有效分离。

1.1 磁选的研究对象

磁选的研究对象主要有颗粒物料的磁性及粒度、密度、形状等物理特性；各种磁选设备的磁系结构及分选结构；以及结合物料特性、合理设备选型与其他分选技术相结合的磁选工艺技术。

（1）颗粒物料的磁性及粒度、比重、形状等物理特性研究。磁选是天然或人工颗粒物料的分选手段之一。因此，研究不同颗粒物料的磁性及粒度、密度、形状等物理特性，确定磁分离的可行性和分离效率，以及粒度、密度、形状等对磁分离过程的影响程度是磁选研究的主要对象。

（2）磁选设备的磁系结构及分选结构研究。为了实现不同颗粒物料的高效磁分离，研究各种磁选设备的磁系结构及其分选结构对于不同颗粒物料的分离效果，以及研发新型磁系结构及其分选结构用于难选物料的磁分离，是磁选研究的重要内容。

（3）磁选工艺技术研究。由于自然界矿物结构的多样性和复杂性，单一的分离技术手段无法完全满足资源综合利用的需要。同时，不同磁选机对入选物料均有相应的技术要求。因此，以物料特性为基础、以高效磁选设备为手段的磁选工艺技术研究，应有机地结合破碎、磨矿、分级、重选、电选、浮选、固液分离等选矿技术为一体的综合选矿技术，以实现最佳优化的选矿综合技术指标。

1.2 磁选的发展概况

公元前1000多年，中国最早发现了磁现象，利用磁石的极性发明了指南针。17~18世纪人们开始了用永久磁铁从锡石和其他稀有金属精矿中除铁的初次尝试。磁铁矿的磁选始于19世纪末，美国和瑞典制造出第一批用于干选磁铁矿的电磁筒式磁选机。

20世纪初磁铁矿的磁选在瑞典得到较大发展，出现了湿式筒式磁选机。特别是20世纪40年代永磁铁氧体材料研究成功和工业应用，带来了筒式磁选机的永磁化变革，逐渐发展到现代化的各种筒式磁选机，成功和经济地分选磁铁矿石。

19世纪末为了弱磁性矿石的磁选，美国研制出闭合电磁磁系的强磁场带式磁选机。此后，为了同一目的，苏联和其他一些国家又先后制造出盘式、感应辊式等电磁强磁选机。随着20世纪80年代高磁能稀土永磁工业材料的问世，美国率先研究成功稀土永磁辊式强磁选机。随后英国、澳大利亚、中国等一些国家先后开发成功稀土永磁筒式、辊式强磁选机，成功应用于粗颗粒弱磁性铁、锰矿的经济分选，部分或全部取代电磁感应辊式强磁选机。

20 世纪 60 年代根据琼斯“多层感应磁极”新概念开发成功的琼斯（Jones）型电磁强磁选机首先在英国问世，之后德国洪堡（Humboldt）公司批量生产 DP 系列（Jones）型电磁强磁选机，美国、澳大利亚、俄罗斯、中国等一些国家也先后开发了该类设备。这标志着强磁场磁选机的一个重要突破，由于采用多层聚磁介质板，在保证分选磁场强度的同时，大大增加了分选空间，从而大大提高了单机设备的处理能力（最大达 120t/h），实现了弱磁性磁铁矿石的规模化经济分选。

20 世纪 70 年代根据科姆等人提出的“高梯度磁分离”（HGMS）的新理论，首先美国开发成功大规模工业化应用于高岭土精制除杂的电磁间歇式高梯度磁选机。随后瑞典萨拉（Sala）公司开发成功用于微细粒弱磁性矿物分选的电磁连续式平环高梯度磁选机，捷克开发了 VMS 电磁立环磁选机，中国也开发了电磁间歇式和连续式平环高梯度磁选机、电磁立环和立环脉动磁选机。高梯度磁选机及其磁选新工艺能有效分离磁性很弱、粒度极细（2μm）的矿物颗粒，为品位低、粒度细、磁性弱矿石的分选开辟了新途径。此外，高梯度磁选工艺不仅用于矿石的选别，还可用于分离其他细粒和微细粒物料，在医学和环境领域也有广泛的应用前景。

磁流体选矿（包括磁流体静力和动力分选）也是磁选新工艺。以特殊的流体（如顺磁性溶液、铁磁性胶粒悬浮液或电解质溶液）作为分选介质，利用流体在磁场或磁场与电场的联合作用下产生的“加重”作用，使不同矿物实现分离的选矿方法称为磁流体选矿。

进入 21 世纪，资源节约和环境友好已成为当今世界的主题。20 世纪末期，随着材料科学和高新技术的发展，磁选技术研究朝着高效、节能和大型化的趋势发展。大分选空间高场强永磁磁选技术和超导电磁选技术是目前磁选发展的重要方向。美国已开发成功应用于高岭土除杂的大型低温超导磁选机，超导磁体工作温度在绝对零度（-273℃）左右，分选空间背景磁场强度最高可达 3.0~5.0T，该设备体积小、磁场强度高、运行能耗低、分选效率高。

1.3 磁选的应用

磁选是处理铁矿石的主要选矿方法。强磁性的磁铁矿大部分可由单一磁选工艺经济地获得铁精矿产品；少部分采用重选—磁选（低品位矿）或磁选—浮选（高硫、高磷或极细粒堪布矿）组合分选工艺。强磁—反浮选生产工艺是弱磁性赤铁矿典型的生产工艺流程，中国鞍山式赤铁矿采用该生产工艺，可获得 67%左右的铁精矿品位和 77%左右的综合回收率。铁、锰矿资源中磁铁矿、磁赤铁矿、赤铁矿、镜铁矿、褐铁矿、菱铁矿、钛磁铁矿、钛铁矿、铬铁矿以及锰矿石等，是磁选的主要应用对象。

有色和稀有金属以及多金属矿产资源中，许多矿物具有不同程度的磁性，而一些矿物则没有磁性（或磁性极弱）。因此，生产中可采用重选—磁选—浮选等联合工艺流程获得合格精矿。例如，包头白云鄂博含铌、稀土和铁矿物的大型复杂矿产资源，采用弱磁—强磁—反浮选生产工艺生产高品位铁精矿和稀土精矿。含锆、钛的海滨砂矿采用重—磁—电联合生产工艺流程，分别获得锆英石、钛铁矿、金红石、独居石精矿产品。重选获得的黑钨矿粗精矿需要强磁选进行黑钨—锡石分离，获得合格的黑钨精矿。

非金属矿物原料的选矿过程中，去除铁矿物和含铁硅酸盐矿物是一个重要的生产作业，因此，采用弱磁、中磁去除强磁性和中磁性矿物，采用强磁（细粒）和高梯度（微细粒）去除弱磁性含铁矿物，可大幅度提高非金属矿产品的精矿质量。石英、长石、高岭土、蓝晶石、红电气石、红柱石、霞石等非金属矿生产工艺中磁选作为重要的除杂手段而得到广泛应用。

重介质选矿（例如重介质选煤等）中使用的磁铁矿或硅铁介质需要通过磁选回收和再生利用。

冶炼过程产生的各种废渣（特别是钢渣）以及二次金属资源（城市矿产资源）的再生利用（如废旧汽车材料等的再生利用等）都需要采用磁选工艺及设备。

2 磁选理论基础

磁选是集物理电磁学、材料科学、流体力学、工程机械、矿物工艺学等为一体的应用科学。工程应用中磁选的理论基础主要包括电磁学基础、矿物磁性、磁选机磁系结构和磁选过程的影响因数等方面。

2.1 电磁学基础

物理电磁学中与磁选关系密切的主要有电磁学单位、磁学量和磁路。

2.1.1 电磁学单位

磁选常用的主要物理量及其不同单位制式的换算关系见表 2-1。

表 2-1 磁选常用的物理量及其不同单位制式的换算关系

物理量	SI（国际）制				CGSM 制	换算系数	备注
	单位	代号		量纲			
		中文名	英文名				
磁感应强度 B	特［斯拉］	特［斯拉］	T	$MT^{-2}I^{-1}$	高斯	10^{-4}	$1T=1Wb/m^2$（1 特=1 韦/米^2）；
磁动势 F_m	安培匝	安·匝	A	I	吉伯	$10/4\pi$	
磁场强度 H	安培每米	安/米	A/m	$L^{-1}I$	奥斯特	$10^3/4\pi$	
磁化强度 M，H_1	安培每米	安/米	A/m	$L^{-1}I$	电磁单位/厘米^2	10^3	
磁矩 m	安培平方米	安·米^2	$A\cdot m^2$	L^2I	电磁单位	10^{-3}	
磁导 Λ（P）	亨利	亨	H	$L^2MT^{-2}I^{-1}$	厘米	$4\pi\times10^{-9}$	$1H/m=1N/A^2$（1 亨/米=1 牛顿/安^2）
磁荷 q_m	韦伯	韦	Wb	$L^2MT^{-2}I^{-1}$	极	$4\pi\times10^{-8}$	
磁阻 R_m	每亨利	1/亨	1/H	$L^{-2}M^{-1}T^2I^2$	1/厘米	$10^9/4\pi$	
磁导率 μ	亨利每米	亨/米	H/m	$LMT^{-2}I^{-2}$	—	$4\pi\times10^{-7}$	
相对磁导率 μ_r	—	—	—	—	—	1	
真空磁导率 μ_0	亨利每米	亨/米	H/m	$LMT^{-2}I^{-2}$	—	$4\pi\times10^{-7}$	
磁荷强度 ρ_m	韦伯每立方米	韦/米^3	Wb/m^3	$L^{-1}MT^{-2}I^{-1}$	极/厘米	$4\pi\times10^{-2}$	
磁通量 Φ	韦伯	韦	Wb	$L^2MT^{-2}I^{-1}$	麦克斯韦	10^{-8}	
磁化率 χ_m	—	—	—	—	—	4π	
比磁化率 χ_s	立方米每千克	米^3/千克	m^3/kg	L^3M^{-1}	厘米^3/克	$4\pi\times10^{-3}$	
退磁因子 N_d					1	$1/4\pi$	
相对磁力 $\mu_0 H\mathrm{grad}H$	千克每平方米每秒平方	千克/(米^2·秒^2)	$kg/(m^2\cdot s^2)$	$L^{-2}MT^{-2}$	克/(厘米^2·秒^2)	$10/4\pi$	

2.1.2 磁学量的基本概念

2.1.2.1 *磁场强度*

在静磁学中研究的磁场是与时间无关的磁场。静磁场是由物质中电子的轨道运动和自旋运动引起的。在给定点，电流产生磁场能力的量度叫做磁场强度。任意点的磁场强度 H(A/m)与电流密度 J (A/m^2) 有关：

$$\nabla\times H = J \tag{2-1}$$

根据斯托克斯定理：

$$\oint H\cdot dL = \int J\cdot dS \tag{2-2}$$

磁场强度切向分量的线积分（对闭合曲线）等于电流通过曲线所围表面法线分量的面积分。式（2-2）称为安培定律。

对于载电流 I 的长直导线，在其周围 γ 处的磁场强度，由式（2-2）导出为

$$H = \frac{I}{2\pi r} \tag{2-3}$$

半径为 a 的圆电流环，其磁矩 p_m(A·m^2) 为

$$p_m = \pi a^2 I \tag{2-4}$$

沿环轴的磁场强度为

$$H = \frac{p_m}{2\pi(a^2+z^2)^{3/2}} \tag{2-5}$$

单层螺线管如图 2-1 所示。它可被看作是一组电流环，如果 N 和 I 分别为匝数和电流，那么沿轴向的磁场强度为

$$H = \frac{NI}{2L}(\cos\theta_1 - \cos\theta_2) \tag{2-6}$$

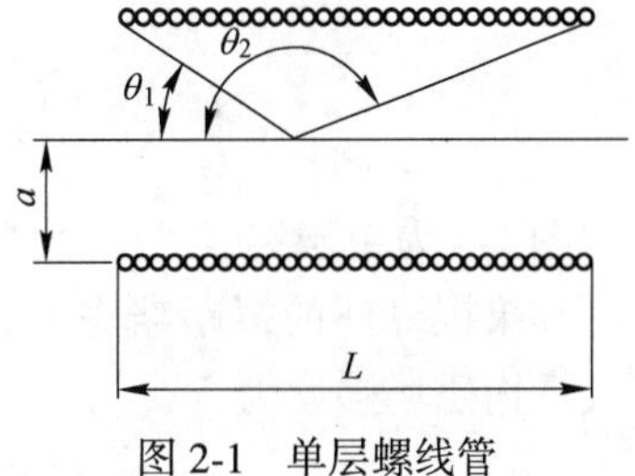

图 2-1 单层螺线管

螺线管中心的磁场强度为

$$H = \frac{NI}{L}(1+4a^2/L^2)^{-1/2} \tag{2-7}$$

两端的磁场强度为

$$H = \frac{NI}{2L}(1+a^2/L^2)^{-1/2} \tag{2-8}$$

其值约为中心的一半。除了两端附近，螺线管内部的磁场强度大致与中心场强相等。

对于给定功耗的多层螺线管（见图 2-2），其中心的最大磁场强度为

$$H = G(\alpha,\ \beta)\left(\frac{P\lambda}{\rho a_0}\right)^{1/2} \tag{2-9}$$

其中：

$$G(\alpha,\ \beta) = \frac{\beta}{2\pi(\alpha^2-1)^{1/2}}\ln\frac{\alpha+(\alpha^2+\beta^2)^{1/2}}{1+(1+\beta^2)^{1/2}} \tag{2-10}$$

式中，$\alpha=\alpha_1/\alpha_0$；$\beta=L/(2\alpha)$；ρ 为导体电阻率，Ω·m；λ 为导体在线圈中的填充因子。

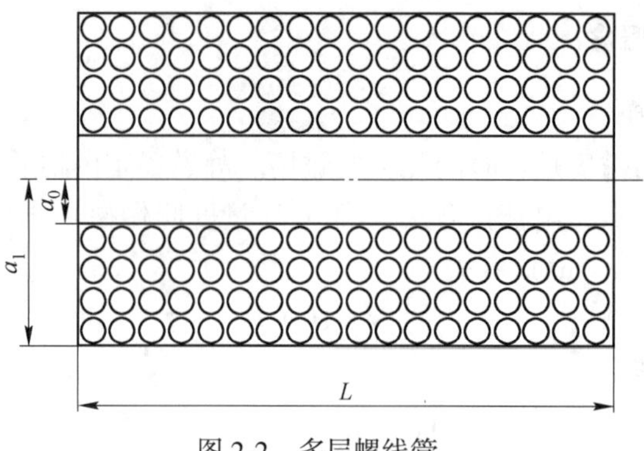

图 2-2　多层螺线管

图 2-3 是常数 $G(\alpha, \beta)$ 的等值线图。当 $\alpha=3$，$\beta=2$ 时，$G(\alpha, \beta)=0.1423$ 为最大值。

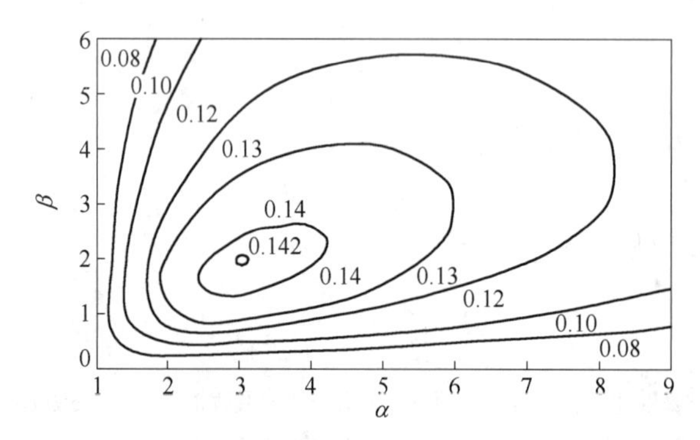

图 2-3　均匀电流密度线圈的 $G(\alpha, \beta)$ 等值线

图 2-4 为单层螺线管闭合螺绕环。

如果螺绕环的螺距略去不计，对于 N 匝的螺绕环其环内磁场强度为

$$H=\frac{NI}{2\pi r} \tag{2-11}$$

外部则为 0，当 r 改变时，H 也随之而变。如果环的半径趋于无穷大，而维持单位长度的匝数 n 不变，于是螺绕环过渡到一个无限长的螺线管，其磁场强度趋于恒值，即

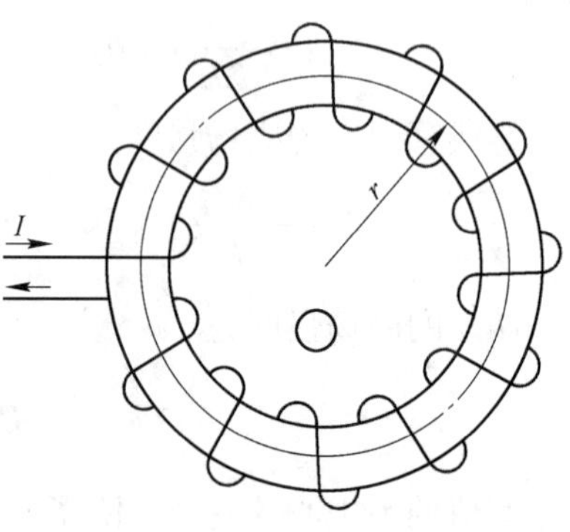

图 2-4　螺绕环

$$H=\frac{NI}{L} \tag{2-12}$$

2.1.2.2　*磁感应强度*

磁感应强度（简称磁感强度或磁感）或磁通密度（简称磁密）B（T 或 Wb/m^2）与磁场强度的关系为

$$\begin{gathered} B=\mu H \\ [B=\mu_r H] \end{gathered} \tag{2-13}$$

式中，μ 为介质磁导率。

在真空中 μ 用 μ_0 表示，其数值为 $4\pi\times10^{-7}$（H/m）。为了实用目的，在空气中取 μ 等于 μ_0。由于 B 和 H 只相差一个比例因子 μ_0，故 B 和 H 都可称作磁场强度。磁感强度是一个可测量的物理量：

$$F = qv \times B \tag{2-14}$$

式中，q 为粒子电荷；v 为荷电粒子的运动速度。

2.1.2.3　*磁通量*

通过一给定表面的磁通量 Φ(Wb) 是由面积分得出的标量：

$$\Phi = \int B \cdot \mathrm{d}S \tag{2-15}$$

B 场的基本性质是无散度的，即

$$\nabla \cdot B = 0 \tag{2-16}$$

由散度定理：

$$\oint B \cdot \mathrm{d}S = 0 \tag{2-17}$$

这样，闭合表面外的磁通量为0。

2.1.2.4　*磁化强度*

B 除了直接由磁场强度提供外，有一部分由材料本身提供，这叫作内禀磁感强度或磁极化强度 ψ，即

$$B = \mu_0 H + \psi \tag{2-18}$$

与磁化强度 M 的关系为

$$\psi = \mu_0 M \tag{2-19}$$

$$B = \mu_0 H + \mu_0 M = \mu_0 (H + M) \tag{2-20}$$

M 与 H（A/m）有相同的量纲。磁化强度是由材料原子中电子的轨道运动和自旋产生的。如果每个磁性原子在同一方向上贡献的磁矩为 p_m，并且磁性原子是均匀分布，当磁性原子密度为每立方米 n 个，于是：

$$M = np_m \tag{2-21}$$

磁化强度相当于单位体积的磁矩。如果颗粒的磁化强度是不均匀的，那么其净磁矩为

$$p_m = \int M \mathrm{d}v \tag{2-22}$$

2.1.2.5　*磁极*

与磁通密度相反，内禀磁感强度可以有非0散度。其量为

$$\rho_m = -\nabla \cdot \psi \tag{2-23}$$

ρ_m 习惯上看作是磁荷或磁极的体积密度。

在材料1和2之间的界面：

$$\sigma_m = n \cdot (\psi_1 - \psi_2) \tag{2-24}$$

式中，σ_m 为磁极的面密度；n 为方向从材料1到材料2界面的法线单位矢量。

虽然磁荷或磁极作为单独的物理实体是不存在的，但它是一个有用的概念，因为用它可以解决和静电学类似的静磁学问题。与电荷建立电场相似，磁荷 q_m 建立一个磁场：

$$H = \frac{1}{4\pi\mu_0}\frac{q_m}{r^2} \tag{2-25}$$

磁极常以极性相反或成对方式出现，故整体的净磁荷为 0。

2.1.2.6　*磁化率*

磁化强度与磁场强度之比称作磁化率或体积磁化率（无因次量）：

$$\chi = \frac{M}{H} \tag{2-26}$$

单位质量的磁化率叫作比磁化率χ_s：

$$\chi_s = \frac{\chi}{\delta} \tag{2-27}$$

式中，δ 为物质密度，kg/m^3；χ 为一个最为常用的量。

对于强磁性物料，相对磁导率 μ_r 的概念比磁化率更为有用：

$$\mu_r = \frac{\mu}{\mu_0} \tag{2-28}$$

从式（2-13）、式（2-20）和式（2-26）引导出：

$$\mu_r = 1 + \chi \tag{2-29}$$

2.1.2.7　*磁力*

作用在处于空气或水中物质颗粒上的磁力可用下式计算：

$$F_m = \mu_0 MV\mathrm{grad}H$$
$$[F_m = MV\mathrm{grad}H] \tag{2-30}$$

式中，V 为颗粒体积，m^3；$\mathrm{grad}H$ 为磁场强度梯度，A/m^2。

物体置于外磁场 H 中，其内部磁场 H_0与外部磁场不相等，它与物体形状有关：

$$H_0 = H - H_d \tag{2-31}$$

式中，$H_d = N_d H$ 为物体退磁场强度，A/m；N_d为退磁因子，由物体形状和其在磁场中的位置决定。

退磁因子是一个重要参数，它对强磁性颗粒在磁场中的行为有影响。

对于无限长棒，其轴平行磁场为 H，则 $H_d = 0$；对于无限薄的片，垂直置于磁场 H 中，则其 $N_d = 1$；对于球 $N_d = 1/3$。这样退磁因子的变动范围为 $0 \leqslant N_d \leqslant 1$。磁铁矿的退磁因子平均取 0.16。对于有限尺寸物体：

$$H_0 = H(1 + N_d\chi) \tag{2-32}$$

$$M = \chi H/(1 + N_d\chi) = \chi_b H \tag{2-33}$$

式中，χ_b 为物体磁化率。借χ_b 能够直接通过外磁场求出物体的磁化强度。

同样，物体磁导率 μ_b 为

$$\mu_b = \mu_0\,\mu_r/[1 + N_d(\mu_r - 1)] \tag{2-34}$$

把式（2-33）代入式（2-30），得

$$F_m = \mu_0\,\chi_b VH\mathrm{grad}H$$
$$[F_m = \chi_b VH\mathrm{grad}H] \tag{2-35}$$

对于铁磁性和顺磁性物质（$\chi > 0$），矢量 F_m 与 $\mathrm{grad}H$ 方向一致；对于抗磁性物质（$\chi < 0$）方向则相反。

由式（2-35）导出的比磁力f_m为

$$f_m = F_m/m = \mu_0(\chi_b/\delta)H\text{grad}H = \mu_0\chi_{bs}H\text{grad}H \quad [f_m = \chi_{bs}H\text{grad}H] \tag{2-36}$$

式中，χ_{bs}为物体比磁化率，m^3/kg。

χ_s和χ_{bs}的关系为

$$\chi_{bs} = \frac{\chi_s}{1 + N_d\delta\chi_s} \tag{2-37}$$

对于弱磁性物质$\chi \ll 1$，因此对于这些物质：

$$\left.\begin{array}{l}\chi_b \approx \chi \\ \chi_{bs} \approx \chi_s\end{array}\right\} \tag{2-38}$$

对于强磁性物质，当$\chi \gg 1$时：

$$\left.\begin{array}{l}\chi_b = 1/N_d \\ \chi_{bs} = 1/N_d\delta\end{array}\right\} \tag{2-39}$$

式（2-36）是计算颗粒在磁选机磁场中所受比磁力的基本公式。

为了说明磁选机磁场的特征，引入一个相对磁力$\mu_0H\text{grad}H$的概念（即作用在物体比磁化率$\chi_{bs} = 1m^3/kg$颗粒上的力）是很有用的。

2.1.3 磁路

磁选机磁路主要可分为开放磁路和闭合磁路两种。

2.1.3.1 *开放磁路*

图2-5是永磁圆筒磁选机开放磁路的典型结构。

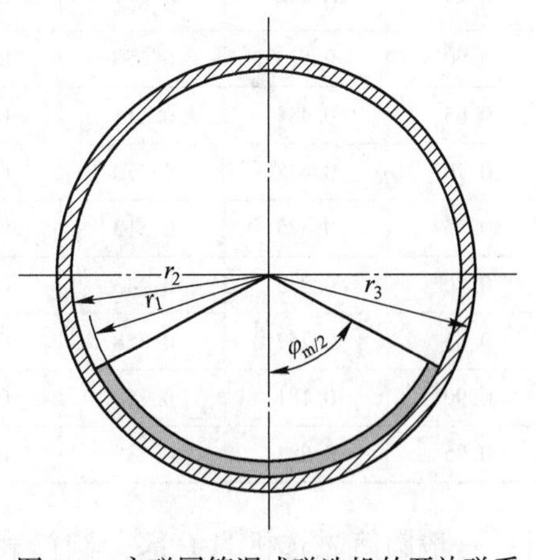

图2-5 永磁圆筒湿式磁选机的开放磁系

对于一个完整的环开多极磁路，磁极表面外沿径向Z方向的磁感强度$B(Z)$与磁性材料剩磁感强度B_r的关系可由下式表示：

$$B(Z) = B_r \cdot \left(\frac{r_2}{r_1}\right)^{n+2} \cdot C_K \cdot e^{-i(n+2)\varphi} \tag{2-40}$$

式中，r_1为磁极环的内半径；r_2为磁极环的外半径；n为极化方向数，为正整数，只与极角有关：$\varphi = -n\varphi_0$；φ为极化角。

当磁极数$K=n+2$时：

$$C_K = \frac{n+1}{n+2}\left[1 - \left(\frac{r_1}{r_2}\right)^{n+2}\right] \tag{2-41}$$

从式（2-40）可以看出，磁感强度的绝对值随$\left(\frac{r_2}{r_1}\right)^{n+2}$减小而减小，其最大值是在环形磁体外表面处（$r=r_2$）：

$$\frac{|B(r)|}{B_r} = C_K \tag{2-42}$$

C_K总是小于1，因此$B(r)$的最大值不会超过磁性材料的剩磁感强度。随着n增大和r_1/r_2减小，C_K接近1。对于一个给定的多极磁体（即n是常数），在$r_1=0$时：

$$C_{K\max}=\frac{n+1}{n+2} \tag{2-43}$$

表2-2给出了C_K与n、r_1/r_2之间的关系。

表2-2　C_K与n、r_1/r_2数值表

r_1/r_2	n						
	1	2	3	4	5	6	7
0.05	0.667	0.750	0.800	0.833	0.857	0.875	0.889
0.10	0.666	0.750	0.800	0.833	0.857	0.875	0.889
0.15	0.664	0.750	0.800	0.833	0.857	0.875	0.889
0.20	0.661	0.749	0.800	0.833	0.857	0.875	0.889
0.25	0.656	0.747	0.799	0.833	0.857	0.875	0.889
0.30	0.649	0.744	0.798	0.833	0.857	0.875	0.889
0.35	0.638	0.739	0.796	0.832	0.857	0.875	0.889
0.40	0.624	0.731	0.792	0.830	0.856	0.874	0.889
0.45	0.606	0.719	0.785	0.826	0.854	0.874	0.888
0.50	0.583	0.703	0.775	0.820	0.850	0.872	0.887
0.55	0.556	0.681	0.760	0.810	0.844	0.868	0.885
0.60	0.523	0.653	0.738	0.794	0.833	0.860	0.880
0.65	0.484	0.616	0.707	0.770	0.815	0.847	0.870
0.70	0.438	0.570	0.666	0.735	0.787	0.825	0.853
0.75	0.385	0.513	0.610	0.685	0.743	0.787	0.822
0.80	0.325	0.443	0.538	0.615	0.677	0.728	0.770
0.85	0.257	0.358	0.445	0.519	0.582	0.637	0.683
0.90	0.181	0.258	0.328	0.390	0.447	0.498	0.545
0.95	0.095	0.139	0.181	0.221	0.259	0.295	0.329

一般圆筒磁选机只有部分圆筒表面需要磁场，这部分的角度（包角）约为120°～150°。一般磁系，在径向排列成几个分开极化的正负交变磁极。这样的磁系在圆筒表面附近的绝对值变化很大，导致出现有害的切向力，使磁选机性能降低。

一种新的排列方式，即部分环形多极磁系则更为有效，此时：

$$B(Z)=B_r\sum_{K=2}^{\infty}\left(\frac{r_2}{r}\right)^K\cdot e^{-ikd}\cdot C_K\cdot\frac{\varphi_m}{2\pi}\cdot\frac{\sin(K-2-n)\varphi_{m/2}}{(K-2-n)\varphi_{m/2}} \tag{2-44}$$

式（2-44）可进行数值计算。

如果n足够大，则部分环形多极磁系表面附近磁场接近完整环形多极磁系表面的磁场。当然此结论对于磁系边界不适用，在边界处磁场下降。

由式（2-44）直接数值求和进一步证明了这一结论。

如图 2-6 所示，设 $n=4$、$r_1/r_2=0.833$、$r_2/r=0.978$、$r=300\text{mm}$ 和 $B_r=1\text{T}$，在角度为 40°范围内，计算得磁通密度绝对平均值为 0.49T。对于一个完整环形磁系，由表 2-2 查得 $C_K=0.55$。为了求得 $r=300\text{mm}$ 处的磁通密度，还必须乘以因子 $\left(\frac{r_2}{r}\right)^6=0.978^6=0.875$，得出磁通密度为 0.481T。这个数值与部分环形多极磁体计算得的 0.49T 十分吻合。当 $n=6$ 时，由表 2-2 查得 $C_K=0.673$，则部分环形多极磁系的磁感强度值为

$$C_K\left(\frac{r_2}{r}\right)^8=0.673\times0.837=0.56\text{T}$$

这与图 2-6 所示的计算结果完全相同。

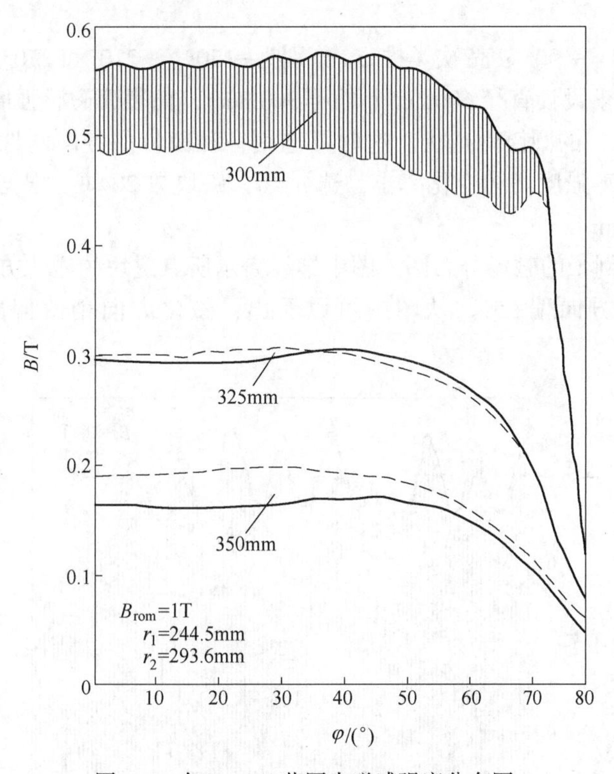

图 2-6　在 0°～75°范围内磁感强度分布图

实际上，在极角 φ_0 范围内的磁化方向是不能连续调节的，如图 2-7 所示，用一定数量磁块组合成的环形磁路去替代一个整体磁环，每个磁块在其易磁化轴方向均匀磁化并按下述方法排列：

令 φ_A 为某一磁块与任意固定轴（如磁系对称轴）间的极角（见图 2-7），于是这个磁块的磁化方向角 φ_B 为

$$\varphi_B=-n\cdot\varphi_A$$

如图 2-7 所示，由 10 块磁块组成的磁系（$n=4$），磁块与垂直中心轴对称排列，包角为 150°。磁化方向确定为：第一块磁块相对于对称轴的极角 $\varphi_A=7.5°$，因此这一块磁块的磁化方向为 $\varphi_B=-7.5°\times4=-30°$（相对于与对称轴平行通过磁块中心的轴）。同样第 2

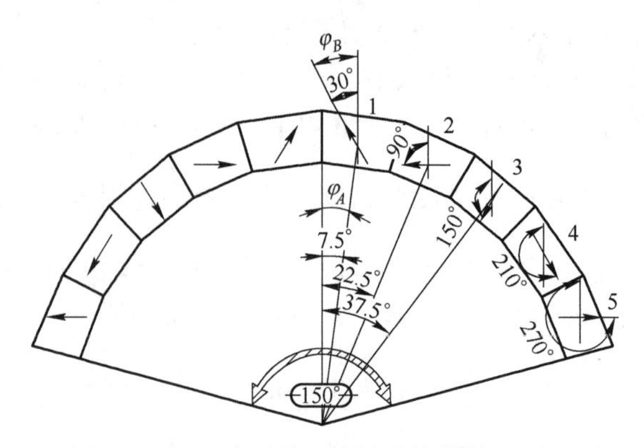

图 2-7　由 10 个磁块组成的磁体排列（$n=4$）

块 $\varphi_A=22.5°$，$\varphi_B=-90°$；依次类推 φ_B 分别为−150°、−210°和 270°。

设计实例：要求设计直径 600mm（即 $r=300$mm），筒表面磁感强度约 0.25T（磁感强度变化率小于 10%）的圆筒磁选机。这时可选用一种廉价的各向同性黏结永磁材料，其 $B_r=0.5$T。为使磁感强度高和变化率小，选 $n=6$，磁块数 20 块。根据磁荷法计算，磁块径向高度需 41.7mm。

图 2-8 为所举例子的磁场分布图。图中细线表示所有磁块的磁化方向与计算的完全一致；粗线表示磁化方向偏±5°。从图中可以看出，磁化方向稍微偏离对磁感强度影响不大。

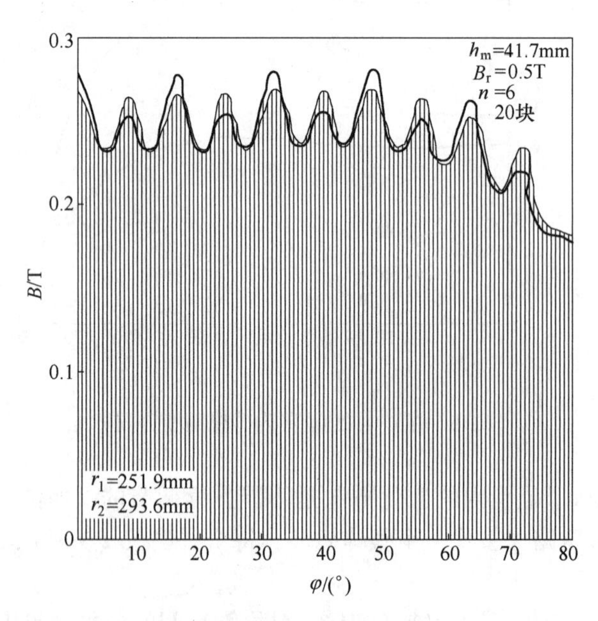

图 2-8　20 块磁块组成的磁系的磁体分布（$n=6$）

2.1.3.2　闭合磁路

强磁场磁选机常用闭合磁路产生磁场。闭合磁路主要有两种：电磁铁芯闭合磁路和永磁磁体磁路。

电磁铁芯闭合磁路的典型结构如图 2-9 所示。

铁芯磁路的磁动势由下式计算：

$$F_m = Hd\left(1 + \frac{A_g}{A}\frac{l}{\mu_r d} + \frac{A_g}{A_y}\frac{l_y}{\mu_{ry} d}\right) \tag{2-45}$$

式中，F_m 为磁动势，A；d 为空气隙宽度，m；l，l_y 分别为磁极和磁轭长度，m；A_g 为气隙有效断面积，m^2；A，A_y为磁极和磁轭断面积，m^2；μ_r，μ_{ry} 为相对磁导率。

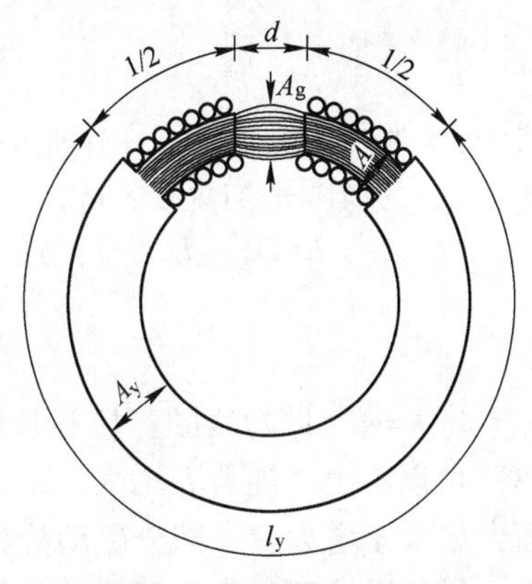

图 2-9　铁芯磁路示意图

从式（2-45）可以看出，在正确设计的磁路中，磁极和磁轭的磁阻最好能略去不计，起码也应当比气隙磁阻要小得多。若要这样，必须$A_y \gg A_g$，l 和 l_y尽可能短以及磁路所有铁部件的μ_r 和 μ_{ry} 要大。

式（2-45）也可写成：

$$F_m = NI = (NI)'(1+\rho) \tag{2-46}$$

式中，NI 为磁路实际需要的安匝数，A；$(NI)' = Hd$ 为气隙需要的安匝数，A；ρ 为铁磁阻与气隙磁阻之比。漏磁因子 ρ 是磁路缺陷的量度。ρ 一经可靠地确定，设计就有把握进行下去。

2.1.3.3　*电磁螺线管“窗框”磁体磁路*

电磁螺线管“窗框”磁体磁路如图 2-10 所示。

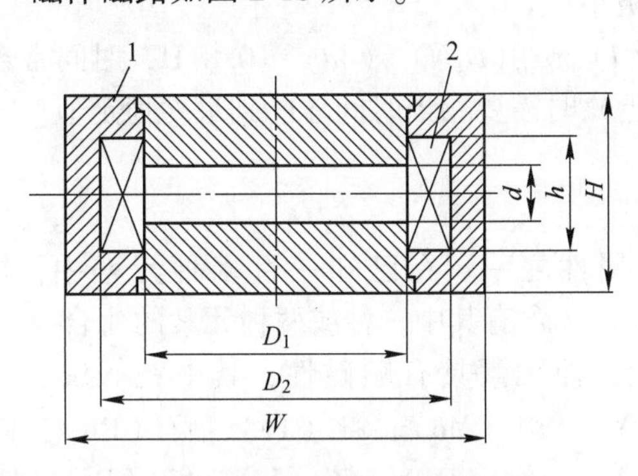

图 2-10　窗框磁体断面示意图
1—铁轭磁路；2—线圈

“窗框”磁体由铁轭磁路和线圈两部分组成，用式（2-46）可以计算这种磁路的磁动势，在估算时 ρ 值取 0.2。

设计举例：如图 2-10 所示，设 $D_1 = 2$m、$d = 0.5$m、背景磁场 $B_0 = 2$T，则

$$(NI)' = Hd = (B_0/\mu_0)d \approx 8 \times 10^5 \text{A}$$

$$NI = (NI)'(1+\rho) = 8 \times 10^5 \times (1 + 0.2) = 9.6 \times 10^5 \text{A}$$

电流与匝数的分配取决于采用何种供电制度，即大电流低电压还是小电流高电压。从技术和经济方面考虑，采用大电流低电压供电较为合理。线圈用大截面空心水冷铜线绕制。这样取 $I = 3000$A，$N = 320$ 匝较为合适。取电流密度 $J = 3.2 \times 10^6 \text{A/m}^2$，填充因子 $\lambda = 0.75$，则所需线圈断面积 $S = NI/(J\lambda) = 0.4\text{m}^2$。

线圈电阻：

$$R=\rho\frac{l_c}{S}=\frac{\rho N\pi D_m}{\lambda S/N} \tag{2-47}$$

式中，ρ 为导线电阻率，在作业温度时为 $1.8\times10^{-8}\Omega\cdot m$；$l_c$ 为导线长度，m；$D_m=(D_2+D_1)/2$，为线圈平均直径，m。

由于 $S=h(D_2-D_1)/2$，式（2-47）可写成：

$$R=\rho N^2\pi\left(\frac{S+hD_1}{h}\right)/\lambda S \tag{2-48}$$

将 $h=d$（即短线圈，极头长度为0）代入式（2-48），求得 $R=5.4\times10^{2}\Omega$。从式（2-48）可以看出，随着 h 增大，R 减小。R 减小，电耗和线圈所需之铜量均下降。另一方面，如果 h 增大，一部分磁动势将损耗在磁极头的磁化上，同时磁路所需之铁量增大。这样，最佳设计不仅决定于技术参数，也要在铜价和生产费用及铁价和可用空间之间权衡。一个合理的折中方案是采用长线圈，即 $h=2d$。将 $h=2d$ 代入式（2-48），$R=4.6\times10^{-2}\Omega$。但这时磁回路的磁通面积要比极头面积大1.5~2倍。对本例而言，$W\approx4m$，$H\approx2.5m$。

这样，整台磁选机的尺寸为：$D_1\approx2m$，$D_2\approx2.8m$，$W\approx4m$，$d\approx0.5m$，$h\approx1m$，$H\approx2.5m$。所需励磁电压 $V=IR\approx140V$，直流电功率 $P=I^2R\approx420kW$。线圈产生的热量用去离子水通过热交换器冷却。

磁体头两极之间的磁力 $F_m=\pi(B_0D_1)^2/(8\mu_0)\approx5\times10^6N\approx500t$。这样大的力要求磁体框架结构的垂直偏差极小。

磁体的自感 $L=\Phi N/I=\pi\mu_0(D_1N)^2/(4d)\approx0.81H$，时间常数 $\tau=L/R\approx17.5s$。时间常数表明当磁体励磁和退磁时需要相当时间才能到最终稳定值。

2.2　矿物磁性

磁性是物质的基本属性之一。在已知一百多种元素中，铁（Fe）、镍（Ni）、钴（Co）三种元素是铁磁性的。含有其中一种或两种元素的化合物可以是强铁磁性或弱铁磁性；也可以是顺磁性。55种元素具有顺磁性，其中钪（Sc）、钛（Ti）、钒（V）、铬（Cr）、锰（Mn）、钇（Y）、钼（Mo）、锝（Tc）、钌（Ru）、铑（Rh）、钯（Pd）、钽（Ta）、钨（W）、铼（Re）、锇（Os）、铱（Ir）、铂（Pt）、铈（Ce）、镨（Pr）、钕（Nd）、钐（Sm）、铕（Eu）、钆（Gd）、铽（Tb）、镝（Dy）、钬（Ho）、铒（Er）、铥（Tm）、镱（Yb）、铀（U）、钚（Pu）、镅（Am）32种元素的化合物具有顺磁性（其中钆、镝、钬具有铁磁性）；锂（Li）、氧（O）、钠（Na）、镁（Mg）、铝（Al）、钙（Ca）、镓（Ga）、锶（Sr）、锆（Zr）、铌（Nb）、锡（Sn）、钡（Ba）、镧（La）、镥（Lu）、铪（Hf）、钍（Th）几种元素在纯态时是顺磁性的，成化合物时则是抗磁性；氮（N）、钾（K）、铜（Cu）、铷（Rb）、铯（Gs）、金（Au）、铊（Tl）7种元素中，含有其中一种或几种元素（虽然N和C在纯态时是微抗磁性的）化合物是顺磁性的。其他46种元素均为抗磁性。

在选矿技术领域，一般把自然界矿物相对地分成强磁性矿物、弱磁性矿物和非磁性矿物三大类。

2.2.1　强磁性矿物

强磁性矿物是指在弱磁场（场强120kA/m）磁选机中能够回收的矿物。这类矿物的比磁化率$\chi_s > 4 \times 10^5 m^3/kg$。属于此类矿物有磁铁矿（天然和人造的），磁性赤铁矿（或γ-赤铁矿）、钛磁铁矿和磁黄铁矿（有些是弱磁性的）。

2.2.1.1 *磁铁矿*（$FeO \cdot Fe_2O_3$）

磁铁矿的磁性质为：居里点 $\theta = 578$℃；饱和磁化强度 $M_s = 451 \sim 454 kA/m$；矫顽力 $H_c = 1.6 kA/m$；起始比磁化率$\chi_s = (0.18 \sim 1.28) \times 10^{-2} m^3/kg$。磁铁矿在磁场强度约320kA/m磁场中磁化时开始磁性饱和。

磁铁矿的起始磁化和磁滞曲线及比磁化率如图 2-11 所示。

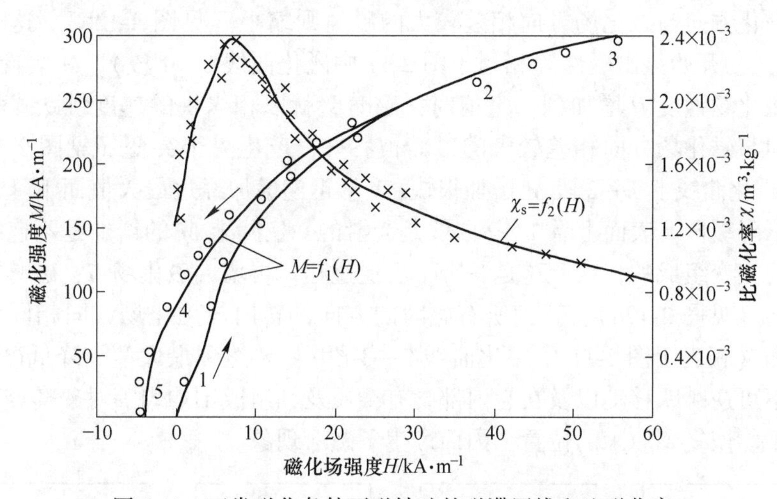

图 2-11 正常磁化条件下磁铁矿的磁滞回线和比磁化率

磁铁矿是一种典型的铁氧体，属于亚铁磁性物质。铁氧体的晶体结构主要有三种类型：尖晶石型、磁铅石型和石榴石型。尖晶石型铁氧体的化学分子式为 XFe_2O_4，其中 X 代表二价金属离子，常见的有 Fe^{2+}、Co^{2+}、Ni^{2+}、Ca^{2+}、Mg^{2+}、Zn^{2+}、Cd^{2+}、Mn^{2+}等。磁铁矿的分子式为 Fe_3O_4（$Fe^{2+}Fe_2^{3+}O_4$），属于尖晶石型铁氧体。

由图 2-11 磁铁矿 $I=f_1(H)$ 磁化曲线可知，当磁化场强度 $H=0$ 时，磁化强度 $M=0$；随着 H 增加，M 不断增加，1—2 增加幅度迅速，2—3 则增加缓慢。直至 H 再增加而 M 不再增加时，磁化强度 M 达到最大值（称为饱和磁化强度 M_{max}）。此时，降低磁化场强度 H，磁化强度 M 随之降低，但不沿原磁化曲线 0—1—2—3 而是沿略高于原曲线的 3—4 下降。当磁化场强度 H 减小到 0 时，磁化强度 M 并不下降为 0，而保留有一定数值，这一数值称为剩磁（M_r），这种现象称为磁滞现象。如果要消除剩磁 I_r，需要施加一个反方向的退磁场，随着外加反方向退磁场逐渐增大，磁化强度 M 沿曲线 4—5 段下降，直到 $M=0$。消除剩磁 M_r所施加的退磁场强度称为矫顽力，用 H_c表示。

由图 2-11 磁铁矿磁化率$\chi=f_2(H)$ 曲线可知，磁铁矿的比磁化率χ 不是一个常数，而是随磁化场强度 H 变化而变化。开始时，随 H 增加χ 迅速增大，在 $H=8kA/m$ 时，χ 达到最大值χ_{max}。之后，再增加 H，χ 下降。不同的矿物，比磁化率χ 不同，χ 达到最大值所需要的磁化场强度 H 不同，它们所具有的剩磁 M_r和矫顽力 H_c也不同。即使是同一矿物，例如都是磁铁矿，化学组成都为 Fe_3O_4，由于它们的生成特性（如晶体构造、晶格中有无缺陷、类质同象交换等）不同，它们的χ、M_r和 H_c也不相同。

A 磁铁矿的磁化本质

磁铁矿内部由许多磁畴组成，相邻磁畴的自发磁化方向不同，它们之间存在着一过渡层，称为磁畴壁。磁化时磁畴和磁畴壁的运动是磁铁矿产生磁性的内在因素。所以，磁铁矿在磁化过程中所表现出来的特性可用磁畴理论来解释。

在没有磁化场时（即 $H=0$），组成磁铁矿的各磁畴是无规则排列的（见图 2-12a），总磁矩为 0，此时，$M=0$，矿物不显出磁性（图 2-11 中的原点 $H=0$，$I=0$）。当有磁化场作用，但磁化场强度 H 较低时，自发磁化方向与磁化场方向相近的磁畴因磁化场作用而扩大；自发磁化方向与磁化场方向相差较大的磁畴则缩小（见图 2-12b）。这时矿物的总磁矩 $M\neq 0$，矿物开始显出磁性（相当于图 2-11 中磁化曲线 0—1 段），M 缓慢增加，χ 迅速增大。当磁化场强度 H 增加到一定值时，磁畴壁就以相当快的速度跳跃式移动，直到自发磁化方向与磁化场方向相差较大的磁畴被吞并，产生一个突变（见图 2-12c），相当于图 2-11 中磁化曲线上 1—2 段 M 增加很快，χ 从迅速增加经过最大值而下降，开始下降较快，后来下降缓慢。表面上看 1—2 曲线是光滑的，实际上 M 的增加是不连续的，是由许多跳跃式的突变组成的，因此这是一个不可逆过程。再增大磁化场 H，磁畴方向便逐渐转向磁化方向（见图 2-12d），直到所有磁畴的方向都转向与磁化场方向相同为止。这时磁化达到饱和（相当于图 2-11 中磁化曲线 2—3 段），M 达到最大值。降低磁化场 H 时，由于磁畴壁不可逆跳跃移动以及在它内部含有杂质及其组成不均匀等对磁畴壁移动产生阻抗，磁畴壁不能恢复到原来的位置，因而产生了磁滞现象。

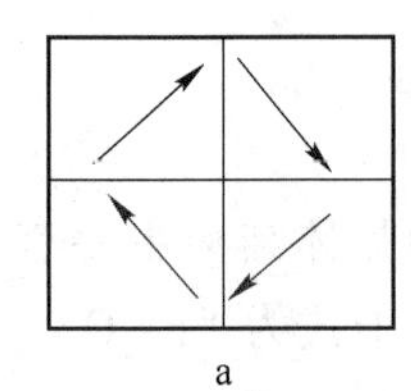
a
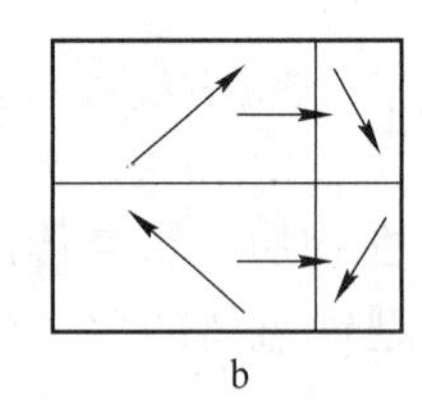
b
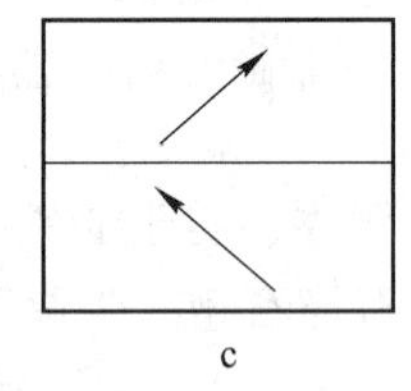
c
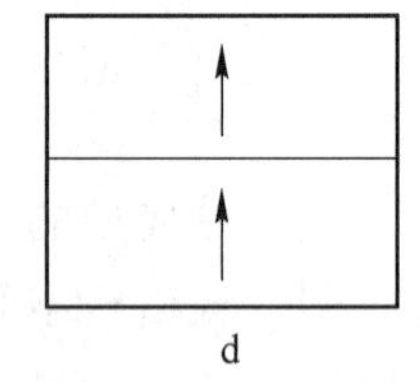
d

图 2-12 磁化场作用下磁畴的运动

由磁畴在磁化过程中的运动情况可知，在磁化过程中，磁化前期，是磁畴壁移动为主，后期是磁畴转动为主。一般情况下，图 2-11 中磁化曲线 0—1—2 段是磁畴壁移动起主要作用，2—3 段则是磁畴转动起主要作用。磁畴运动过程中，磁畴壁移动所需的能量较小，磁畴转动所需的能量较大。

B 磁铁矿的磁性特点

（1）磁铁矿的磁性不是来自其单个原子磁矩的转动，而是来自其磁畴壁移动（逐渐移动或跳跃式移动）和磁畴转动，并且在很大程度上磁畴壁的移动起决定作用。因此，磁铁矿的磁化强度和磁化率很大，存在磁饱和现象，而且在较低的磁化场强度作用下就可以达到磁饱和。

（2）由于磁畴运动的复杂性，使磁铁矿的磁化强度、磁化率和磁化场强度之间具有曲线关系。磁化率不是一个常数，随磁化场强度变化而变化。其磁化强度除与矿物性质有关外，还与磁化场变化历史有关。

（3）磁铁矿存在磁滞现象，当它离开磁化场后，仍保留一定的剩磁。

（4）磁铁矿的磁性还与其颗粒形状和粒度有关（强磁性矿物影响因素中详述）。

2.2.1.2 钛磁铁矿和焙烧磁铁矿的磁性

表 2-3 列出了不同产地的磁铁矿石和钛磁铁矿石选出精矿的磁性。从表中可看出，钛磁铁矿的比磁化率比磁铁矿的低，而其矫顽力比磁铁矿的要高。

对人工磁铁矿和磁赤铁矿的磁性研究要比天然磁铁矿少。表 2-4 列出了天然磁铁矿和人工磁铁矿、磁赤铁矿样品的磁性特征。

表 2-3 不同产地的磁铁矿和钛磁铁矿的磁性特征

产地	含量/%				磁化强度 M/A·m^{-1}		矫顽力	比磁化率
	TFe	FeO	Fe_3O_4	TiO_2	最大	剩余	H_c/kA·m^{-1}	χ/m^3·kg^{-1}
苏联①	69.9	28.6	92.3	—	80.5×10^3	20.0×10^3	48.0	6.85×10^{-4}
瑞典②	69.8	29.0	93.5	—	386.0×10^3	—	—	8.06×10^{-4}
中国②	67.8	26.3	85.0	—	86.5×10^3	16.4×10^3	33.4	7.72×10^{-4}
苏联①	60.0	30.6	59.0	15.0	22.0×10^3	13.0×10^3	100.0	1.96×10^{-4}
中国①	60.5	30.2	79.2	7.0	37.3×10^3	12.3×10^3	54.0	3.28×10^{-4}

①磁化是在 H_{max} = 80kA/m 下进行的，而确定 M_{max} 是在 H = 24kA/m 进行的。

②磁化是在 H_{max} = 96kA/m 下进行的。

表 2-4 不同产地的天然磁铁矿和人工磁铁矿、磁赤铁矿的磁性特征

样品名称	粒度 /mm	密度 δ/kg·m^{-3}	含量/%				磁化强度 I/A·m^{-1}		矫顽力 H_c /kA·m^{-1}	比磁化率 χ/m^3·kg^{-1}
			TFe	FeO	Fe_3O_4	γ-Fe_2O_3	最大	剩余		
1. 天然磁铁矿①	-0.18+0.12	4.8×10^3	67.4	24.2	78.2	—	196.0×10^3	22.0×10^3	3.2	5.67×10^{-4}
2. 还原假象赤铁矿得到的人工磁铁矿①	-0.18+0.12	4.7×10^3	68.2	25.1	79.1	—	189.0×10^3	60.5×10^3	10.3	5.57×10^{-4}
3. 焙烧菱铁矿得到的人工磁铁矿①	-0.18+0.12	4.0×10^3	60.8	微量	—	86.8	119.0×10^3	42.5×10^3	9.6	4.12×10^{-4}
4. 天然磁铁矿②	-0.15	4.9×10^3	69.9	28.6	92.3	—	80.5×10^3	19.0×10^3	5.8	6.85×10^{-4}
5. 还原褐铁矿得到的人工磁铁矿②	-0.15	4.2×10^3	57.8	19.5	62.8	—	45.7×10^3	23.0×10^3	10.4	4.52×10^{-4}
6. 样品 5 氧化为磁赤铁矿（γ-Fe_2O_3）	-0.15	4.0×10^3	56.2	1.9	6.1	56.7	55.0×10^3	20.0×10^3	9.2	5.73×10^{-4}

①磁化是在 H_{max} = 72kA/m 下进行的。

②最大磁化强度 M_{max} 和比磁化率 χ 是在 H_{max} = 24kA/m 下得到的，而剩磁化强度 M_r 和矫顽力 H_c 是在 H = 80kA/m 下得到的。

由表 2-4 可知：天然磁铁矿、人工磁铁矿和磁赤铁矿的比磁化率的差别不是特别明显。主要差别是矫顽力，人工磁铁矿的矫顽力最大，而天然磁铁矿的最小，磁赤铁矿的介于中间。

人工磁铁矿矫顽力大给焙烧矿石磨矿分级回路前的矿浆脱磁带来一定困难，而且易在恒定磁场磁选机的磁场中形成稳定的磁链，磁性产品中容易夹杂非磁性颗粒。

2.2.1.3　*磁黄铁矿和硅铁的磁性*

磁黄铁矿（FeS_{1+x}，$0<x\leqslant1/7$）在自然界中以不同的变态存在，其磁性有的属于弱磁性矿物，有的属于强磁选矿物。六方硫铁矿（FeS）是弱磁性矿物，$0<x\leqslant0.1$ 的磁黄铁矿也是弱磁性矿物，而 $0<x\leqslant1/7$ 的磁黄铁矿则是强磁性矿物。

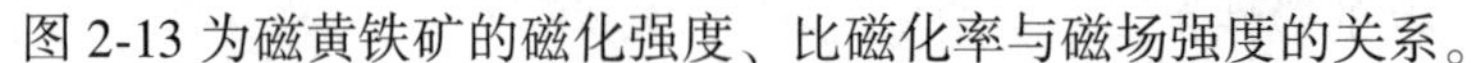

图 2-13 为磁黄铁矿的磁化强度、比磁化率与磁场强度的关系。

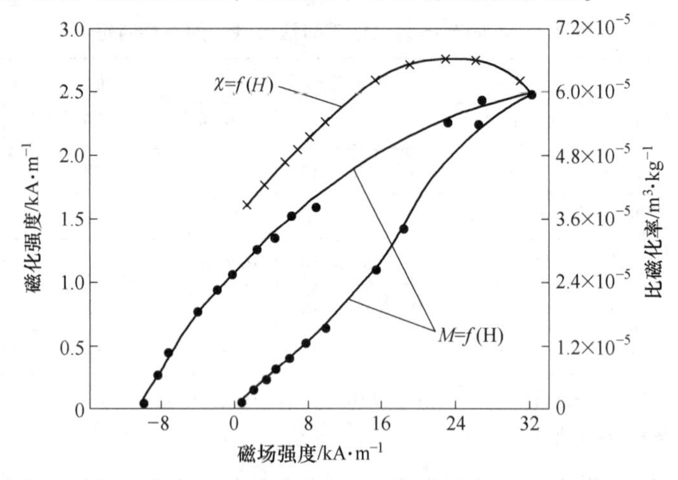

图 2-13　磁黄铁矿的磁化强度、比磁化率与磁场强度的关系

从图 2-13 可知，磁黄铁矿的矫顽力 H_c 高达 9.6kA/m，而最大和剩余的磁化强度很低，分别为 2.5kA/m 和 1.0kA/m。

磁黄铁矿的比磁化率在磁化场强为 24kA/m 时最大，为 $7\times10^{-5}m^3/kg$。实践证明，尽管磁黄铁矿的比磁化率比磁铁矿低很多，但其纯矿物颗粒仍能由弱磁场（80～120kA/m）磁选机回收到磁性产品中。

硅铁具有强磁性，重介质选矿中常用作重介质。研究表明，某厂生产的细磨硅铁粉的粒度为-0.38mm，含 Fe 约 79%、Si 约 13.4%、Al 约 5%、Ca 约 2.5%。其比磁化率 $\chi\approx4\times10^{-4}m^3/kg$。当含 Fe 量降低到 40%、相应 Si 含量提高到 53%时，硅铁的比磁化率要降低很多，为 $8\times10^{-5}m^3/kg$。

研究表明，硅铁的磁化强度随其 Si 含量的提高而显著下降（见图 2-14）。

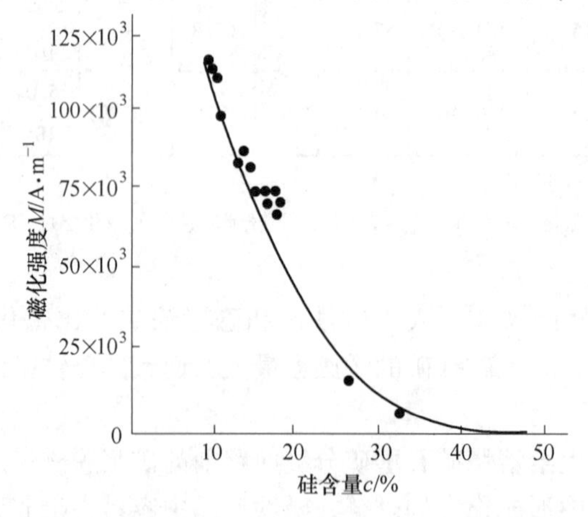

图 2-14　硅铁的磁化强度和其中 Si 含量的关系

在含量不超过30%的条件下，硅铁在弱磁场中能得到很好的回收。硅铁的比磁化率和磁铁矿一样，也随其粒度的减小而降低。

在场强近于64kA/m的磁场中磁化时，硅铁的矫顽力为0.8~1.0kA/m，而剩余磁化强度为8~12A/m。

2.2.1.4 影响强磁性矿物磁性的因素

影响强磁性矿物磁性的因素很多，除了磁化场强度的影响（前面已有叙述）之外，主要还有颗粒的形状、粒度、强磁性矿物的含量以及矿物的氧化程度等。

A 颗粒形状的影响

图2-15为组成相同、含量相同而形状不同的磁铁矿比磁化强度、比磁化率和其形状之间的关系。由图2-15可知，不同形状的磁铁矿矿粒，在相同的磁化场中被磁化时，所显示出的磁性是不同的。长条形矿粒的比磁化强度和比磁化率都比球形矿粒的大。

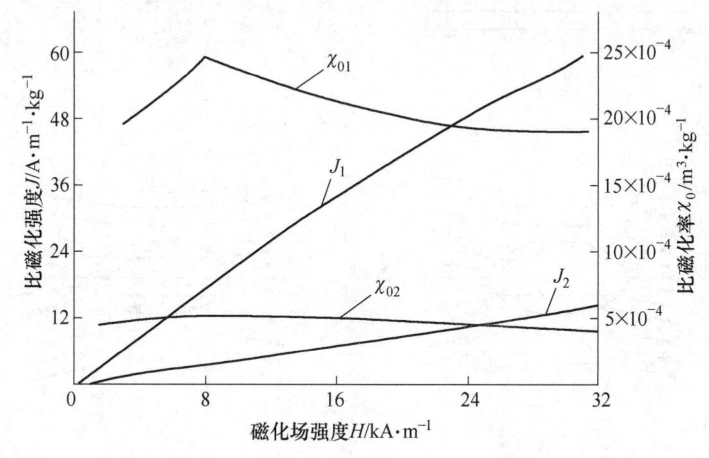

图2-15 不同形状磁铁矿的比磁化强度、比磁化率和磁化场强度的关系

J_1，χ_{01}—长条形；J_2，χ_{02}—球形

（$J_1>J_2$，$\chi_{01}>\chi_{02}$）

在同一磁化场80kA/m中，组成相同、含量相同而长度不同的同一种磁铁矿（圆柱形）的比磁化强度和比磁化率如表2-5所示。

表2-5 磁铁矿的比磁化强度和比磁化率与其长度的关系

样品长度/cm	比磁化强度/A · m^{-1} · kg^{-1}	比磁化率/m^3 · kg^{-1}
2	32.1	40.1×10^{-5}
4	55.0	68.8×10^{-5}
6	59.9	74.9×10^{-5}
8	63.9	79.9×10^{-5}
28	96.4	120.6×10^{-5}

表2-5数据表明：同一磁化场中，长度越长的矿粒，比磁化强度和比磁化率越大。

以上事实说明，组成相同、含量相同而形状不同的同一种磁铁矿矿粒在相同磁场磁化时，显示出不同的磁性。球形或相对尺寸小的矿粒磁性较弱，而长条形或尺寸相对较大的矿粒磁性较强。

强磁性矿粒形状（或相对尺寸）对其磁性的影响主要与其磁化时自身产生的退磁场有关。图 2-16 为强磁性椭圆体在磁场中磁化的示意图。

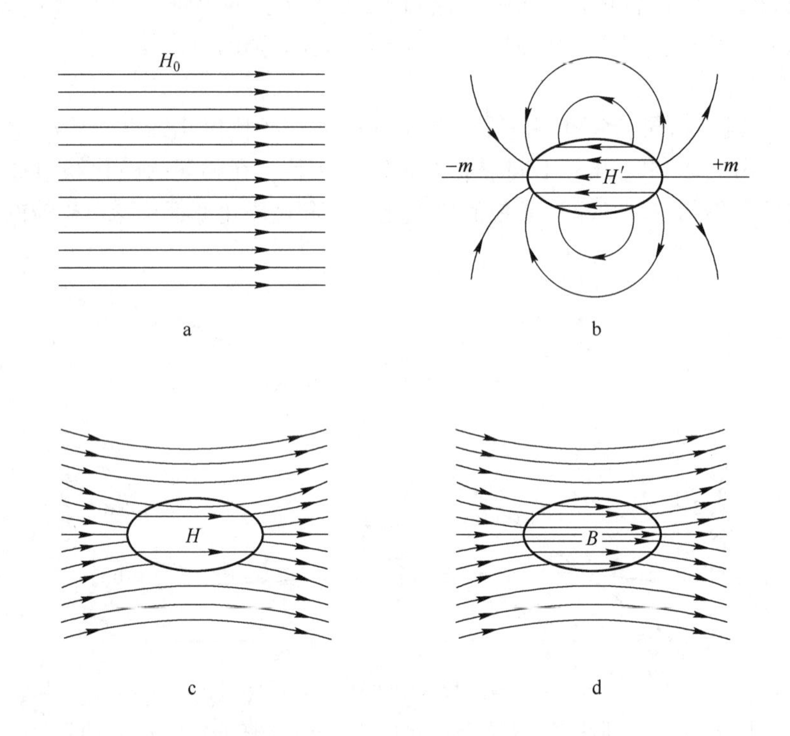

图 2-16　强磁性椭圆体在磁场中磁化示意图

a—均匀磁化场；b—退磁场；c—内叠加总磁场；d—磁感矢量场

当一形状为椭圆体的磁铁矿颗粒置于场强为 H_0 的均匀磁化场中时，颗粒两端因磁化产生磁极（磁量为 $+m$ 和 $-m$），此磁极内部将产生磁场 H'（见图 2-16b），称作附加磁场（退磁场），其方向与外磁化场方向相反，颗粒内部叠加总磁场 H 是 H_0 和 H' 的矢量和，因 H_0 和 H' 方向相反，故在数值上由式（2-49）表示：

$$H = H_0 - H' \tag{2-49}$$

据研究，在均匀磁化场中矿粒产生的退磁场强度 H' 与矿粒的磁化强度 M 成正比，由式（2-50）表示：

$$H' = NM \tag{2-50}$$

式中，N 为和矿粒形状有关的比例系数，称为退磁因子（或退磁系数），在国际单位制中 $0<N<1$。

不同形状颗粒的退磁因子列于表 2-6 中。表中 $l/\sqrt{s}$ 称为尺寸比，用 m 表示，l 是与磁化场方向一致的物体长度，而 S 是垂直于磁化场方向的断面积。

表 2-6 椭圆体、圆柱体和棱柱体的退磁因子

尺寸比 $m/l \cdot s^{-\frac{1}{2}}$	退磁因子 N				
	椭圆体	圆柱体	棱柱体		
			1∶1	1∶2	1∶4
10	0.020	0.018	0.018	0.017	0.016
8	0.033	0.024	0.023	0.023	0.022
6	0.051	0.037	0.036	0.034	0.032
4	0.086	0.063	0.060	0.057	0.054
3	0.104	0.086	0.083	0.080	0.075
2	0.174	0.127	—	—	—
1	0.334	0.279	—	—	—

实际矿粒的几何形状是不规则的，此外，磁选设备的分选磁场是不均匀的，矿粒受不均匀磁场磁化，因此，表 2-6 中所列数据只能用于近似确定矿粒 N 值。生产中磁铁矿实际矿粒尺寸比 $m\approx2$，其退磁因子 N 平均取值为 0.16。

对应于外磁化场 H_0 和总磁场（内磁场）H 的概念，磁化率分成物体的和物质的两类，用物体体积磁化率 κ_0 和物体比磁化率 χ_0 表示。

$$\kappa_0 = M/H_0 \tag{2-51}$$

$$\chi_0 = \kappa_0/\delta_\delta \tag{2-52}$$

但由于矿粒尺寸比对磁性的影响，造成同一矿物，由于形状（尺寸比）不同，在同一外磁化场中磁化时，表现出不同的物体体积磁化率和物体比磁化率。为了表示、比较和评定矿物的磁性，消除形状或尺寸的影响，引入物质体积磁化率 κ 和物质比磁化率 χ 的概念。

$$\kappa = M/H \tag{2-53}$$

$$\chi = \kappa/\delta \tag{2-54}$$

在进行矿物磁化率测定时，将矿物样品制成长棒形，使得其尺寸比很大，以消除退磁因子 N 和退磁场 H' 的影响，使得 $H=H_0$，通过外磁化场 H_0、矿物的磁化强度 M 和矿物的密度 δ，求出矿物的物质体积磁化率 κ 和物质比磁化率 χ。

测出了矿物的物质磁化率后，不同形状或尺寸比的矿物的物体磁化率就可由式（2-55）和式（2-56）计算得出。

$$\kappa_0 = M/H_0 = M/(H + H') = \kappa/(1 + N\kappa) \tag{2-55}$$

$$\chi_0 = \kappa_0/\delta = \chi/(1 + N\delta\chi) \tag{2-56}$$

当退磁因子 $N=0.16$ 时，其体积磁化率 κ_0 和物质体积磁化率 κ 的关系如图 2-17 所示。

B 颗粒粒度的影响

矿粒的粒度对强磁性矿物的磁性有明显的影响。磁铁矿的比磁化率、矫顽力与其粒度的关系如图 2-18 所示。

由图 2-18 中可知，粒度大小对磁性影响比较显著，磁铁矿的矫顽力随颗粒粒度的减小而增高，而比磁化率则相反。在粒度小于 40μm 时，表现得十分明显。有研究表明：当磁铁矿颗粒粒径小于 100nm 后，就不再具有剩磁和矫顽力特征。

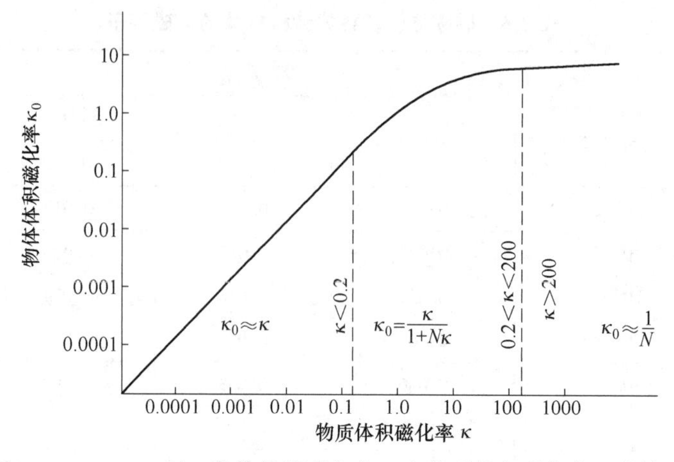

图 2-17　$N=0.16$ 时，物体体积磁化率 κ_0 和物质体积磁化率 κ 的关系

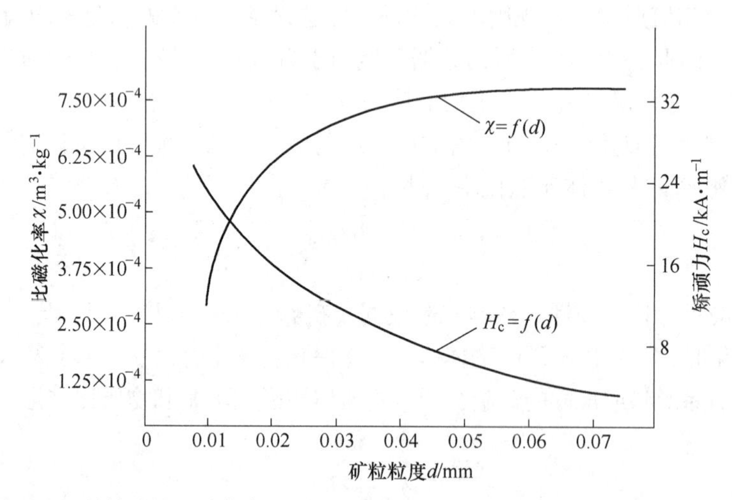

图 2-18　磁铁矿的比磁化率、矫顽力与其粒度的关系（磁化场强 160kA/m）

C　强磁性矿物含量的影响

含有弱磁性矿物或非磁性矿物的磁铁矿连生体的比磁化率实际上仅取决于其中磁铁矿的百分含量（因为磁性较好的弱磁性矿物的比磁化率都比磁铁矿的比磁化率小几十甚至几百倍）。

图 2-19 表示磁铁矿连生体的比磁化率与其中磁铁矿含量的关系。

在磁化场强度 60～120kA/m 范围内，连生体的比磁化率可按经验公式计算：

$$\chi_{s1} = (\delta_m/\delta_1)(\alpha/72.4)\chi_{sm} \tag{2-57}$$

式中，χ_{sm} 为磁铁矿比磁化率，m^3/kg；δ_m，δ_1 分别为磁铁矿和连生体的密度，kg/m^3；α 为连生体中以磁铁矿形式存在的铁含量，%；72.4 是纯磁铁矿化学式的铁含量，%。

连生体在 10～20kA/m 磁场中磁化时，可用下式计算比磁化率：

$$\chi_{s1} = [(\alpha_m + b')/c']^3 \tag{2-58}$$

式中，α_m 为连生体中磁铁矿含量；$b'=27$；$c'=1.36\times10^3$。

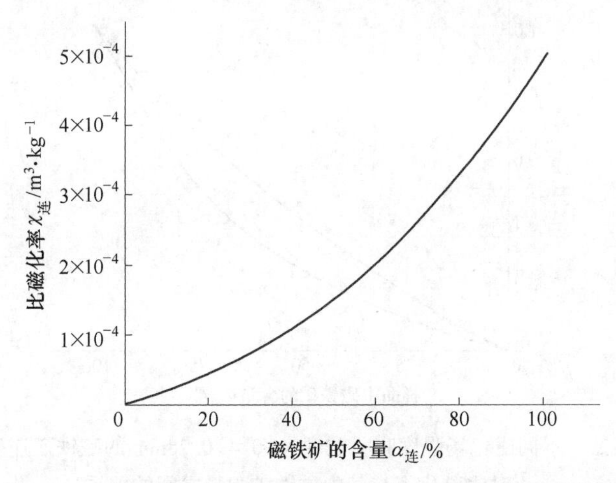

图 2-19 磁铁矿连生体的比磁化率与其中磁铁矿含量的关系

磁铁矿连生体的相对体积磁化率主要与其中磁铁矿体积含量相关外，还与连生体中非磁性夹杂物的形状和排列方式不同有关。图 2-20 表示连生体中非磁性夹杂物的形状和排列方式不同时，磁铁矿连生体的相对体积磁化率和其中磁铁矿体积含量之间的关系。

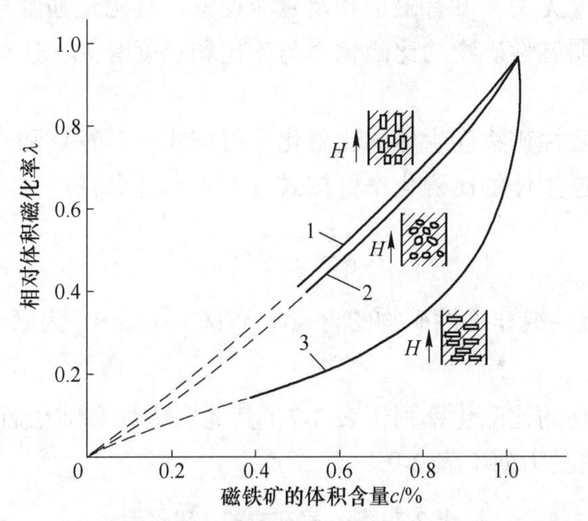

图 2-20 连生体中非磁性夹杂物的形状和排列方式不同时，
磁铁矿连生体的相对体积磁化率和其中磁铁矿体积含量之间的关系
1—夹杂物形状为椭圆体，其长轴平行于磁化场的方向；2—夹杂物形状为球形体；
3—夹杂物形状为椭圆体，其长轴垂直于磁化场的方向

磁铁矿连生体的相对比磁化率（$\chi_{连}/\chi_0$）取决于磁化场强度和连生体的粒度。研究表明：随着磁化场强的提高和粒度的减小，磁铁矿连生体的相对比磁化率和其中磁铁矿体积含量之间的关系曲线的弯曲程度变小。图 2-21 表示不同磁化场强 48kA/m（曲线 1）、4.8kA/m（曲线 2）时，粒度为-0.4+0.28mm 的磁铁矿连生体相对比磁化率与其中磁铁矿体积含量之间的关系。

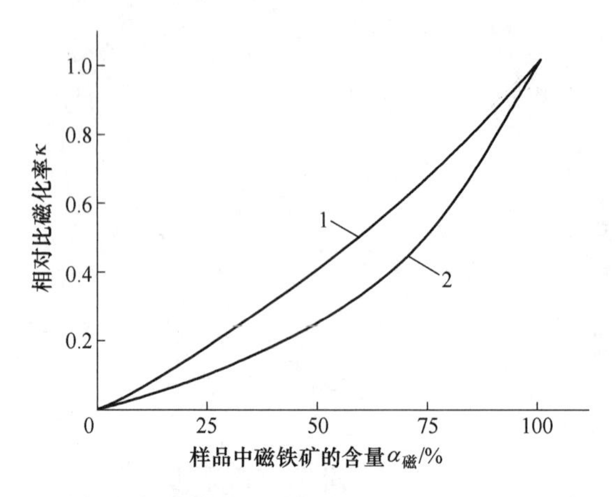

图 2-21　不同磁化场强度时，粒度为-0. 4+0. 28mm 的磁铁矿连生体相对比磁化率与其中磁铁矿含量之间的关系

2. 2. 2　弱磁性矿物

弱磁性矿物在自然界是很多的一类矿物。它们都是顺磁性的，只有个别矿物（如赤铁矿）属于反铁磁性物质。弱磁性矿物的磁性特点是比磁化率为一常数，与磁化场强度、颗粒形状和粒度等因素无关；没有磁饱和及磁滞现象，其磁化强度与磁化场强度呈线性关系。有时观察到有些弱磁性矿物的比磁化率与磁化场强度有关，这种现象被解释为存在有强磁性物质包裹体。

强磁性矿物和强磁性矿物连生体的比磁化率可按式（2-57）和式（2-58）计算。弱磁性矿物和非磁性矿物连生体的比磁化率可按式（2-59）计算：

$$\chi_{s1} = \sum_{i=1}^{n} \alpha_i \chi_{si} \tag{2-59}$$

式中，α_i 为第 i 种弱磁性或非磁性矿物的含量 $\left(\sum \alpha_i = 1\right)$；$\chi_{si}$ 为第 i 种弱磁性或非磁性矿物的比磁化率，m^3/kg。

弱磁性铁、锰矿物的比磁化率列于表 2-7；其他弱磁性和非磁性矿物的比磁化率列于表 2-8。矿物的相对磁吸力列于表 2-9。

表 2-7　铁、锰矿物的比磁化率

矿　物	纯矿物中 Mn 或 Fe 含量/%	比磁化率 χ_s /$m^3 \cdot kg^{-1}$
软锰矿（MnO_2）	63. 1	$(25\sim125)\times10^{-8}$
水锰矿（$MnO_3 \cdot H_2O$）	62. 5	$(45\sim190)\times10^{-8}$
黑锰矿（Mn_3O_4）	72. 0	约 70×10^{-8}
偏锰酸矿（$MnO_2 \cdot mH_2O$）	≤52. 1	$(45\sim150)\times10^{-8}$
土状硬锰矿（$nMn_2O_3 \cdot MnO \cdot mH_2O$）	≤49. 6	65×10^{-8}
致密硬锰矿（$nMn_2O_3 \cdot MnO \cdot mH_2O$）	≤49. 5	90×10^{-8}
褐锰矿（Mn_2O_3）	69. 6	$(150\sim450)\times10^{-8}$
非致密硬锰矿（$nMn_2O_3 \cdot MnO \cdot mH_2O$）	≤49. 6	120×10^{-8}

续表 2-7

矿 物	纯矿物中 Mn 或 Fe 含量/%	比磁化率χ_s /$m^3 \cdot kg^{-1}$
菱锰矿（$MnCO_3$）和锰方解石	≤42.0	175×10^{-8}
假象赤铁矿（Fe_2O_3）	70.0	$(250\sim880)\times10^{-8}$
含赤铁矿的假象赤铁矿	70.0	约 440×10^{-8}
云母铁矿（Fe_2O_3）	70.0	$(325\sim365)\times10^{-8}$
赤铁矿（Fe_2O_3）	70.0	$(60\sim380)\times10^{-8}$
菱铁矿（$FeCO_3$）	48.2	$(45\sim190)\times10^{-8}$
褐铁矿（$nFe_2O_3 \cdot mH_2O$）	到 60.0	$(30\sim315)\times10^{-8}$
针铁矿（$FeO \cdot H_2O$）	62.9	约 30×10^{-8}

表 2-8 一些弱磁性和非磁性矿物的比磁化系数χ_s （m^3/kg）

矿 物	非磁性	弱磁性			
	$(-1\sim10)\times10^{-8}$	$(11\sim35)\times10^{-8}$	$(36\sim60)\times10^{-8}$	$(61\sim85)\times10^{-8}$	$(86\sim450)\times10^{-8}$
普通辉石		—	—	—	—
辉锑矿	—				
磷灰石	—				
文石	—				
砷黄铁矿	—				
重晶石	—				
绿柱石	—				
黑云母			—		
斑铜矿	—				
黑钨矿				—	
钙铁辉石		—	—	—	—
紫苏辉石		—	—	—	—
石膏	—				
海绿石				—	
石榴石				—	—
钨锰矿				—	
蓝晶石	—				
白云石	—				
石灰石	—				
钛铁矿					—
方解石	—				
锡石	—				
石英	—				
刚玉	—				

续表 2-8

矿　物	非磁性	弱磁性			
	$(-1\sim10)\times10^{-8}$	$(11\sim35)\times10^{-8}$	$(36\sim60)\times10^{-8}$	$(61\sim85)\times10^{-8}$	$(86\sim450)\times10^{-8}$
方黄铜矿					——
白钛石	——				
菱镁石	——				
孔雀石		——			
独居石		——			
正长石	——				
黄铁矿	——				
辉石				——	
长石	——				
角闪石		——	——	——	——
金红石	——				
方铅矿	——				
十字石		——	——		
闪锌矿	——				
榍石	——				
滑石	——				
电气石		——	——		
黄铜矿					——
绿泥石		——			
锆英石	——				
尖晶石		——			
纯钠辉石			——		
绿帘石		——			

表 2-9　不同产地矿物的相对磁吸力

矿物分类	矿物名称	相对磁吸力
强磁矿物	铁	100.00
	磁铁矿①	48.000
	磁铁矿②	14.862
	锌铁矿①	13.089
中磁矿物	钛铁矿	9.139
	鲜红斑点云母	5.880
	磁黄铁矿	2.490
	锌铁矿②	1.480

续表 2-9

矿物分类	矿物名称	相对磁吸力
弱磁矿物	赤铁矿①	0.769
	菱铁矿①	0.743
	蔷薇辉石	0.560
	赤铁矿②	0.531
	褐铁矿	0.314
	软锰矿	0.280
	刚玉	0.264
	赤铁矿③	0.257
	软锰矿	0.248
	黄铁矿①	0.203
	水锰矿	0.194
	水锌矿	0.187
	闪锌矿①	0.182
	白云石	0.178
	石英①	0.175
	金红石①	0.168
	菱铁矿②	0.160
	石榴石	0.149
	绿蛇纹石	0.140
	锆石	0.134
	辉钼矿①	0.118
	斑点云母	0.115
	钨锰矿	0.105
	角银矿	0.105
	黑钨矿①	0.105
	辉银矿	0.102
	钨铁矿	0.101
	黑钨矿②	0.100
	金红石②	0.095
	雌黄	0.089
	斑铜矿	0.086
	磷灰石	0.083
	黝铜矿	0.080

续表 2-9

矿物分类	矿物名称	相对磁吸力
弱磁矿物	硅锌矿	0.076
	斑铜矿	0.067
	闪锌矿②	0.057
	白云石	0.057
	萤石①	0.054
	砷黄铁矿	0.054
	黄铜矿	0.051
	赤铜矿②	0.051
	辉钼矿②	0.048
	天青石①	0.038
	辉铜矿	0.038
	硫化汞	0.038
	石膏	0.038
	红锌矿	0.038
	正长石①	0.035
	绿帘石	0.033
	萤石②	0.032
	菱锌矿	0.029
	普通辉石	0.027
	滑石	0.026
	角闪石	0.025
极弱磁矿物	黄铁矿②	0.022
	菱锌矿	0.022
	闪锌矿②	0.022
	辉锑矿	0.022
	冰晶石	0.019
	硫砷铜矿	0.019
	方铅矿①	0.019
	菱镁矿	0.019
	方锑矿	0.019
	石膏	0.016
	红砷镍矿	0.016
	蛇纹石	0.016
	方解石①	0.013

续表 2-9

矿物分类	矿物名称	相对磁吸力
极弱磁矿物	辉锑矿②	0.013
	透视石	0.012
	赤铜矿②	0.0096
	方铅矿	0.0096
	毒重石	0.0064
	金红石③	0.0034
	净鲜红色云母	0.0032
	正长石②	0.0032
	辉钴矿	0.0023
	蓝宝石	0.0023
	黄铁矿③	0.002
	电气石	0.0012
	白云石	0.0011
	尖晶石	0.001
	绿柱石	0.0008
	长石	0.0006
	闪锌矿④	0.0005
	锆石	0.0002
无磁和抗磁矿物	重晶石	0.0
	冰长石	-0.0004
	方解石②	-0.0004
	萤石②	-0.0004
	岩盐	-0.0004
	闪锌矿⑤	-0.0004
	天青石②	-0.0005
	石英②	-0.0005
	刚玉	-0.0006
	黄玉	-0.0006
	方铅矿②	-0.0011
	天然锑	-0.0023
	铋	-0.0032
	磷灰石	-0.0048
	石墨	-0.032

①~⑤表示不同产地矿物。

2.2.3 矿物磁性对磁选过程的影响

矿物磁性是确定磁选过程的决定因素。回收强磁性矿物用弱磁场磁选机；回收弱磁性矿物用强磁场磁选机。

强磁性矿物磁选进行时，除颗粒磁化率外，矿物的矫顽力和剩磁感强度也起重要作用。这些因素使颗粒在磁选机或磁化设备中形成聚团，并且在它离开磁场后，部分聚团仍然保持，使颗粒沉降加快。

磁团聚现象在磨矿回路的分级作业中，特别是在机械分级作业中会影响分级效率。因此在磁选产品再磨之前要用脱磁设备脱磁，破坏磁聚团。

细粒磁铁矿精矿在过滤之前要脱磁，这样能降低滤饼的水分和提高过滤机的生产能力。

磁铁矿颗粒通过磁选机磁场时生成聚团有助于获得含铁量较低的尾矿。这是因为聚团的退磁系数较小而磁化率较高，而且它在水中运动的阻力比单个颗粒要小。对于精矿质量，形成磁聚团是不利的，因为非磁性颗粒也会被夹杂在聚团中。形成聚团会阻碍连生体同单个矿物颗粒分开。

为了使两种磁化率相等而居里点不同的矿物磁分离，磁选可选择在中间温度进行，在此温度下一种矿物的磁性已显著降低，而另一种则仍然保持不变。

2.2.4 磁选的选择性

被分离矿物比磁化率之比χ''_s/χ'_s叫作磁选的选择性。此处χ''_s和χ'_s分别为磁性较强和磁性较弱矿物的比磁化率。

磁选机磁场不论是磁场强度（H）还是相对磁力（$\mu_0 H\mathrm{grad}H$）都是不均匀的。在这种情形下，颗粒大小对作用到颗粒上的平均磁力值有影响，因此具有不同磁化率，大小不同的颗粒可能经受相等的磁力。磁场中，直径为d'的大颗粒与直径为d''的小颗粒受到相等磁吸力时，则引入比等吸力系数（d'/d''）这个概念。比等吸力系数取决于很多因素，其中影响较大的因素包括磁性颗粒比磁化率变化范围、磁场不均匀程度（$\mu_0 H\mathrm{grad}H$）、介质对颗粒运动阻力和给矿方法（上部或下部给料）。

在分选宽粒级矿石时，应当预先筛分。在等磁力磁场中相对磁力是常数，因此磁选前物料无需分级，因为在磁场任何位置、任何粒度颗粒受到的比磁力是相等的。

对于上部单层给矿圆筒磁选机，被选矿石粒度上限d'和下限d''之间磁选必须的粒度差可按下式计算：

$$\Delta d = d' - d'' = \lg K'/C\lg e = 2.3l\lg K'/\pi = 0.73l\lg K' \tag{2-60}$$

式中，$K' = \chi'_{bs}/\chi''_{bs}$；$C \approx \pi/l$，为磁系磁极不均匀度，$m^{-1}$；$l$为极距，m。

从式（2-60）可以看出，被选矿石粒度上下限之间的必要差别随磁场不均匀度C降低（或极距增大）而增大。

磁选效率按下式计算：

$$\eta = 1 - e^{-m'n'} \tag{2-61}$$

式中，m'为与磁选机结构的分选条件有关的系数（根据实验数据$m' \leqslant 4$）；n'为被选颗粒比磁化率相对差：

$$n' = (\chi'_{bs} - \chi''_{bs})\chi'_{bs} \tag{2-62}$$

从式（2-61）得出结论：当选择性给定时（χ''_{bs}/χ'_{bs} =常数，即 n' =常数），磁选效率由 m' 确定；而当磁选机结构和分选条件固定时（m'=常数），磁选效率由根据所要求的选择性计算得到的系数 n' 决定。

2.3 磁选机的磁系结构

磁选分离过程主要是在磁选机分选磁场区中实现的，因此分选区的磁场强度及其分布状态对磁选分离过程有着重要影响。

开路磁系结构磁选机的分选磁场直接来源于磁源磁极；而闭路磁系结构磁选机的分选磁场则是背景磁场磁化聚磁磁介质后，由聚磁介质磁极的感生磁场提供。

开路磁系结构磁选机的主要特征：分选过程在分选磁场区表面进行，磁极沿分选面呈不同的排列方式，磁场强度相对较低，磁场力力程相对较深（对应于分选面），通常用于分选较大颗粒、磁性较强的矿石。

闭路磁系结构磁选机的主要特征：分选过程在聚磁介质表面进行，由于聚磁介质在分选区内呈空间分布，因此，实际分选过程是在聚磁介质填充的分选空间内进行的，聚磁介质由背景磁场磁化可产生较高的磁场强度和磁场梯度（比磁力大），磁场力力程相对较浅（对应于聚磁介质表面），通常用于分选较小颗粒、磁性较弱的矿石。

2.3.1 开路磁系磁场结构

圆筒型磁选机的磁场是典型的开路磁系磁场。图 2-22 是两种开路磁系磁场结构磁极的排列图。

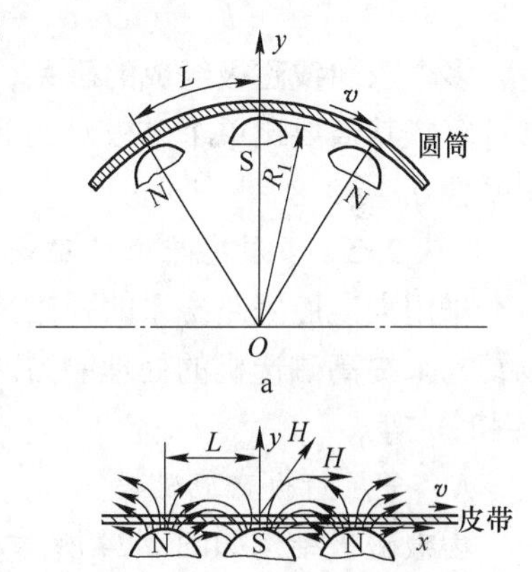

图 2-22 开路磁系磁极排列
a—圆弧形排列的开路磁系；
b—平面排列的开路磁系

这种磁系沿 x 和 y 方向的 H 可由下式计算：

$$\left.\begin{aligned} H_x &= H_0 \exp\left(-\frac{\pi}{l} y \sin\frac{\pi}{l} x\right) \\ H_y &= H_0 \exp\left(-\frac{\pi}{l} y \cos\frac{\pi}{l} x\right) \end{aligned}\right\} \tag{2-63}$$

式中，H_x，H_y 分别为 x 和 y 处的磁场强度，A/m；H_0 为极面（极隙面）上的磁场强度，A/m；l 为极距，m。

在磁极对称面上，$\alpha = 90°$，$H_x = 0$，$H_y = H_0\exp(-\pi y/l)$；在极隙对称面上 $\alpha = 0°$，$H_y = 0$，$H_x = H_0\exp(-\pi y/l)$。

在极面水平上（y=0），式（2-63）可由下式表示：

$$\left.\begin{aligned} H_x &= H_0 \sin\pi x/l \\ H_y &= H_0 \cos\pi x/l \end{aligned}\right\} \tag{2-64}$$

当磁极表面按圆柱面排列时，磁场不均匀系数 $C(m^{-1})$ 由式（2-65）表示：

$$C = \pi/l + 1/R_1 \tag{2-65}$$

式中，R_1为圆柱体半径，m。

当 $R_1 \to \infty$ 时，即当磁极表面成平面排列时：

$$C = \pi/l \tag{2-66}$$

对于平面排列磁系，可求得磁场力 F_{my}（A^2/m^3）为

$$F_{my} = (H\text{grad}H)_y = CH_0\exp(-2cy) \tag{2-67}$$

2.3.2 闭路磁系磁场结构

2.3.2.1 *单层感应磁极磁场*

在磁源磁极之间放一个整体的具有一定形状的感应磁介质（如转辊或转盘等）构成磁路。最常用的有平面极或槽形极同单个或多个齿形极（平齿或尖齿极）组成的磁极对。

图 2-23 为单极双曲线形磁极对的结构图。

这种磁极的磁场强度可由下式计算：

$$H_y = H_0 l\sin\alpha_2/\sqrt{l^2 - y^2} \tag{2-68}$$

式中，H_0 为齿尖 B 点的磁场强度；l 为双曲线焦距；α_2 为相应双曲线渐近线夹角。y 值应从 B 点到 A 点，即 $y = \overline{OB} - x = l\cos\alpha_2 - x$，$x = \overline{OA}$。

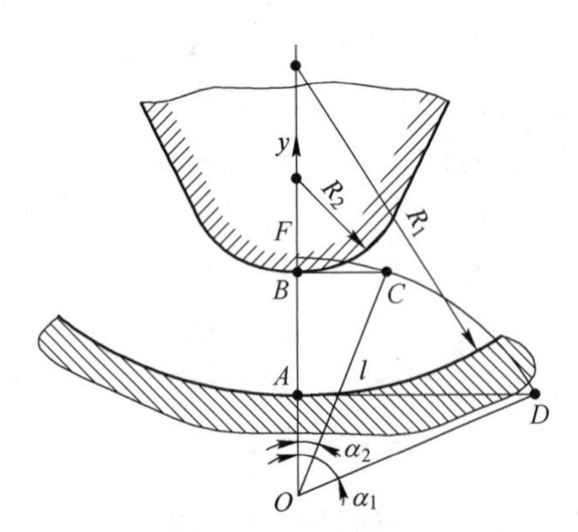

图 2-23 双曲线形磁极对

当计算两个双曲面之间磁场强度时，式（2-68）可写成：

$$H_y = H_0 l\sin\alpha_2/\sqrt{l^2 - (l\cos\alpha_2 - x)^2} \tag{2-69}$$

如果磁力 F_m 为 $H\text{grad}H$，则

$$F_m = \frac{H_0 l^2 \sin^2\alpha_2(l\cos\alpha_2 - x)}{[l^2 - (l\cos\alpha_2 - x)^2]^2} \tag{2-70}$$

多个双曲线磁极组成的磁系，其磁极对称面上的磁场强度的变化可用式（2-69）作近似计算，其值要比单个磁极对的低一些。这样在按式（2-70）计算磁场力时应引入一个修正系数 0.7~0.8。

2.3.2.2 *多层感应磁极磁场*

采用大空腔闭路磁系的强磁选机大都在分选空间中填充聚磁介质形成多层感应磁极磁场结构来提高磁选机的处理能力。常用的聚磁介质有齿板、球、板网、细丝编织网和纤维（钢毛）等。

A *多层齿板感应磁极*

齿板磁极结构如图 2-24 所示。

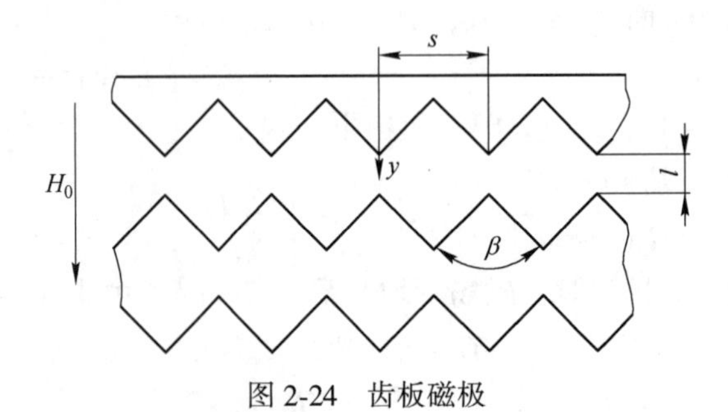

图 2-24 齿板磁极

两齿间磁场强度可用经验公式计算：

$$H_y = K_1K_2K_3H_0\mathrm{e}^{0.45\left(\frac{s-4y}{s}\right)^2} \tag{2-71}$$

式中，H_0 为背景磁场强度；s 为齿极齿距；y 为离齿极距离；K_1 为与齿极的齿尖角及背景磁场强度有关的系数；K_2 为与齿距有关的系数；K_3 为与齿板材质有关的系数。

式（2-71）适用于极距 $l \approx (0.45 \sim 0.46)s$ 和齿尖角 $\beta = 60° \sim 105°$ 的齿板磁极。

磁场力 F_{my} 由下式计算：

$$F_{my} = (H\mathrm{grad}H) = -3.6K_1^2K_2^2K_3^2\left(\frac{H_0}{s}\right)^2(s-4y)\exp 0.9 \times \left(\frac{s-4y}{s}\right)^2 \tag{2-72}$$

B　圆球磁介质感应磁极

圆球磁介质在均匀背景磁场中磁化的定义如图 2-25 所示。

一个直径为 d_0、磁化强度为 M 的介质球在均匀背景磁场中磁化，球表面外的磁场强度由下式表示：

$$\left.\begin{aligned} H_r &= (H_0 + \pi/3Md_0/r^3)\cos\theta \\ H_\theta &= (-H_0 + \pi/6Md_0/r^3)\sin\theta \end{aligned}\right\} \tag{2-73}$$

由图可以看出，使被选磁性颗粒固着在球表面的磁力是径向磁力 F_{mr}，即

$$F_{mr} = 16\pi V(\chi_p - \chi_m)\frac{M}{d_0}\left(H_0 + \frac{8\pi}{3}M\right) \tag{2-74}$$

式中，V 为矿粒体积；χ_p 和 χ_m 分别为矿粒和聚磁介质的磁化率。

C　圆柱体细丝磁介质感应磁极

矿物颗粒在圆柱体细丝磁介质断面的磁吸附如图 2-26 所示。

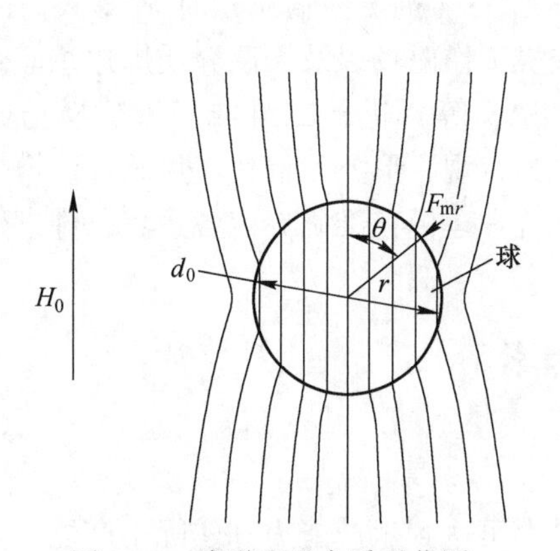

图 2-25　球形聚磁介质磁化图

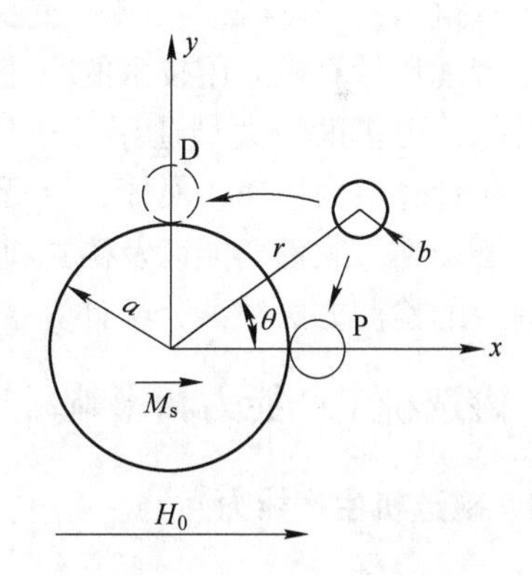

图 2-26　顺磁性颗粒（P）和抗磁性颗粒（D）在圆柱体磁介质表面的吸附

半径为 b 的矿物颗粒在磁场强度为 $H_0(\mu_0H_0 > M_s)$ 的背景磁场中，被半径为 a、饱和磁化强度为 M_s 的铁磁性圆柱体（聚磁介质）吸引，在这种情况下，圆柱体附近磁场的径向分量由下式给出：

$$H_r = \left(H_0 + \frac{M_s a^2}{2\mu_0 r^2}\right)\cos\theta \tag{2-75}$$

当 $\theta = 0°$ 及 $\chi_p - \chi_m$ 为正时（即对于顺磁性颗粒），颗粒将受到最大的磁吸引力 F_{mr}：

$$F_{mr}^{\mathrm{P}} = -4\pi(\chi_{\mathrm{p}} - \chi_{\mathrm{m}}) M_{\mathrm{s}} a^2 (b^3/3r^3)(M_{\mathrm{s}} a^2/\mu_0 r^2 + H_0)$$
$$= -4\pi(\chi_{\mathrm{p}} - \chi_{\mathrm{m}})(M_{\mathrm{s}} H_0/3)[Kx^4/(1+x)^5 + x^2/(1+x)^3]b^2 \qquad (2\text{-}76)$$

式中，$K = M_{\mathrm{s}}/2\mu_0 H_0$；$x = a/b$ 。

如果$\chi_{\mathrm{p}} - \chi_{\mathrm{m}}$为负（即对于抗磁性颗粒），则最大磁吸力发生在$\theta = \pi/2$处：

$$F_{mr}^{\mathrm{D}} = -4\pi(\chi_{\mathrm{p}} - \chi_{\mathrm{m}})(M_{\mathrm{s}} H_0/3)[Kx^4/(1+x)^5 - x^2/(1+x)^3]b^2 \qquad (2\text{-}77)$$

从式（2-76）和式（2-77）可以看出，如果H_0和M_{s}为定值，则磁力只与$x = a/b$有关。对于任何给定的值，磁力F_{m}随x变化关系如图 2-27 所示。

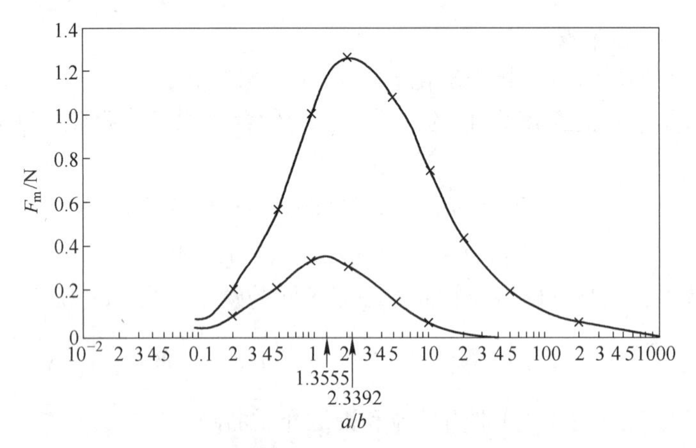

图 2-27 圆柱体聚磁介质周边磁力 F_{m} 随 x 变化关系

计算得出，当x=2.34（顺磁性颗粒）或x=1.35（抗磁性颗粒）时F_{m}最大。

随着现代计算机应用技术的飞速发展，磁选机工作磁场以及聚磁介质周边感应磁场的分析计算，可借助于大型通用分析软件（如 ANSYS 等）进行二维或三维建模与分析计算，分析计算更为快速、便捷，分析计算结果更为直观、形象。但在应用软件建模分析计算时，必须熟悉软件功能以及磁选机结构特征，合理建模，准确界定各边界条件参数，并结合有效的检测方法验证分析计算结果。

2.4 磁选机生产能力和影响磁选过程的因素

2.4.1 磁选机生产能力

矿石磁选时，磁选机的生产能力可区分为最大可达到生产能力和实际生产能力两个概念。所谓可达到的最大生产能力是指矿石分选指标在令人满意条件下磁选机的最大生产能力；实际生产能力是指选矿厂具体条件所决定的磁选机实际生产能力。在选择磁选机类型和数量时，要考虑必要的储备，因此必须采用磁选机实际生产能力参数。

磁选机可达到的最大生产能力由以下三点决定：

（1）磁选机的回收能力，即在矿石通过回收区时间内，从料层或料流中回收磁性颗粒的能力；

（2）磁选机的输送能力，即把磁性产品从回收区送到卸料区的能力；

（3）磁选机的通过能力，即单位时间内磁选机能通过的最大料量的能力。

以上列举的磁选机生产能力判据是互相紧密关联的，并受被选矿石的物理、矿物学性质及磁选机结构参数等因素的影响。

2.4.1.1 干式上部给矿磁选机的生产能力

干式上部给矿磁选机的最大可达到生产能力 Q(t/h) 由下式计算：

$$Q = 3.6 a_m \nu_0 v_0 \delta_0 n d' b \tag{2-78}$$

式中，a_m 为与原矿中磁性颗粒含量有关的系数（当磁性颗粒含量 $a_m > 70\%$ 时，$a_m = 0.7$；$a_m \approx 50\%$，$a_m \approx 1$；$a_m \leqslant 30\%$，$a_m = 1.3$）；ν_0 为矿石充填系数（对于不分级物料 $\nu_0 = \pi(d' - d'')$，对于粒度上限 d' 和下限 d'' 的分级物料，$\nu_0 = \pi(d' - d'')/6d'\ln(d'/d'')$）；$v_0$ 为矿石通过回收区的输送速度，m/s；δ_0 为矿石密度，kg/m³；n 为与矿石粒度有关的层次（对于强磁性矿石，当 $d' > 2.5$cm 时，$n = 1$；当 $2.5\text{cm} \geqslant d' \geqslant 0.8$cm 时，$n = 1 \sim 3$；当 $0.8\text{cm} \geqslant d' \geqslant 0.2$cm 时，$n = 3 \sim 5$；当 $d' < 0.2$cm 时，$n = 5 \sim 10$；对于粒度小于 0.3cm 的弱磁性矿石，$n = 1 \sim 3$）；b 为给料层宽度，m。

2.4.1.2 下部给矿湿式圆筒磁选机和生产能力

下部给矿湿式圆筒磁选机的最大可达生产能力 Q(t/h) 由下式确定：

$$Q = 9.4 \times 10^{-3}(K_g/K_w) b \rho_f l_a d_m \times \sqrt{(\mu_0 \chi_{bs} H \text{grad} H - g_0)^2 \Delta_f \delta_m^2 / \eta_w} \tag{2-79}$$

式中，K_g 为与矿浆给入工作区有关的系数；K_w 为矿浆非磁性部分的体积流量对给矿体积流量之比；b 为给矿区宽度，m；ρ_f 为给矿中固体含量，%；l_a 为回收区有效部分长度，m；d_m 为磁性颗粒（聚团）粒度，m；χ_{bs} 为磁性颗粒（聚团）的物体比磁化率，m³/kg；H 为给料槽表面的磁场强度，A/m；g_0 为自由落下起始加速度，m/s²；Δ_f 为给料密度，kg/m³；η_w 为介质黏度，Pa · s。

对于顺流和半逆流磁选机 $K_g \approx 1$；对于逆流磁选机 $K_g \approx 0.6$。对于顺流磁选机 $K_w = 1$，对于逆流和半逆流磁选机 K_w 由下式确定：

$$K_w = 1 - \gamma_m (R_m + 1/\delta_m)/(R_f + 1/\delta_f) \tag{2-80}$$

式中，γ_m 为磁性产品产率，%；R_f 和 R_m 分别为给矿和磁性产品的质量固液比，%；δ_f 为给矿中的固体密度，kg/m³。

2.4.1.3 湿式电磁感应辊强磁选机的生产能力

湿式电磁感应辊强磁选机的最大可达到生产能力 Q(t/h) 由下式确定：

$$Q = 2 \times 10^{-3} K_g l_a d_m^2 \delta_m b \Delta_f \rho_f (\mu_0 \chi_{bs} H \text{grad} H - g_0)/\eta_w \tag{2-81}$$

式（2-79）和式（2-81）只有当磁选机输送磁性产品和矿浆通过能力足够时才是正确的。

2.4.2 影响磁选过程的因素

2.4.2.1 矿物的磁性是影响磁选过程的决定性因素

入选矿物的磁性对于磁选过程起决定性作用，理论上只有磁性和非磁性两种矿物的给料对磁选作业十分有利。然而，实际生产中天然矿石矿物成分是复杂的，因此，与其他选矿方法应用研究一样，在确定采用磁选工艺之前，必须对入选物料的矿物组成与物理、化学特性进行深入研究，根据入选矿物的种类、含量及各矿物磁性的强弱等性质，合理确定磁选工艺与磁选设备。

2.4.2.2 矿物单体解离度对磁选过程的影响

入选矿物中磁性和非磁性矿物各自的单体解离度，严重影响磁选过程中的磁分离效率以及产品质量（纯度）、回收率等分选技术指标。

2.4.2.3 矿物粒度与形状对磁选过程的影响

入选矿物的平均粒径、最大颗粒、粒度分布以及颗粒形状对于磁选过程也有着重要的影响。一方面，由于粒度与形状影响强磁性铁矿物的磁性大小；另一方面，不同的磁选工艺和磁选设备对于不同的入选颗粒大小和形状有相应的适应范围。

2.4.2.4 入选颗粒之间分子力的影响

两个球形颗粒间分子力 F 可用杰里亚金公式计算：

$$F = 2A\pi d_1 d_2 \sigma_s (d_1 + d_2) \tag{2-82}$$

式中，F 为分子力，N；A 为与颗粒接触面积、湿度和其他因素有关的系数；d_1 和 d_2 均为颗粒直径，m；σ_s 为颗粒与周围介质（空气）界面上的表面张力，N/m。

当相接触颗粒直径相等时：

$$F = A\pi d\sigma_s \tag{2-83}$$

当颗粒黏附力和重力相等时，颗粒直径为

$$d = \sqrt{6\pi\sigma_s / g_0\delta} \tag{2-84}$$

式中，g_0 为自由落下加速度，m/s^2；δ 为颗粒密度，kg/m^3。

干式磁选时，细颗粒间分子力作用特别明显。直径小于 d 的磁性和非磁性颗粒将会构成结合体。如果结合体的磁化率足够大，就会进入磁性产品；反之结合体进入非磁性产品。这种现象会破坏干式磁选过程，并降低磁分离效率。因此，为了改善分选指标，一般都预先除尘。细物料干选时，常用添加剂促使颗粒分散。

湿式磁选时，细泥含量过高对于磁选分离作业也有较大影响，通常，采用预先脱泥或添加分散剂的方法以去除不利于磁选的分子力作用。有时，也有采用选择性絮凝的方法，增强微细粒磁性颗粒之间分子力作用，使磁性颗粒形成较大絮团而有利于磁选作业。

2.4.2.5 入选矿浆中固体含量对湿式磁选结果的影响

磁选产品中磁性组分含量近似地由下式确定：

$$\beta_m = \alpha_m (\alpha_m + K_t \gamma_m \alpha_n R_m / R_f) \tag{2-85}$$

式中，α_m 和 α_n 分别为原矿中磁性和非磁性组分含量，$\alpha_n = 1 - \alpha_m$，%；$K_t \approx 1.0 \sim 1.2$，为非磁性颗粒带入磁性产品系数；γ_m 为磁性产品产率，%；R_m 和 R_f 分别为磁性产品和给矿的质量液固比。

式（2-85）表明，磁性产品质量随矿浆稀释（R_f 增高）而提高。

磁选时保持磁选机给料稳定很重要，不仅质量要稳定，而且固体含量也要保持不变。做到这一点必须使磨矿和分级设备工作稳定，这可以应用自动调节技术实现。

在第一段磁选（得到磁选取产品和尾矿），给料固体含量约为40%；在以后各磁选段（选出最终精矿）的给料浓度约为30%。

2.5 磁选前的矿石准备

为了保证磁选作业的选矿效率，使得入选物料满足磁选工艺和设备效率最大化要求，入选矿石必须经过预先处理，即进行矿石入选前的准备作业。

2.5.1 矿石破碎和脱泥（原生泥）

矿石破碎和脱泥（原生泥）通常是磁选前最基本的准备作业。根据矿石的特性和磁选工艺的要求，同时还要考虑后续磨矿作业的需求，来确定破碎、脱泥作业流程（破碎粒度和作业段数）。

2.5.2　磨矿、分级作业

破碎后的磨矿、分级作业是细粒级磁选必须的准备作业。磨矿、分级作业的确定（磨矿粒度和作业段数）是根据入磨矿石的硬度、入磨矿石中目的矿物与脉石矿物各自的单体解离度、磁选工艺要求以及磁选设备对入选物料的适应性要求而确定的。

2.5.3　矿石筛分

磁选预先抛尾（废）是铁矿生产中常用的作业环节。由于处理粗颗粒矿石的磁选机磁场磁力随距分选磁极距离的增大而减弱，在分选宽粒级未分级矿石时，作用在粗颗粒和细颗粒上的磁力是不等的，这就使分选效率降低，妨碍分选条件和磁选机分选区参数的选择。因此，通过筛分使被选矿石粒度的上下限接近，从而提高磁选指标。

矿石筛分的筛孔尺寸和所用磁选机类型有关。对于上部给料式磁选机，筛孔尺寸与磁系的磁极距或辊齿距及矿石被选组分磁化率之比有关。

强磁性矿石粗颗粒预选时，筛分分级粒度通常为-100+75mm、-75+50mm、-50+6mm、-6+3mm、-3mm；弱磁性矿石粗颗粒预选时，筛分分级粒度通常为-50+30mm、-30+6mm、-6+3mm、-3mm；筛分分级后对磁选结果会产生有利影响。

筛分细粒矿石效率低、费用高，因此只在个别情况下采用。例如稀有金属矿石精矿的再处理。

表2-10列举了分级和不分级矿石的磁选对比技术指标。

表2-10　分级和不分级矿石的磁选分选工艺技术指标　（%）

准备作业	产率	铁或锰回收率	铁或锰含量			选矿效率
			精矿	尾矿	原矿	
铁矿石（干式磁选）						
筛分成-50+6mm和-6+0mm	87.0	93.9	46.7	20.3	43.2	16.5
不筛分-50+0mm	88.6	93.1	45.4	26.2	43.2	10.8
洗过的锰矿石（干式磁选）						
筛分成-5+3mm和-3+0mm	47.8	86.0	41.1	6.2	22.8	66.0
不筛分-5+0mm	46.3	81.1	40.3	8.1	23.0	60.5
洗过的锰矿石（湿式磁选）						
筛分成-5+3mm和-3+0mm	46.7	82.0	40.7	7.8	23.0	61.5
不筛分-5+0mm	43.5	74.8	39.8	10.3	23.1	54.7

2.5.4　矿石除尘和脱泥

通常情况下，磁选前细粒矿石要除尘或脱泥。表2-11列出磁选前除尘或脱泥与不除尘或不脱泥的磁选技术指标的对比数据。

表 2-11 预先除尘或脱泥与不除尘或不脱泥的磁选分选工艺技术指标 (%)

准备作业	产率	铁或锰回收率	铁或锰含量			磁选效率
			精矿	尾矿	原矿	
假象赤铁矿（干式磁选）						
除尘	33.2	43.6	61.8	39.5	46.9	30.5
不除尘	46.6	51.7	51.6	41.8	46.6	14.5
锰矿石（湿式磁选）						
脱泥（-0.03mm）	37.6	55.2	31.0	15.1	21.0	28.8
不脱泥	37.8	49.4	25.8	16.1	19.8	18.3
脱泥（-0.01mm）	46.9	60.7	26.2	15.6	20.3	22.1

2.5.5 强磁性矿石的预磁化

磁铁矿石湿式磁选时常采用预磁化作业和细磨矿石在磁力脱泥槽或水力分级机中脱泥作业。预磁化的磁铁矿颗粒能形成磁聚团，它比非磁性颗粒沉降得快，用水力分级方法可以把细粒脉石脱掉，从而改善随后的磁选作业。

2.5.6 强磁性矿石的脱磁

强磁性颗粒在通过磁选机或磁化器后会生成聚团粒。聚团粒会增加非磁性颗粒的夹杂现象，同时聚团粒的存在会破坏分级正常过程，过滤时妨碍脱水，不能使滤饼水分降至最低。因此在细粒嵌布磁铁矿石湿式磁选过程中，为了减少磁聚团的不利影响，在再磨矿、分级和磁选精选之前或细粒精矿过滤之前都需要采用脱磁作业。

2.5.7 矿石干燥

干式磁选作业时随着矿石湿度增高，矿粒相互黏结力增大，使磁选过程恶化。这种影响在矿石粒度细时特别显著。例如对于矿物混合物（致密磁铁矿石），粒度为-3+0mm，湿度不应超过0.5%~1%；粒度为-6+0mm，湿度小于1%~1.5%；粒度为-12+0mm，湿度小于2%~2.5%及粒度为-25+0mm，湿度小于3%~5%。

对于粗粒 $d \geqslant 6$mm 的多孔褐铁矿石，干选时允许湿度为6%~10%。

3 磁 化 焙 烧

为了利用高效的磁力选矿法分选铁矿石，可以通过磁化焙烧法处理弱磁性铁矿石，使其中弱磁性铁矿物转变为强磁性铁矿物，再经简单的弱磁选工艺就能获得较高的选矿指标。焙烧磁选法具有精矿易于浓缩脱水，精矿烧结强度高等优点，目前此法仍在我国铁矿选矿中得到应用。但是，焙烧磁选法基本建设和经营费用均较高。

3.1 磁化焙烧原理和分类

磁化焙烧是矿石加热到一定温度后在相应气氛中进行物理化学反应的过程。经磁化焙烧后，铁矿物的磁性显著增强，脉石矿物磁性则变化不大。铁锰矿石经磁化后，其中铁矿物变成强磁性铁矿物，锰矿物的磁性变化不大。因此，各种弱磁性铁矿石或铁锰矿石，经磁化焙烧后便可进行有效的磁选分离。

常用的磁化焙烧法可分为：还原焙烧、中性焙烧、氧化焙烧、氧化还原焙烧和还原氧化焙烧等。

3.1.1 还原焙烧

赤铁矿、褐铁矿和锰矿石在加热到一定温度后，与适量的还原剂相作用就可使弱磁性的赤铁矿转变为强磁性的磁铁矿（Fe_3O_4）。常用的还原剂有 C、CO 和 H_2 等。赤铁矿与还原剂作用的反应如下：

$$3Fe_2O_3 + C \longrightarrow 2Fe_3O_4 + CO$$

$$3Fe_2O_3 + CO \longrightarrow 2Fe_3O_4 + CO_2$$

$$3Fe_2O_3 + H_2 \longrightarrow 2Fe_3O_4 + H_2O$$

褐铁矿（$2Fe_2O_3 \cdot 3H_2O$）在加热到一定温度后开始脱水，变成赤铁矿石，然后再按上述反应被还原成磁铁矿。

还原焙烧程度一般用还原度表示：

$$R = \frac{m(\mathrm{FeO})}{m(\mathrm{Fe})} \times 100\%$$

式中，$m(\mathrm{FeO})$ 为还原焙烧中的含量,%；$m(\mathrm{Fe})$ 为还原焙烧中全铁的含量,%。

若赤铁矿全部还原成磁铁矿时，还原程度最佳，磁性最强，此时还原度 $R=42.8\%$。

3.1.2 中性焙烧

菱铁矿（$FeCO_3$）、菱镁铁矿、菱铁镁矿和镁菱铁矿等碳酸铁矿石在不通空气或通入少量空气的情况下加热到一定温度（300~400℃）后，可进行分解，生成磁铁矿。其化学反应如下：

$$3FeCO_3 \longrightarrow Fe_3O_4 + 2CO_2 + CO$$

同时，由于碳酸铁矿物分解出一氧化碳，也可将矿石中并存的赤铁矿还原成磁铁矿，即

$$3Fe_2O_3 + CO \longrightarrow 2Fe_3O_4 + CO_2$$

3.1.3　氧化焙烧

黄铁矿（FeS_2）在氧化气氛中短时间焙烧时被氧化成磁黄铁矿，其化学反应如下：

$$7FeS_2 + 6O_2 \longrightarrow Fe_7S_8 + 6SO_2$$

如焙烧的时间很长，则磁黄铁矿可继续反应成磁铁矿。

$$3Fe_7S_8 + 38O_2 \longrightarrow 7Fe_3O_4 + 24SO_2$$

3.1.4　氧化还原焙烧

含有菱铁矿、赤铁矿或褐铁矿的铁矿石，在菱铁矿与赤铁矿的比值小于1时，在氧化气氛中加热到一定温度，菱铁矿可氧化成赤铁矿，然后再在还原气氛中将其与矿石中原有赤铁矿一并还原成磁铁矿。

3.1.5　还原氧化焙烧

各种铁矿石经磁化焙烧生成的磁铁矿，在无氧气氛中冷却到400℃以下时，再与空气接触，可氧化成强磁性的磁赤铁矿（γ-Fe_2O_3）。其化学反应如下：

$$4Fe_3O_4 + O_2 \longrightarrow 6\gamma\text{-}Fe_2O_3$$

磁铁矿氧化成磁赤铁矿时，放出热量，如能利用（预热矿石），可降低焙烧的热耗。

上述五种方法是根据不同矿物分别采用的磁化焙烧方法，其中最主要的是还原焙烧。

3.2　铁矿物磁化焙烧图

弱磁性氧化铁矿物转变为强磁性氧化铁矿物，可用铁—氧系相图来研究其磁化焙烧过程。一般将其称为铁矿物磁化焙烧图（见图3-1）。

图3-1表示温度对铁的各种氧化物互相转变关系。图中 *A* 点为赤铁矿（约30%氧和30%铁），*L* 点为褐铁矿，*C* 点为菱铁矿。

菱铁矿在400℃下开始分解，到500℃时结束（*CBD* 线段），完成磁化过程。褐铁矿在300~400℃下开始脱水，脱水结束后，变成赤铁矿。

赤铁矿在400℃时，在还原气氛中开始脱氧，570℃时，较快变成磁铁矿（*D* 点）。

当赤铁矿还原反应终止于 *D* 点或 *G* 点时，变成磁铁矿，并完成磁化过程。

磁铁矿在无氧气氛中迅速冷却，其组成不变，仍是磁铁矿（*DM* 线段）。

磁铁矿在400℃以下，在空气中冷却，则被氧化成强磁性的 γ-Fe_2O_3（*DEN* 线段）；如在400℃以上，在空气中冷却，则被氧化成弱磁性的 α-Fe_2O_3（*DB* 线段）。

从图3-1中看出，最佳磁化过程是沿着 *ABDM* 或 *ABDEN* 线段进行的。焙烧温度要适宜。温度过高时将生成弱磁性的富氏体（Fe_3O_4-FeO 固溶体）和硅酸铁；温度过低时，还原反应速度慢，影响生产能力。在工业生产中，赤铁矿石的有效还原温度下限是450℃，上限是700~800℃。如采用固体还原剂时，还原温度是800~900℃。

Fe_3O_4、γ-Fe_2O_3、α-Fe_2O_3 的特性列于表3-1。

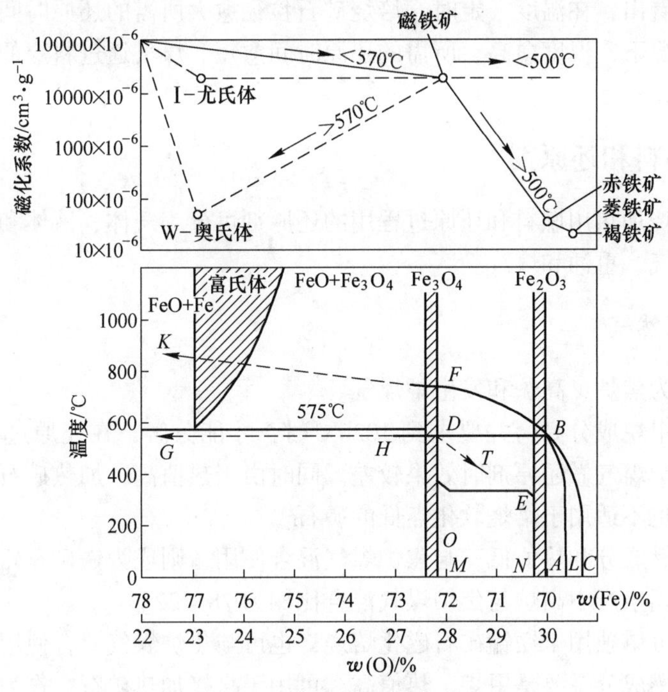

图 3-1 铁矿物磁化焙烧图

表 3-1 Fe_3O_4、γ-Fe_2O_3、α-Fe_2O_3 的特性

分子式	晶 形	晶格常数/nm	磁 性
Fe_3O_4	立方晶系	0.84	强磁性
γ-Fe_2O_3	立方晶系	0.84	强磁性
α-Fe_2O_3	菱形晶系	0.542	弱磁性

3.3 焙烧温度和还原时间

影响磁化焙烧的主要因素是焙烧温度和还原时间，还原时间的长短与焙烧矿石粒度大小、矿石性质和还原剂成分有关。铁矿石在还原焙烧过程中，一般通过焙烧条件试验来确定适宜的焙烧温度和还原时间，也可用下列经验公式进行计算：

$$t = \frac{c}{Kp}(a + b \cdot R) \tag{3-1}$$

式中，t 为矿石还原时间，min；a 为煤气流速系数，对于流速较慢的竖炉、转炉 $a = b - 10$，对于流速较快的沸腾炉 $a = 0$；b，c 均为与矿石性质有关的系数，对于鞍山式铁矿 $b = 1 \sim 1.5$，$c = 2 \sim 3$；K 为温度系数，$\lg K = -\frac{A}{T} + B$；T 为焙烧温度，采用绝对温度 $T = t + 273$；A，B 均为常数，采用 H_2 作还原剂时，$A = 2762$，$B = 5.3$，采用 CO 作还原剂时，$A = 2306$，$B = 3.36$；p 为还原剂的分压，等于煤气气压乘以还原剂成分的体积百分数；R 为焙烧矿石半径，mm。

从式中可以看出，在温度一定时，焙烧矿石粒径愈大所需的还原时间愈长，在焙烧矿石半径同样的情况下，温度愈高，所需的还原时间愈短。煤气通过料层的流速愈高，还原时间愈短。

3.4 焙烧用燃料和还原剂

矿石磁化焙烧加热用燃料和还原过程用的还原剂可分为气体、液体和固体三种。工业上最常用的是煤气、重油和煤。

3.4.1 煤气和天然气

常用的煤气为焦炉、高炉和发生炉煤气。

焦炉煤气含甲烷成分高，并要求到1026℃时，才能分解，在还原过程中往往不能参与反应，故用焦炉煤气做还原剂时效果较差。同时由于热值高，加热矿石时也往往出现过焙烧，焦炉煤气也不适用于焙烧软化点低的矿石。

高炉煤气可燃成分和热值低，与焦炉煤气混合使用，则成为铁矿石磁化焙烧的良好燃料和还原剂。我国生产中高炉与焦炉煤气混合比例为78∶22。

发生炉煤气可单独用于铁锰矿石磁化焙烧，也可与焦炉煤气混合使用。

天然气中可燃成分主要是甲烷，热值高，可用于直接加热矿石，作为还原剂时，需经裂化才能使用。

各种煤气、天然气及其裂化的主要成分列于表3-2和表3-3。

表3-2　各种煤气主要成分及含量

煤气种类	含量（质量分数）/%							热值/$MJ \cdot m^{-3}$
	CO	H_2	CH_4	C_mH_n	CO_2	O_2	N_2	
鞍钢焦炉煤气	9.85	56.0	25.0	2.6	2.8	0.4	4.25	18.8
酒钢焦炉煤气	6.70	64.3	20.2	2.3	2.2	0.3	4.0	16.6
包钢焦炉煤气	7.40	59.2	24.6	1.9	2.8	0.8		17.3
鞍钢高炉煤气	25.4	2.1	0.4		15.4			3.47
包钢高炉煤气	26.8	0.5			13.3	0.7		3.45
发生炉煤气	28.3	14.0	2.9	0.9	4.8	1.12		5.65
鞍钢混合煤气	20.7	17.7	6.15	0.61	12.2	0.2		7.2
齐大山混合煤气	18.5	13.5	8.1	1.0	11.4	0.3		8.0
包钢混合煤气	14.7	35.5	14.0	1.64	7.76	0.3		11.2

表3-3　天然气及裂化气主要成分及含量

种类	含量（质量分数）/%									
	CH_2	C_2H_6	C_3H_8	C_4H_{10}	C_5H_{12}	H_2	CO	CO_2	O_2	N_2
天然气	97.74	0.59	0.09	0.01	0.12	0.07		0.29		1.09
	85.38	9.50	3.38	1.43	0.31					
	87.37	7.36	2.95	1.61	0.58					
裂化气						15.3	9.7	4.2	0.2	69.75

3.4.2 重油

重油可用作加热矿石，也可采用蓄热裂解法生产裂化气。重油及其裂化气主要成分列于表 3-4 和表 3-5。

表 3-4 重油主要成分及含量

种类		含量（质量分数）/%					热值/MJ · kg^{-1}
		H_2	C	O_2	S	灰分	
低硫重油	"10"	12.3	85.6	0.5	0.5	0.1	41.65
	"20"	11.5	85.3	0.5	0.6	0.1	40.69
	"40"	10.5	85.0	0.7	0.6	0.2	39.60
	"80"	10.2	84.0	0.8	0.7	0.3	39.35
高硫重油	"10"	11.5	84.2	0.7	2.5	0.1	40.44
	"20"	11.3	83.1	0.5	2.9	0.2	40.02
	"40"	10.6	82.4	0.9	3.1	0.3	39.18

表 3-5 重油裂化气主要成分及含量 （质量分数,%）

成分	CH_4	C_mH_n	CO	H_2	CO_2	O_2	N_2	热值/MJ · kg^{-1}
含量	28.5	31.17	2.68	31.51	2.13	0.62	2.39	38.16

3.4.3 煤

磁化焙烧用的固体燃料和还原剂主要是煤。可因地制宜采用，但在磁化焙烧中多用褐煤和烟煤。其主要成分见表 3-6。

表 3-6 焙烧常用烟煤及褐煤主要成分

种类	含量（质量分数）/%						
	水分	灰分	挥发分	全硫	碳	发热值/kJ · kg^{-1}	
						低位	高位
哈密烟煤	2.55	19.22	22.68	0.40	57.55	23629.5	24954.6
扎赉诺尔褐煤	19.17	7.67	49.69	0.26	23.29	19187.4	21472.7
广西褐煤	22.5	35.9	23.3	—	18.3	12866.04	—

3.4.4 各种燃料的某些特性

煤气具有毒性和爆炸性。在焙烧生产时，要严格按安全技术操作规程进行。

空气中 CO 浓度的允许含量规定等见表 3-7。

空气中煤气达到一定浓度时，遇到火就会引起爆炸，其极限浓度见表 3-8。

各种燃料的着火点、密度和燃料状况见表 3-9。

表 3-7 空气中 CO 浓度的允许含量

空气中 CO 浓度/g · m^{-3}	0.03	0.05	0.1	0.2	>0.3
允许工作时间	长期	1h	0.5h	15min	不能工作

表 3-8　空气中煤气爆炸极限浓度

种　类	按体积计/%		按质量计/mg · L^{-1}	
	下限	上限	下限	上限
高炉煤气	46	68	41. 4	61. 2
焦炉煤气	6	30		
发生炉煤气	20. 7	73. 7		
混合煤气	40	60. 7		
天然气	4. 8	13. 5	24	67. 5

表 3-9　各种燃料着火点、密度和燃烧状况

种　类	着火点/℃	与空气相比的密度	密度/kg · m^{-3}	所需理论空气量 /m^3 · m^{-3}	生成废气量 /m^3 · m^{-3}
高炉煤气	700~800	约 1	1. 29~1. 30	0. 75~0. 80	1. 6~1. 8
焦炉煤气	550~650	0. 43~0. 50	0. 55~0. 65	4. 0~4. 5	4. 8~5. 1
发生炉煤气	650~700	0. 84~0. 89	1. 08~1. 15	1. 2~1. 3	2. 0~2. 1
氢气	586	0. 069	0. 0895		
一氧化碳	651	0. 967	1. 2510		
甲烷	650~750	0. 553	0. 7150		
煤	400~500				
焦炭	640~740				

3. 5　磁化焙烧炉

磁化焙烧炉主要有竖炉、回转窑和沸腾炉三种类型。各种焙烧炉的入炉矿石粒度范围列于表 3-10。

表 3-10　各种焙烧炉的入炉矿石粒度

炉型	入炉矿石粒度/mm
竖炉	75~10
回转窑	30(20)~0
沸腾炉	5(3)~0

3. 5. 1　竖炉

竖炉主要是处理块矿的一种炉型，利用竖炉进行大规模工业磁化焙烧开始于 1926 年我国鞍山，故称为“鞍山式竖炉”。我国科研、设计和生产部门在多年研究、设计和生产实践中，对炉体结构和辅助设备，进行了不断改进。在原容积 50m^3 鞍山式竖炉基础上改进过 70m^3、100m^3 和 160m^3 容积的大型竖炉。矿石处理量由 6~10t/(h · 台) 提高到 30~40t/(h · 台)。其生产矿石处理量列于表 3-11。

表 3-11 各种类型竖炉矿石处理量

企 业	容积/m^3	入炉粒度/mm	处理量/$t \cdot h^{-1}$	燃 料
鞍山钢铁公司	50	75~20	12~15	高炉焦炉混合煤气
鞍山钢铁公司	70	75~20	16~18	高炉焦炉混合煤气
包头钢铁公司	50	75~20	10.5	高炉煤气
酒泉钢铁公司	100	75~12	19.4	高炉煤气
宣化钢铁公司	160		30~40（设计）	

竖炉主要是由炉顶上部的给料系统、炉体、炉体下部的排矿系统和抽烟系统四部分组成。炉体内部从上到下分为预热带、加热带和还原带三部分。从断面上看，炉膛上部较宽，向下逐渐收缩，到加热带最窄（炉腰）后又逐渐扩大到还原带的最宽处。矿石在炉内停留时间为 6~10h。

50m^3 竖炉的有效容积为 50m^3，炉体外形尺寸为长 6.6m，宽 5.3m，高 9.7m。加热带的最窄处宽为 0.45m。还原带的最宽处为 1.76m，炉体结构及断面布置如图 3-2 和图 3-3 所示。

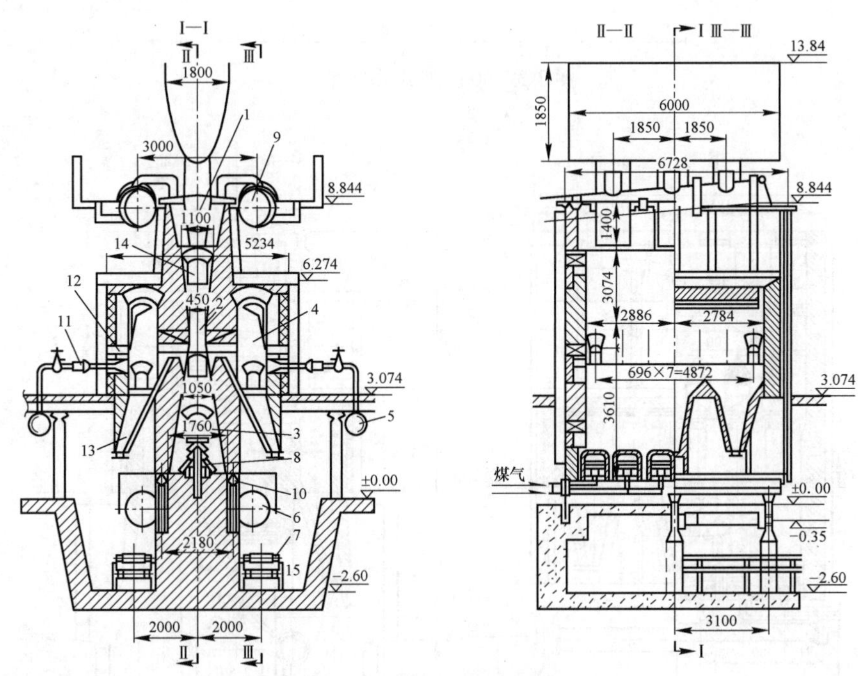

图 3-2 50m^3 竖炉炉体结构

1—预热带；2—加热带；3—还原带；4—燃烧室；5—煤气管道；6—排矿辊；7—搬运机；8—还原煤气喷出塔；9—废气管道；10—水箱梁；11—加热煤气烧嘴；12—看火孔；13—灰斗；14—检修孔；15—水封槽

70m^3 竖炉是在 50m^3 竖炉外形尺寸不变的情况下，将炉腰由原来的 0.45m 扩大到 1.044m。同时，在加热带增设一排横向放置的六根导火梁；在预热带上部增设五个集气管；在还原带增设四个煤气喷出塔。这样，由于废气、加热煤气、还原煤气等在炉内分布比较均匀，改善了炉况，扩大了容积，提高了处理量，并降低了热耗。炉体结构如图 3-4 所示。

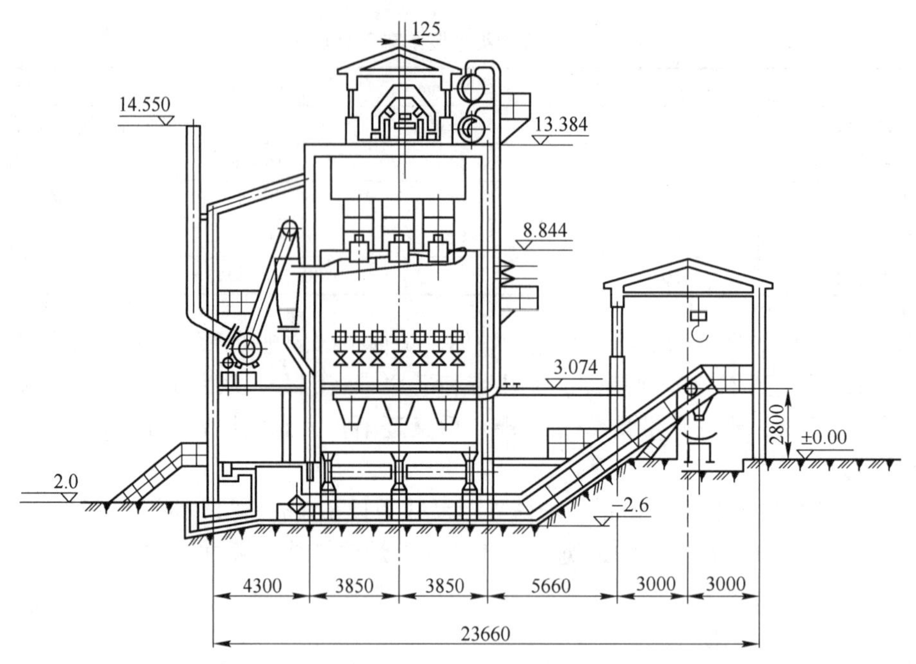

图 3-3　50m³ 竖炉系统结构

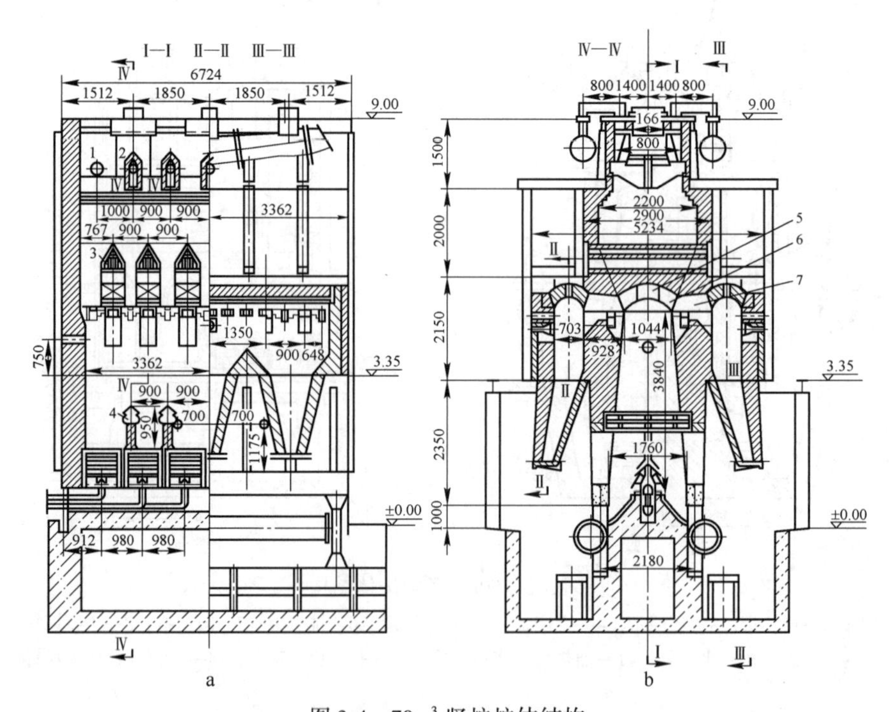

图 3-4　70m³ 竖炉炉体结构

1—炉顶密封板；2—炉顶集气管；3—加热带横穿梁；4—附加梁式煤气喷出塔；
5—磷酸耐热混凝土一号异形砖；6—磷酸耐热混凝土二号异形砖；7—磷酸耐热混凝土三号异形砖

100m³ 竖炉是在 50m³ 竖炉横断面尺寸不变的情况下，将炉体加长了一倍，扩大容积到 100m³。这样，矿石的处理量相对于 50m³ 竖炉增加了一倍。

$160m^3$ 竖炉是在 $70m^3$ 竖炉横断面尺寸不变的情况下，将炉体加大了一倍，扩大容积到 $160m^3$。其矿石处理量（设计）为 30~40t/(h·台)。

竖炉用辅助设备主要有在炉体还原带下部两侧的辊式排矿机，它是沿炉体长度方向安装的。$50m^3$ 及 $70m^3$ 竖炉每侧装一台；$100m^3$ 及 $160m^3$ 竖炉每侧两台。辊式排矿机的排矿辊用来排出焙烧矿石。中心线以下浸在水封池中，排矿辊转速可根据矿石还原质量进行调节，控制排矿的辊式排矿机技术性能列于表 3-12。

表 3-12　辊式排矿机技术性能

名　称		单　位	数　值
排矿辊直径		mm	600
电动机功率		kW	1
减速机	$ЦТ_2$50-Ⅱ型	台	1
	ЦН-480 型	台	1
排矿辊转数		r/min	5，10，15，20
质量		t	6，8

排矿辊下部有搬运机，用来搬出焙烧矿石，焙烧矿石经排矿辊进入水淬冷后，落在搬运机上，由搬运机运出。搬运机技术性能列于表 3-13。

表 3-13　搬运机技术性能

项　目	单　位	数　值	
		$50\sim70m^3$	$100\sim160m^3$
处理量	t/(h·台)	15	18
头轮转数	r/min	2.40	3.21
斗子速度	m/min	5.4	7.08
斗子节距	mm	350	350
电动机功率	kW	4.5	10
电动机转速	r/min	970	970
传动链节	mm	38.1	38.1
质量	t	14.5	19.5

竖炉生产的技术操作参数及消耗指标列于表 3-14。

表 3-14　竖炉生产技术操作参数及消耗

项　目		单　位	数　值
入炉矿石粒度		mm	75~10
燃烧室温度		℃	1100~1200
加热带温度		℃	700~800
还原带温度		℃	500~600
煤气热值	加热用	MJ/m^3	3.5~20
	还原用	MJ/m^3	3.5~20

续表 3-14

项　目	单　位	数　值
煤气压力	kPa	5~6
抽风机负压	kPa	0.8~1.8
排矿温度	℃	约 400
水封池水温度	℃	<70
出炉废气温度	℃	<100
焙烧矿还原度	$\frac{m(\mathrm{FeO})}{m(\mathrm{Fe})} \times 100\%$	40~52
加热与还原煤气量	GJ/t	1~1.25
水箱梁冷却用水量	m^3/t	1~1.5
水封池用水量	m^3/t	1~1.5
排烟管冲洗水	m^3/t	>1
抽风机冷却水	m^3/t	>0.04
耗电量	kW · h/t	3~5

竖炉炉顶上部为给矿漏斗，漏斗两侧为排烟管，有相应废气弯管与排烟管连接，安装两个除尘器，构成两组排烟收尘系统，两组除尘器的烟气经旋风除尘器后，由一台抽风机将烟气排到大气中。

竖炉焙烧磁选技术指标列于表 3-15。

表 3-15　竖炉焙烧磁选技术指标

项　目		单位	鞍钢烧结总厂	鞍钢齐大山选矿厂	酒钢选矿厂	包钢选矿厂
焙烧矿量		万吨/年	230	500	265	340
焙烧炉台数	$50m^3$	台	2	40		18
	$70m^3$	台	27	10		2
	$80m^3$	台			20	
矿床类型			鞍山式赤铁矿	鞍山式赤铁矿	镜铁山式	白云鄂博式
矿石种类			赤铁矿	赤铁矿、磁铁矿	镜铁矿、菱铁矿	赤铁矿、磁铁矿
选矿方法			焙烧磁选及浮选	焙烧磁选	焙烧磁选	焙烧磁选
原矿品位		%	31.83	30.22	39.98	约 31
精矿品位		%	65.82	62.43	56.88	约 58
尾矿品位		%	11.07	10.20	22.78	
铁回收率		%	78.41	78.60	72.32	约 70
煤气性质			混合煤气	混合煤气	高炉煤气	高炉煤气
耗热量		GJ/t	1.050	1.087	1.328	1.338
煤气热值		MJ/m^3	7.3~7.5	7.3~7.5	3.4~3.5	3.5~3.8

竖炉所用设备、金属结构及材料质量列于表3-16。

表3-16 竖炉用设备金属结构和材料质量 (t)

名称	$50m^3$ 竖炉	$70m^3$ 竖炉	$100m^3$ 竖炉	$160m^3$ 竖炉
设备	42	42	60	60
金属结构	60	83	110	175
炉体砌砖	230	141	423	282

3.5.2 回转窑

回转窑主要用于处理矿石粒度为30mm以下的一种炉型，对各种类型铁矿石都能较好地进行磁化焙烧，焙烧矿质量较好。铁矿石磁化焙烧使用最广泛的回转窑结构如图3-5所示。

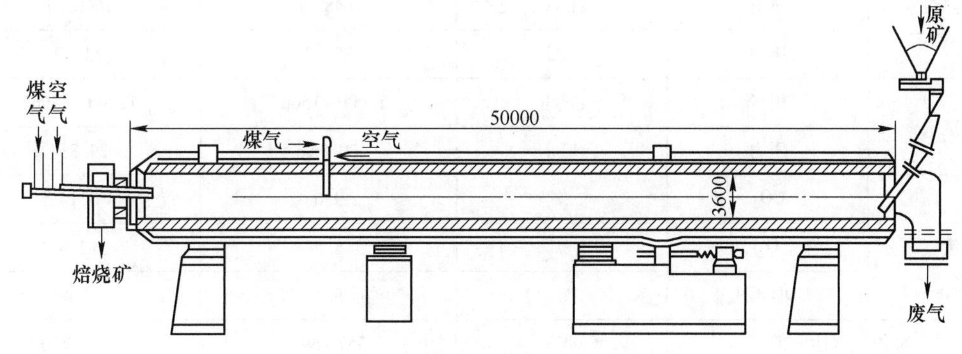

图3-5 磁化焙烧回转窑结构示意图

回转窑身是用耐热钢板制成的圆筒，其内壁衬有耐火砖。沿窑身长度方向为加热带，还原带和冷却带。

矿石从窑尾端给入加热带，随窑身转动而向前移动，同逆向流动的热气流接触而被加热。进入还原带后与还原剂反应生成磁铁矿石，然后进入冷却带，从排矿端排出。矿石在窑内一般为3~5h，窑内充填系数为20%~25%。常用的回转窑规格和处理量列于表3-17。

表3-17 回转窑规格和处理量

窑外径/m	窑身长/m	处理量/$t \cdot h^{-1}$
3.6	44	37.5
3.6	50	46.0
3.6	60	66.5

酒泉钢铁公司回转窑由加料系统（矿石和煤）、收尘系统、焙烧窑系统、排料系统、煤制粉系统及环水系统组成。回转窑外径3.6m，内径3.1m，长50m，有效容积约$377.4m^3$，窑内衬有高铝砖，窑倾斜角为5%，窑身安装有8个风嘴和4组温度测定装置，窑身转速为1.37r/min，还原用烟煤，加热用焦炉煤气。其操作工艺指标列于表3-18。

表 3-18 酒泉钢铁公司回转窑操作工艺指标

项 目		单位	数 值	
入矿矿石	铁品位	%	31.92	30.93
	粒度	mm	10~0	10~0
	水分	%	4.82	4.83
给矿量		t/(h·台)	32.18	32.23
单位容积生产率		t/(m^3·d)	2.05	2.05
还原剂（煤）	粒度	mm	5~0	5~0
	水分	%	3.41	3.41
	用量	%	0.98	1.01
加热煤气	用量	m^3/t	92.73	89.30
	热值	kJ/m^3	16488.8	16605.1
	压力	kPa	35.73	33.60
空气	用量	m^3/h	12000~15662	12000~15662
	压力	kPa	29.864	29.864
窑尾废气成分	CO_2	%	9.6	0.14
	O_2	%	6.5	12.6
	COH_2CH_4	%	5.1	7.2
窑内温度还原带		℃	557~697	637~750
预热带		℃	301	298
废气		℃	206	200
窑尾气压		Pa	826.59	599.95

苏联克里沃罗格中部采选公司有 30 座 ϕ3.6m×50m 回转窑进行工业生产。其技术操作参数和各项消耗指标列于表 3-19。

表 3-19 苏联 ϕ3.6m×50m 回转窑生产技术操作指标

项 目	单 位	数 值
处理量	t/(h·台)	35~45
单位容积处理量	t/(m^3·d)	2~3
单位面积处理量	t/(m^2·d)	100~150
加热带温度	℃	700~900
还原带温度	℃	700~900
窑壳表面温度	℃	80~200
窑尾废气温度	℃	300~400
出窑矿石温度	℃	500

续表 3-19

项 目	单 位	数 值
固体还原剂粒度	mm	≤5
煤气压力	kPa	2.4~4.5
耗水量	m^3/t	1.5~2.5
耗电量	kW·h/t	10~14
耐火砖耗量	kg/t	0.18~0.2
钢衬里耗量	kg/t	0.018

回转窑焙烧磁选的生产指标列于表 3-20。

表 3-20 回转窑生产指标

项 目	单位	酒泉钢铁公司	苏联克里沃罗格中部采选公司	柳钢屯秋铁矿
回转窑规格	个	ϕ3.6mm×50mm	ϕ3.6mm×50mm	ϕ2.3mm×32mm
处理量	t/(h·台)	32.2	43~47.8	7~9
加热用燃料		焦炉煤气	天然气	褐煤
还原用燃料		烟煤	褐煤，天然气	褐煤
热耗	GJ/t	1.738	1.67	2.51
还原温度	℃	550~700	800~900	700~850
加热温度	℃	700~800	800~900	850~900
废气温度	℃	200~300	300~400	250~300
入炉矿石类型		镜铁山式铁矿	含铁石英岩	鲕状赤铁矿
原矿粒度	mm	10~0	25~0	15~0
原矿品位	%	31.5	33.5	40.37
烧结矿品位	%	35.5	36.0	40.57
精矿品位	%	58.20	64.3	51.37
尾矿品位	%	12.7	17.9	21.26
铁回收率	%	84.5	84.5	81.26
灰尘量	%	2.81	10~12	

3.5.3 沸腾炉

沸腾炉主要用于处理矿石粒度为 3~0mm（5~0mm）的一种炉型。

沸腾焙烧以流态化技术为基础。固体颗粒在气流的作用下，构成流态化床层似沸腾状态，被称作流态化床或沸腾床。这样矿石可在沸腾状态下进行加热还原，有利于提高焙烧矿质量。

鞍山钢铁公司建成的日处理量 700t 的折倒式半载流两相沸腾焙烧炉，如图 3-6 所示。

沸腾焙烧炉由主炉和副炉组成。主、副炉中间设有隔板，上部连通，炉膛为方形断面，主炉下部还原带为圆形筒体，底部设有气体分布板。副炉内有 10 层挡料板。炉体为砌砖结构，金属外壳。主、副炉在不同的高度上，设有三排煤气烧嘴，供燃烧用。此外，还有测温和测压装置。

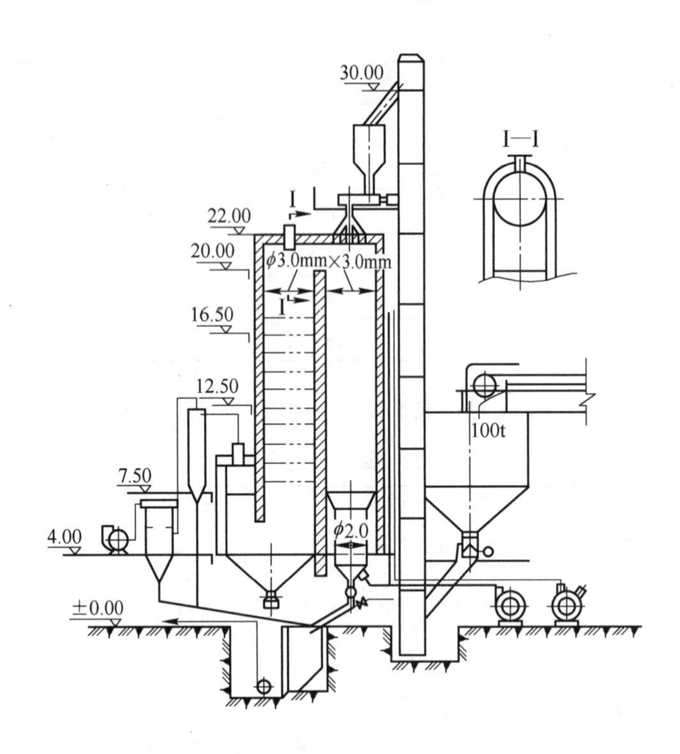

图 3-6　沸腾焙烧炉结构（700t/d）

对于鞍钢齐大山赤铁矿石，原矿石经 ϕ4m×1.2m 无介质磨矿机磨到 3～0mm，运送到主炉炉顶入炉后，矿粒受到炉内气流作用，进行自然分级。分出的细粒级随气流进行载流还原焙烧；粗粒级下落与主炉内上升的气流呈逆向运行，在稀相状态下进行加热，然后至浓相沸腾床中进行还原反应，完成还原焙烧过程。焙烧好的粗粒产品经设在气体分布板上的溢流管落到下部矿浆池中，进行淬冷；细粒级产品经副炉和收尘器下部也排到矿浆池中。焙烧操作条件是：处理量为 320t/d；主炉还原带温度为 450～500℃；燃烧带为 830～870℃；副炉稀相段 710～850℃；废气出炉温度 600℃；还原用高炉和焦炉混合煤气 2000～2500m^3/h，加热用 800～1500m^3/h，煤气压力 23～24kPa，热值为 75kJ/m^3，空气用量 3000～5000m^3/t。焙烧磁选结果列于表 3-21。

表 3-21　沸腾炉焙烧矿石磁选结果　（%）

产品	原矿品位	铁精矿品位	尾矿品位	铁回收率
焙烧矿	24.85	64.73	4.50	89.27
副炉尘	30.15	57.65	2.54	96.25
收尘器尘	27.20	60.45	5.63	87.10

近年来，余永福院士团队基于流态化技术研发成功适用于粉矿磁化焙烧的闪速磁化焙烧技术与闪速焙烧装置。大大缩短了焙烧时间、提高了焙烧效率，生产能耗比沸腾焙烧炉降低 20%以上。闪速磁化焙烧工艺技术如图 3-7 所示。

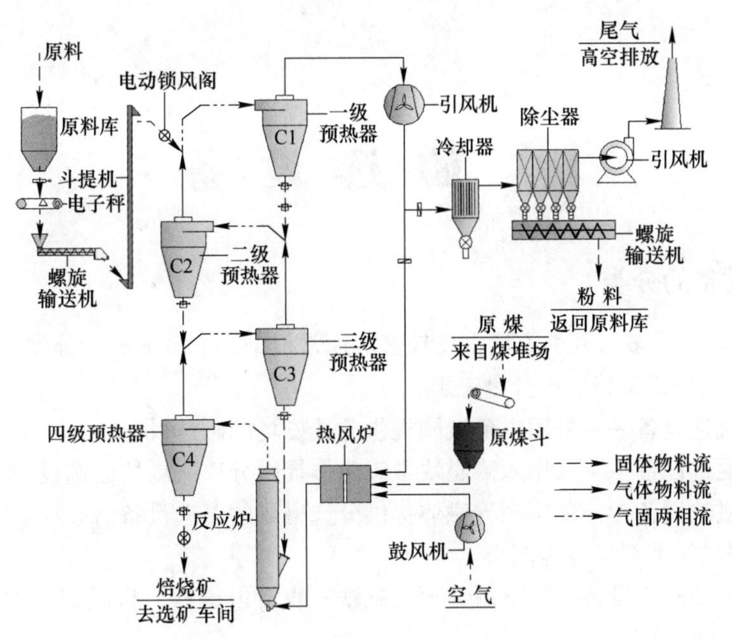

图 3-7　闪速磁化焙烧工艺流程图

4 磁选设备

4.1 磁选设备的分类

磁选设备种类繁多，分类方法也比较多。通常根据以下特征进行分类。

(1) 按照磁场磁源特征可分为三类：

1) 电磁磁选设备——采用电磁线圈提供分选磁场的磁选设备。

2) 永磁磁选设备——采用永磁磁块堆砌磁体提供分选磁场的磁选设备。

3) 超导磁选设备——采用超导磁体提供分选磁场的磁选设备。

(2) 根据磁场类型可分为四类：

1) 恒定磁场磁选设备——磁源为永久磁铁、直流电磁铁、螺线管线圈。磁场强度的大小和方向不随时间变化。

2) 旋转磁场磁选设备——磁源为沿圆柱面极性交替排列的永久磁铁，绕轴线快速旋转，分选面固定点上磁场强度的大小和方向随时间变化。

3) 交变磁场磁选设备——磁源为交流电磁铁，磁场强度的大小和方向随时间变化。

4) 脉冲磁场磁选设备——磁源为同时装有直流激磁线圈和交流激磁线圈的电磁铁，磁场强度的大小随时间变化，而磁场方向不变化。

(3) 根据分选磁场强度的大小可分为三类：

1) 弱磁场磁选设备——分选极面磁场强度 $H_0 \leqslant 240\text{kA/m}$，用于分选强磁性矿石。

2) 中强磁场磁选设备——分选极面磁场强度 $240\text{kA/m} < H_0 \leqslant 800\text{kA/m}$，用于分选中强磁性矿石。

3) 强磁场磁选设备——分选极面磁场强度 $H_0 > 800\text{kA/m}$，用于分选弱磁性矿石。

(4) 根据分选过程的介质体系可分为两类：

1) 干式磁选设备——在空气介质中磁选，主要用于分选大块、粗、细粒（$3\text{mm} < d < 150\text{mm}$）的强磁性矿石和粗、细粒（$3\text{mm} < d < 50\text{mm}$）的弱磁性矿石。随着磁选技术的发展，在强化了工艺条件的情况下，干式磁选的粒度下限可达 0.1mm 以下。

2) 湿式磁选设备——在水或其他液体介质中磁选，主要用于分选细粒、微细粒强磁性和弱磁性矿石。

此外，还可根据磁性矿粒被选出的方式、给入物料和产品的运动方向、磁性矿粒在磁场中的行为特征以及排出磁性产品的设备结构特征等进行分类。

现代磁选设备最通用的分类标志是磁选机工作区的磁场强度（或磁感强度），同时考虑到其他各种参数：电磁和永磁、高梯度和多梯度、粗粒和细粒、干式和湿式及给矿方式（上部和下部给矿）等。

按照设备功能和适用范围（或应用领域）进行磁选设备的分类，是生产应用中较为直观的分类方法。

4.2 磁选设备常用的材料及其特性

磁选设备设计、加工制造时选用的材料及其相关特性，不仅关系到磁选设备的质量和性能，同时也直接关系到设备的使用性能。

4.2.1 磁性材料

磁选设备所用的磁性材料有软磁性材料和硬磁性材料两大类。软磁性材料用于制造磁轭、磁极头、磁介质及其他导磁零件；硬磁材料主要用于作为磁选机的磁源。

4.2.1.1 *软磁材料*

软磁材料的基本特征是磁导率高。它的矫顽力较小（H_c<1kA/m），磁滞回线狭长，包围的面积小。部分软磁材料的磁性能列于表4-1。

表4-1 部分软磁金属材料的直流磁性能

金属	成分/%				磁导率μ/H·m^{-1}		H_c(a)	$\mu_r M_s$	ρ/Ω·m	退火温度	退火时间	冷却
	C	Si	Ni	Cr	初始μ_r	最大μ_{max}	/A·m^{-1}	/T		/℃	/h	方法
低碳铁和钢												
低碳铁	0.03				200（b）	2200~5500	64~136	2.15	10×10^{-8}	815~1150	1~4	炉内
1010钢	0.10				200（b）	3800	79~159	2.10	12×10^{-8}	815~980	1~6	炉内
硅钢												
1%Si	0.06	1.10			400（b）	1700~6000	32~64	2.06	23×10^{-8}	785~1150	1~6	炉内
2.5%Si	0.05	2.50			900（b）	1800~11000	10~56	2.00	41×10^{-8}	785~1150	1~6	炉内
3%Si	0.03	3.10			550（b）	7500~10000	18~52	1.84~2.00	48×10^{-8}	785~1150	1~3	炉内
3%Si晶粒取向	0.01	3.00			2500	55000~60000	4~8	1.97	48×10^{-8}	800~1205	4	炉内
不锈钢												
430（d）	0.10			17.00	230（c）	1100~1600	239~318	1.47	60×10^{-8}	760~815	2	静止空气
416（e）	0.12			13.00	200（c）	800~1000	318~477	1.50	57×10^{-8}	815~900	2	静止空气
410（e）	0.12	0.40	0.50	12.50	110~180（c）	800~1000	358~597	1.60	57×10^{-8}	815~900	2	静止空气
443（f）	0.18	0.60	0.40	21.00	60（c）	450~550	517~597	1.20	68×10^{-8}	815~900	1~3	水淬
446（g）	0.16	0.50	0.50	29.00	100（c）	800~900	239~318	1.20	61×10^{-8}	815~900	1~3	水淬
镍铁												
50%Ni	0.03	0.35	50.0		2500~3500（b）	30000~120000	5~11	1.60	48×10^{-8}	1065~1120	1~4	炉内
78%Ni			78.0		8000（b）	100000	4	1.07	16×10^{-8}	1065~1120	1~3	炉内冷至610℃油淬

续表 4-1

金属	成分/%				磁导率 μ/H · m^{-1}		H_c(a) /A · m^{-1}	$\mu_r M_s$ /T	ρ/Ω · m	退火温度 /℃	退火时间 /h	冷却方法
	C	Si	Ni	Cr	初始 μ_r	最大 μ_{max}						
76% Ni (h)	0.02		76.0	2.75	20000	150000		0.75	60×10^{-8}	1065~1120	4	炉内
79% Ni (i)	0.05	0.15	79.0			70000~75000		0.80	58×10^{-8}	1150~1175	4	炉内

注：低温退火用于消除加工应力；高温退火用于完全退火。(a) $B=1.00$T；(b) $B=0.002$T；(c) $B=0.2$T；(d) 自饱和点 $H_c=279\sim358$A/m；(e) 自饱和点 $H_c=398\sim557$A/m；(f) 自饱和点 $H_c=581$A/m；(g) 自饱和点 $H_c=279\sim398$A/m；(h) 自 $B=0.5$T，$H_c=1.5$A/m；(i) 含 Ni79%的镍铁，自 $B=0.5$T，$H_c=0.8\sim9.5$A/m。

电工纯铁的磁化曲线可由下式计算：

$$H = a_0 + a_1B + a_2B^2 + a_3B^3 + a_4B^4 \tag{4-1}$$

式中，a_0，a_1，a_2，a_3 和 a_4 均为系数，它们的值列于表 4-2 中。

表 4-2　多项式系数

B/T	a_0	a_1	a_2	a_3	a_4
0.4~1.4	2.0928	−0.024521	-0.73143×10^{-2}	0.3878×10^{-2}	0.18938×10^{-3}
1.4~1.85	−189.605	52.029	0.33671	−0.52186	0.022064
>1.85	-11.46×10^4	15.168×10^4	−505.928	−6.064	0.39

应用式 (4-1) 计算时，应注意所取单位制。如果 H 取 A/cm，B 取 T，比例系数应为 10。此时式 (4-1) 应为

$$H = a_0 + a_1(10B) + a_2(10B)^2 + a_3(10B)^3 + a_4(10B)^4 \tag{4-2}$$

钢号 B_3 低碳钢的磁化曲线可由下式计算：

$$H = \exp(0.81 + 0.8B + 0.75B^2) \tag{4-3}$$

式中，H 所取单位制为 A/m；B 的单位为 T。

一般电磁磁选设备经常选用工程纯铁用作铁芯、磁轭和磁极头，而导磁不锈钢多用做感应磁介质。弱磁场磁选设备有选用低碳钢取代工程纯铁用作磁轭。

4.2.1.2　*硬磁材料*

硬磁材料的基本特征是在工作空间产生很大的磁场能。它的矫顽力一般很大 ($H_c\approx10^4\sim10^6$A/m)。常用矫顽力值作为判断硬磁材料磁硬度的依据。硬磁材料主要用作永磁磁选设备的磁源，提供分选磁场。

硬磁材料有两大类：合金和陶瓷磁体 (或铁氧体磁体)。表 4-3 所列的是一些永磁材料的磁性能。

表 4-3　部分永磁材料的磁特性

牌　号	成　分	H_c /kA · m^{-1}	B_r /T	$(BH)_{max}$ /kJ · m^{-3}	$(BH)_{max}$所在点的磁导系数，B/H	最高使用温度 /℃
铸造 AlNiCo1	Fe12Al21Ni5Co3Cu	35	0.71	11.2	14	540

续表 4-3

牌 号	成 分	H_c /kA·m^{-1}	B_r /T	$(BH)_{max}$ /kJ·m^{-3}	$(BH)_{max}$所在点的磁导系数，B/H	最高使用温度/℃
铸造 AlNiCo2	Fe10Al19Ni13Co3Cu	44	0.73	12.8	12	540
铸造 AlNiCo3	Fe12Al25Ni3Co	37	0.70	11.2	13	480
铸造 AlNiCo4	Fe12Al27Ni5Co	58	0.53	10.4	8.0	590
铸造 AlNiCo5	Fe8.5Al14.5Ni24Co3Cu	49	1.25	42.0	18	540
铸造 AlNiCo5DG	Fe8.5Al14.5Ni24Co3Cu	52	1.29	48.8	17	—
铸造 AlNiCo5-7	Fe8.5Al14.5Ni24Co3Cu	58	1.32	59.2	17	540
铸造 AlNiCo6	Fe8Al16Ni24Co3Cu2Ti	60	1.05	29.6	13	540
铸造 AlNiCo7	Fe8Al18Ni24Co4Cu5Ti	84	0.85	29.6	8.2	—
铸造 AlNiCo8	Fe7Al15Ni35Co4Cu5Ti	127	0.83	40.0	5.0	540
铸造 AlNiCo9	Fe7Al15Ni35Co4Cu5Ti	115	1.05	68.0	7.0	—
铸造 AlNiCo12	Fe6Al18Ni35Co8Ti	76	0.60	13.6	5.6	480
烧结 AlNiCo2	Fe10Al17Ni12.5Co6Cu	42	0.67	12.0	12	480
烧结 AlNiCo4	Fe12Al28Ni15Co	56	0.52	9.6	—	590
烧结 AlNiCo5	Fe8.5Al14.5Ni24Co3Cu	48	1.04	28.8	18	540
烧结 AlNiCo6	Fe8Al16Ni24Co3Cu2Ti	60	0.88	22.0	12	540
烧结 AlNiCo8	Fe7Al15Ni35Co4Cu5Ti	123	0.76	36.0	5.0	—
烧结铁氧体 1	$BaO\text{-}6Fe_2O_3$	143	0.22	8.0	1.2	400
烧结铁氧体 2	$BaO\text{-}6Fe_2O_3$	175	0.38	27.2	1.1	400
烧结铁氧体 3	$BaO\text{-}6Fe_2O_3$	239	0.32	20.0	1.1	400
烧结铁氧体 4	$BaO\text{-}6Fe_2O_3$	175	0.40	29.6	1.2	400
烧结铁氧体 5	$BaO\text{-}6Fe_2O_3$	251	0.35	24.0	1.0	—
钴稀土 1	Co5Sm	716	0.92	168.0	—	—
钴稀土 2	Co5Sm	636	0.86	144.0	—	—
钴稀土 3	Co5Sm	533	0.80	120.0	—	—
钴稀土 4	(Co，Cu，Fe)7Sm	453	0.94	168.0	—	—

铁氧体磁体和合金样体比较，其 B_r 低得多，但 H_c 则高几倍，这将影响磁选机磁系磁极的大小和形状。铁氧体价格较便宜，原料来源较广，在弱磁场磁选机设计中常采用这种永磁材料。

用合金磁体，磁极高度与宽度之比等于 2.5~3；对于铁氧体磁体，磁极高度比为 0.6~1。

钡铁氧体磁体和合金磁体比较，磁能积要低一些，但如果参数选择正确，可以保持场强等于或超过合金磁体。

自 1983 年高磁能积的稀土永磁材料发明以来，含有稀有元素的永磁材料，磁性能要比铁氧体和常用合金磁体高得多（见表 4-4），使得强磁选机的永磁化成为可能，目前高磁能积的稀土永磁材料已普遍用作永磁中、强磁选机的磁源材料。初期的稀土永磁材料极限工作温度较低，随着磁性材料工业的发展，性能逐渐优化，极限工作温度也得到大幅度提升。表 4-5~表 4-7 列出了部分牌号的稀土永磁材料的参数特性。

表 4-4　永磁体的特性

材料	B_r/T	H_c/kA · m^{-1}	$(BH)_{max}$/kJ · m^{-3}	备　注
AlNiCo	1.280	51	44	脆且硬（对机加工）
铁氧体	0.385	235	28	脆且硬（对机加工）
$SmCo_5$	0.87	637	146	脆，难机加工
$Nd_{15}Fe_{77}B_8$	1.23	881	290	可机加工，极限温度低

表 4-5　烧结钕铁硼磁性材料的磁性能参数

等级	B_r/mT(kGs)	H_{cb}/kA · m^{-1}（kOe）	H_{cj}/kA · m^{-1}（kOe）	$(BT)_{max}$/kJ · m^{-1}（MGOe）	T_w/℃
N30	1080~1130（10.8~11.3）	≥796（≥10.0）	≥955（≥12）	223~247（28~31）	80
N33	1130~1170（11.3~11.7）	≥836（≥10.5）	≥955（≥12）	247~271（31~34）	80
N35	1170~1220（11.7~12.2）	≥868（≥10.9）	≥955（≥12）	263~287（33~36）	80
N38	1220~1250（12.2~12.5）	≥899（≥11.3）	≥955（≥12）	287~310（36~39）	80
N40	1250~1280（12.5~12.8）	≥907（≥11.4）	≥955（≥12）	302~326（38~41）	80
N42	1280~1320（12.8~13.2）	≥915（≥11.5）	≥955（≥12）	318~342（40~43）	80
N45	1320~1380（13.2~13.8）	≥923（≥11.6）	≥955（≥12）	342~366（43~46）	80
N48	1380~1420（13.8~14.2）	≥923（≥11.6）	≥876（≥11）	366~390（46~49）	80
N50	1400~1450（14.0~14.5）	≥796（≥10.0）	≥876（≥11）	382~406（48~51）	60
N52	1430~1480（14.3~14.8）	≥796（≥10.0）	≥876（≥11）	398~422（50~53）	60
N30M	1080~1130（10.8~11.3）	≥796（≥10.0）	≥1114（≥14）	223~247（28~31）	100
N33M	1130~1170（11.3~11.7）	≥836（≥10.5）	≥1114（≥14）	247~263（31~33）	100
N35M	1170~1220（11.7~12.2）	≥868（≥10.9）	≥1114（≥14）	263~287（23~36）	100
N38M	1220~1250（12.2~12.5）	≥899（≥11.3）	≥1114（≥14）	287~310（36~39）	100
N40M	1250~1280（12.5~12.8）	≥923（≥11.6）	≥1114（≥14）	302~326（38~41）	100
N42M	1280~1320（12.8~13.2）	≥955（≥12.0）	≥1114（≥14）	318~342（40~43）	100
N45M	1320~1380（13.2~13.8）	≥995（≥12.5）	≥1114（≥14）	342~366（43~46）	100
N48M	1360~1430（13.6~14.3）	≥1027（≥12.9）	≥1114（≥14）	366~390（46~49）	100
N50M	1400~1450（14.0~14.5）	≥1033（≥13.0）	≥1114（≥14）	382~406（48~51）	100

续表 4-5

等级	B_r/mT(kGs)	H_{cb}/kA · m^{-1} (kOe)	H_{cj}/kA · m^{-1} (kOe)	$(BT)_{max}$/kJ · m^{-1} (MGOe)	T_w/℃
N30H	1080~1130 (10.8~11.3)	≥796 (≥10.0)	≥1353 (≥17)	223~247 (28~31)	120
N33H	1130~1170 (11.3~11.7)	≥836 (≥10.5)	≥1353 (≥17)	247~271 (31~34)	120
N35H	1170~1220 (11.7~12.2)	≥868 (≥10.9)	≥1353 (≥17)	263~287 (33~36)	120
N38H	1220~1250 (12.2~12.5)	≥899 (≥11.3)	≥1353 (≥17)	287~310 (36~39)	120
N40H	1250~1280 (12.5~12.8)	≥923 (≥11.6)	≥1353 (≥17)	302~326 (38~41)	120
N42H	1280~1320 (12.8~13.2)	≥955 (≥12.0)	≥1353 (≥17)	318~342 (40~43)	120
N45H	1320~1380 (13.2~13.8)	≥955 (≥12.0)	≥1353 (≥17)	335~366 (43~46)	120
N48H	1370~1430 (13.6~14.3)	≥995 (≥12.5)	≥1353 (≥17)	366~390 (46~49)	120
N30SH	1080~1130 (10.8~11.3)	≥804 (≥10.1)	≥1672 (≥20)	223~247 (28~31)	150
N33SH	1130~1170 (11.3~11.7)	≥844 (≥10.6)	≥1672 (≥20)	247~271 (31~34)	150
N35SH	1170~1220 (11.7~12.2)	≥876 (≥11.0)	≥1672 (≥20)	263~287 (33~36)	150
N38SH	1220~1250 (12.2~12.5)	≥907 (≥11.4)	≥1672 (≥20)	287~310 (36~39)	150
N40SH	1240~1280 (12.5~12.8)	≥939 (≥11.8)	≥1672 (≥20)	302~326 (38~41)	150
N42SH	1280~1320 (12.8~13.2)	≥987 (≥12.4)	≥1672 (≥20)	320~343 (40~43)	150
N45SH	1320~1380 (13.2~13.8)	≥1003 (≥12.6)	≥1592 (≥20)	342~366 (43~46)	180
N28UH	1020~1080 (10.2~10.8)	≥764 (≥9.6)	≥1990 (≥25)	207~231 (26~29)	180
N30UH	1080~1130 (10.8~11.3)	≥812 (≥10.2)	≥1990 (≥25)	223~247 (28~31)	180
N33UH	1130~1170 (11.3~11.7)	≥852 (≥10.7)	≥1990 (≥25)	247~271 (31~34)	180
N35UH	1180~1220 (11.8~12.2)	≥860 (≥10.8)	≥1990 (≥25)	263~287 (33~36)	180
N38UH	1220~1250 (12.2~12.5)	≥876 (≥11.0)	≥1990 (≥25)	287~310 (36~39)	180
N40UH	1240~1280 (12.5~12.8)	≥899 (≥11.3)	≥1990 (≥25)	302~326 (38~41)	180
N28EH	1040~1090 (10.4~10.9)	≥780 (≥9.8)	≥2388 (≥30)	207~231 (26~29)	200
N30EH	1080~1130 (10.8~11.3)	≥812 (≥10.2)	≥2388 (≥30)	223~247 (28~31)	200
N33EH	1130~1170 (11.3~11.7)	≥836 (≥10.5)	≥2388 (≥30)	247~271 (31~34)	200
N35EH	1170~1220 (11.7~12.2)	≥876 (≥11.0)	≥2388 (≥30)	263~287 (33~36)	200
N38EH	1220~1250 (12.2~12.5)	≥899 (≥11.3)	≥2388 (≥30)	287~310 (36~39)	200
N28AH	1110~1117 (11.1~11.7)	≥780 (≥9.8)	≥2706 (≥34)	199~231 (25~29)	240
N30AH	1070~1130 (10.7~11.3)	≥812 (≥10.2)	≥2706 (≥34)	215~247 (27~31)	240
N33AH	1130~1170 (11.3~11.7)	≥852 (≥10.7)	≥2706 (≥34)	239~271 (30~34)	240

表 4-6　黏结钕铁硼磁性材料的磁性能参数（压制成型 NdFeB）

性能和牌号	BNP-6	BNP-8L	BNP-8	BNP-8SR	BNP-8H	BNP-9	BNP-10	BNP-11	BNP-11L	BNP-12L
剩磁 B_r/T（Gs）	0. 55~0. 62	0. 60~0. 64	0. 62~0. 69	0. 62~0. 66	0. 61~0. 65	0. 65~0. 70	0. 68~0. 72	0. 70~0. 74	0. 70~0. 74	0. 74~0. 80
矫顽力 H_{cb} /kA · m^{-1}（kOe）	285~370 (3. 6~4. 6)	360~400 (4. 5~5. 0)	385~445 (4. 8~5. 6)	410~465 (5. 2~5. 8)	410~455 (5. 2~5. 7)	400~440 (5. 0~5. 5)	420~470 (5. 3~5. 9)	445~480 (5. 6~6. 0)	400~440 (5. 0~5. 5)	420~455 (5. 3~5. 7)
内禀矫顽力 H_{cj} /kA · m^{-1}（kOe）	600~755 (7. 5~9. 5)	715~800 (9~10)	640~800 (8~10)	880~1120 (11~14)	1190~1440 (15~18)	640~800 (8~10)	640~800 (8~10)	680~800 (8. 5~10)	520~640 (6. 5~8)	520~600 (6. 5~7. 5)
最大磁能积 $(BH)_{max}$ /kJ · m^{-3}（MGOe）	44~56 (5. 5~7)	56~64 (7. 0~8. 0)	64~72 (8. 0~9. 0)	64~72 (8. 0~9. 0)	64~72 (8. 0~9. 0)	70~76 (8. 8~9. 5)	76~84 (9. 5~10. 5)	80~88 (10. 0~11. 0)	78~84 (9. 8~10. 5)	84~92 (10. 5~11. 5)
密度 D/g · cm^{-3}	5. 5~6. 1	5. 6~6. 1	5. 8~6. 1	5. 8~6. 1	5. 9~6. 2	5. 8~6. 1	5. 8~6. 1	5. 8~6. 1	5. 8~6. 1	5. 8~6. 1
可逆磁导率 μ_r	1. 15	1. 15	1. 15	1. 13	1. 15	1. 22	1. 22	1. 22	1. 26	1. 26
可逆温度系数 $\alpha(B_r)$/% · ℃$^{-1}$	−0. 13	−0. 13	−0. 13	−0. 13	−0. 07	−0. 12	−0. 11	−0. 11	−0. 11	−0. 08
最高工作温度 T_w/℃	100	110	120	150	125	120	120	120	110	110

注：1. 以上特性用中国稀土标准测试样品测得。

2. 上述的特性与磁体形状和尺寸有关系。产品的性能以实际的产品确认。

表 4-7 注射成型钕铁硼（NdFeB）磁性材料的磁性能参数

性能和牌号	BNI-3	BNI-4	BNI-5	BNI-6	BNI-6H	BNI-7	BNI-5SR（PPS）
剩磁 B_r/T（Gs）	0.2~0.4	0.40~0.46	0.45~0.51	0.51~0.56	0.48~0.56	0.54~0.64	0.45~0.50
矫顽力 H_{cb} /kA·m^{-1}（kOe）	120~240 (1.5~3.0)	250~335 (3.1~4.2)	280~360 (3.5~4.5)	295~375 (3.7~4.7)	335~400 (4.2~5.0)	320~400 (4.0~5.0)	300~360 (3.8~4.5)
内禀矫顽力 H_{cj} /kA·m^{-1}（kOe）	480~640 (6.0~8.0)	575~735 (7.2~9.2)	640~800 (8~10)	640~800 (8~10)	1035~1355 (13~17)	640~800 (8~10)	875~1115 (11~14)
磁能积 $(BH)_{max}$ /kJ·m^{-3}（MGOe）	8~24 (1.0~3.0)	28~36 (3.5~4.5)	37~44 (4.6~5.5)	44~52 (5.5~6.5)	40~52 (5.0~6.5)	51~59 (6.5~7.5)	36~44 (4.5~5.5)
密度 D/g·cm^{-3}	3.9~4.4	4.2~4.9	4.5~5.0	4.7~5.1	4.8~5.2	5.0~5.5	4.9~5.4
可逆磁导率 μ_r	1.2	1.2	1.2	1.13	1.13	1.13	1.13
可逆温度系数 $\alpha(B_r)$/%·℃$^{-1}$	−0.15	−0.13	−0.13	−0.11	−0.15	−0.11	−0.13
最高工作温度 T_w/℃	100	110	120	120	130	120	150

注：1. 以上特性用中国稀土标准测试样品测得。
2. 上述的特性与磁体形状和尺寸有关系。产品的性能以实际的产品确认。

4.2.2 非磁性材料

磁选机所用的非磁性材料主要有两类，一类是产生磁场的导电体材料；另一类是制造结构部件的结构材料。

4.2.2.1 导电体材料

电磁磁选系磁线圈的导电材料常用铜或铝（常导磁体）和合金（超导磁体）。

Cu、Al、NiTi 合金、Nb_3Sn 金属化合物的电阻率列于表 4-8 中。

表 4-8 一些导电体材料的电阻率

材料	ρ(4.2K) /Ω·m	ρ(21K) /Ω·m	ρ(78K) /Ω·m	ρ(300K) /Ω·m
电解铜（退火）	1.3×10^{-10}	1.5×10^{-10}	0.3×10^{-8}	1.71×10^{-8}
高导无氧铜（退火）	1.6×10^{-10}	1.8×10^{-10}	0.26×10^{-8}	1.72×10^{-8}
纯铜（99.995%）	1.98×10^{-11}	0.98×10^{-10}	0.24×10^{-8}	1.65×10^{-8}
纯铝（99.998%）	2.0×10^{-11}	2.8×10^{-11}	3.66×10^{-9}	2.55×10^{-8}
电工铝	1.01×10^{-9}	1.1×10^{-9}	4.0×10^{-9}	2.55×10^{-8}
Nb（60）Ti	$<10^{-17}$	2.6×10^{-7}	3.4×10^{-7}	7.3×10^{-7}
Nb_3Sn	$<10^{-17}$	2.7×10^{-7}	2.9×10^{-7}	4.0×10^{-7}

导线的结构有扁导线、圆导线、宽导线和空心导线等。NiTi 导线常用的是多丝复合线。

4.2.2.2 结构材料

磁选机的某些部件（如转筒、转环、矿浆槽等）应当用不导磁、高强度、耐磨蚀材料制造。一般采用奥氏体不锈钢（如 1Cr18Ni9Ti）、锰钢（如 15Mn26Al14 钢）和玻璃钢（玻璃纤维或炭纤维加强塑料）等。有些零件可用铜合金（如黄铜）、铝合金和工程塑料制造。为了保护与矿浆直接接触的转筒表面不被磨损，常覆盖耐磨橡胶衬、厚 1~1.5mm 的奥氏体不锈钢板或耐磨陶瓷片。

4.3 除铁器和磁滑轮

除铁器主要用来从料流中除去夹杂的铁块或铁屑。有电磁和永磁两种磁系结构。磁滑轮主要用来从强磁性物料中分选粗粒（或块状）强磁性组分（如磁铁矿），也可以用来除铁。也有电磁和永磁两种磁系结构。

4.3.1 除铁器

4.3.1.1 悬挂磁铁

如图 4-1 所示，悬挂磁铁一般悬挂在运料皮带的上方，从料流中检出夹杂的铁块或铁屑。这种固定式悬挂磁铁吸满了铁块或铁屑后，需要从料流上方移开至卸铁位置，再从磁铁上排卸杂铁，因此，生产过程中一般在料流上方采用双磁铁串联配置，并且主要应用于含杂铁量较少的料流中除铁。设计时，磁铁的宽度要与料流的宽度或皮带运输机的宽度相适应。

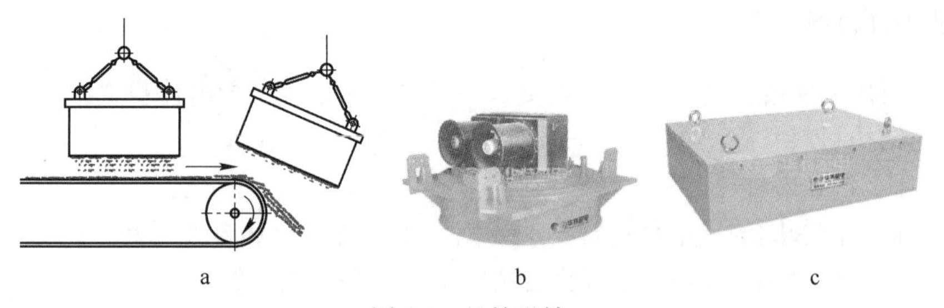

图 4-1　悬挂磁铁

a—悬挂磁铁安装示意图；b—电磁悬挂磁铁；c—永磁悬挂磁铁

在港口出口煤炭产品料流中需要采用超导悬挂磁铁（磁场强度达 5T）以清除煤炭产品中所含的雷管、炮线等细小磁性杂物。以往，该设备主要选用进口设备，目前国内业已开发出国产超导悬挂磁铁设备，如图 4-2 所示。

图 4-2　国产超导悬挂磁铁

4.3.1.2 带式悬挂磁铁

带式悬挂磁铁主要用于从非磁性物料流中检出块状铁质物料，检出物由皮带自动排出。图 4-3 和图 4-4 所示的是带式悬挂磁铁的两种悬挂方式。前者与运料带成直角交叉，杂铁从运料带的侧边排出；后者与运料带方向一致，杂铁从料流的前端排出。电磁和永磁带式悬挂磁铁设备如图 4-5 所示。

联邦德国洪堡公司生产的 RMA 型带式磁铁有吸程高度 125~600mm、皮带宽度 400~1800mm 等 40 多种规格。

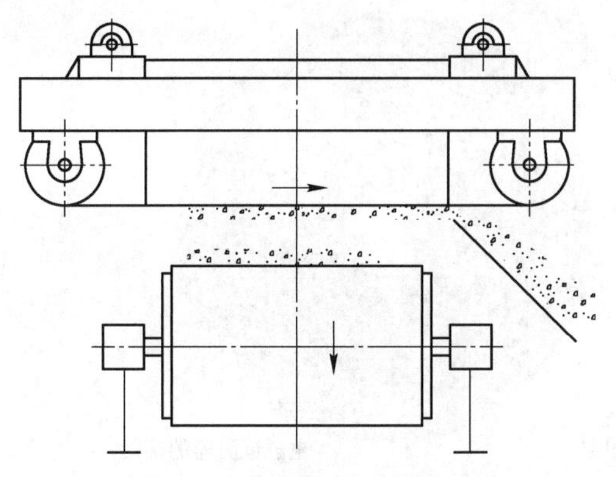

图 4-3　横向排料带式悬挂磁铁

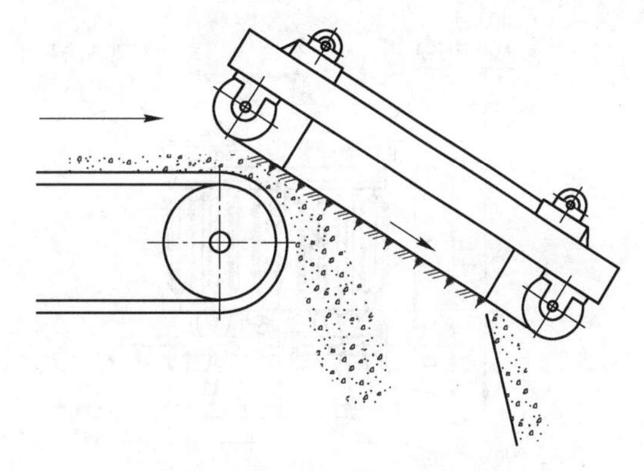

图 4-4　纵向排料带式悬挂磁铁

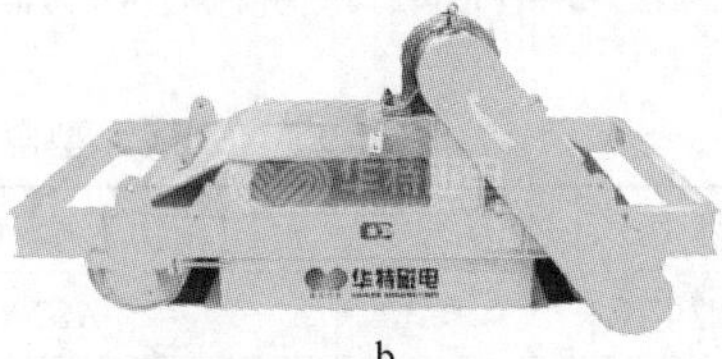

a　　　　b

图 4-5　电磁和永磁带式悬挂磁铁

a—电磁带式悬挂磁铁；b—永磁带式悬挂磁铁

目前国内带式悬挂磁铁的产品技术也得到长足的发展。吸程高度达到 150~500mm、皮带宽度也有 500~2000mm 等多种规格。

在矿物加工业，悬挂磁铁主要应用于破碎设备的前端，排除原矿石中的大块铲齿、钎头等铁件，保护破碎设备的运行安全。在其他工业生产过程中，也可用于煤、铁渣和钢渣、型砂、工业垃圾等物料中除去或回收铁质物料。

4.3.1.3　粉料除铁器

在非金属矿产品加工、化工粉料产品加工以及现代粉体材料（如电池粉体材料等）加工领域，大量采用各种干法和湿法除铁器设备以保证产品质量。这一类粉料除铁器设备，国外具有代表性的生产厂家主要有：美国的 ERIEZ（艺利磁力公司）、日本的 NMI（日本磁力公司）等。NMI 生产的粉料除铁器主要产品如下。

A　NMI CS 型湿式电磁过滤器

NMI CS 型电磁过滤器是一种湿式电磁除铁设备。

特征：主机外壳配有散热片有利于提高冷却效果；为了使线圈得到绝缘冷却，注入了绝缘油；周期性工作，排出磁性物料时，切断励磁电源，方便清扫。

NMI CS 型电磁过滤器如图 4-6 所示，其结构示意与分选介质如图 4-7 所示。主要技术参数见表 4-9，主要结构尺寸见表 4-10。

图 4-6　NMI CS 型电磁过滤器

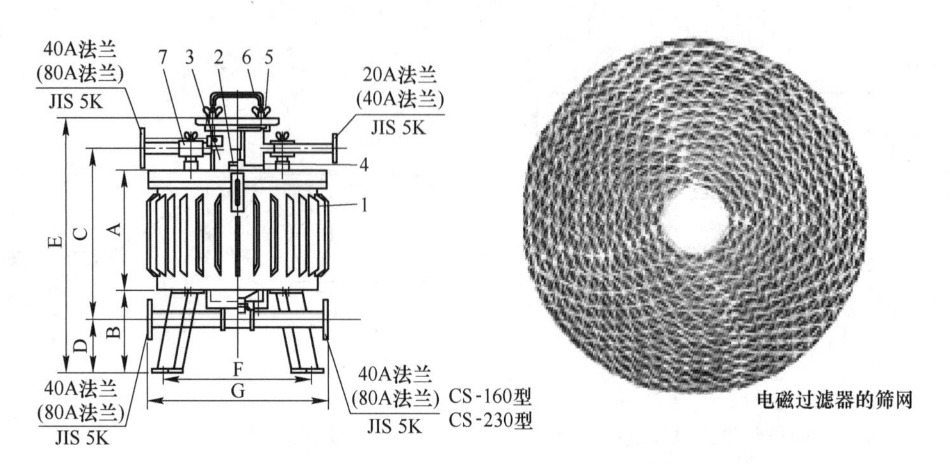

图 4-7　NMI CS 型电磁过滤器结构示意与分选介质

1—线圈箱；2—注油口；3—端子箱；4—过滤器外壳；5—蝶形螺母；6—O 形环；7—通气阀

表 4-9　NMI CS 型电磁过滤器主要技术参数

型　号	CS-160 型	CS-230 型
电源电压	AC200~440V	AC200~440V
负荷电压	DC45V	DC120V
负荷电力（冷态时）	DC13A	DC13A
磁化电力	0. 58kW	1. 56kW
过滤网	Max. 25 张	Max. 30 张
主机质量	约 400kg	约 850kg
连接口径	40A	80A
冷却油量	18L	90L
分离磁场	3000GS	3000GS

表 4-10　NMI CS 型电磁过滤器主要结构尺寸

型号	CS-160 型/mm	CS-230 型/mm
Φ1	570	840
Φ2	200	260
Φ3	160	230
A	405	515
B	235	275
C	610	800
D	145	140
E	855	1053
F	575	840
G	665	840

B NMI CS-X 型湿式高梯度磁力分选机

NMI CS-X 型湿式高梯度磁力分选机是一种湿法分选作业的电磁磁系的磁选设备。主要用于去除弱磁性物质或微量的微细粒铁粉。

特征：铁芯介质上峰值磁场强度最高可达 1.5T；去除并回收液体或泥浆中的磁性物质；配有自动清洗装置。

设备主要规格型号与参数见表 4-11。

表 4-11 NMI CS-X 型湿式高梯度磁力分选机主要规格型号与参数

型号	背景磁场强度/T	激磁功率/kW	主机质量/kg
CS-140X	0.5	12.4	约 2800
CS-250X	0.5	14.5	约 2800
CS-400X	0.5	19.0	约 4500

NMI CS-X 型湿式高梯度磁力分选机如图 4-8 所示，其结构如图 4-9 所示。

图 4-8 NMI CS-X 型湿式高梯度磁力分选机

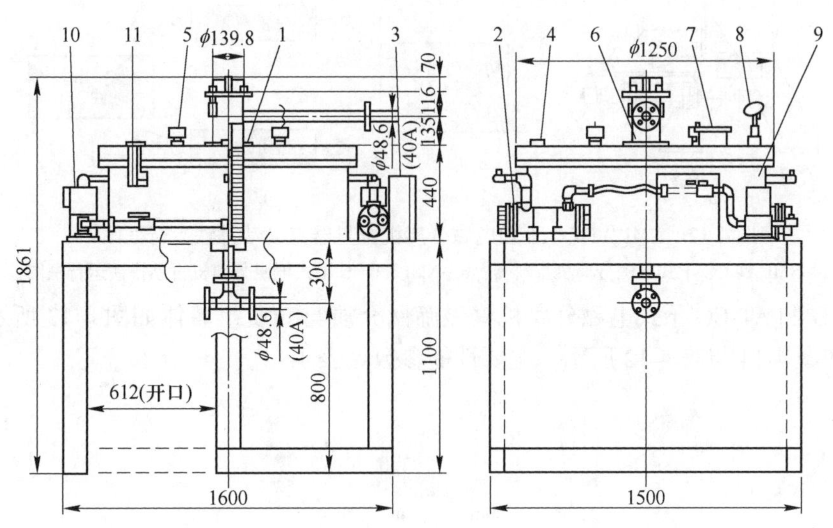

图 4-9 NMI CS-X 型湿式高梯度磁力分选机结构示意图

1—过滤器；2—水冷式油冷却器；3—中转端子箱；4—注油口；5—通气阀；6—过滤器外壳；7—端子箱；8—测温抵抗体；9—线圈箱；10—油泵；11—油面计量器

C　NMI CG 和 AT-CG 型干式电磁分离机

CG 型（非自动排铁）和 AT-CG 型（自动排铁）两种设备是 NMI 公司生产的干粉电磁除铁设备，如图 4-10 所示。设备的分选原理如图 4-11 所示。

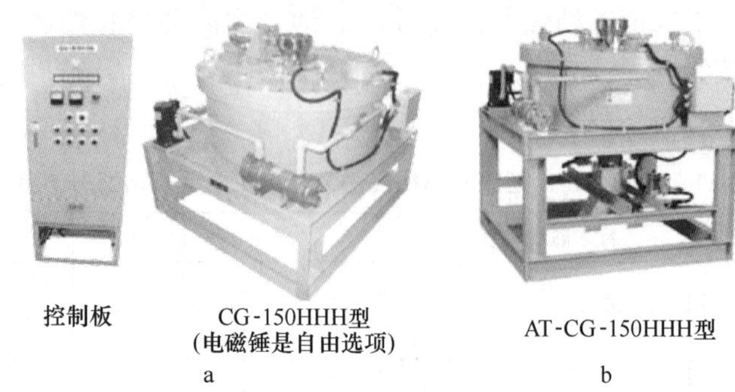

图 4-10　NMI CG(非自动排铁)和 AT-CG(自动排铁)干式电磁分离机

a—NMI CG（非自动排铁）干式电磁分离机；b—NMI AT-CG（自动排铁）干式电磁分离机

CG 干式电磁分离机是在螺线管电磁磁体中置入一可上下振动的分选罐，分选罐内装有多层聚磁筛网介质。入选物料从上部给入分选罐，物料产品通过筛网介质由下部排出，而磁性物（铁粉）则被吸附于筛网介质表面；CG（非自动排铁）型设备在筛网介质吸附满铁粉时，停止给料、排干净产品物料后，切断激磁电源，排出磁性（铁粉）物料，排干净磁性物料后，重新启动激磁电源并进行给料进入下一生产作业循环。

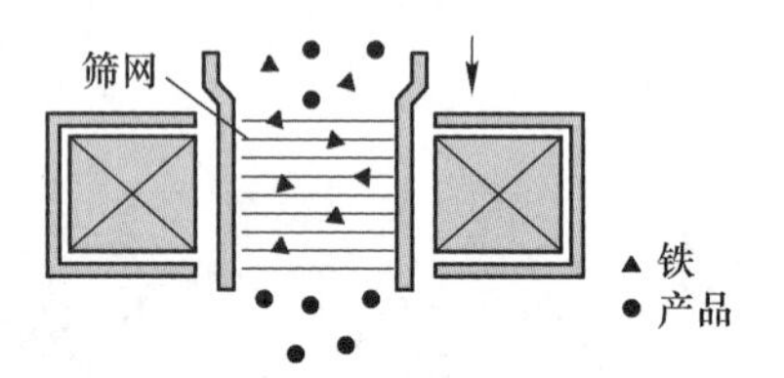

图 4-11　NMI CG 和 AT-CG 干式电磁分离机分选原理

AT-CG（自动排铁）型设备，配有两个排料出口的排料器如图 4-12a 所示，通过自动控制，实现上述作业过程的自动运行。其作业联系图如图 4-12b 所示。

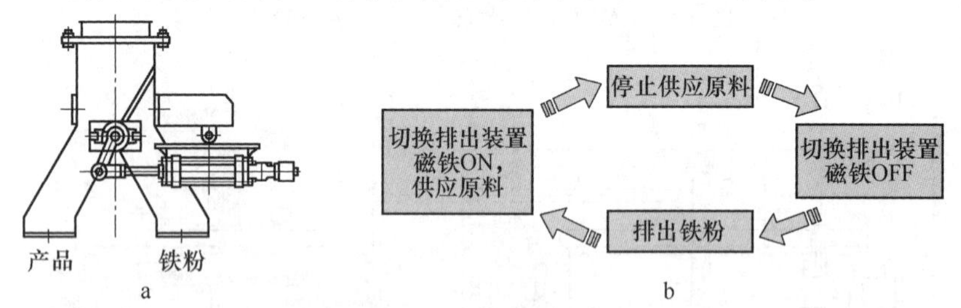

图 4-12　NMI AT-CG 干式电磁分离机排料器与自动排铁运行框图

a—NMI AT-CG 干式电磁分离机排料器；b—NMI AT-CG 干式电磁分离机自动排铁运行框图

NMI CG 和 AT-CG 干式电磁分离机聚磁筛网介质与介质组装体如图 4-13 所示。主机外形尺寸如图 4-14 与表 4-12 所示。主要性能参数见表 4-13。

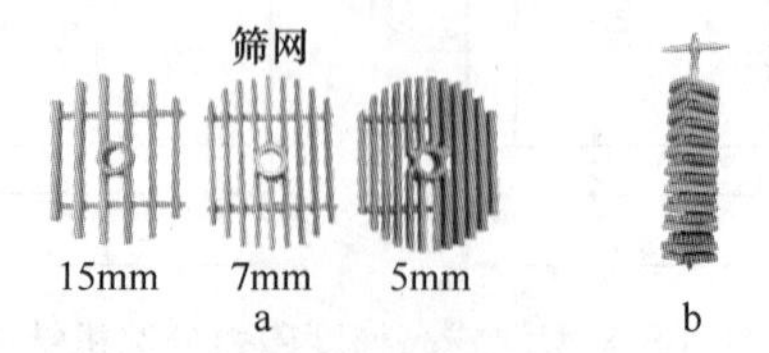

图 4-13　聚磁筛网介质与介质组装体

a—聚磁筛网介质片；b—筛网介质组装体

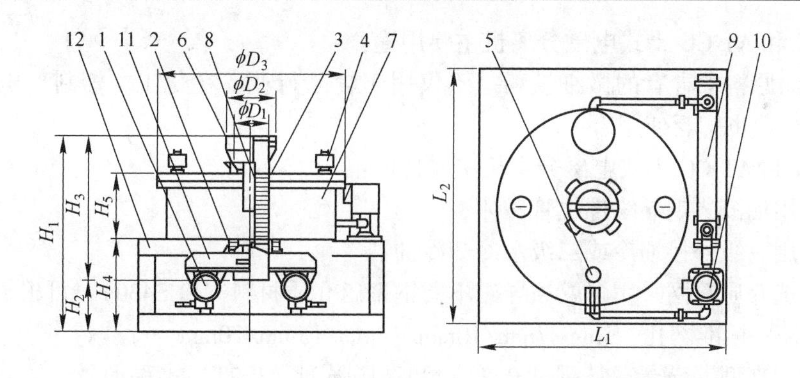

图 4-14 NMI CG 和 AT-CG 干式电磁分离机主机外形结构示意图

1—外框；2—振动器座；3—油泵；4—油冷却器；5—油计量器；6—线圈箱；7—筛网箱；8—注油口；9—通气阀；10—筛网；11—弹簧；12—振动器

表 4-12 NMI CG 和 AT-CG 干式电磁分离机主机外形尺寸 (mm)

型号	ϕD_1	ϕD_2	ϕD_3	L_1	L_2	H_1	H_2	H_3	H_4	H_5
150H	150	226	840	1050	1000	850	225	625	400	280
250H	250	328	900	1100	1150	985	325	660	500	315
300H	300	378	900	1100	1150	1025	325	700	500	355
150HH	150	226	880	1150	1100	1050	300	750	500	400
250HH	250	328	1000	1200	1250	1051	325	725	500	410
300HH	300	378	1100	1300	1300	1052	325	725	500	410
150HHH	150	226	1100	1350	1300	1090	325	765	500	450
250HHH	250	328	1350	1500	1500	1090	325	765	500	460
300HHH	300	378	1400	1550	1500	1090	325	765	500	460

表 4-13 NMI CG 和 AT-CG 干式电磁分离机主要性能参数

参数型号		标准型			高磁力型								
		150	250	300	150H	250H	300H	150HH	250HH	300HH	150HHH	250HHH	300HHH
主机	最大磁力/T	约0.3			约0.6			约0.9			约1.2		
	质量/kg	200	400	450	800	1200	1400	1500	1700	1900	2000	2300	2500
	网径/mm	145	245	295	145	245	295	145	245	295	145	245	295
	网数/片	13	12	15	13	13	14	19	16	16	20	17	17
	绝缘油/L	15	30	40	40	50	55	60	70	95	120	150	160
	冷却器				水冷型冷油器			水冷型冷油器			水冷型冷油器		
	油泵				耗电功率180W			耗电功率180W			耗电功率400W		
	振动马达	75W,振动力100kg			150W，振动力200kg			150W，振动力200kg			250W，振动力350kg		
电气	电源电压（AC）	200~440V			200~440V			200~440V			200~440V		
	负载电压（DC）	27V	60V	88V	90V	107V	116V	175V	217V	233V	180V	218V	235V
	负载电流（DC）	13A			20A			24A			33A		
	激磁功率/kW	0.35	0.78	1.1	1.8	2.1	2.3	4.2	5.2	5.6	5.9	7.2	7.9
	电控柜重/kg	约100			约120			约150			约200		

NMI CG 和 AT-CG 干式电磁分离机主要用途：

高效去除原料中含有的微细铁粉。不仅用于食品行业，在化工、塑料、电池粉体原料、医药品行业也广泛使用。

NMI CG 和 AT-CG 干式电磁分离机主要特征：

(1) 采用油浸式铜导线螺线管磁体。

(2) 采用一级外接油冷或二级水冷却冷油器。

(3) 分选介质筛网采用耐腐蚀导磁不锈钢聚磁介质材料（SUS430），可根据分选物料特性选取网径。标准网孔：5mm/7mm/10mm/12mm/15mm/20mm。

(4) 有标准型（背景磁场强度 0.3T）和高场强型（1.2T）多种型号。

(5) 有非自动排铁和自动排铁两种排料方式的配置。

(6) 分选罐配有振动电机，可用于流动性较差的物料。

D　NMI 永磁除铁器

高表面磁场强度的永磁除铁磁棒（表面峰值磁场强度 1.5T）如图 4-15 所示。

以永磁除铁棒为基础，NMI 设计制造了多种用于干、湿法除铁的格子型永磁磁铁，如图 4-16 所示。带外壳的干法格子型永磁除铁器如图 4-17 所示。干法自动清扫格子型永磁除铁器如图 4-18 所示。干法旋转型永磁除铁器如图 4-19 所示。

图 4-15　永磁除铁棒

图 4-16　NMI 干、湿法格子型永磁磁铁

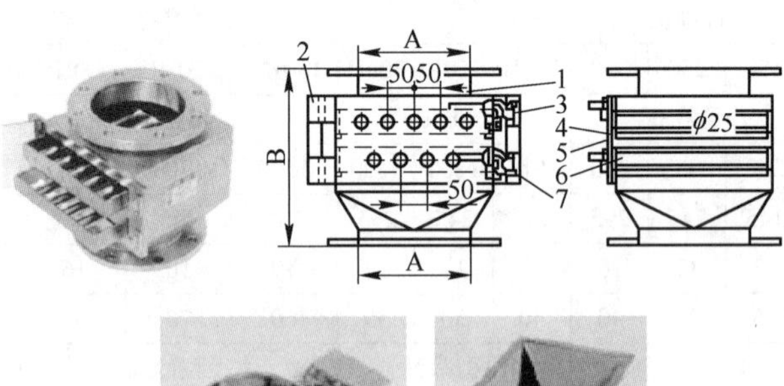

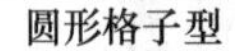

立式格子型

图 4-17　NMI 带外壳的干法格子型永磁除铁器

1—磁棒外包装；2—磁棒；3—垫圈；4—检查窗；5—密闭把手；6—铰链；7—外壳自动清扫式格子式磁铁

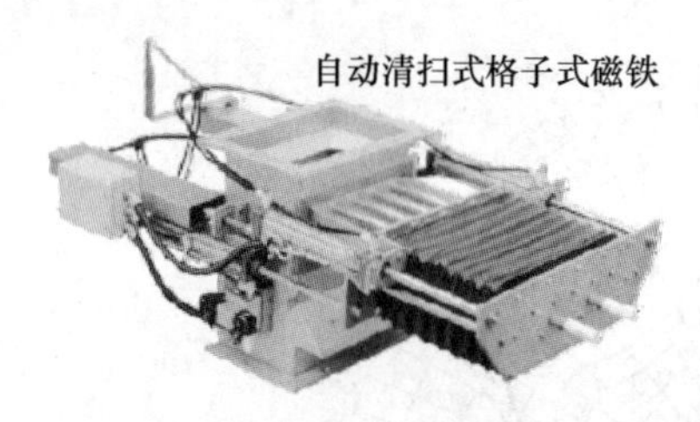

图 4-18　NMI 干法自动清扫格子型永磁除铁器

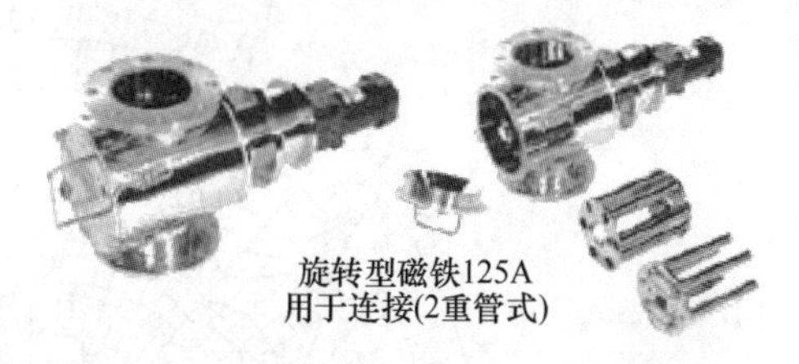

图 4-19　NMI 干法旋转型永磁除铁器

NMI 永磁湿法管道磁过滤器（除铁器）如图 4-20 所示。

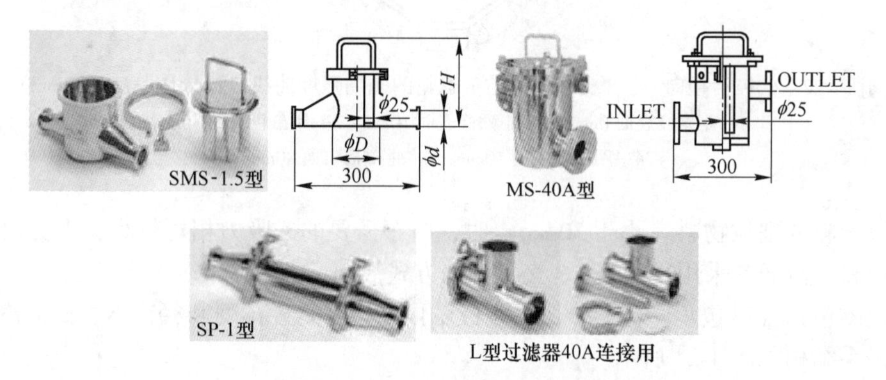

图 4-20　NMI 永磁湿法管道磁过滤器

4.3.2　磁滑轮和圆筒磁铁

磁滑轮和圆筒磁铁是用于物料流除铁、磁铁矿石块矿预选抛尾以及废铁金属回收（如报废汽车等）的磁选设备。通常主要应用于粒度较大的物料（大于 10mm）。

4.3.2.1　*磁滑轮*

磁滑轮的分选原理如图 4-21 所示。

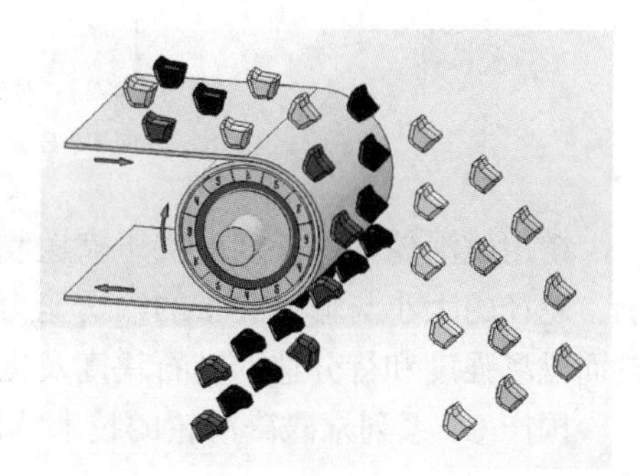

图 4-21　磁滑轮分选原理图

磁滑轮通常作为皮带运输机的一个部件头轮来设计。当磁性物料移动到磁滑轮的顶部时被吸着；转动到底部时自动脱离。非磁性物料沿水平抛物线轨迹落下。可用于料流除铁，也可用于磁铁矿块矿的预选。

磁滑轮的磁源有电磁和永磁两种。随着永磁材料的发展，目前主要采用永磁磁源。

磁滑轮圆断面磁系分为全磁轮（360°磁包角）、半磁轮（180°磁包角）和一定磁包角（180°>磁包角>120°）三种磁系结构。

磁极沿径向 N、S 交替排列的全磁轮的磁场强度分布如图 4-22 所示。

磁滑轮分选面磁极分布方式有轴向 N、S 交替排列和径向 N、S 交替排列两种。分选大块物料（大于 30mm）时，由于需要大的磁吸力，通常采用轴向 N、S 交替排列方式；

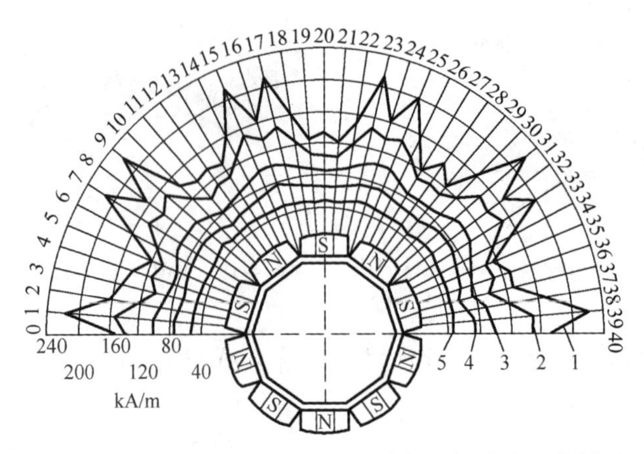

图 4-22　磁极沿径向 N、S 交替排列的全磁轮的磁场强度曲线（半周图，B=800mm）

1—距磁极表面 0mm；2—距磁极表面 10mm；3—距磁极表面 30mm；
4—距磁极表面 50mm；5—距磁极表面 80mm

分选小块物料或细粒物料（小于 30mm）时，由于需要的磁吸力相对较小，而分离精度要求相对较高，故通常采用径向 N、S 交替排列方式。

一定磁包角（磁包角=α），分选面磁极轴向 N、S 交替排列和径向 N、S 交替排列的磁滑轮磁系结构如图 4-23 所示。

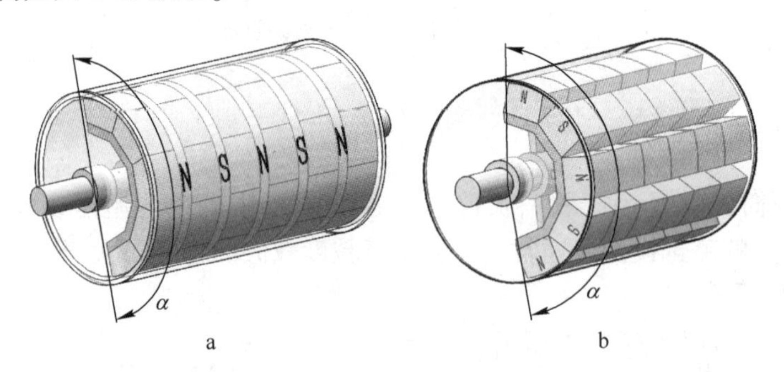

图 4-23　磁包角 α 磁滑轮结构示意图

a—磁包角 α，轴向 N、S 交替排列；b—磁包角 α，径向 N、S 交替排列

矿用磁滑轮轴向长度取决于输送胶带的宽度，轮面磁场强度需考虑输送胶带的厚度影响，轮径的大小与输送胶带的输送能力以及矿石的分选指标要求相关，其磁极极距设计与轮面磁场强度和待分选的矿石块度及磁性块矿的磁性有关。

国产 CT 系列永磁磁滑轮的技术特性列于表 4-14 中。

表 4-14　CT 型永磁磁滑轮的技术性能

型号	筒体尺寸 /mm×mm	相应皮带宽度/mm	筒表面磁感应强度/mT（Oe）	入选粒度 /mm	处理能力 /$t \cdot h^{-1}$	质量 /kg
CT-66	ϕ630×600	500	150（1500）	10~75	110	800
CT-67	ϕ630×750	650	150（1500）	10~75	140	900

续表 4-14

型号	筒体尺寸 /mm×mm	相应皮带宽度/mm	筒表面磁感应强度/mT（Oe）	入选粒度 /mm	处理能力 /t · h^{-1}	质量 /kg
CT-89	ϕ800×950	800	155（1550）	10～100	220	1600
CT-811	ϕ800×1150	1000	155（1550）	10～100	280	1850
CT-814	ϕ800×1400	1200	155（1550）	10～100	340	2150
CT-816	ϕ800×1600	1400	155（1550）	10～100	400	2500

目前由于永磁材料的发展，矿用磁滑轮轮径有大型化发展趋势，美国埃利兹磁力公司磁滑轮最大直径为 914mm，国内磁滑轮最大直径可达 1200mm。筒面磁感应强度也可达到 300mT（3000Oe）。最大分选块度可达 300mm。

4.3.2.2 圆筒磁铁

美国埃利兹磁力公司制造的永磁电磁混合、电磁和永磁三种类型圆筒磁铁如图 4-24 所示。

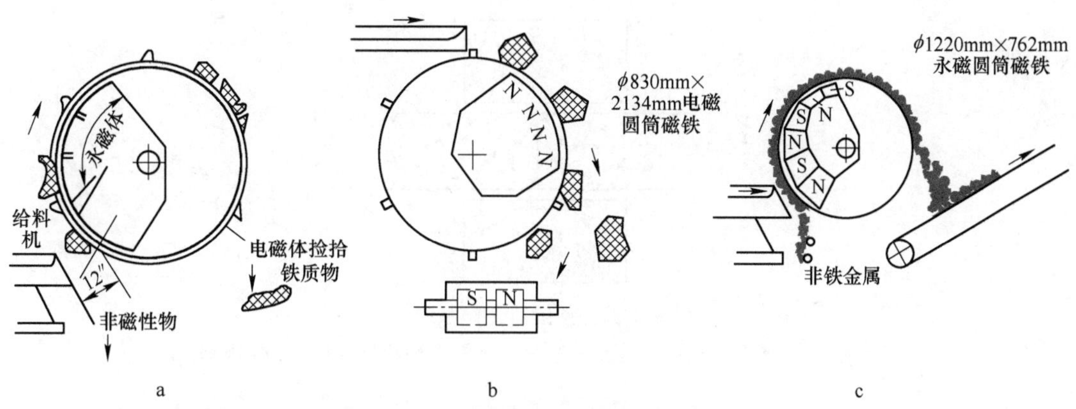

图 4-24 圆筒磁铁结构示意图

a—永磁电磁混合圆筒磁铁；b—磁系轴向排列电磁圆筒磁铁；c—磁系径向排列永磁圆筒磁铁

最大的电磁圆筒磁铁规格为：筒径 1829mm，宽 2438mm。磁筒功率 7.5kW，筒转速 7r/min；表面线速度 40.8m/min；质量约 14.4t；电磁铁磁包角 120°，筒表面磁感应强度 250mT，离表面 304mm 处的磁感应强度为 60mT。磁体励磁功率 15kW，电压 230V。处理铁渣时的处理能力为 400～600t/h。为了减小磨损，在宽 1829mm 筒表面包覆一层厚度 9.5mm 的奥氏体锰钢板。

我国研制的 CTDG 型大块圆筒磁选机技术性能列于表 4-15。

表 4-15 CTDG 型大块圆筒磁选机技术性能

技术性能	CTDG 1210	CTDG 0810	CTDG 0808x	CTDG 0808y	CTDG 0505	CTDG 1514
圆筒直径×长度/mm×mm	1250×1275	800×1200	800×950	800×950	500×650	1500×1800
运输带宽度/mm	1000	1000	800	800	500	1600
筒表面磁感应强度/kA · m^{-1}	200～216	128～136	192～208	128～136	128	≥208

续表 4-15

技术性能	CTDG 1210	CTDG 0810	CTDG 0808x	CTDG 0808y	CTDG 0505	CTDG 1514
处理矿石粒度/mm	350~0	100~0	150~0	100~0	50~0	350~0
处理能力/t · h^{-1}	约 300	100~150	80~150	80~120	50	600
圆筒磁铁质量/t	3.7	1.6	1.4	1.4	0.35	5.4

4.4 弱磁场磁选设备

弱磁场磁选设备是工业生产使用中分选工作磁场强度小于 318kA/m（4000 Oe）的磁选设备。

4.4.1 预磁器

预磁器是一种应用于细粒嵌布磁铁矿矿石的辅助磁力设备。

预磁器的工作原理如图 4-25 所示。

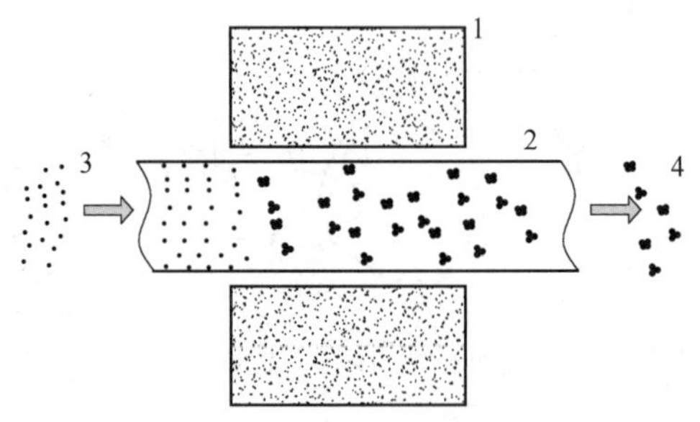

图 4-25　预磁器工作原理

1—磁体（电磁或永磁）；2—管道；3—细粒强磁性颗粒矿浆；4—磁聚团矿浆

矿浆经过一段磁化磁场的作用，细粒强磁性颗粒被磁化后凝聚成较大的磁聚团。离开磁场后，由于磁性颗粒的剩磁和较大的矫顽力，仍然保持磁聚团状态。磁聚团所受磁力和重力要比单颗粒大得多，沉降速度增快，有利于后续的磁选或磁力脱泥等作业。

生产实践表明，不同矿石预磁效果不同。部分未氧化的磁铁矿石的剩磁较小，预磁效果不显著。焙烧磁铁矿石和局部氧化磁铁矿石因为其剩磁和矫顽力较高，预磁效果较好。

生产应用中的预磁器有电磁和永磁两类，其中永磁预磁器的磁系结构也有不同形式。

电磁预磁器结构为一套在工作管道（非导磁材料管）上的圆柱形多层线圈（通入直流电）。管内磁场强度一般最高为 32kA/m（400Oe 左右）。

常用的永磁预磁器主要有 Π 形和 O 形两种。

Π 形永磁预磁器由磁铁（铁氧体磁块堆砌）、导磁板和工作管道（非导磁材料管）组成（见图 4-26），管道内平均磁场强度为 40kA/m（500Oe 左右），其结构如图 4-26 所示。

O 形永磁预磁器是在工作管道中轴线上设置一由圆环磁块和铁质端头组成的中心磁铁，然后磁铁外套上工作管道（导磁铁管）。其结构如图 4-27a 所示，中心磁铁与工作管道内壁之间径向磁场强度的变化如图 4-27b 所示，最高可达 80kA/m（1000Oe 左右）。

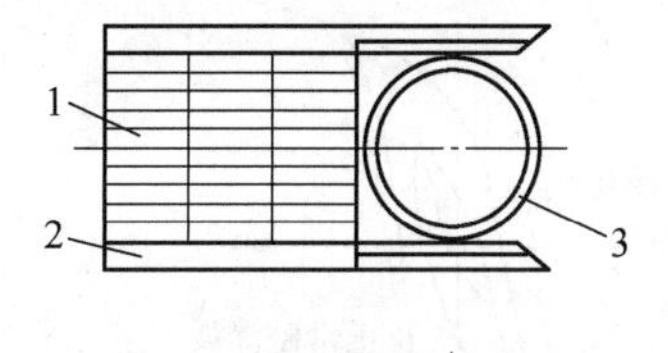

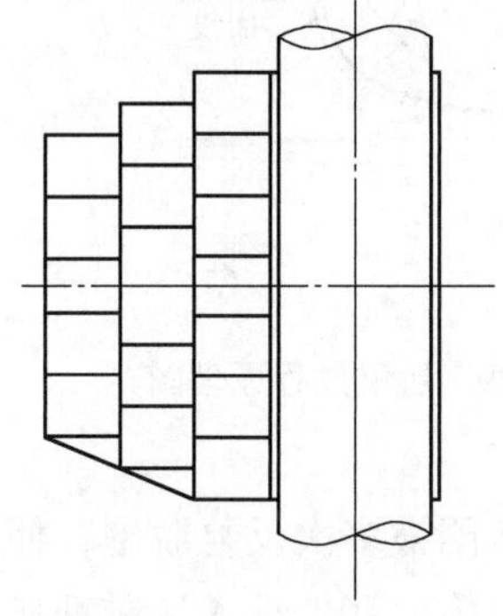

图 4-26　Π 形永磁预磁器结构示意图

1—磁铁；2—导磁板；3—工作管道

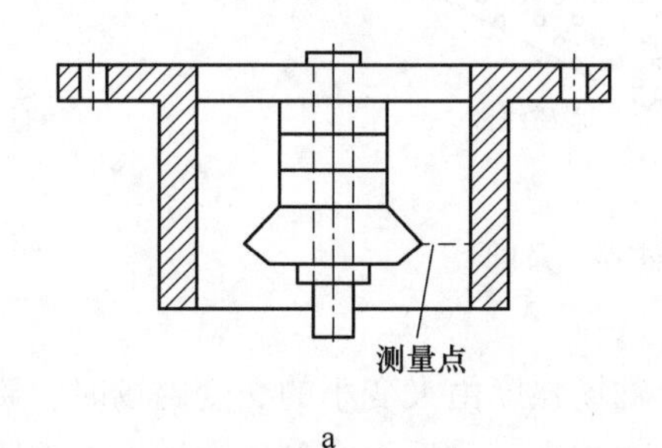

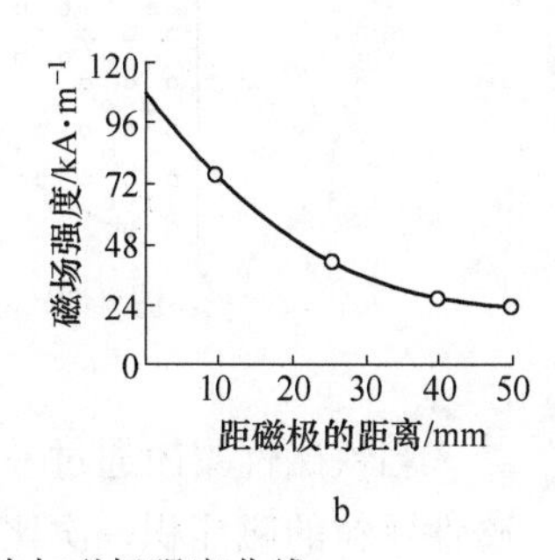

图 4-27　O 形永磁预磁器结构与磁场强度曲线

a—O 形永磁预磁器结构示意；b—O 形永磁预磁器磁场强度曲线

现在的预磁器大多用永磁体制造。表 4-16 列出了苏联生产的预磁器的技术性能。我国也生产各种规格的预磁器。

表 4-16　预磁器技术性能

参数型号		182-C3	183-C3	184-C3	185-C3	186-C3	AH-000-02	AH-000-01	AH-000
管道直径/mm		50	75	100	150	200	100	150	200
磁化场最大场强/$kA \cdot m^{-1}$		40	40	38	36	33	48	48	48
矿浆处理量/$m^3 \cdot h^{-1}$		<20	<40	<70	<185	<300	<150	<200	<300
外形尺寸/mm	长	400	450	500	600	700	880	800	805
	宽	170	200	220	270	320	435	435	485
	高	150	190	210	270	320	435	435	485
质量/kg		15	22	31	61	79	89	81	94

4.4.2　脱磁器

脱磁器是用于磁聚团退磁解聚的辅助设备。细颗粒强磁性矿物（如磁铁矿）在经过磁选或磨矿作业后，由于其剩磁（矫顽力高）将产生磁聚团，磁聚团中常包裹非磁性的脉石颗粒，为了使强磁聚团得以解聚、分散，需要通过脱磁器进行脱磁。

脱磁器一般应用于磁铁矿阶段磨矿阶段选别工艺中磁选粗精矿再磨后的分级作业前，以及每段弱磁选作业之间。此外，在采用磁选回收的重介质重新使用之前也应进行脱磁。

脱磁器和脱磁过程原理如图 4-28 和图 4-29 所示。

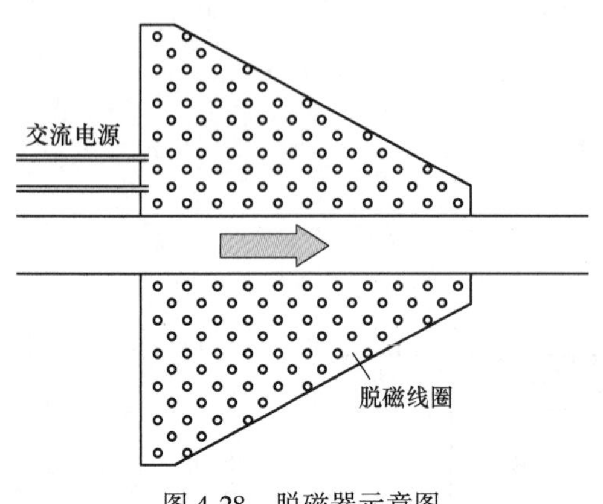

图 4-28　脱磁器示意图

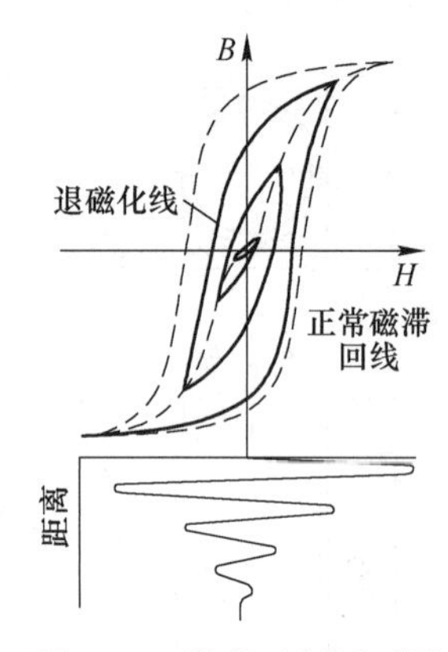

图 4-29　脱磁过程原理图

当铁磁性聚团通过一个磁场强度由大变小的交变磁场时，磁聚团被多次反复脱磁，使磁性颗粒的磁能积一次比一次减小，最后失去剩磁而导致磁聚团解体。在处理人造磁铁矿和其他硬磁性物料时，要求较高的磁场强度。为此常采用塔形螺线管脱磁器，用工频或高频交流电流励磁。图 4-30 所示的是脱磁器的轴向磁场特性。

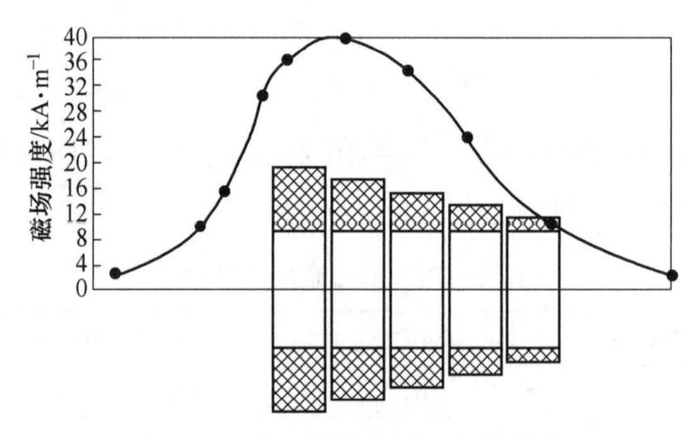

图 4-30　脱磁器轴向磁场变化曲线

脱磁器一般都采用电激磁，除了工频或高频交流塔形螺线管脱磁器外，还有高频脉冲平行螺线管脱磁器。

苏联生产的脱磁器的技术性能列于表 4-17 中。其中 АРВИ 型为高频脉冲脱磁器。АРВИ-Н 型适用于高矫顽力矿浆。高频脉冲脱磁器（АРВИ 型）结构如图 4-31 所示。АРВИ 型脱磁器由专门的变频器供电。进入脱磁器的矿浆经受高频脉冲磁场（频率 500Hz）反复相互作用，这时矿浆中的磁聚团被破坏。

我国也生产多种规格的工频、高频和高频脉冲脱磁器。

表 4-17　脱磁器技术性能

参数型号	177-C3	165-C3	176-C3	225-C3	222-C3	223-C3	АРВИ-Н-000	АРВИ-Н-000-1	АРВИ-В-000	АРВИ-В-000-1
管道直径/mm	100	150	200	450	70	150	150	250	150	250
沿管轴最高场强/$kA \cdot m^{-1}$	40	38	40	36	95	95	50	50	100	100

续表 4-17

参数型号		177-C3	165-C3	176-C3	225-C3	222-C3	223-C3	APBИ-H-000	APBИ-H-000-1	APBИ-B-000	APBИ-B-000-1
额定电流(50Hz，380V)/A		13.4	17.0	28.0	185.0	60.0	115.0	—	—	—	—
交流功率/kW		5.1	6.3	11.0	70.0	22.8	43.8	0.7	2.6	3.2	8.4
线圈材料		铜			铝			铜			
矿浆处理量/$m^3 \cdot h^{-1}$		85	180	300	1500	30	50	160	440	160	440
外形尺寸/mm	长	1050	1080	1440	1600	1050	1100	860	860	860	860
	宽	574	635	635	1600	400	480	580	580	580	580
	高	608	670	670	980	400	480	700	700	700	700
质量/kg		266	309	345	475	109	154	50.7	71.5	60.5	80.5

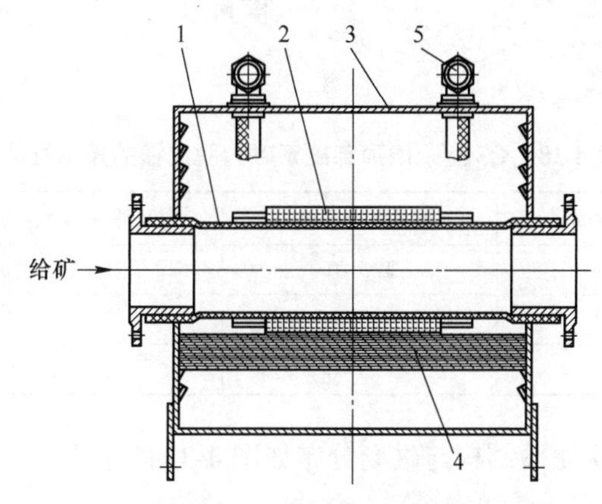

图 4-31 APBИ 型高频脉冲脱磁器结构

1—工作管道；2—脉冲线圈；3—护罩；4—非导磁支撑；5—进线接头

4.4.3 磁力脱泥槽

磁力脱泥槽又称磁力水脱槽，是一种磁力和重力联合作用的分离设备。主要应用于磁铁矿磁选工艺中，脱去矿泥或细粒脉石，也用作磁铁矿分选及过滤前的浓缩设备。

磁力脱泥槽有电磁和永磁两类。根据磁系配置不同又分为顶部磁系和底部磁系磁力脱水槽两种形式。

电磁磁力脱泥槽与永磁顶部磁系磁力脱泥槽结构基本相同，只是用通入直流电的圆柱形多层螺线管线圈磁体取代永磁磁体置于槽体顶部，在槽体内壁与空心筒之间形成磁场，其磁场特性与永磁体相近，如图 4-32 所示。

国产 CS 型永磁顶部磁系磁力脱泥槽结构、磁场分布如图 4-33 所示。

CS 型永磁脱泥槽的技术性能列于表 4-18。

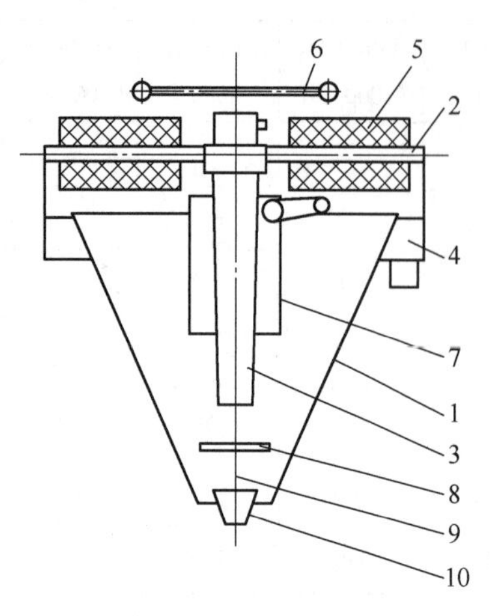

图 4-32　电磁磁力脱泥槽
1—槽体；2—铁芯；3—铁质空心筒；
4—溢流槽；5—线圈；6—手轮；
7—给矿筒；8—返水盘；
9—丝杆；10—排矿装置

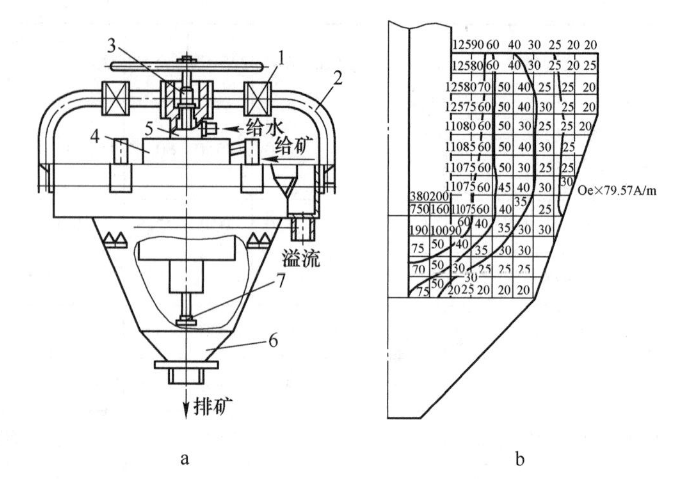

图 4-33　CS 型永磁顶部磁系磁力脱泥槽结构与磁场分布图
a—永磁顶部磁系磁力脱水槽结构；b—磁场分布
1—磁体；2—导磁体；3—排矿装置；
4—给矿筒；5—空心筒；6—槽体；7—返水盘

表 4-18　CS 型永磁顶部磁系磁力脱泥槽的技术性能

型号	槽口直径/mm	给料粒度/mm	磁场强度/kA · m^{-1}	处理能力/t · h^{-1}
CS-12S	1200	1.5~0	≥24	25~40
CS-16S	1600	1.5~0	24~32	30~45
CS-20S	2000	1.5~0	24~32	35~50

永磁底部磁系磁力脱泥槽结构与磁场分布如图 4-34 所示。

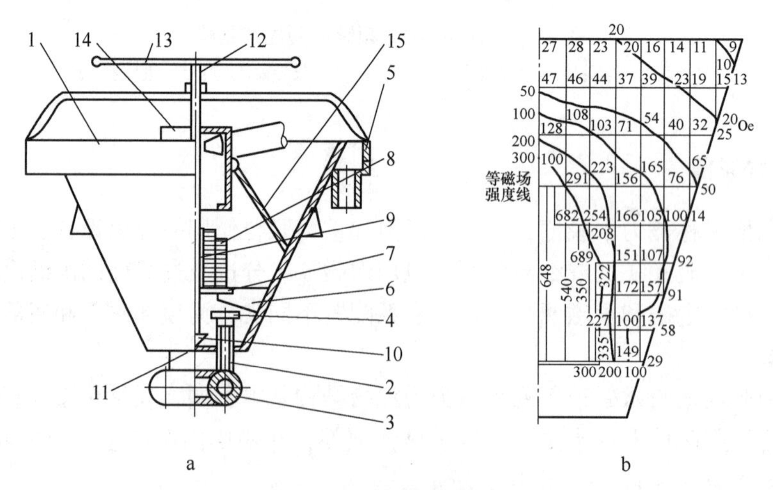

图 4-34　永磁底部磁系磁力脱泥槽结构与磁场分布图
a—永磁底部磁系磁力脱水槽结构；b—磁场分布
1—槽体；2—上升水管；3—水圈；4—迎水帽；5—溢流槽；6—磁系支架；7—导磁板；8—塔形磁系；
9—硬质塑料管；10—排矿胶砣；11—排矿口胶垫；12—丝杆；13—调节手轮；14—给矿筒；15—给矿筒支架

永磁磁系磁力脱泥槽是目前生产应用较多的设备。磁场分布图表明：其磁场特性沿轴向上部弱下部强，沿径向外部弱中间强。生产实践表明：处理一般磁铁矿石时磁系表面周围磁场强度为 24~50kA/m（300~500Oe），处理焙烧磁铁矿石时，磁场强度应高于此值。

永磁磁系磁力脱泥槽主要规格有 ϕ1200mm，ϕ1600mm，ϕ2000mm，ϕ2500mm 和 ϕ3000mm 等。

磁力脱泥槽具有结构简单、无运动部件、维护方便、操作简单、处理能力大和分选指标较好等优点，一般用于分选细粒磁铁矿以及磁铁矿精矿过滤前的浓缩作业。

永磁磁系磁力脱泥槽生产实例及技术指标见表 4-19。

表 4-19　磁力脱泥槽生产实例与技术指标

生产厂	规格/mm	给矿粒度/mm	处理量/$t\cdot h^{-1}$	铁品位/%			回收率/%
				给矿	精矿	尾矿	
鞍钢烧结总厂	ϕ2200	0.1~0	>20	60 左右	>61.5	<18	—
	ϕ2500	0.1~0	>20	>27	53~55	<8	—
	ϕ3000	0.1~0	>25	>27	53~55	<8	—
大孤山	ϕ2000	0.3~0	46.7	42.23	47.76	9.83	97.30
	ϕ3000	0.1~0	—	44.12	54.50	10.56	94.34
南芬★	ϕ1600	—	—	29.61	39.96	7.36	92.20
	ϕ2000	0.4~0	41.19	29.61	39.74	7.08	92.50

注：表中★为永磁顶部磁系磁力脱泥槽，其余为永磁底部磁系磁力脱泥槽。

4.4.4　圆筒型磁选机

弱磁场圆筒型磁选机是工业应用最早而且迄今为止应用最为广泛的磁选设备。适用于从粉状物料中提纯强磁性物料颗粒或剔除强磁性杂质颗粒。主要应用于磁铁矿选矿、冶金、粉末冶金、化工、水泥、陶瓷、砂轮、粮食等行业，以及当今城市矿产（废旧汽车、家电等）、烟灰、炉渣中分选回收金属铁，此外，还用于重介质选矿工艺（如选煤）中重介质的回收。

早期的弱磁场圆筒型磁选机磁源采用电磁磁系，由于现代永磁材料工业的发展，使得目前绝大部分弱磁场圆筒型磁选机磁源均采用永磁体磁系。

4.4.4.1　*干式弱磁场圆筒型磁选机*

上部给料干式弱磁场圆筒型磁选机分选原理如图 4-35 所示。

图 4-35　上部给料干式弱磁场圆筒型磁选机分选原理

干式弱磁场圆筒型磁选机由以下主要部件组成：可调整定位偏角的固定磁系（电磁或永磁）、分选圆筒、给料机构（上部或下部给料）、排料机构、传动机构和机架。

我国制造的 CTG 型上下双筒磁选机结构如图 4-36 所示。圆筒用 2mm 玻璃钢制造，表面粘上一层耐磨橡胶。磁系由锶铁氧体永磁块组成。磁系包角 270°。磁极极性沿圆周方向交替变化。

CTG 型磁选机有单筒和双筒两种。单筒机选别带长度可通过挡板位置调整；双筒机可通过调整磁系偏角来适应不同分选流程的需要（精选或扫选）。

CTG-69/5 型机的磁场特性如图 4-37 所示。CTG 型磁选机的技术性能列于表 4-20 中。

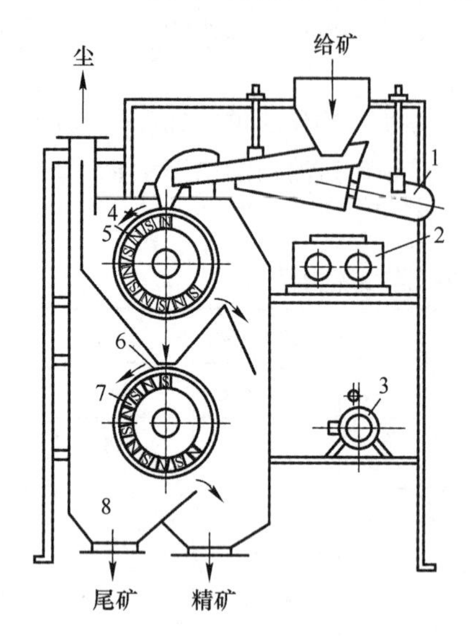

图 4-36　CTG 型上下双筒磁选机结构

1—电振给矿机；2—无级调速器；3—电动机；4—上圆筒；5，7—圆缺磁系；6—下圆筒；8—选箱

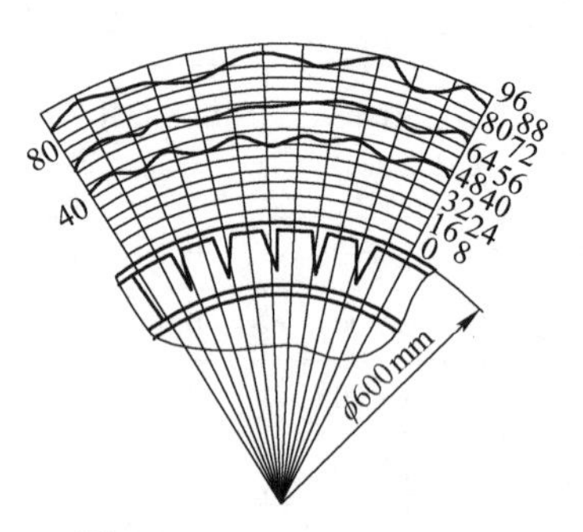

图 4-37　CTG-69/5 型机的磁场特性（单位：kA/m）

表 4-20　CTG 型干式弱磁永磁筒式磁选机的技术性能

型号	极距/mm	选箱型式	给矿粒度/mm	允许物料湿度/%	筒面场强/$kA \cdot m^{-1}$	筒体转数/$r \cdot min^{-1}$	处理能力/$t \cdot h^{-1}$	传动功率/kW	机重/t
CTG-63/3	30	两产品	0. 5~0	≤1	84	150~300	3~5	2. 2	2. 52
CTG-69/5	50	两产品	1. 5~0	≤2	92	150~300	5~10	2. 2	2. 60
CTG-69/9	90	两产品	5~0	≤3	100	75~150	10~15	2. 2	2. 60
2CTG-69/3/3	30/30	两产品	0. 5~0	≤1	84	150~300	3~5	2. 2×2	4. 0
2CTG-69/5/5	50/50	两产品	1. 5~0	≤2	92	150~300	5~10	2. 2×2	4. 1
2CTG-69/9/9	90/90	两产品	5~0	≤3	100	75~150	10~15	2. 2×2	4. 1
2CTG-69/3/5	30/50	三产品	0. 5~0	≤1	84/92	150~300/150~300	3~5	2. 2×2	4. 1
2CTG-69/5/9	50/90	三产品	1. 5~0	≤2	92/100	150~300/75~150	5~10	2. 2×2	4. 1

干式圆筒型弱磁场磁选机主要用于强磁性矿石的干选作业（包括细粒抛尾和粗、精、扫选作业），适用于干旱缺水地区。具有工艺流程简单、节水、投资和运行成本低等优点。也适用于从粉状物料中剔除磁性杂质和提纯磁性材料。在冶金、粉末冶金、化工、水泥、陶瓷、砂轮、粮食等部门，以及处理烟灰、炉渣等物料方面得到日益广泛的应用。

但在工业实践中应注意以下几点：

（1）干法弱磁选的给料粒度一般为 6~0. 1mm。且-200 目（-0. 074μm）粒级含量一般应小于 40%。-200 目（-0. 074μm）粒级含量大于 40%时，会影响磁选分离效率。宽粒级分布的物料要考虑分级入选。

（2）入选物料的湿度需要严格控制，一般粒度越粗（大于3mm）水分控制要求可稍低些，粒度越细水分控制要求越严格。

（3）干式分选需要薄层给料，因此，磁选机单位处理能力比湿法分选要降低很多（约为1/2或1/3）。

（4）粒度较细时，干式分选需要提高分选筒转速，若分选转速超过100r/min时，分选筒应采用非导体材料制作，以避免筒体高速切割磁力线所产生的涡电流现象。

（5）需要分选-200目（-0.074μm）粒级含量大大超过40%的磁铁矿物料时，应选择特殊的偏心快速筒式磁选设备。

（6）一般而言，干法弱磁选分选细粒级（小于0.1mm）磁铁矿物料与同样物料的湿法弱磁选相比较，不易获得同等精矿质量的铁精矿产品；或者在铁精矿产品精矿品位相同时，回收率会低2%~5%。

4.4.4.2　湿式弱磁场圆筒型磁选机

湿式弱磁场圆筒型磁选机是应用最为广泛的磁选设备。磁系结构为开放性、非均匀表面磁场，一般筒面峰值磁场强度小于0.3T。设备结构如图4-38所示。

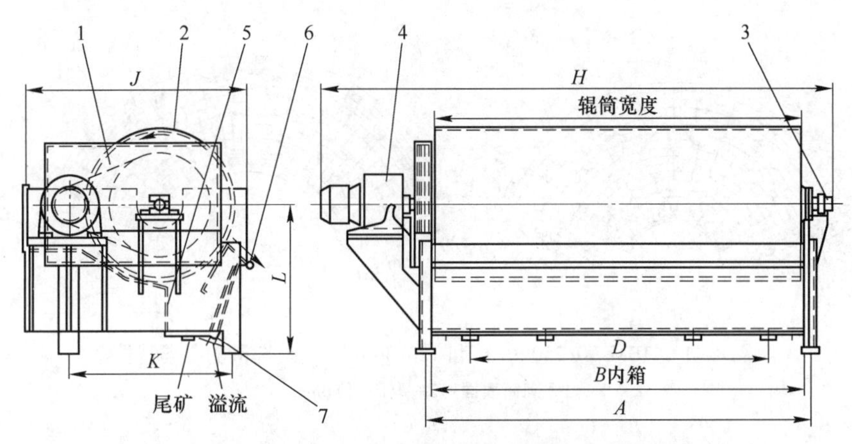

图4-38　湿式弱磁场圆筒型磁选机设备结构图

A—机架地脚螺栓宽度；B—内向宽度；D—矿浆口宽度；H—总宽度；
1—磁系；2—分选圆筒；3—磁系调节机构；4—圆筒驱动机构；5—分选槽体（底箱）；
6—磁性物卸料机构；7—排料和液位控制机构

A　湿式弱磁场圆筒型磁选机磁系结构

磁系结构一般采用沿圆周N、S交替排列，如图4-39所示。

B　湿式弱磁场圆筒型磁选机磁场特性

磁性材料的选择、堆砌高度h、磁极极面宽度a、极间隙b、极距d、磁系包角α以及磁极头的数量对于磁选机筒面磁场强度和分选磁场分布乃至设备的分选效率有着决定性的影响。一般情况下，磁性材料与堆砌高度h主要决定筒面磁场强度；极面宽度a与极间隙b的比值a/b主要决定了筒面分选磁场的分布特性；磁系包角α决定了设备有效分选区范围；磁极头的数量决定了设备对于磁选作业需求的适应性，通常少极头数量（3、4）大多用于粗选或扫选作业，多极头（大于5）则更适用于精选作业。在磁选机磁系结构设计过程中，以上各参数具有关联性，应综合选取。

磁场强度与分选区的磁场分布特性是表征湿式弱磁场圆筒型磁选机设备性能的主要技术指标，典型圆筒型磁选机的磁场特性如图 4-40 和图 4-41 所示。

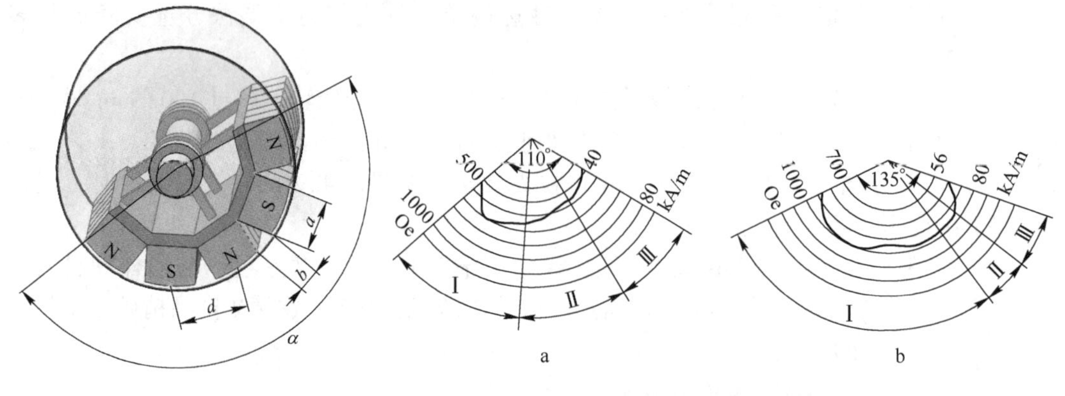

图 4-39　磁系结构示意图

图 4-40　国产 ϕ750mm（a）和 ϕ1050mm（b）磁选机的磁场特性

Ⅰ—分选区；Ⅱ—输送区；Ⅲ—脱水区

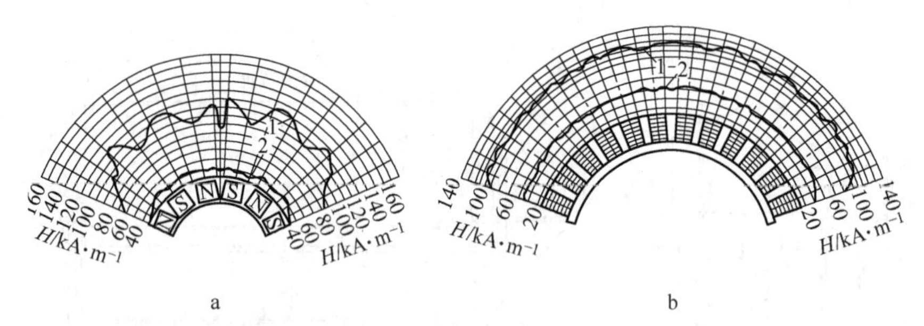

图 4-41　ПБМ-90/250（a）和 120/300（b）磁选机的磁场特性

1—圆筒表面；2—离筒面 50mm

C　湿式弱磁场圆筒型磁选机分选槽体结构

湿式弱磁场圆筒型磁选机有三种槽体结构形式（见图 4-42）：顺流、逆流和半逆流，以适应于不同的入选物料。

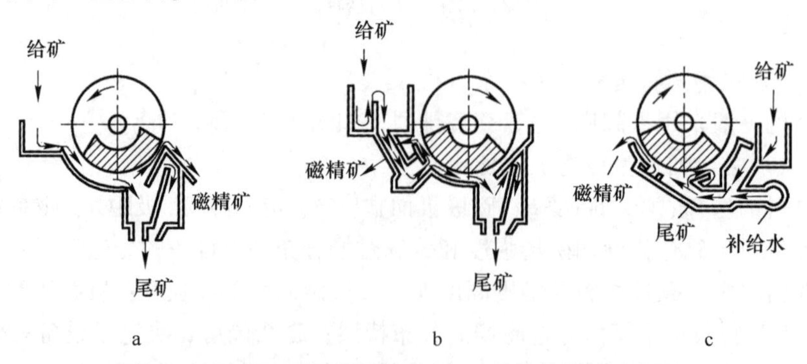

图 4-42　湿式弱磁场圆筒型磁选机三种槽体结构示意图

a—顺流型槽体；b—逆流型槽体；c—半逆流型槽体

不同给料粒度条件下槽体型式的选择：

（1）顺流型槽体适用于粗颗粒分选，一般 $d<6$mm，现代粗粒抛尾顺流弱磁筒最大入选粒度可达 25mm；

（2）逆流型槽体适宜的入选粒度 $d<3$mm；

（3）半逆流型槽体适宜的入选粒度 $d<0.3$mm。

入选粒度 $d<0.3$mm 时，物料中磁铁矿含量较低的情况下（即尾矿产率>50%），三种槽型磁选机的分选技术指标相近。入选物料中磁铁矿含量高（即尾矿产率<30%）的情况下，顺流磁选机的分选技术指标明显优于逆流和半逆流磁选机。入选物料中磁铁矿含量非常低（即尾矿产率>70%），且入选粒度较细（-0.074mm>70%）的情况下，逆流和半逆流磁选机的分选技术指标优于顺流磁选机（特别是精矿回收率指标）。

不同槽型的磁选机，在同等条件下，磁性产品质量大致相同。多段磁选作业时，必须考虑不同槽型的磁选机的组合。逆流磁选机要求给矿压力稍高一些，因此，采用自流给矿方式配置多段磁选时，逆流磁选机前一段作业的磁选机应配置高于逆流磁选机 600~1000mm。

相同条件下，顺流磁选机的运行功耗约为逆流磁选机的 1/3~1/2，半逆流磁选机运行功耗在两者之间。逆流磁选机筒体和槽体的磨损高于其他两种槽型。顺流磁选机运行可靠性最好。半逆流磁选机对生产运行中处理量、粒度和给矿浓度的变化最为敏感，处理量过低、粒度变粗、给矿浓度增高过大都会导致半逆流磁选机堵塞。

D　湿式弱磁场圆筒型磁选机分选筒直径

生产实践表明：大筒径（大于 ϕ900mm）有利于提高圆筒型磁选机的单位处理能力、分选效率，且节约电耗和水耗。不同圆筒直径、不同分选槽型湿式弱磁场圆筒型磁选机的单位处理能力如图 4-43 所示。

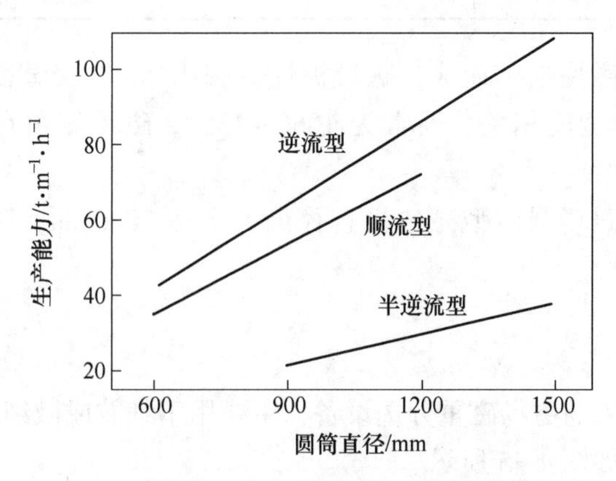

图 4-43　筒径（槽型）与单位处理能力的关系

E　湿式弱磁场圆筒型磁选机规格型号

湿式弱磁场圆筒型磁选机生产厂家众多。国外知名厂商有美国艺利、瑞典萨拉、德国洪堡、英国拉皮特等。

CT 型湿式弱磁场圆筒型磁选机是国内具有代表性的永磁筒式磁选机，CTB（半逆流）磁选机设备结构如图 4-44 所示，CT 系列设备主要规格型号及技术参数见表 4-21。

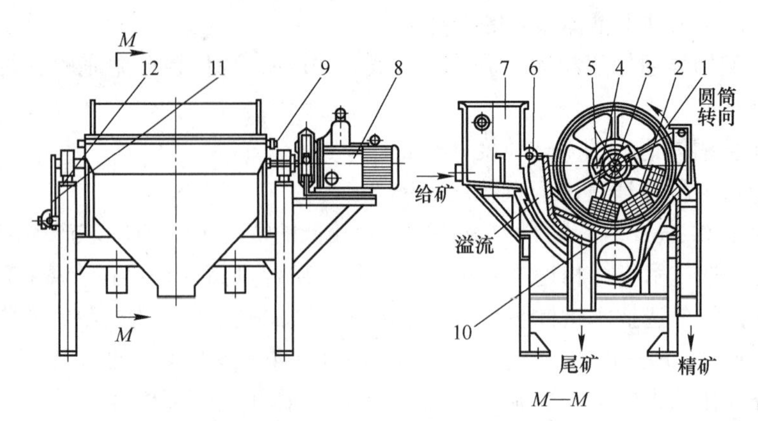

图 4-44　CTB 型湿式弱磁场圆筒型磁选机

1—圆筒；2—磁系；3—槽体；4—磁导板；5—支架；6—喷水管；7—给矿箱；8—传动系统；9—卸矿水管；10—底板；11—磁系偏角调节装置；12—机架

表 4-21　CT 型永磁筒式磁选机主要规格型号及技术参数

型号	槽型	筒体尺寸 $D\times L$/m×m	磁场强度/kA·m^{-1}		电机功率/kW	圆筒转速 /r·min^{-1}	处理能力	
			筒面	距筒面 40mm			t·h^{-1}·m^{-1}	m^3·h^{-1}·m^{-1}
CT-712	S，N，B	0.75×1.2	127	56	3.0	35	20～40	30～50
CT-718	S，N，B	0.75×1.8	127	56	3.0	35	20～40	30～50
CT-1018	S，N，B	1.05×1.8	135	80	5.5	24	60～80	70～90
CT-1024	S，N，B	1.05×2.4	135	80	5.5	24	60～80	70～90
CT-1230	S，N，B	1.25×3.0	139	88	7.5	18	80～100	90～120

磁系由锶铁氧体磁块堆砌而成。磁极极性沿圆周 N、S 交替变化，磁系包角与磁极数、极面宽度和极隙宽度相关，通常为 106°～135°。磁系偏角在 15°～20°范围内可以调节。

目前国内湿式弱磁场圆筒型磁选机直径最大可达 3000mm，筒面峰值磁场强度可达 318kA/m。

4.4.5　磁选柱

磁选柱是一种电磁弱磁场磁重分选设备，主要用于细粒或微细粒磁铁矿精选提纯或浓缩脱水作业，其结构如图 4-45 所示。

磁选柱分选作业过程是在一立式圆柱分选筒内进行的。

分选筒外壁分上下两部分，自上而下套装有多个励磁螺线管线圈，磁场分布为靠近轴线磁场强度较高，径向远离轴线磁场强度较低，沿轴线上部磁场强度较低，下部磁场强度较高，线圈轴线磁场强度自上而下为 4.8～16kA/m（最高达 24kA/m）。多个励磁螺线管线圈的供电机制是自上而下顺序通断直流电，从而产生脉动的、持续下移的磁场力。

磁选柱中底部引入旋转上升水流，上升水流速可达 3～7cm/s。因此，在该上升水流速下，不仅可有效分离出不受磁力作用的单体脉石和矿泥，还能冲带出受磁力作用较小的

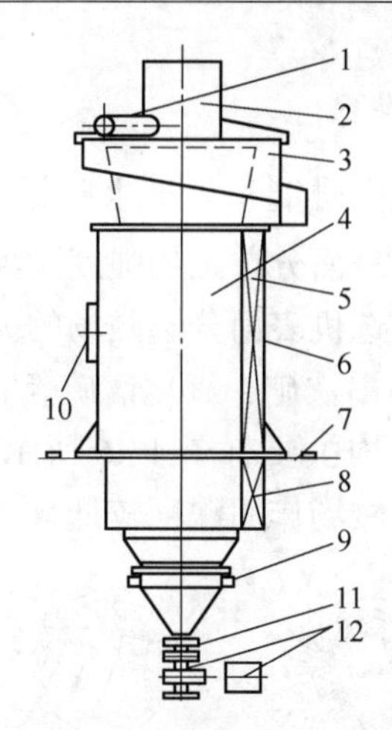

图 4-45 磁选柱结构示意图

1—给矿管；2—给矿斗；3—溢流槽；4—分选筒；5—上电磁系；6—外筒；7—支撑板；8—下电磁系；9—给水装置；10—接线盒；11—传感器；12—电动阀门

中、贫连生体（特别是贫连生体）颗粒。

磁选柱工作原理：矿浆由上部给料斗通过垂直布矿管给入分选腔，物料中磁铁矿颗粒在磁场的作用下被磁化形成磁链，磁链形成过程中磁铁矿得到相对富集，并在重力和下移磁场力的作用下朝下部沉降，随着磁场的脉动和持续下移，每经过一个励磁线圈，就完成一次聚合—分散过程，经过多个励磁线圈后就完成多次聚合—分散及再聚合，每次分散时，上升水流将磁链中夹带的脉石或连生体颗粒从打开的磁链中冲出，直至最终精矿由下部阀门排出。而脉石或连生体颗粒则通过上升水流运送至柱体上部，由溢流槽排出，从而实现磁铁矿与脉石或连生体的分离。

磁选柱主要规格型号与技术参数见表 4-22。

表 4-22 磁选柱主要规格型号与技术参数

规格/mm	磁场强度 /kA·m^{-1}	处理量 /h·t^{-1}	给矿粒度 /mm	耗水量 /m^3·t^{-1}	装机功率 /kW	外径 /mm	高度 /mm
ϕ250	约 14	约 3	-0.2	2~4	1.0	400	2000
ϕ400	约 14	约 8	-0.2	2~4	2.5	700	3000
ϕ500	约 14	约 14	-0.2	2~4	3.0	800	3500
ϕ600	约 14	约 20	-0.2	2~4	4.0	940	4200
ϕ800	约 14	约 30	-0.2	2~4	6.0	1040	4600
ϕ1000	约 20	15~20	-0.2	2~4	4.0	1800	3800
ϕ1200	约 30	20~30	-0.2	2~4	6.0	2200	4200
ϕ1400	约 40	25~35	-0.2	2~4	8.0	2500	4500

4.5 中强磁场磁选设备

中强磁场磁选设备是工业生产中分选工作磁场强度介于 318~800kA/m（4000~10000Oe）的磁选设备。

4.5.1　干式中强磁场圆筒型磁选机

中强磁场圆筒型磁选机是采用高磁能积稀土永磁材料（$(BH)_{max}$≥40kJ/m^3，堆砌类似于弱磁圆筒型磁选机的开放磁系，表面分选磁场强度达到或接近800kA/m（10000Oe）的圆筒型磁选机设备。由于圆筒型磁选机表面分选磁场的大幅提高，从而实现了该类设备对于粗颗粒弱磁性矿物（如赤铁矿、褐铁矿、氧化锰矿等）有效分选。

中强磁场圆筒型磁选机磁系结构主要有图4-46所示的两种方式。其特点是：表面磁场强度高，相对弱磁场磁选机而言磁场作用深度较低。

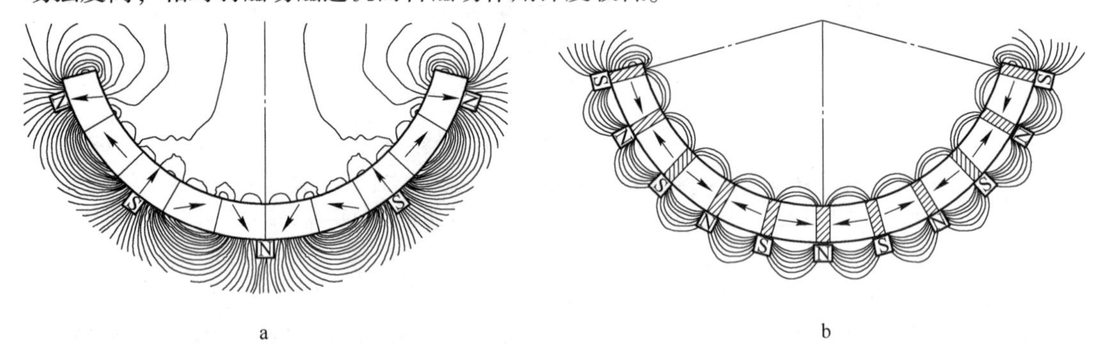

图4-46　中强磁场圆筒型磁选机主要磁系结构示意图

a—不同磁化方向磁块组装磁系；b—平行磁化方向磁块组装的挤压磁系

干式中强磁场圆筒型磁选机设备如图4-47所示。主要设备规格型号见表4-23。

图4-47　干式中强磁场圆筒型磁选机

表4-23　干式中强磁场圆筒型磁选机主要设备规格型号

规格/mm×mm	ϕ300×1500	ϕ300×1800	ϕ400×1500	ϕ400×1800	ϕ600×1500	ϕ600×1800
筒面场强/kA·m^{-1}	318~955					
圆筒转速/r·min^{-1}	20~120					
入选粒度/mm	≤50					
处理能力/t·h^{-1}	3~15	3.5~20	4~20	5~25	7~25	9~30
传动功率/kW	1.5	2.2	2.2	2.2	3.0	4.0
设备质量/t	1.0	1.2	1.4	1.4	2.5	3.0

注：干式根据需要可分为单筒、双筒和多筒，台时处理量对应的是0.2mm砂矿和12mm铁矿。

干式中强磁场圆筒型磁选机主要应用于粗颗粒弱磁性铁矿的预选抛尾、锰矿的粗粒分选以及海滨砂矿中磁性钛铁矿等的分选作业。

4.5.2 湿式中强磁场圆筒型磁选机

湿式中强磁场圆筒型磁选机磁系结构与干式中强磁场圆筒型磁选机相同。其给矿方式分为下部给料和上部给料两种。下部给料时分选筒水平轴线下部浸泡于矿浆液面，磁系置于下半部，分选槽为顺流型。上部给料时分选筒几乎整体浸泡于矿浆液面（水平轴线以上），磁系置于上半部。主要设备规格型号见表4-24。

表4-24 湿式中强磁场圆筒型磁选机主要设备规格型号

规格/mm×mm	ϕ300×1200	ϕ300×1800	ϕ600×1200	ϕ600×1800	ϕ1000×1800	ϕ1000×2400
筒面场强/kA·m^{-1}	318~716					
给矿浓度/%	≤70		≤30			
圆筒转速/r·min^{-1}	约30		约25		约22	
入选粒度/mm	≤10		≤5			
处理能力/t·h^{-1}	4	6	20	30	40	60
传动功率/kW	1.5	2.2	2.2	3.0	4.0	5.5
设备质量/t	1.5	2.0	1.5	3.0	4.5	6.0

注：湿式中强磁场圆筒型磁选机根据工艺需要可串联为多筒，ϕ300mm系列为粗粒选矿，其台时处理量对应的是铁矿-6mm粒级占80%入选物料。ϕ600mm和ϕ1000mm系列为传统机型选矿，其台时处理量对应的是铁矿0.074mm粒级占80%入选物料。

湿式中强磁场圆筒型磁选机应用范围基本与干式中强磁场圆筒型磁选机相同。其上部给料方式主要应用于粗粒弱磁性矿物，而下部给料方式则主要应用于细粒弱磁性矿物。

4.5.3 湿式内筒式中强磁选机

湿式内筒式中强磁选机是近期研发成功的一种新型永磁中强磁场磁选机。其分选原理如图4-48所示。

该设备磁系结构为一固定圆筒内大包角的内敛式开放磁系。可旋转的分选圆筒置于磁系内部。分选筒及磁系轴线沿给矿端向排矿端倾斜配置，倾斜角可调。分选筒内可安装聚磁介质以提高分选区的磁感应强度和利用聚磁介质表面磁场梯度捕收中弱磁性颗粒。

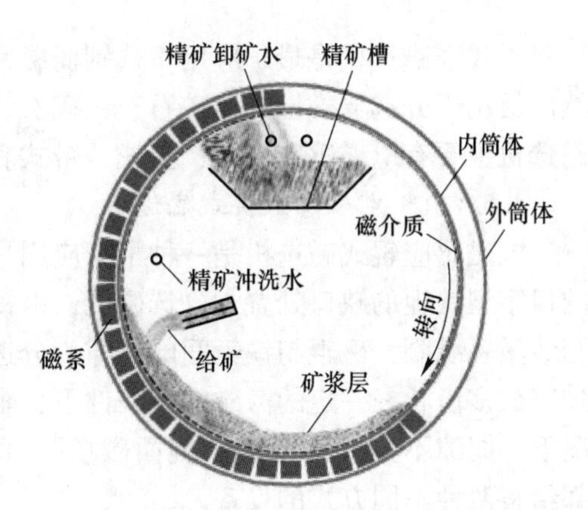

图4-48 湿式内筒式中强磁选机分选原理

当矿浆沿分选筒内壁给入后，非磁性物料随矿浆流向分选筒底部，并沿轴向坡度向排矿端流动。磁性物料在磁场力作用下，吸附于内筒和聚磁介质表面，随内筒和聚磁介质转动被提升至固定磁系的上部，在磁系缺口处由精矿卸矿水冲洗进入精矿槽，并沿精矿槽的轴向坡度排出。

湿式内筒式中强磁选机设备结构如图 4-49 所示。规格与技术参数见表 4-25。

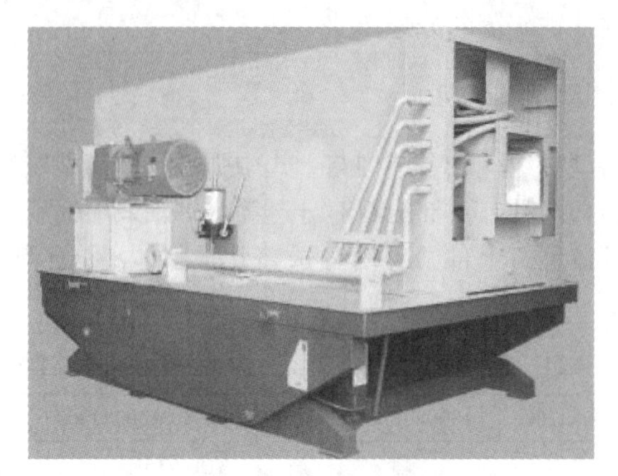

图 4-49 湿式内筒式中强磁选机设备结构

表 4-25 湿式内筒式中强磁选机主要技术参数

分选筒直径 /mm	分选区长度 /mm	分选筒转速 /r·min^{-1}	工作倾角 /(°)	最大给料粒度 /mm	给矿浓度 /%	磁场感应强度 /T	干矿量 /t·h^{-1}	电机功率 /kW	整机质量 /t
950	3000	5~20	0~22	15	20~60	0.2~1.3	50~140	18.5	13
1200	3000	5~20	0~22	15	20~60	0.2~1.3	120~180	22	18
1400	3500	5~20	0~22	15	20~60	0.2~1.3	140~220	22	22
1600	3500	5~20	0~22	15	20~60	0.2~1.3	170~270	25	26
1800	3500	5~20	0~22	15	20~60	0.2~1.3	220~320	30	30
2000	3500	5~20	0~22	15	20~60	0.2~1.3	260~400	35	36
2200	3500	5~20	0~22	15	20~60	0.2~1.3	300~450	37	42

4.5.4 干式强磁选机

干式强磁选机是最早应用于选别弱磁性矿物的工业型磁选设备。目前干式强磁选机仍然广泛用于分选弱磁性的锰矿石、铁矿石、海滨砂矿、黑钨矿、锡矿等工业矿物。干式强磁选机主要有电磁感应辊式、盘式、带式和永磁辊式四类。

4.5.4.1 电磁感应辊式磁选机

电磁感应辊式磁选机是一种早期应用最广的干式强磁选设备，其磁路结构是在一开口的口字型铁轭的缺口处置入分选磁辊，由铁轭与分选磁辊构成闭合的口字型磁路，铁轭上套装激磁线圈，磁辊与铁轭间的间隙为分选工作区。为了提高辊面的分选磁场强度，辊面加工成多齿状，一定的激磁电流条件下，辊齿面磁场强度的高低与间隙宽窄有关，一般情况下，间隙不大于 4mm 时，辊面磁场强度可达 1590kA/m（20000Oe），有辊上部和辊下部给料两种不同方式的设备。

辊上部给料电磁感应辊式磁选机工作原理如图 4-50 所示。磁场中的铁磁性辊子在其表面感生与相邻磁极极性相反的磁场，当入选物料落到感应辊表面时，磁性物料被辊吸住，随着辊面运动转离磁场后落到接料槽中，非磁性物料沿其抛物线运动轨迹落下，实现磁性与非磁性物料分离的目的。

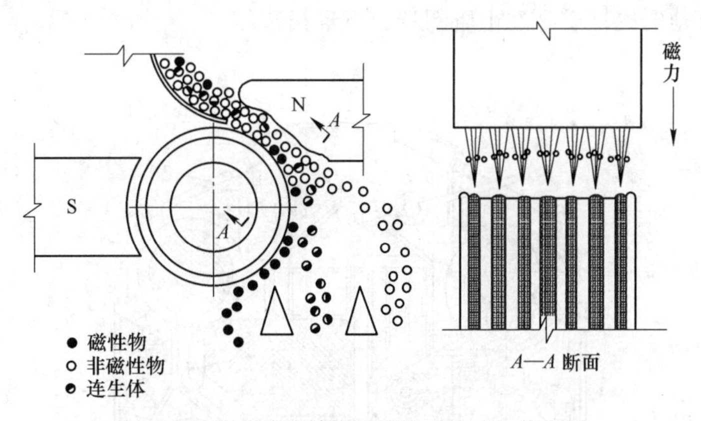

图 4-50 干式电磁感应辊式强磁选机工作原理

三段干式上部给料电磁感应辊式强磁选机的磁路结构如图 4-51 所示。

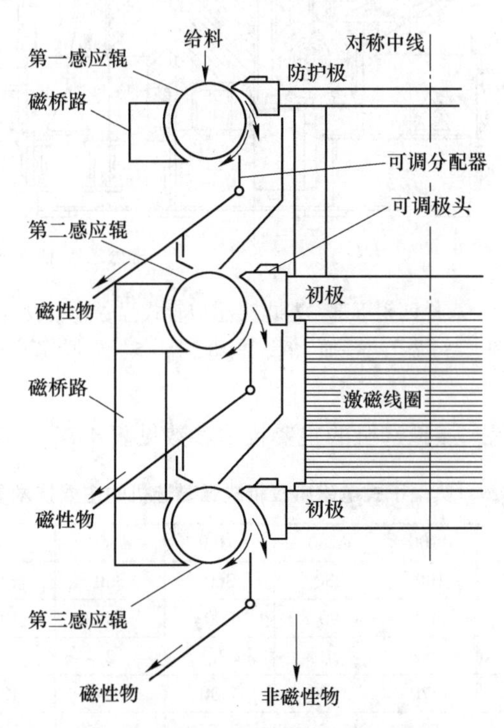

图 4-51 三段干式上部给料电磁感应辊式强磁选机的磁路结构

物料从料斗给入第一辊，分出强磁性物料；弱磁性物料进入第二辊，分出磁精矿；剩余物进入第三辊扫选。

美国卡普科公司生产的 MIH 型双排 6 辊电磁感应辊式强磁选机的结构原理同图 4-51。MIH231-100 型机尺寸为 2235mm×1651mm×1651mm；重 6. 28t；驱动功率 2. 2kW；励磁功率 6. 5kW。当气隙宽度为 4mm 时，最高场强可达 1590kA/m（20000Oe）。入选物料粒度要求为 0. 074～1mm。

双排四辊下部给料电磁感应辊式强磁选机设备结构如图 4-52 所示。主要用来选别稀有金属矿石和其他弱磁性矿石。上辊粗选；下辊扫选。

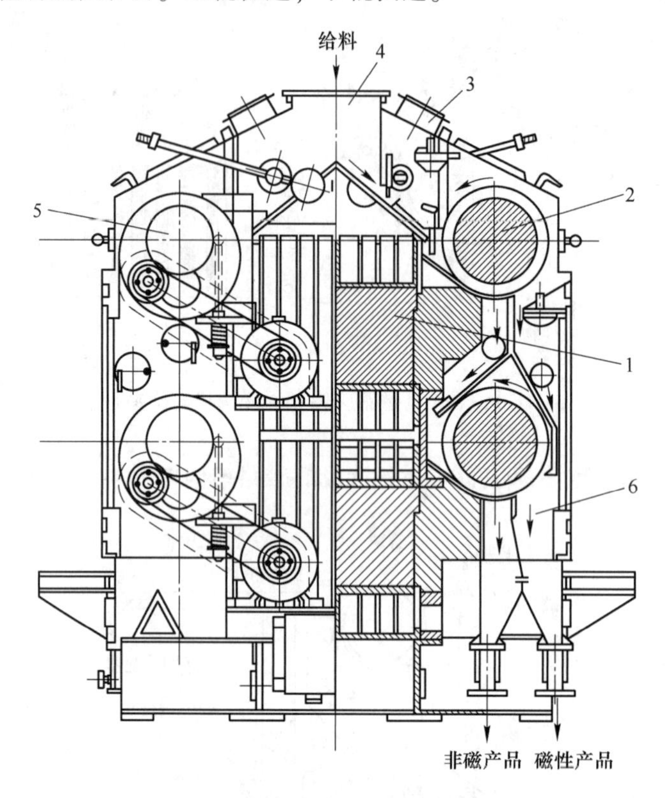

图 4-52　双排四辊下部给料电磁感应辊式强磁选机设备结构
1—电磁磁系；2—辊子；3—抽尘管；4—给料器；5—传动装置；6—接料器

典型干式电磁感应辊式强磁选机的主要技术参数见表 4-26。

表 4-26　典型干式电磁感应辊式强磁选机的主要技术参数

参　数	ϕ100	ϕ280	ϕ360	ϕ360	ϕ360	ϕ160	ϕ576
辊径/mm	100	280	360	360	360	160	576
辊长/mm	800	90	500	1000	1000	1000	—
辊数/个	6	1	1	2	4	8	2
辊齿表面磁场强度/$kA \cdot m^{-1}$	1270	1590	1430	1350	1350	1400	1300
辊转速/$r \cdot min^{-1}$	58	75~300	75~250	75~250	85~170	90~250	39
给料粒度/mm	<2	<3	<3	<3	<2	<2	<2
处理量/$t \cdot h^{-1}$	1.6~3	0.7	4	15	7	16	0.5
激磁功率/kW	0.7	0.75	1.65	6.6	8	9.86	1.3
传动功率/kW	3.0	1.5	7.5	15.0	16.0	24	3.0
机重/t	6.34	0.96	3.7	7.8	12.6	18.7	1.7

4.5.4.2　电磁转环式强磁选机

德国洪堡公司生产的 GTML 型高场强环型磁体磁选机的分选原理如图 4-53 所示。最高分选磁场强度为 1200kA/m（15000Oe）。场强可以调节。磁极极性沿轴向交变。由非磁性材料作成的圆筒绕着固定的磁系旋转，转速可调，以获得最佳分选指标。由高磁导率材料做成的凹槽环固定在筒体上，使其在磁系磁极之间旋转，桥接磁极间隙。这样，在筒体凹槽内产生一集中的高梯度磁场。有专门的给料装置把物料给到圆筒的凹槽内进行分选。这种磁选机主要用于从物料中分离磁性杂质。GTML 型机的结构如图 4-54 所示。规格列于表 4-27 中。

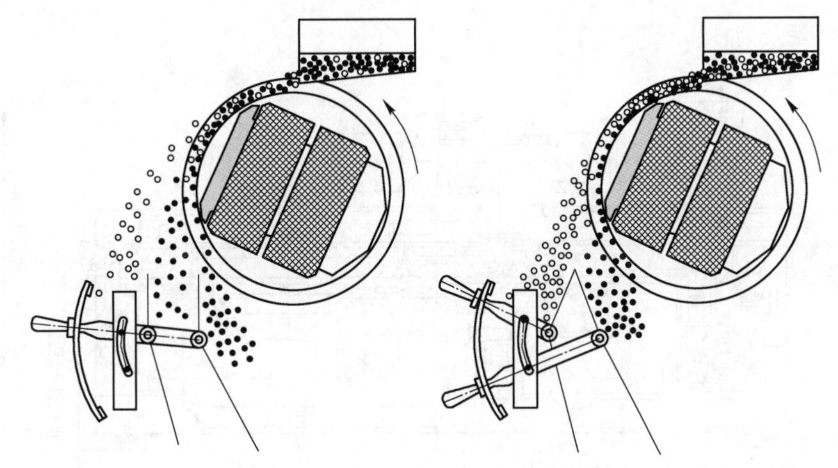

图 4-53　GTML 型高场强环型磁体磁选机的分选原理

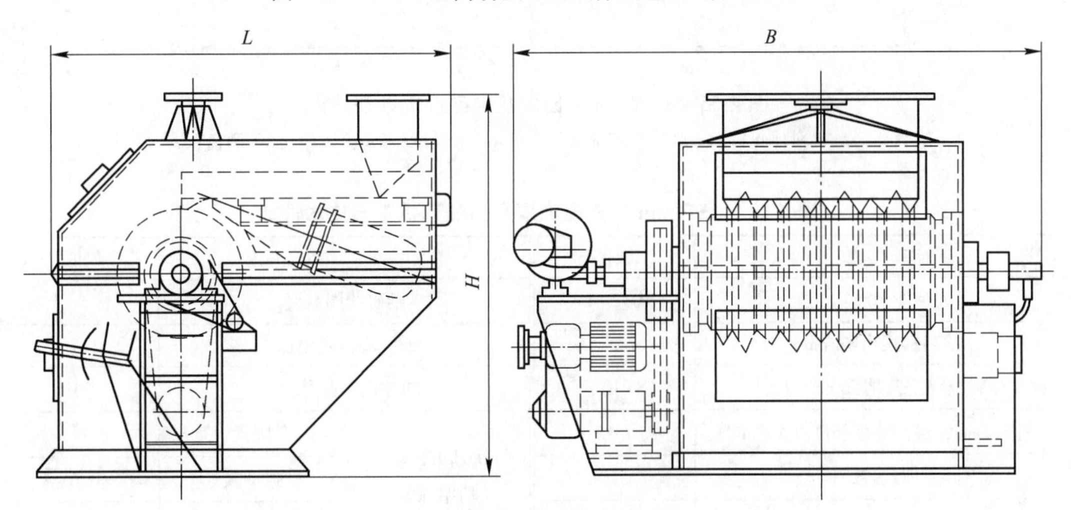

图 4-54　GTML 型高场强环型磁体磁选机设备结构

表 4-27　GTML 型高场强环型磁体磁选机规格与技术参数

型号	尺寸			产量/t·h^{-1}	传动功率/kW	励磁功率/kW	筒转速/r·min^{-1}	变速机/r·min^{-1}
	L	*B*	*H*					
4	1790	2000	1700	0.7~1.0	1.4	1.8	48	34~143
6	1790	2240	1700	1.1~1.3	2.2	2.68	48	34~143
8	1790	2480	1700	1.4~1.6	3.0	3.52	48	34~143
12	1890	2960	1700	2.2~2.4	3.0	5.35	48	34~143

4.5.4.3　电磁盘式强磁选机

电磁盘式强磁选机主要有单盘（直径 900mm）、双盘（直径 576mm）和三盘（直径 600mm）等 3 种。我国制造的 ϕ576mm 双盘机的结构如图 4-55 所示。磁路为山字形结构，通过振动槽（或皮带）与分选圆盘构成闭合磁路。分选过程是在槽面和分选圆盘齿尖之间的气隙中进行。气隙间距可以调节。为了防止强磁性物料干扰磁选过程，在给料端装有一弱磁场磁选机。ϕ576mm 干式强磁场双盘磁选机的技术性能列于表 4-28 中。

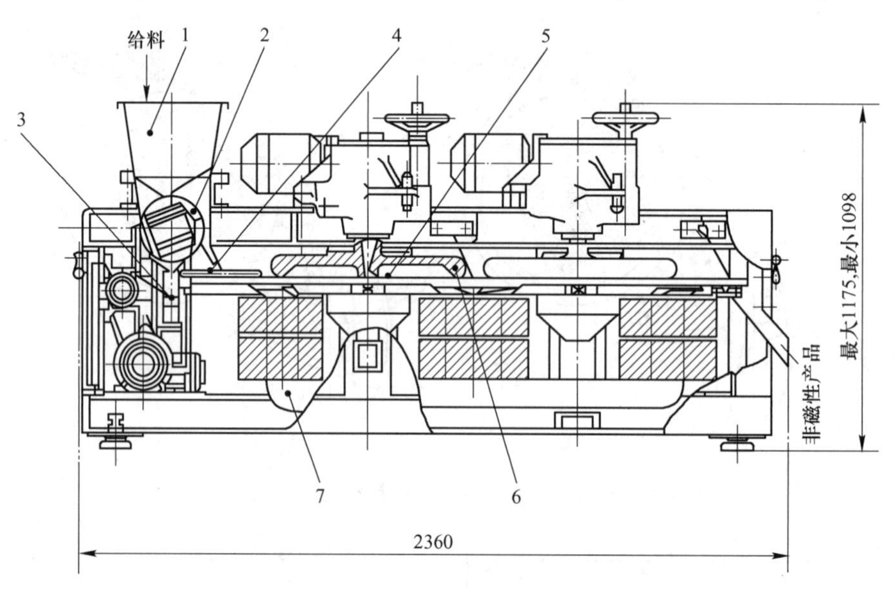

图 4-55　ϕ576mm 电磁双盘强磁选机设备结构

1—给料斗；2—给料圆筒；3—强磁性产品接料斗；4—筛料槽；5—振动槽；6—圆盘；7—磁系

表 4-28　ϕ576mm 干式电磁双盘强磁选机主要技术性能

<table>
<tr><th>参　数</th><th>数值</th><th colspan="2">参　数</th><th>数值</th></tr>
<tr><td>处理能力/t · h⁻¹</td><td>0.2~1</td><td colspan="2">励磁线圈数量</td><td>6</td></tr>
<tr><td>给料粒度上限/mm</td><td>2</td><td colspan="2">励磁线圈额定电流/A</td><td>1.7</td></tr>
<tr><td>给料极限比磁化率/m³ · kg⁻¹</td><td>5×10⁻⁷</td><td colspan="2">励磁线圈温升/℃</td><td>60</td></tr>
<tr><td>间隙 2mm，最高磁场强度/kA · m⁻¹</td><td>1512</td><td rowspan="3">传动电动机功率/kW</td><td>圆盘</td><td>1</td></tr>
<tr><td>圆盘数</td><td>2</td><td>振动槽</td><td>0.6</td></tr>
<tr><td>圆盘直径/mm</td><td>576</td><td>给料筒</td><td>0.25</td></tr>
<tr><td>圆盘转数/r · min⁻¹</td><td>39</td><td colspan="2">振动槽工作宽度/mm</td><td>390</td></tr>
<tr><td>振动槽冲次/min⁻¹</td><td>1200，1700</td><td colspan="2">给料筒转数/r · min⁻¹</td><td>34</td></tr>
<tr><td>振动槽冲程/mm</td><td>0~4</td><td colspan="2">机重/kg</td><td>1650</td></tr>
</table>

4.5.4.4　交叉皮带式电磁强磁选机

交叉皮带式电磁强磁选机分选原理如图 4-56 所示。设备结构如图 4-57 所示。

美国艺利公司生产的 HCB 型交叉皮带式电磁强磁选机磁极最多有 8 个，主送料皮带宽 610mm，每个磁极的磁场均可调节。

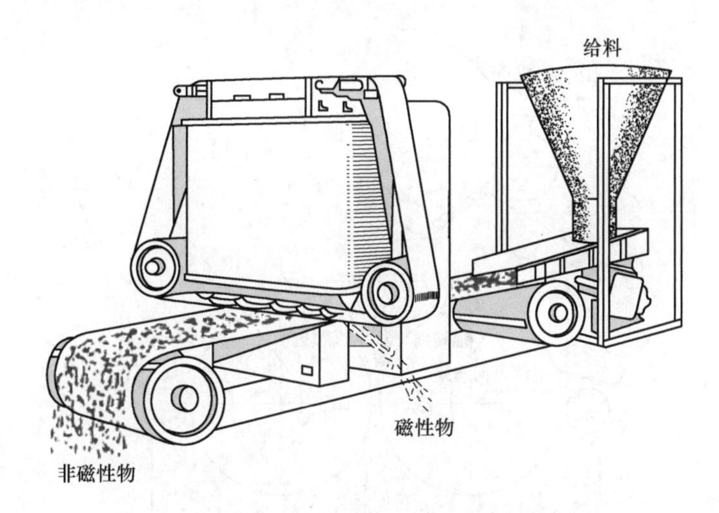

图 4-56 交叉皮带式电磁强磁选机分选原理

图 4-57 交叉皮带式电磁强磁选机设备结构

4.5.4.5 永磁对辊式强磁选机

干式永磁对辊式强磁选机是由两条相近的平行磁辊间隙构成闭合磁路产生高磁场分选区的强磁选设备。对辊强磁选机磁路结构如图 4-58 所示。设备及分选原理如图 4-59 所示。ϕ560-400 干式永磁对辊式强磁选机的主要技术参数如表 4-29 所示。

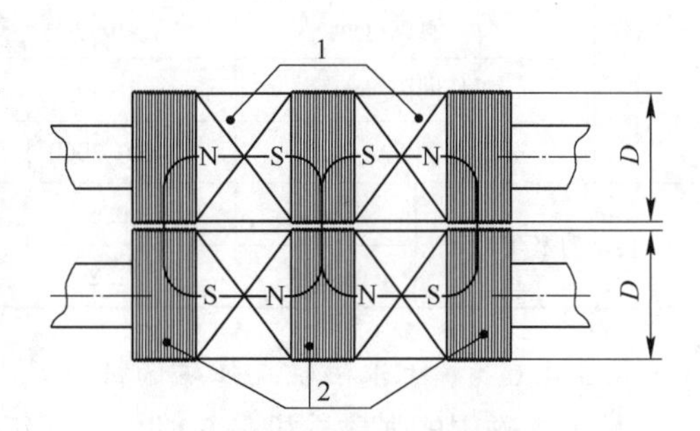

图 4-58 永磁对辊式强磁选机磁路结构

1—永磁磁块；2—盘状磁极

物料在进入强磁分选区之前，先经过以弱磁给矿筒去除强磁性物料。弱磁给矿筒筒面磁场强度 80kA/m(1000Oe)。当两强磁辊最近点极距为 3mm 时，辊面峰值磁场强度可达 2060kA/m(26000Oe)，极距为 6mm 时，辊面峰值磁场强度可达 1540kA/m（19400Oe）。

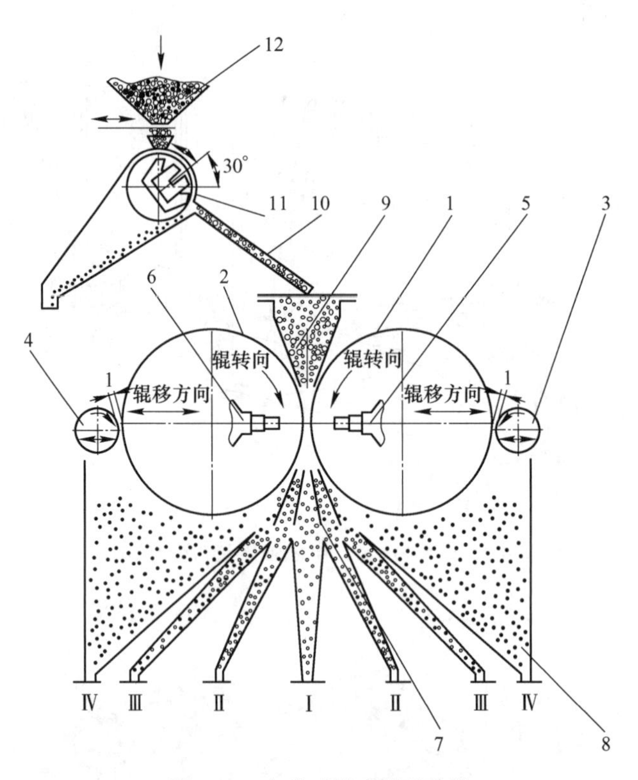

图 4-59　永磁对辊式强磁选机

1，2—强磁辊；3，4—感应卸料辊；5，6—极距调节装置；7—可调分矿挡板；8—接矿斗；9—可调给矿斗；10—分矿槽；11—弱磁给矿筒；12—给矿斗

表 4-29　ϕ560-400 干式永磁对辊式强磁选机主要技术参数

技术参数		数值	技术参数		数值
处理量/$t \cdot h^{-1}$		1.5~2	入选粒度/mm		<3
强磁辊	直径/mm	560	弱磁筒	直径 mm	200
	转速/$r \cdot min^{-1}$	26		转速 $r \cdot min^{-1}$	34.5
	分选宽度/mm	400		分选宽度/mm	400
	工作间隙/mm	2~30		数量/个	1
	磁场强度/$kA \cdot m^{-1}$	400~2060		磁场强度/$kA \cdot m^{-1}$	80
传动功率/kW	弱磁筒	0.6	外形尺寸/mm×mm×mm		1700×1550×2460
	强磁辊	2.2	机重/kg		3762

4.5.4.6　稀土永磁辊式强磁选机

稀土永磁辊式强磁选机是 20 世纪 90 年代初期随着高磁能积稀土永磁材料问世以来研发成功的开放磁系结构的干式强磁选设备。其分选磁辊和磁系结构如图 4-60 所示。稀土永磁辊式强磁选机结构及分选原理如图 4-61 所示。

稀土永磁辊式强磁选机由磁辊和从动辊以及薄型分选带组成分选系统，磁辊表面为开放磁系结构，辊面峰值磁场强度可达 1750kA/m（22000Oe）。分选系统置于机架，分选系

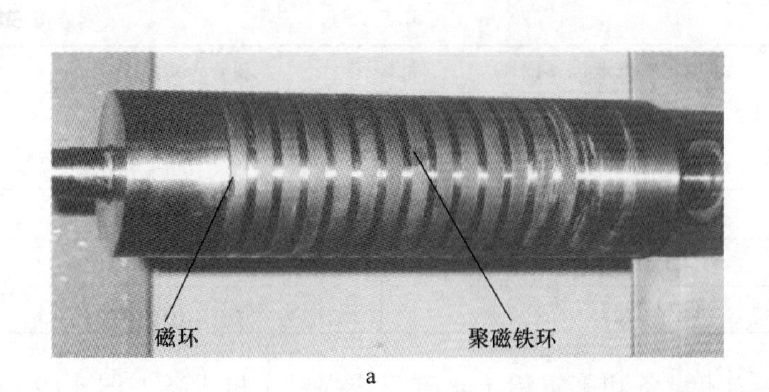

a

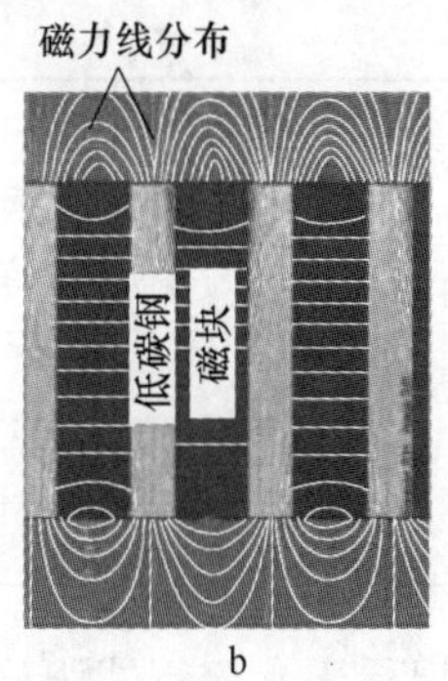

b

图 4-60 稀土永磁辊式强磁选机分选磁辊和磁系结构

a—分选磁辊；b—磁系结构

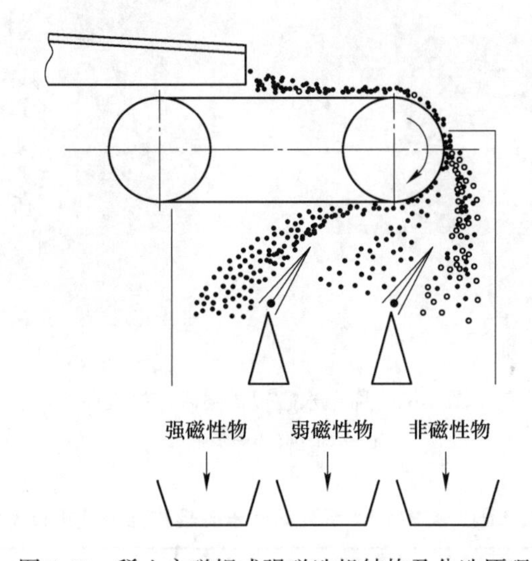

图 4-61 稀土永磁辊式强磁选机结构及分选原理

统下部由分矿板和接料斗构成，上部设有振动给料装置。物料由振动给料器给至分选带，随分选带运动进入磁辊辊面。磁性物在磁力作用下继续随分选带带入磁辊下部，脱离磁辊后落入磁性产品料斗；非磁性物由于不受磁力作用，在磁辊上部呈抛物线落入非磁性产品料斗；有一定磁性但又不能牢牢吸附于辊面的物料则在磁力的作用下落入中间产品料斗中，从而实现了物料按磁性不同而分离。

美国巴特曼公司生产的永磁辊式磁选机（PERMROLL），辊表面磁场可达 1350kA/m（17000Oe）。以色列奈格夫（Negve）陶瓷原料公司已用该 Permroll 强磁选机全部替换了原来使用的电磁感应辊式强磁选机（IMR）。

这两种磁选设备的性能比较列于表 4-30 中。

表 4-30 感应辊式磁选机与 Permroll 机的性能比较

参数设备	感应辊式磁选机（IMR）	Permroll 磁选机
最高磁感应强度/T	1.6	1.6
磁场梯度/$T \cdot m^{-1}$	80	300

续表 4-30

参数设备	感应辊式磁选机（IMR）	Permroll 磁选机
气隙	连续生产时给料阻塞气隙，生产能力下降	无气隙，给料不阻塞
能耗/kW · m^{-1}	2	0.2
质量/t · m^{-1}	10	0.25
辊子磨损	磁辊与给料直接接触	磁辊受皮带保护
操作	间隙和电流调节复杂	很容易，只需更换皮带

双辊稀土永磁辊式强磁选机设备和多辊稀土永磁辊式强磁选机设备如图 4-62 所示。国产 CRIMM 系列稀土永磁辊式强磁选机设备技术性能见表 4-31。

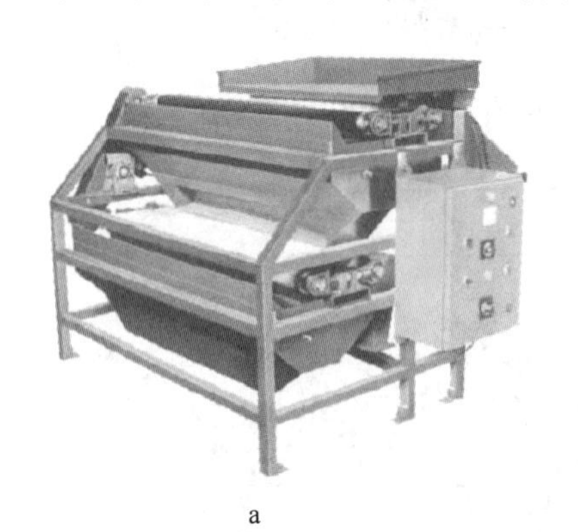

a

b

图 4-62　稀土永磁辊式强磁选机设备

a—双辊机；b—多辊机

表 4-31　国产 CRIMM 系列稀土永磁辊式强磁选机技术性能

项　目	CRIMM 系列规格
磁辊直径/mm	100，150，200，300
磁辊有效分选长度/mm	300，500，750，1000，1500
辊面磁感应强度/T	0.8~1.8
辊面磁场梯度/T · m^{-1}	300
单台设备磁辊数量/个	1，2，3，4
单辊传动功率/kW	0.55~2.2
最大给料粒度/mm	≤50
每米辊长处理能力/t · h^{-1}	0.3~20

注：表内各系列规格可组合匹配成各不同规格型号的机型。一台机内可一次性完成粗选、扫选、精选等 2 段、3 段、4 段等多段作业。每米辊长处理能力根据物料粒度、比重和产品质量要求不同而不同。

CRIMM 稀土永磁辊式强磁选机主要应用于：

（1）弱磁性赤铁矿等弱磁性矿物粗颗粒抛尾；

（2）钛铁矿、黑钨矿、铬铁矿、锰矿及氧化铁矿石等弱磁性矿物的分选，回收弱磁性有用矿物；

（3）从红柱石、硅线石、蓝晶石、叶蜡石、矾土、硬质黏土、高岭石、石榴子石、石英砂、石灰石、长石、金红石、锆英石、硅藻土、刚玉、金刚石等工业矿物中除去弱磁性有害杂质；

（4）磨料、催化剂与工业粉料除铁质杂质；

（5）废旧物资回收及再生资源利用中，弱磁性金属物的分选提纯。

由于稀土永磁辊式强磁选机设备结构简单，比磁力高，开放磁路无物料堵塞的缺陷，机重轻，占地面积小，安装、运输和维护费用低等优点，已形成了逐渐取代传统的电磁辊式、盘式等干式强磁选机的趋势。

4.5.5　湿式强磁场磁选机

4.5.5.1　湿式感应辊式强磁选机

CS-1型电磁感应辊式磁选机是我国研制的双辊湿式感应辊式强磁选机。该机结构如图4-63所示。两个电磁铁芯和两个感应辊对称平行配置，四个磁极头连接在两个铁芯端部，感应辊与磁极头组成“口”形闭合磁路。最高磁场强度可达1488kA/m。磁选机的技术性能列于表4-32中。

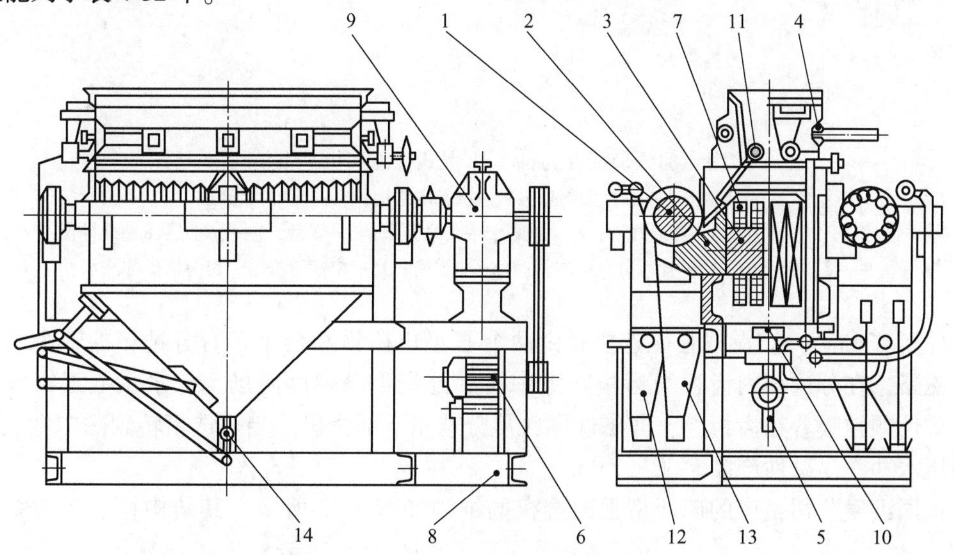

图4-63　CS-1型电磁感应辊式磁选机

1—磁辊；2—座板（磁极头）；3—铁芯；4—给矿箱；5—水管；6—电动机；7—线圈；8—机架；9—减速箱；10—风机；11—给料辊；12—精矿箱；13—尾矿箱；14—球形阀

表4-32　CS-1型磁选机的技术性能

参　数	数值	参　数	数值
感应辊直径/mm	375	传动功率/kW	13×2
感应辊数量	2	线圈允许温度/℃	130
感应辊转数/$r \cdot min^{-1}$	40，45，50	线圈冷却风机功率/kW	0.3
分选间隙/mm	14~28	外形尺寸/mm×mm×mm	2350×2374×2277
给矿粒度/mm	5~0	机重/t	14.8
磁场强度/$kA \cdot m^{-1}$	800~1488		

4.5.5.2　琼斯型湿式强磁选机

琼斯（Jones）型湿式强磁选机的特点是采用多层齿板形聚磁介质（多层感应磁极）通过分选转盘构成磁路。这种磁选机适于处理细粒级（1~0.03mm）弱磁性物料。由于该类型磁选机具有单机处理能力大、比能耗低和机器工作可靠性大等优点，而被世界各国有关选厂广泛使用。

琼斯（Jones）型湿式强磁选机基本结构与分选齿板介质如图4-64所示。

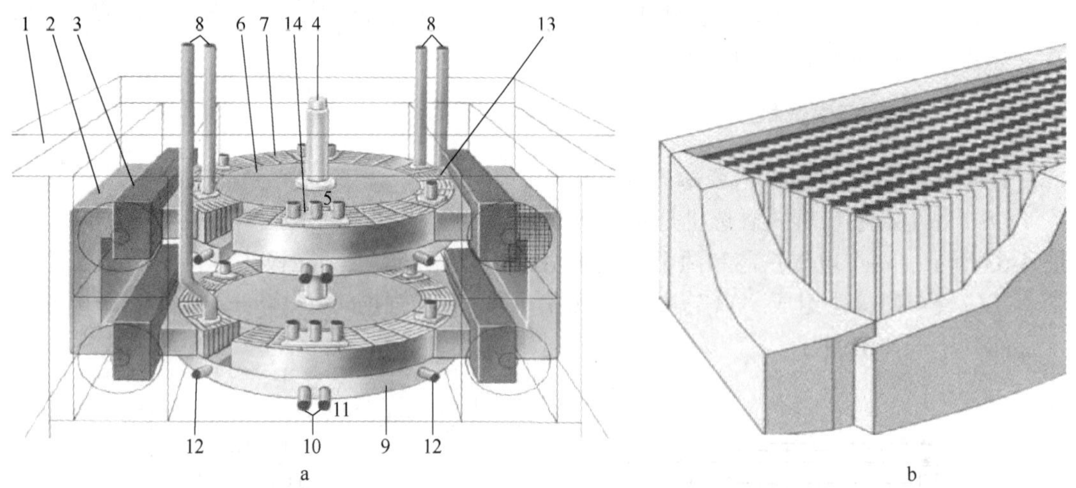

图4-64　琼斯（Jones）型湿式强磁选机基本结构

a—琼斯（Jones）型湿式强磁选机基本结构；b—分选齿板介质

1—机架；2—铁轭；3—激磁线圈；4—主轴；5—传动系统；6—转盘；7—分选盒；8—给料管；9—接料槽；10—精矿管；11—尾矿管；12—中矿管；13—中矿清洗水；14—精矿冲洗水

琼斯（Jones）型湿式强磁选机是由两个C型电磁铁和两个带有分选箱的转盘构成一闭合磁路，在分选箱内齿板与齿板间隙中齿尖处产生高梯度磁场。矿浆从上部给入分选箱，磁性颗粒吸着在齿板上；非磁性颗粒从分选箱下部排出。当分选箱转到磁中性点位置用高压水冲洗出磁性产品。

德国洪堡公司生产的琼斯型强磁选机的结构如图4-65所示。其结构特点是磁系采用

图4-65　洪堡琼斯型湿式强磁选机

风扇冷却；线圈用铝导线（宽铝带）绕制；设计齿尖磁场强度在960kA/m左右。磁选机处理粒度的有效范围为1.0~0.3mm。洪堡琼斯型强磁选机的规格列于表4-33中。DP317型机对巴西氧化铁矿石的处理量为120t/h。

表4-33 洪堡琼斯型湿式强磁选机规格型号

型 号	处理能力/t·h^{-1}	机重/t	分选盘直径/mm
DP335	180	114	3350
DP317	120	98	3170
DP250	75	70	2500
DP140	25	30	1400
DP90	10	16	900

美国艺利公司生产的双极头湿式平环强磁选机如图4-66所示。德国Allmineral公司生产的多极头琼斯型湿式强磁选机如图4-67所示。

图4-66 艺利双极头湿式平环强磁选机

图4-67 德国Allmineral公司多极头琼斯型湿式强磁选机

国产 ZH 系列湿式平环强磁选机如图 4-68 所示。ZH 系列湿式平环强磁选机在琼斯型湿式强磁选机的基础上，利用 C 形磁路结构的漏磁通，在磁选机上部，且不增加激磁线圈数量的前提下，增加一对铁轭磁极头和一个分选转盘，该分选盘中齿板介质的齿尖磁感应强度为 0.1T 左右。使得三个分选盘的磁场强度由上至下，呈由弱到强的渐强分布。从而实现了入选物料的梯级分选，提高了强磁选分离作业的分离精度。ZH 系列湿式平环强磁选机技术性能见表 4-34。

a

b

c

图 4-68　ZH 系列湿式平环强磁选机

a—出厂前设备组装；b—单机设备生产现场；c—多台设备生产现场

表 4-34　ZH 型湿式强磁选机主要技术性能

型　号	转盘直径/mm	转盘数量/个	磁场强度/$kA \cdot m^{-1}$	处理能力/$t \cdot h^{-1}$
ZH1000	1000	2，3	80，960，1600	8~15
ZH1600	1600	2，3	80，960，1600	15~30
ZH2000	2000	2，3	80，960，1600	30~50
ZH2600	2600	2，3	80，960，1600	50~75
ZH3200	3200	2，3	80，960，1600	75~120

4.5.5.3　立环电磁湿式高梯度磁选机

VMS 和 VMKS 型高梯度磁选机是捷克和苏联早期合作研发的一种立环电磁湿式高梯度磁选机。VMS 型为上部磁系立环结构而 VMKS 型为下部磁系立环结构，其结构示意如图 4-69 所示。

VMS 和 VMKS 立环电磁湿式高梯度磁选机的磁系是一变形（方形）螺线管半封闭铠装磁体。分选立环中装有棒形磁介质（粗选直径 3mm，扫选直径 1.6mm），分选立环的上部（或下部）穿过铁轭在螺线管磁场中转动。矿浆由料箱通过上铁轭给入立环，磁性物被磁化圆棒捕集，非磁性物通过下铁轭排出。立环离开磁场后，冲洗水由反向将磁性物从磁介质中排出。

VMS 工业应用结果表明：矿石经两段磨矿两段磁选，可得铁精矿含铁 61.7%，回收率 71.9%。

VMS 工业型机的规格为：线圈中心磁感应强度 0.3~0.8T、1.0~1.2T 和 1.5~1.7T；立环数 2 个；环直径 2000mm；环宽（2×1000）mm；处理量 300t/h；外形尺寸 5960mm×3302mm×5000mm，机重视场强而定，分别为 80t、120t 和 210t。

VMS 和 VMKS 立环电磁湿式高梯度磁选机设备如图 4-70 所示。

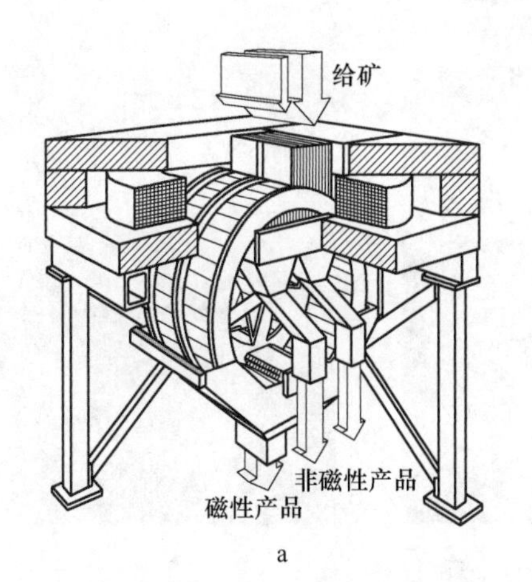

a

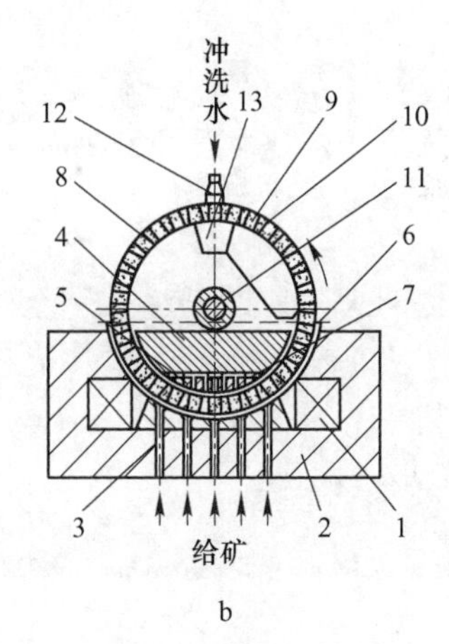

b

图 4-69 VMS 和 VMKS 型立环电磁湿式高梯度磁选机结构示意

a—VMS 上部磁系立环高梯度磁选机结构示意；b—VMKS 下部磁系立环高梯度磁选机结构示意

1—激磁线圈；2—下铁轭；3—给矿管；4—上铁轭；5—上级头；6—分选槽；7—非磁性物排料通道；8—分选环；9—分选介质；10—介质盒；11—主轴；12—冲洗水盒；13—磁性物排料斗

a

b

图 4-70 VMS 和 VMKS 型立环电磁湿式高梯度磁选机

a—VMS 立环高梯度磁选机；b—VMKS 立环高梯度磁选机

国产 SLON 电磁立环湿式高梯度磁选机是在 VMKS 下部磁体立环磁选机的基础上，增加了上下脉动水流的发生装置的一种新型立环高梯度磁选机。其设备如图 4-71 所示。

目前国产 SLON 电磁立环湿式高梯度磁选机分选背景磁场强度最高可达 1100～1200kA/m，分选环直径最大可达 3000～4000mm。背景磁场强度的提高和设备的大型化，大大地提高了单台设备的处理能力。

4.5.5.4 环式磁选机

A HIW 型磁选机

英国拉皮特公司生产的 HIW 型磁选机结构如图 4-72 所示。该机采用三角形断面的格

a

b

图 4-71　国产 SLON 电磁立环湿式高梯度磁选机

a—SLON 1500 立环脉动高梯度磁选机；b—SLON 2000 立环脉动高梯度磁选机

栅为磁介质，适用处理较粗粒度（小于 2mm）的弱磁性矿石。介质表面最高磁感应强度可达 1.8T。HIW-8 型为双环机；HIW-1、HIW-2 和 HIW-4 型均为单环机。HIW 型机已用于澳大利亚海滨砂矿选矿。

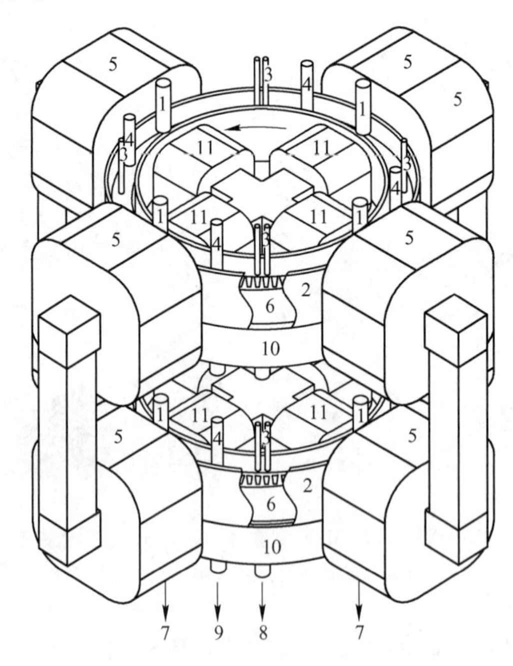

图 4-72　HIW 型磁选机结构

1—给料管；2—转环；3—高压水；4—低压水；5—外线圈；6—磁介质；7—非磁性产品；8—磁性产品；9—中矿；10—接料槽；11—内线圈

B　Krupp-Sol 24/14 型磁选机

联邦德国克鲁伯公司已向工业界推出 Krupp-Sol 24/14 型磁选机。Sol 磁选机的结构原理如图 4-73 所示。

Sol 磁选机与其他磁选机的区别是采用横卧式螺线管磁系。转环穿过螺线管磁场使磁介质（一般为齿板）磁化。磁力线穿过磁介质经包在线圈外的钢壳返回。转环采用周边传动方式。矿浆由 F 管给入，尾矿从 T 管排出，低压清洗水从 LPW 管给入，洗出中矿，与尾矿合并。当转环转离线圈，磁场迅速消失，磁精矿用高压水经 HPW 管给入从 C 管冲出。磁系数目由转环尺寸决定，可以为 2 个、4 个、6 个。线圈排列要使彼此极性相反。根据这种设计原理，作用在环上的机械力很小。

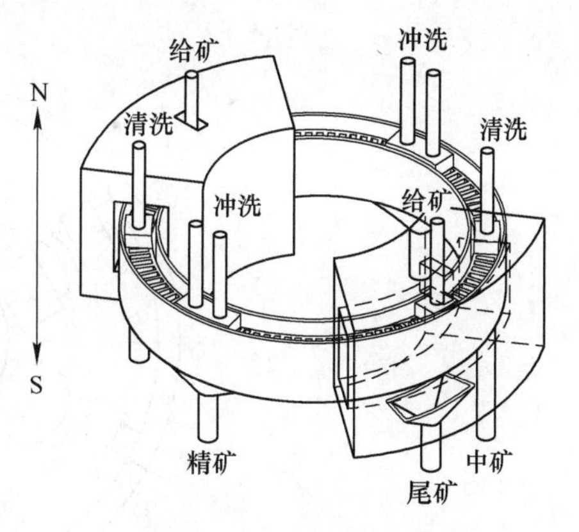

图 4-73　Sol 磁选机结构

线圈封闭在一铁箱内用油强制冷却。线圈设计成入口端场强最高，出口端最低。

Krupp-Sol 24/14 型磁选机的主要技术参数为：环直径 2400mm，正常处理量 20～40t/h，极头数 4 个；磁介质为槽形齿板；齿板最大宽度 180mm，高 170mm；环周边速度 0.37m/s，外形尺寸 ϕ3.5m×2.5m；机重 10t。

处理瑞典磁铁矿石，原矿含铁 44.7%，精矿含铁 65.0%，回收率 89.7%。

C　国产 SQC 型磁选机

SQC-6-2770 型磁选机是我国研制的湿式强磁选机，已在选矿厂使用处理赤铁矿和褐铁矿等矿石。该机结构如图 4-74 所示。该机特点是采用环式闭合磁路、线圈用空心导线绕制、低电压大电流供电、水内冷却线圈及用齿板作分选介质。磁系结构如图 4-75 所示。全机有 6 个给矿点，组成 6 个独立分选系统。磁选机的技术性能列于表 4-35 中。

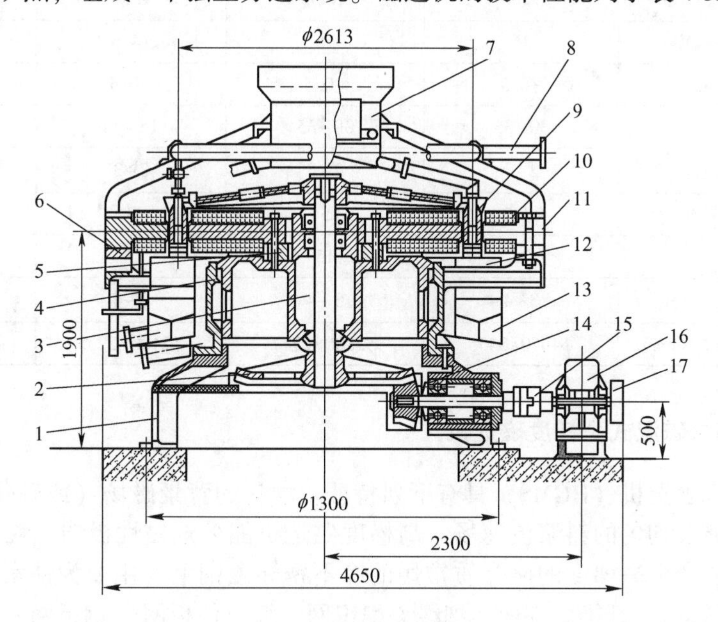

图 4-74　SQC-6-2770 型磁选机

1—下机座；2—大伞齿轮；3—内铁芯座；4—外铁芯座；5，6—内外铁芯铝垫块；7—给矿装置；8—精、中矿冲洗装置；9—分选环；10—线圈；11—铁芯；12—防溅槽；13—接矿槽；14—小伞齿轮；15—联轴器；16—减速箱；17—皮带轮

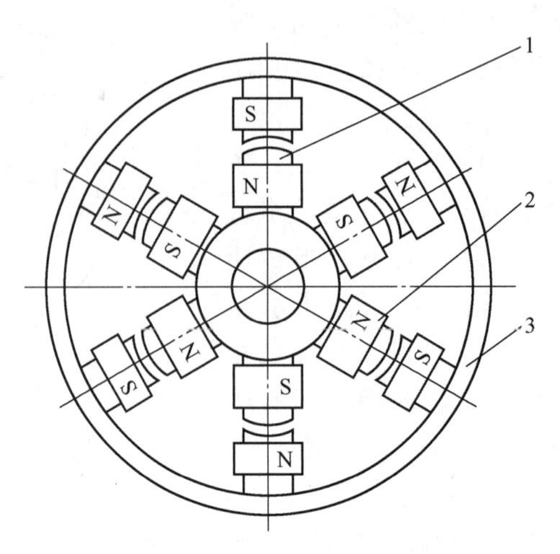

图 4-75　SQC 型磁选机磁系结构
1—铁芯；2—线圈；3—磁轭

表 4-35　SQC 型湿式强磁选机技术性能

参　数	SQC-6-2770	SQC-4-1800	SQC-2-1100	SQC-2-700
磁极对数	6	4	2	2
分选环直径/mm	2770	1800	1100	700
分选环转数/r · min^{-1}	2~3	3~4	4~5	5~6
处理量/t · h^{-1}	25~35	8~12	2~3	0. 5~0. 8
分选区最高场强/kA · m^{-1}	1280	1280	1350	1350
设计励磁功率/kW	36	16	14. 6	8. 05
给矿粒度/mm	-0. 5	-0. 5	-0. 5	-0. 5
给矿浓度/%	30~35	30~35	15~20	15~20
冲洗水压/kg · cm^{-2}	2~3	2~3	2~3	2~3
最大部件质量/t	11. 2	5	3	1. 6
机重/t	35	15	7	4. 5
线圈冷却水压/kg · cm^{-2}	3~4	3~4	3~4	3~4
外形尺寸/mm×mm(×mm)	ϕ4650×3435	ϕ2800×2717	ϕ2100×2235	1628×1450×2048

4. 5. 6　电磁和永磁湿式高梯度磁选机

现代高梯度磁选机（HGMS）具有下列特征：均匀的背景磁场（或磁化磁场）、细丝状铁磁性磁介质及均匀的料浆流速场。高梯度磁选机能分选磁性极弱、粒度微细（小到 1μm）的物料。产生高梯度的磁介质常用的有不锈导磁钢毛（主要为铁素体不锈钢，常用的为 430 不锈钢）、纤维、细丝、细线、编织网、细拉伸板网（钢板网）等。分选粒度上限约为 0. 15mm。

4. 5. 6. 1　Sala 型密封式连续工作电磁高梯度磁选机

研制成功的 Sala 型密封型连续工作式高梯度磁选机主要用于微细粒弱磁性矿物含量

高的物料如赤铁矿石（一般含量大于40%）的高效选别。该设备的结构原理如图4-76所示。

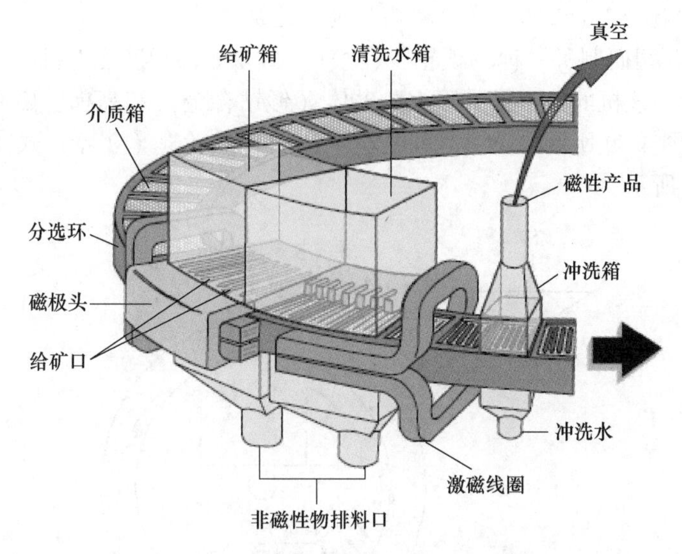

图4-76　Sala型连续式高梯度磁选机结构原理

美国萨拉磁力公司（A.C.公司的子公司）设计了5种规格磁选机：环中径1200mm、1851mm、2400mm、3500mm和4800mm；每台机磁极头最多为2个或4个；背景磁场磁感应强度有0.5T、1.0T、1.5T和2.0T四种；Sala 120单极头和350三极头高梯度磁选机设备如图4-77所示。

a

b

图4-77　工业型Sala连续式高梯度磁选机

a—Sala 120型连续式高梯度磁选机；b—Sala 350型连续式高梯度磁选机

现在美国蓝晶石采矿公司用萨拉185-15型磁选机从蓝晶石浮选精矿中除铁，使精矿Fe_2O_3含量从5%~10%降到0.5%~1.5%；挪威钛公司安装了两台185-07-07磁选机用来回收微细粒钛铁矿；塞拉利昂马兰帕铁矿使用一台萨拉480-05机（1个磁体头）处理微米粒级铁矿石，得精矿含铁64%，回收率87%，处理量130t/h。目前，萨拉公司已并入美国美卓（Metso）公司旗下，单磁极头最大处理能力可达200t/h。

我国也研制成功了结构与萨拉型相似的 LG-1700-1.0 型连续式高梯度磁选机。但目前尚未研制出大型工业机型，同时工业生产中也没有生产应用实例。

4.5.6.2 “铁轮”（立环）式永磁高梯度磁选机

美国巴特曼公司研制了一种“铁轮”（立环）式永磁高梯度磁选机。其结构和工作原理如图 4-78 所示。该机的特点是采用永久磁体（钐钴合金）和高梯度磁介质，其分选介质和磁系结构如图 4-79 所示。美国艺利公司生产的“铁轮”（立环）式永磁高梯度磁选机整机如图 4-80 所示。

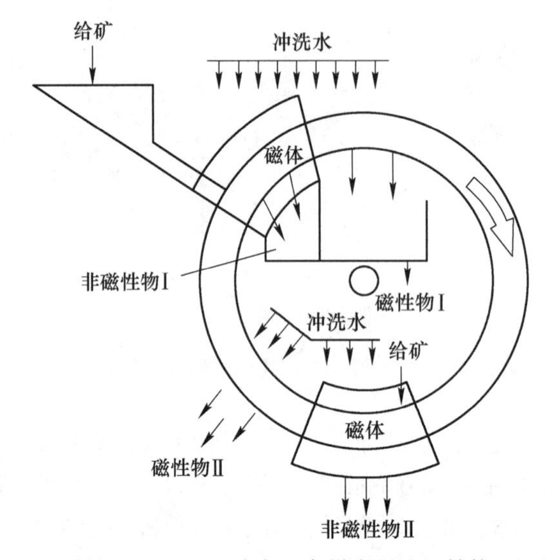

图 4-78　“铁轮”（立环）式永磁高梯度磁选机结构和工作原理

a

b

图 4-79　“铁轮”（立环）式永磁高梯度磁选机分选和磁系结构

a—立环式永磁高梯度磁选机分选介质结构；b—立环式永磁高梯度磁选机磁系结构

“铁轮”（立环）式永磁高梯度磁选机内，垂直安装的磁介质环（铁轮）在磁场区中转动，矿浆由给料泵给入分选环内。磁性颗粒吸着在磁介质上，非磁性物从环底排出。永久磁体在气隙间产生水平方向磁场。气隙宽度可调节。最大的“铁轮”磁选机有 25 个环，最大驱动功率 4kW。视物料不同，每个轮的处理能力为 1~5t/h。这种磁选机的选别性能可以与一般湿式电磁强磁磁选机相比，但投资和生产费用则要低得多。

图 4-80　美国艺利公司生产的“铁轮”（立环）式永磁高梯度磁选机

4.5.7　常导周期式高梯度磁选机

常导周期式高梯度磁选机的结构如图 4-81 所示。它主要由外铁轭螺线管磁体、装有磁介质的分选罐、出入管道和阀门系统组成。

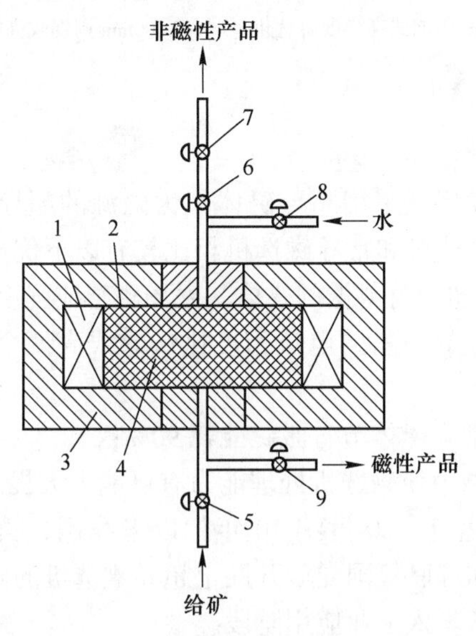

图 4-81　常导周期式高梯度磁选机结构

1—螺线管激磁线圈；2—分选腔；3—外铁轭；4—聚磁介质（钢毛）；5—给料阀；6—非磁性产品排料阀；7—流速控制阀；8—反冲洗水阀；9—磁性产品排料阀

磁体给磁后，料浆从下端给入分选罐，磁性颗粒被吸着在磁介质上，非磁物则从上端排出。给料完结后（通常以时间控制），给入同样流速的清洗水，洗出残留在磁介质中的非磁性物。最后，磁体退磁，用高压水冲洗出磁性物。完成这一周期工作后则重新开始另一周期工作。一般要求有效作业周期率在 70%以上。

常导周期式高梯度磁选机广泛用于非金属矿物（如高岭土等）提纯工业及钢铁厂污水处理，目前正在进入工业与生活污水的再生利用和土壤修复工程的生产应用。美国萨拉磁力公司、太平洋电机公司和埃利兹磁力公司生产周期式高梯度磁选机系列产品：分选罐高度 150~500mm；直径 ϕ(127~3050)mm；最高背景均匀磁感应强度为 2T。

我国也研制成功常导周期式高梯度磁选机，应用于高岭土、长石和石英等非金属矿物的精制除杂。分选罐高度 200~500mm；直径 100~1500mm；最高背景均匀磁感应强度 2T。国产周期式高梯度磁选机设备如图 4-82 所示。

a

b

图 4-82　国产常导周期式高梯度磁选机设备

a—ϕ1500mm 周期式高梯度磁选机；b—ϕ1000mm 周期式高梯度磁选机

4.5.8　超导磁选机

随着超导磁体技术的发展，采用超导磁体作为磁源的超导磁选机进入了研究开发阶段。以超导磁体作磁源的磁选机和常导磁选机相比较有以下优点：

(1) 高场强，用 NbTi 超导材料做的磁体其磁场磁感应强度可达到 5T；

(2) 体积小质量轻，超导材料的电流密度比铜导线高两个数量级，因此使磁体体积和质量大大减小；

(3) 激磁能耗低，比常导磁体节省激磁能耗 90%；

(4) 高磁场带来的高磁力使磁选机处理能力有可能大大提高。

鉴于超导磁体的上述优点，20 世纪 70 年代以来我国、英国、美国、联邦德国、法国、芬兰、奥地利、捷克和苏联等国先后开展了超导磁选机的研制工作并取得了相当大的进步。目前，超导磁选机已步入工业应用阶段。

4.5.8.1　开梯度超导磁选机

A　干式偏移型超导磁选机

英国低温咨询公司（CCL）与有关单位合作研制了两种结构型式的干式偏移型超导磁选机。圆柱形磁体超导磁选机的结构与原理如图 4-83 所示。和其他同类型磁选机不同的地方是它有一个斜坡偏移器，防止磁性颗粒粘在筒壁上。这种结构磁选机有两个缺点：分隔器难以调节和磁体利用率低。

低温咨询公司研制了一台生产型（处理能力 60t/h）的线型磁体超导磁选机，克服了上述两个缺点。磁选机分隔器配置和调节容易，并有两个分选面。磁体断面结构与分选原理如图 4-84 所示。

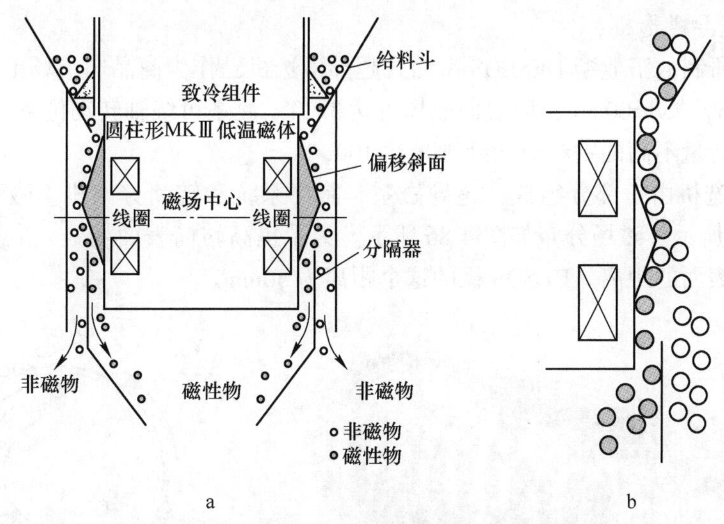

图 4-83　圆柱形磁体超导磁选机结构与分选原理

a—圆柱形超导磁选机结构；b—圆柱形超导磁选机分选原理

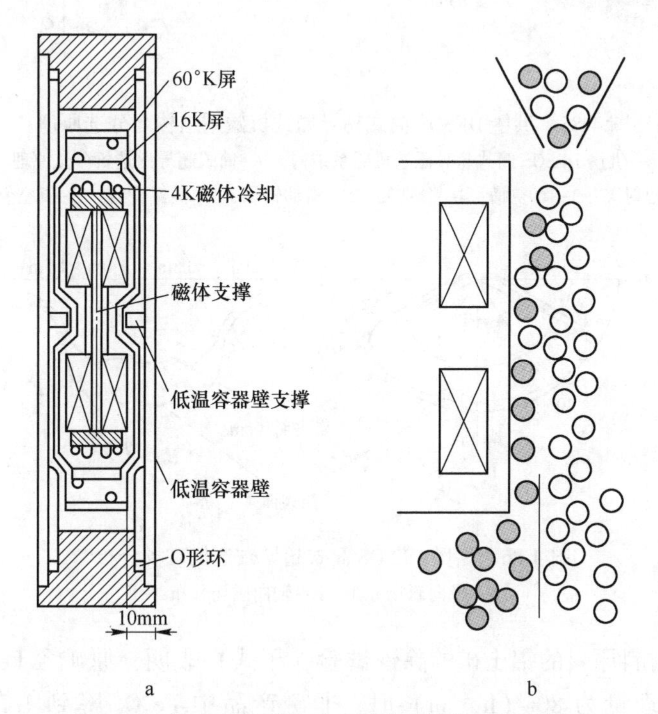

图 4-84　线型磁体超导磁选机磁体结构和分选原理

a—线型磁体超导磁选机磁体结构；b—线型磁体超导磁选机分选原理

磁体由 4 个固紧和黏结在一起的“跑道”形线圈组成（见图 4-84a），总匝数为 9810 匝。超导线是铜比为 1.4 的 NbTi 线，直径 0.4mm 和 0.5mm。额定工作电流为临界电流的 60%。超导磁体质量 60kg。磁体尺寸为 3000mm×67mm×122mm。分选区磁场为 3T。

低温咨询公司研制的 Cryofos GLF 型线型磁体超导磁选机用于南非含辉石的磷灰石的选矿。

B 筒式超导磁选机

洪堡公司研制的工业型DESCOS型筒式超导磁选机已作为商品向市场推出。磁选机转筒直径1216mm，长1500mm；筒表面磁场可达3.2T。磁系可绕轴转动位置，可干湿两用。当处理磁性物含量不高的物料时，处理量达100t/h。

DESOS磁选机由三部分组成：超导磁系、制冷系统和转筒分离机。磁系结构与分选原理如图4-85所示。磁场分布如图4-86所示。为了提高转筒表面场强，应尽量缩短超导线圈与转筒外表面的距离。DESOS机的这个距离为30mm。

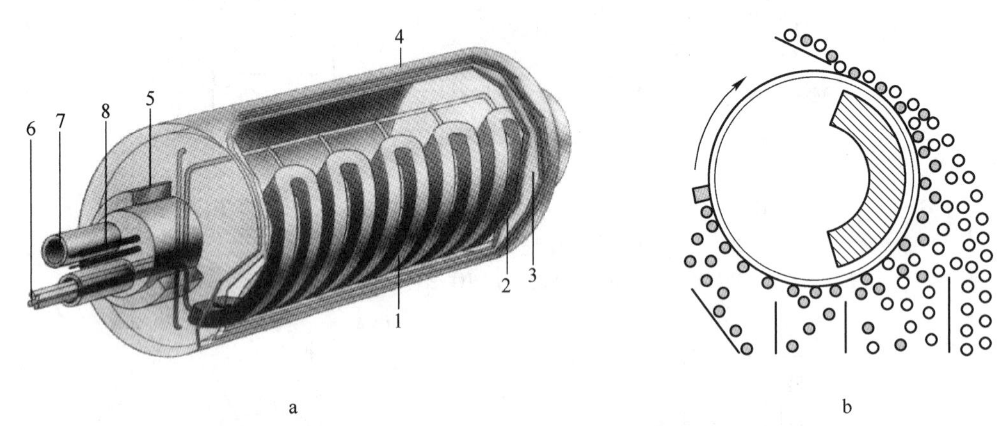

图4-85 洪堡DESOS筒式超导磁选机磁系结构与分选原理

a—洪堡DESOS筒式超导磁选机磁系结构；b—筒式超导磁选机分选原理

1—超导线圈；2—辐射屏；3—真空槽；4—分选筒；5—滑动轴承；6—供氦管路；7—真空管路；8—供电导线

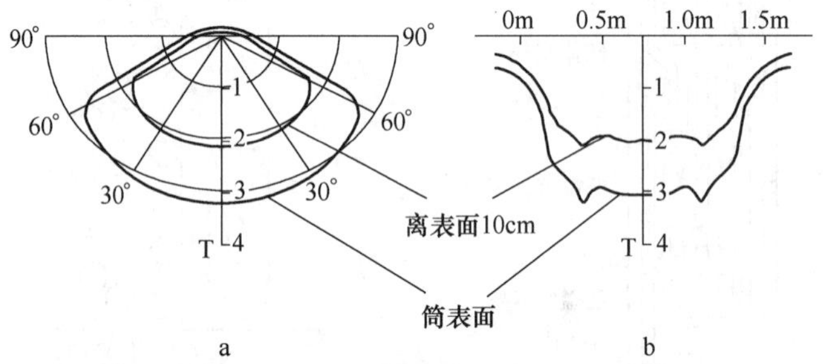

图4-86 洪堡DESOS筒式超导磁选机磁场分布

a—径向磁场分布；b—轴向磁场分布

对用作耐火材料原料的铝土矿的除铁试验（干式）表明，原矿含Fe_2O_3 2.4%，通过一次分选，在处理量为80t/(h·m)时，非磁产品中Fe_2O_3降到1.27%（要求降到1.4%），铝回收率69%。

实际上，转筒磁选机和磁系根本无需照看。制冷系统（包括压缩机）的维修间隔时间为5000h，已达到工业上可用程度。

4.5.8.2 超导高梯度磁选机

开梯度超导磁选机不能分选微细粒物料。研发超导高梯度磁选机，利用超导磁场强度高、磁体激磁电耗低以及处理能力大的优势，有可能取代或部分取代耗能较高的常导高梯度磁选设备。

A 串罐往复式超导高梯度磁选机

为了解决用于间歇式高梯度磁选机的超导磁体频繁给磁和退磁技术难题，研制了串罐往复式超导磁选机。把两个以上的分选罐串在一起，当一个分选罐在磁场中工作时，另一个罐被推出磁体外，冲出被吸着的磁性物。待在磁体中的分选罐吸饱磁性物后又被推出磁体外，而空罐又重新进入磁体工作。这样往复动作，可使磁体永不退磁而完成周期性的分选作业。

串罐式超导磁选机有两种形式：立式和卧式。它们分别示于图4-87中。

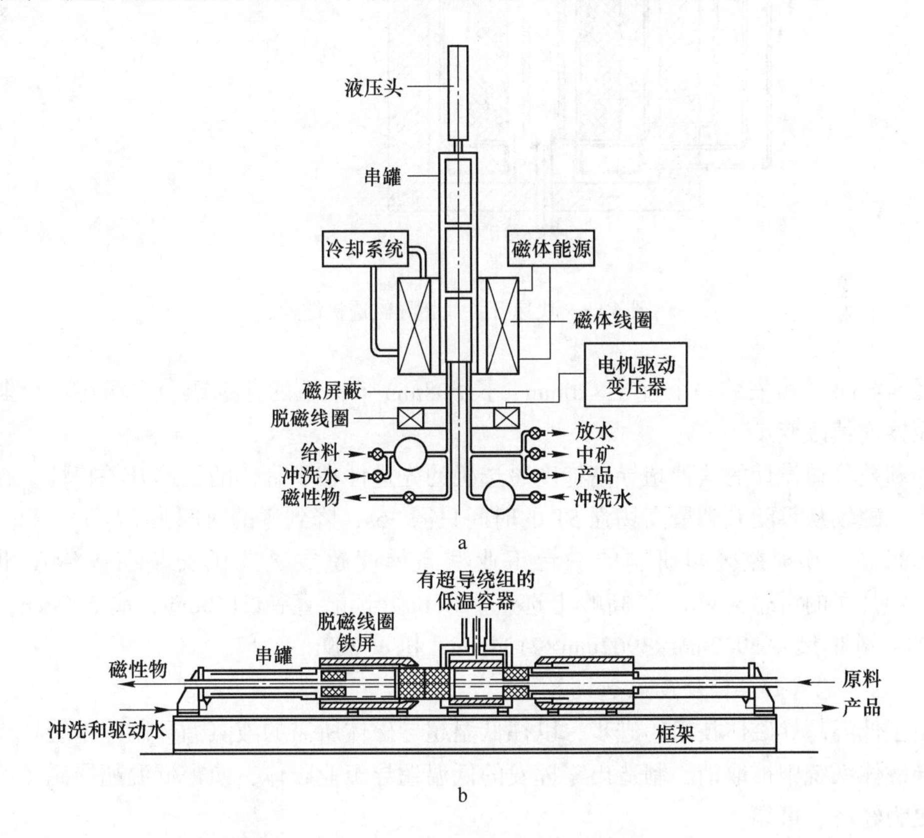

图4-87 立式和卧式串罐式超导磁选机结构示意

a—立式串罐；b—卧式串罐

英国低温咨询公司研制了一台立式串罐往复式超导磁选机，分选罐孔径266mm，长500mm，中心场强5T，处理美国佐治亚州高岭土的能力为6t/h。

捷克研制了一台卧式串罐往复移动式超导磁选机。线圈由8个分线圈组成，用Cu/NbTi复合线绕制。低温容器的室温空间孔径560mm，长1320mm。磁体最高场强为5T。高岭土处理量为5t/h。该机已在捷克一个高岭土矿山应用。

B 快速开关式超导高梯度磁选机

埃利兹公司针对间歇式超导高梯度磁选机的需要，研制成功快速开关式超导磁选机。场强为5T的实验室型机的结构如图4-88所示。

该设备外铁轭螺线管磁体高940mm。直径864mm，重2721kg。室温孔径152mm，外

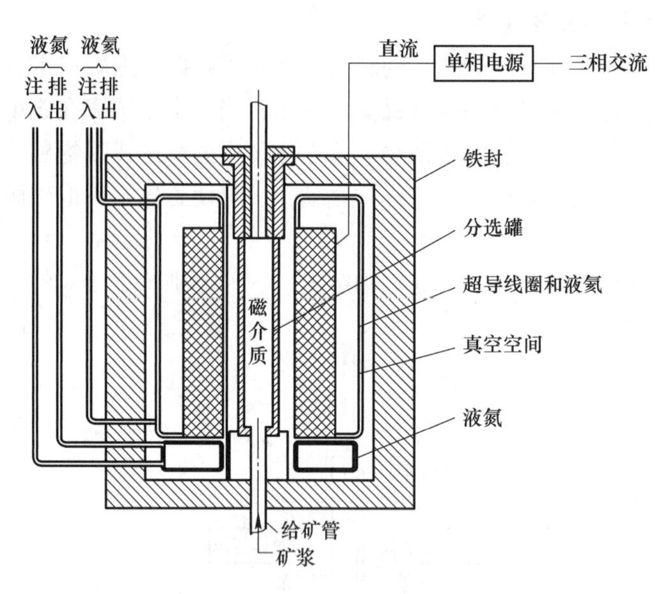

图 4-88　快速开关式超导磁选机结构

套直径 508mm。可安装一个直径 120mm，长 508mm 带钢毛的分选罐。磁场在运行期间可用分压器连续改变。

埃利兹公司设计的这种超导高梯度磁选机的先进性在于磁体的快速开关特性。在额定电压下，磁场从零陡升到最高场强 5T 的时间只需 36s；降到零的时间为 27s。

1986 年，埃利兹公司研制的一台工业型高梯度超导磁选机安装在佐治亚州休伯（Hubtr）公司的雷恩（Wren）高岭土选厂。该机分选罐直径 2140mm，高 500mm；背景场强 2T；外形尺寸 3962mm×3962mm×2134mm；机重 209t。

C　往复罐式超导高梯度磁选机

由于低温超导磁体技术的进步，以往低温超导磁体所需的液氦循环制冷系统在现代低温超导磁体系统中被取消，制造出零挥发的低温超导工业磁体，使得低温超导磁体的工业运行更为经济、可靠。

奥托昆普（OUTO KUMPU）公司生产的往复罐式超导高梯度磁选机如图 4-89 所示。该设备的分选罐结构如图 4-90 所示。

图 4-89　往复罐式超导高梯度磁选机

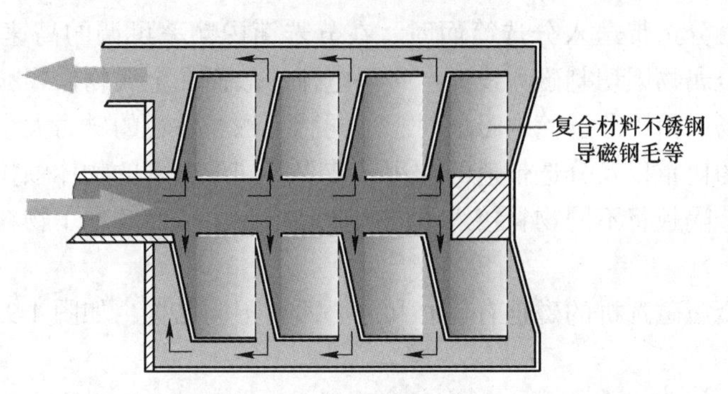

图 4-90 往复罐式超导高梯度磁选机分选罐结构示意

目前，国内外矿业规模化工业应用的超导高梯度磁选设备主要是在高岭土精制加工生产中使用的往复罐式超导高梯度磁选机（美国设备）。

现代超导磁体技术国外虽处于领先，但国内技术已完全成熟（中科院高能物理研究所已成功开发出 ϕ3m 直径、用于粒子加速器的大型超导磁体并已投入运行）。因此，国内已具备制造满足工业化生产应用要求的超导磁体的技术实力。然而，超导磁选机的整体技术（主要是与超导磁体相结合的矿浆磁分离系统），国内尚处于研究开发阶段。

此外，作为高新技术的超导磁体在矿业生产中的大规模推广应用，主要还存在两大问题：一是天然矿物原料的磁分离是否确实需要 2T 以上的高背景磁场；二是目前工业超导磁体受线材的限制，仍为低温超导（−274K）磁体，与常导相比较，制造成本是常导磁体的数倍乃至十倍左右，导致国内超导高梯度磁选机设备价格高于常导高梯度磁选机 3~4 倍（进口超导高梯度将近 10 倍），而矿产品价格趋于回归。因此，矿业用超导高梯度磁选机的技术、经济指标（包括投资、运行、维护等生产成本）与常导高梯度磁选机的真实比较是决定其能否部分或全部取代常导高梯度磁选机的关键所在。

4.6 涡电流非铁金属磁选机

涡电流非铁金属磁选机是基于待选物料中有用物料与杂质物料的导电性能方面的差异（导电系数不同），在高速旋转磁场中，导体颗粒高速切割磁力线产生的涡电流，涡电流的感生电势产生感生磁场，利用感生磁场与设备磁场之间的磁力，辅之以其他机械力的作用来实现导电和非导电物料的分离和提纯。其分选原理如图 4-91 所示。

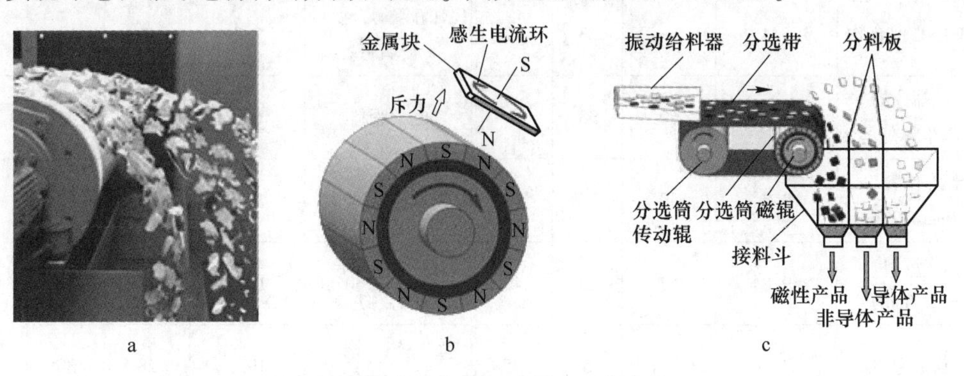

图 4-91 涡电流非铁金属磁选机分选原理

a—实物分选轨迹；b—涡电流产生机理；c—涡电流分选模型

当入选物料由分选带送入分选筒面时，在分选筒内频率可调的高速旋转磁场的作用下，不同的导电金属物因切割磁力线而产生涡电流，故而在金属物体颗粒内产生相应的不同大小的感生磁场，由于分选筒内磁场对于不同感生磁场颗粒的磁力大小不同，结合各金属与非金属颗粒的比重以及分选带速的作用，使得不同导电率的物体颗粒形成不同的抛物线运动轨迹，由分隔板将不同物料接入不同的产品槽中，从而实现了物料颗粒按不同导电率的分离。

涡电流非铁金属磁选机的磁辊有偏心和同心两种不同结构，如图 4-92 所示。

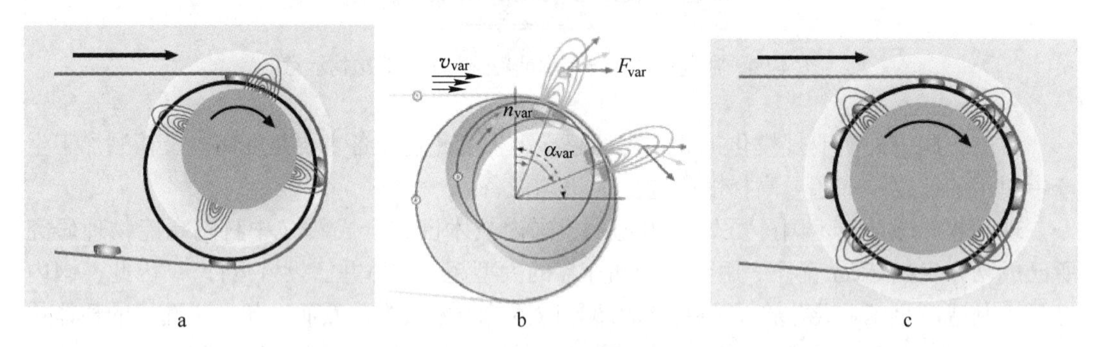

图 4-92　涡电流非铁金属磁选机的磁辊结构

a—偏心磁辊；b—偏心磁辊的调节；c—同心磁辊

涡电流分选筒内旋转磁场是通过磁辊的磁极对数量和磁辊与分选筒的相对转速来提供的。而偏心磁辊还可在一定角度范围内调节最大切割磁力线的位置点。

部分入选物料涡电流分选结果见表 4-36。

表 4-36　涡电流分选结果

入选物料	给料量 /t·h^{-1}·m^{-1}	产率/%			入选物料	给料量 /t·h^{-1}·m^{-1}	产率/%		
		磁性物	导体	非导体			磁性物	导体	非导体
铝罐头和 PET 瓶	3.3	—	49	51	无线电测向板碴（-15.9mm）	9.8	10	3	87
切碎的 PET 瓶和铝盖	3.3	—	2	98	带铝盖的碎玻璃碴	9.8	1	9	90
铝和 PVC 混合物	3.3	—	33	67	捣碎的灯泡玻璃碴	3.3	4	14	82
未经筛分的汽车废料	9.8	60	33	7	电子废料	6.6	5	48	47
汽车废料（12.7mm×177mm）	9.8	30	35	35	黄铜铸造型砂	9.8	—	12	88
汽车废料（-12.7mm）	9.8	27	24	49	铁、铝、锌混合物	13.1	10	55	35
铝铸造型砂	19.7	—	5	95	铁、铝、铜、铅、锌混合物	19.7	28	30	42

美卓（metso）公司生产的涡电流磁选机如图 4-93 所示。国产 CRIMM 涡电流磁选机如图 4-94 所示。

图 4-93 美卓（metso）公司生产的涡电流磁选机

图 4-94 国产 CRIMM 涡电流磁选机

5 磁选工艺流程

5.1 强磁性矿物磁选

磁选广泛用于分选磁铁矿石。现代主要用弱磁场永磁或电磁圆筒磁选机进行干式或湿式磁选。干式弱磁选大多用于预先抛尾或缺水地区的磁铁矿干法精选。湿式弱磁选是大部分磁铁矿的主要分选工艺，有时也用磁力脱水槽富集。在微细粒嵌布的贫磁铁矿分选过程中，除了采用弱磁场圆筒磁选机之外，还应用到磁选柱等微细粒弱磁选设备。对于含硫磷杂质或磁性硅酸盐矿物较高的微细粒磁铁矿弱磁选工艺还需结合反浮选工艺以提高精矿质量。

5.1.1 磁铁矿石磁选

磁铁矿石属高中温热液接触交代矿床的矿石（矽卡岩型），这种矿石最有效的选矿方法是磁选，典型的分选流程如图 5-1 所示。其分选工艺多是配有一段或二段干式磁选选别中碎或细碎产品，作为分选前的准备作业。

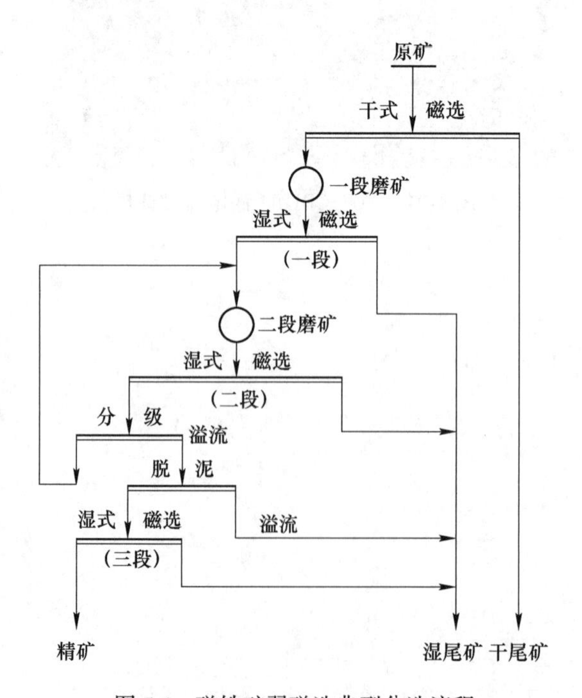

图 5-1　磁铁矿弱磁选典型分选流程

干式磁选主要是排出粗粒尾矿和获得进一步深选的产品。对进一步深选产品经二段或三段细磨，再进行二段或三段湿式磁选，得到最终铁精矿产品。湿式磁选一般用永磁圆筒型磁选机进行分选。一段或二段磁选机底槽多采用顺流型；三段或四段多采用半逆流型；球磨机排矿直接磁选时多用逆流型或顺流型。

用磁选法处理这种类型矿石的实践经验较多。采用与图 5-1 类似的流程在我国鄂东、邯邢和安徽等地区，在苏联乌拉尔地区和美国、瑞典、加拿大等均有较大规模的生产企业。此类矿石的磁选指标列于表 5-1 中。

表 5-1 磁选矿石磁选指标 (%)

企业名称	含铁量			精矿铁回收率
	原矿	精矿	尾矿	
中国大冶铁矿	51.80	61.36	19.78	89.62
中国玉石洼铁矿	36.20	68.13	8.82	86.88
澳大利亚怒江（Savege River）选厂	44.00	67.00	—	—
美国恩派尔（Empire）选厂	33~34	66.00	—	68.00
加拿大希尔顿选厂	23~24	68~69	—	—

5.1.2 磁铁石英岩矿石磁选

磁铁石英岩属于沉积变质矿床的矿石，目前国内外广泛采用磁选法选别这种类型矿石，该种类型矿石在我国被称为鞍山式贫磁铁矿石，在国外被称为铁燧岩、磁铁石英岩等，这类矿石在铁矿资源中占有重要地位，是目前磁选的主要对象。处理这种类型矿石的典型流程如图 5-2 所示。

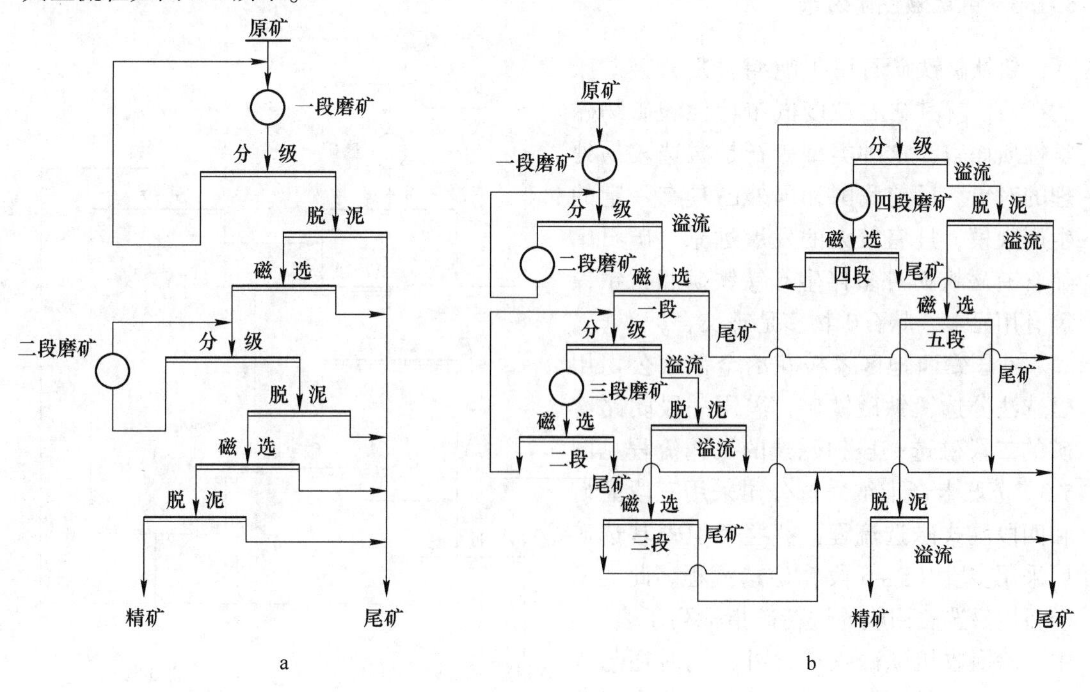

图 5-2 磁铁石英岩矿石磁选典型流程

a—两段磨矿磁选流程；b—多段磨矿（四段）磁选流程

磁铁石英岩选矿工艺的特点是采用阶段磁选流程，这样可阶段排出单体脉石，减少下一阶段的磨矿量，在磨矿分级回路中，加入磁选作业以分出尾矿。就湿式磁选工艺来说，目前提高精矿品位的基础是增加磨矿段数和降低磨矿粒度，使磁铁矿物充分单体解离，从而获得优质铁精矿。同时，为了减少各阶段磨矿给入量，采用细筛、脱泥和反浮选工艺，这也有助于获得优质铁精矿，因而得到广泛应用。

磁选设备多采用圆筒型磁选机，其底槽为逆流型和半逆流型。在国内和国外也有采用磁力脱水槽进行脱泥的实例。

采用与图 5-2 类似的流程，在我国鞍本、五岚和冀东地区；美国的苏必利尔湖地区；加拿大的安大略地区；苏联克里沃罗格和库尔斯克磁力异常区等均有大型选矿生产企业，此种类型矿石磁选指标列于表 5-2 中。

表 5-2　磁铁石英岩矿石磁选指标　　(%)

企业名称	含铁量			铁精矿回收率
	原矿	精矿	尾矿	
中国大孤山选厂	29.94	66.14	9.53	79.60
中国大石河选厂	25.58	68.51	6.09	81.80
美国伊利（Erie）选厂	32.50	66.30	—	70.00
加拿大亚当斯（Adams）选厂	22.0	67~68	—	—
苏联南方采选公司（ЮГОК）	35.60	64.90	11.20	82.90

5.1.3　钒钛磁铁矿磁选

钒钛磁铁矿石属于晚期岩浆分凝矿床的矿石。就其矿石粒度嵌布特性和矿物磁学性质而言，这种类型矿石是磁选较易处理的对象。目前我国和国外已具有一定的生产规模，且有较大的发展远景，矿石中除含有磁铁矿外多伴生有钛铁矿和钒钴镍等有用元素。脉石矿物多是辉长岩。

我国攀西地区攀枝花冶金矿山公司用磁选法分选钒钛磁铁矿，采用一段闭路磨矿的二段磁选一段扫磁选的工艺流程见图 5-3。苏联卡奇卡纳采选公司采用三段磨矿和四段湿式磁选流程，芬兰奥坦麦基选矿厂采用多段（5~6 段）磁选流程。此类型矿石以磁选法回收的铁精矿指标列于表 5-3 中。除回收钒钛磁铁矿之外，同时还与其他选矿方法结合，在选铁尾矿中综合回收钛铁矿和钒钴镍矿物。

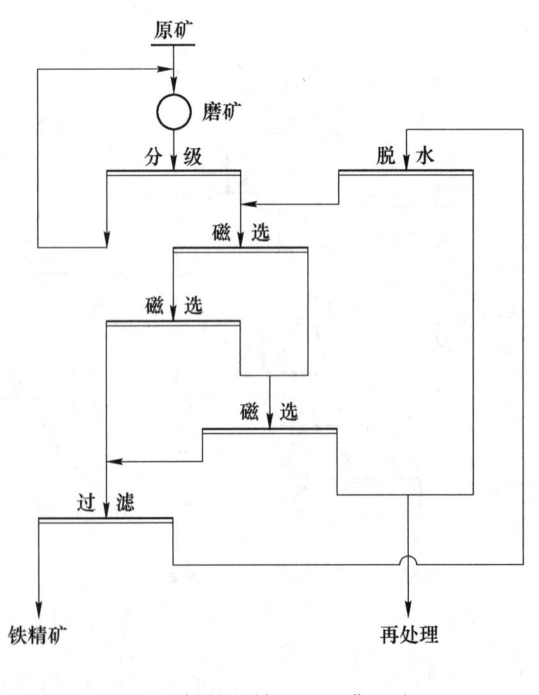

图 5-3　钒钛磁铁矿磁选典型流程

表 5-3 钒钛磁铁矿石磁选指标 (%)

企业名称	含铁量			精矿铁回收率
	原矿	精矿	尾矿	
中国攀枝花冶金矿山公司	30.81	51.59	14.17	74.50
苏联卡奇卡纳尔斯克公司(Качканарск)	15.85	62.50	7.50	61.70
芬兰奥坦马基公司(Otanmaki)	35.0	69.20	—	70.00

5.1.4 焙烧磁铁矿(人工磁铁矿)磁选

弱磁性的铁矿石(如赤铁矿、褐铁矿、镜铁矿、菱铁矿等)可以通过磁化焙烧法焙烧成磁铁矿(称为焙烧磁铁矿),故可用弱磁选进行焙烧磁铁矿的分选。

酒钢镜铁山矿石含有镜铁矿、褐铁矿和菱铁矿,通过竖炉焙烧后得到的焙烧磁铁矿的磁选工艺流程如图 5-4 所示,历年焙烧磁选技术指标见表 5-4。

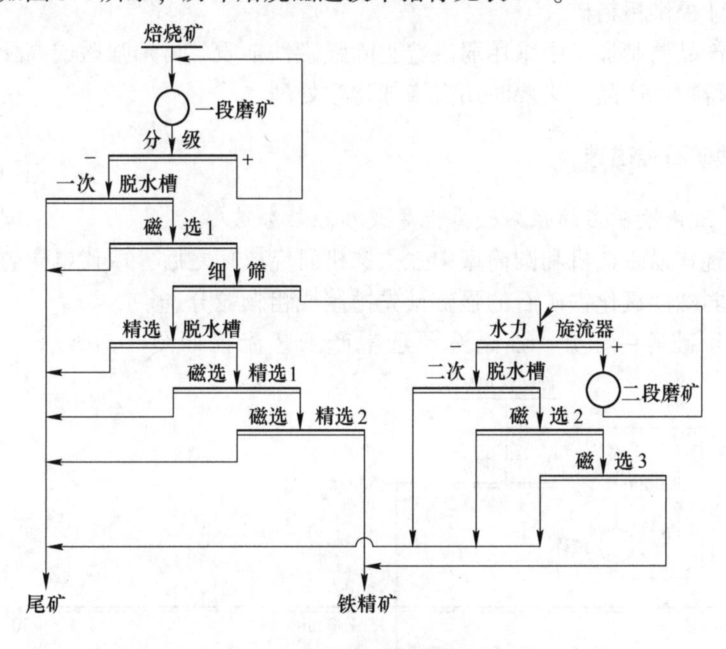

图 5-4 酒钢焙烧矿磁选工艺流程

表 5-4 历年焙烧磁选技术指标 (%)

年份	2001	2002	2003	2004	2005	2006	2007	2008
原矿品位(TFe)	40.80	42.52	42.58	42.97	42.95	42.70	42.75	41.44
精矿品位(TFe)	55.89	55.88	56.24	55.95	56.26	56.65	56.79	56.74
尾矿品位(TFe)	17.25	17.81	17.52	15.74	17.32	16.97	17.51	18.71
铁回收率(TFe)	83.07	84.70	84.79	88.03	85.98	85.56	85.38	79.88

弱磁场磁选法除处理以磁铁矿为主的矿石外,在生产实践中还往往与其他选矿方法结合,应用于含有磁铁矿物的复合矿石,磁—赤铁矿石和有色金属矿中磁铁矿的回收,以及焙烧磁铁矿石等强磁性矿物的分选。

弱磁场磁选法还应用于重介质选矿过程中的重介质（硅铁粉）的回收利用、冶金产品的除铁以及“城市矿产”资源中金属铁的回收利用。

5.2 弱磁性矿物磁选

由于新型强磁选机的研制成功，使得单独用磁选方法大规模处理弱磁性矿石，特别是氧化铁矿石成为可能。但是，在某些场合，磁选仍须与其他选矿方法联合，才能达到获得最终精矿产品的目的和要求。

粗粒嵌布的单一矿种的弱磁性矿石经过破碎、分级后，可采用永磁开放磁系结构的强磁选机（辊式和筒式）直接分选获得精矿产品。

为了节省选矿厂的磨矿能耗、提高原矿的入选品位，在破碎或粗磨作业后采用干式或湿式强磁选（一般用永磁辊式和筒式）可实现弱磁性矿石的预选抛尾。

磨矿和细磨作业后，采用湿式强磁选分选工艺可获得弱磁性矿石的精矿产品或为下一段浮选提纯作业提供粗精矿。

非金属矿产品精制加工中采用弱磁选去除强磁性杂质，再用强磁或高梯度磁选去除弱磁性杂质，获得精矿产品。必要时还需增加化学处理。

5.2.1 氧化铁矿石强磁选

5.2.1.1 氧化铁矿石的强磁预先抛尾或粗颗粒分选

稀土永磁辊式强磁选机和圆筒型中强磁选机研究成功之后，取代电磁感应辊式强磁选设备，实现了弱磁性氧化铁矿石的强磁预先抛尾或粗颗粒分选。

酒钢选矿厂破碎—筛分—强磁选预选生产工艺流程如图 5-5 所示。粉矿预选采用

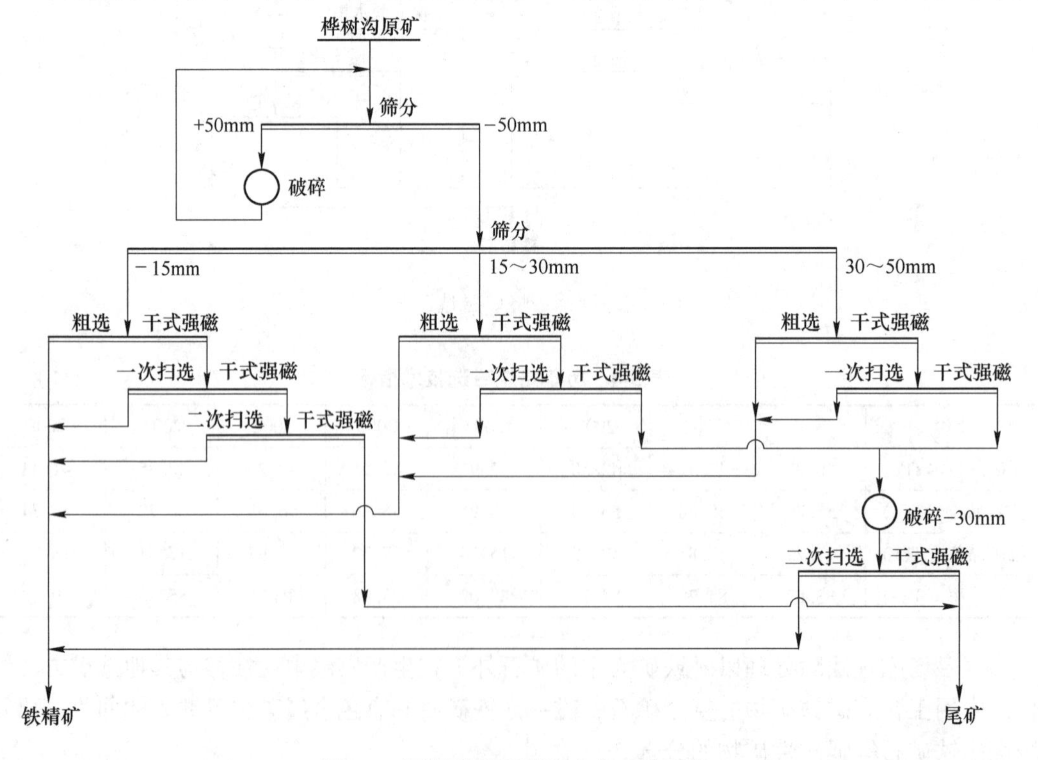

图 5-5 酒钢强磁选预选生产工艺流程

ϕ100mm×1500mm 永磁辊带式强磁选机，每台设备可实现一次粗选、两次扫选作业；块矿预选设备有两种机型，一种为 ϕ600mm×1500mm 筒式强磁选机，每台设备可实现一次粗选、一次扫选作业。另一种为 ϕ300mm×1500mm 永磁辊带式强磁选机，用作二次扫选作业。

云南褐铁矿破碎—分级—强磁选生产工艺流程如图 5-6 所示。粗粒分选采用一台 ϕ150mm×1000mm 永磁辊带式强磁选机；细粒分选采用两台 ϕ150mm×1000mm 永磁辊带式强磁选机。原矿品位 41.50%（TFe），可生产出精矿品位 52.69%（TFe）、回收率 85.15%的褐铁矿精矿产品。

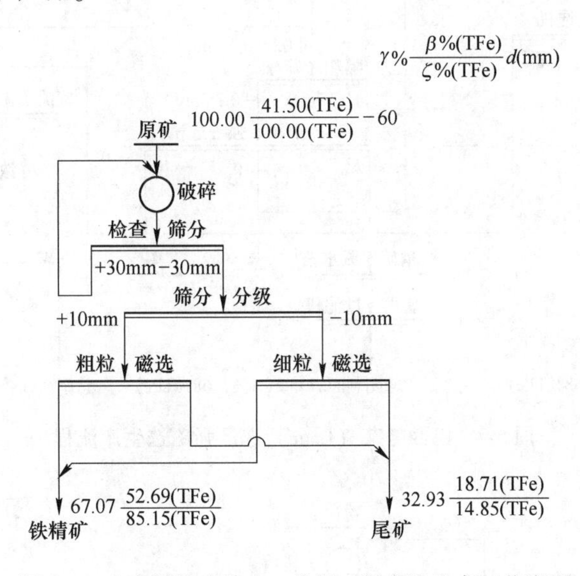

图 5-6 云南褐铁矿破碎—分级—强磁选生产工艺流程

5.2.1.2 氧化铁矿石的湿式强磁选

琼斯湿式强磁选机已被大量用于氧化铁矿石的磁选。现在已有巴西、挪威、利比里亚、加拿大、西班牙、美国、瑞典等国家采用联邦德国洪堡 DP317 型琼斯磁选机选别氧化铁矿石。我国酒泉钢铁公司选矿厂、大冶铁矿选矿厂和海南铁矿选矿厂等采用我国研制的 ShP 型湿式强磁选机选别氧化铁矿石。

图 5-7 是巴西考艾（Caue）选厂流程。该流程采用琼斯型强磁选机作为分选设备。

塞拉利昂马兰帕（Marampa）铁矿选厂采用重选—高梯度磁选联合流程。该厂处理量为 400t/h，其中 150t/h 为原矿石（镜铁矿石，含铁约 38%），250t/h 为老尾矿（含铁 28.6%）。混合给矿含铁 32%。重选用赖克特圆锥选矿机处理粗粒矿石；磁选用萨拉 480 型连续式高梯度磁选机处理微米粒级矿石。磁选机背景磁场为 0.5T。处理能力为 130t/h。重选和磁选精矿合计产率约为 45%，铁回收率为 85%。精矿含 Fe64%，SiO_2 5.6%，Al_2O_3 0.4%。

我国酒泉钢铁公司镜铁矿粉矿强磁选生产流程如图 5-8 所示。15~0mm 粉矿经磨矿—分级—中磁选选出磁铁矿后，采用平环强磁选机粗选，粗选尾矿再由旋流器分级，粗粒级采用平环强磁选机两段扫选，细粒级采用立环高梯度一粗一精一扫，最终获得浮选作业入选粗铁精矿。

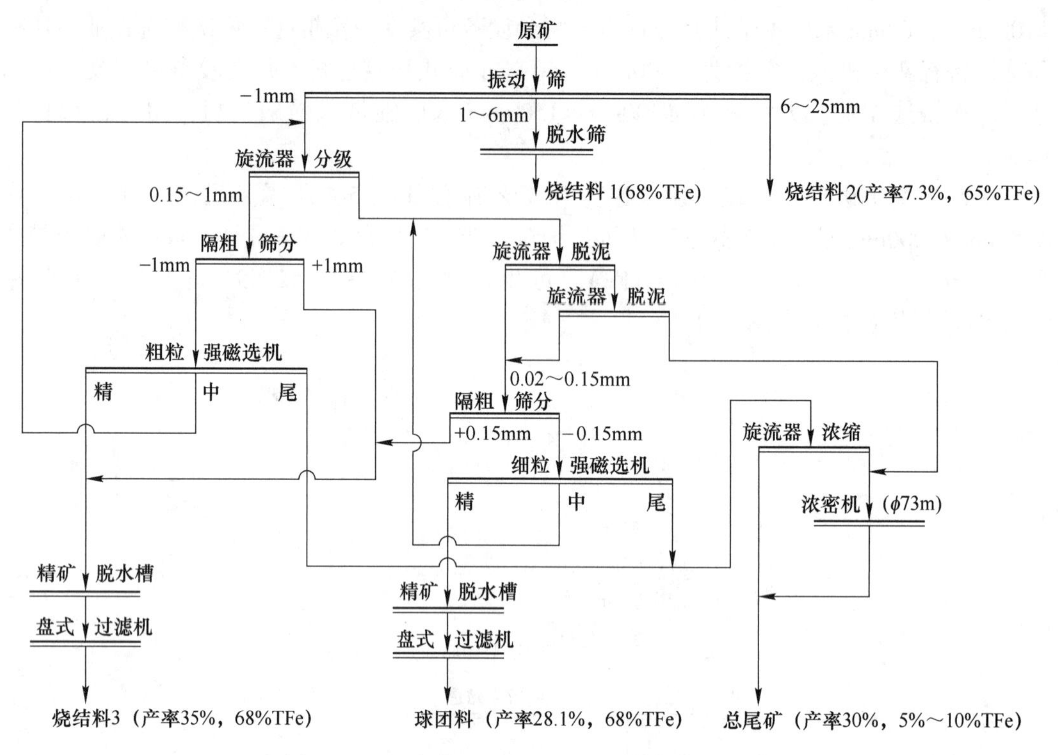

图 5-7　巴西考艾（Caue）选厂强磁选生产流程

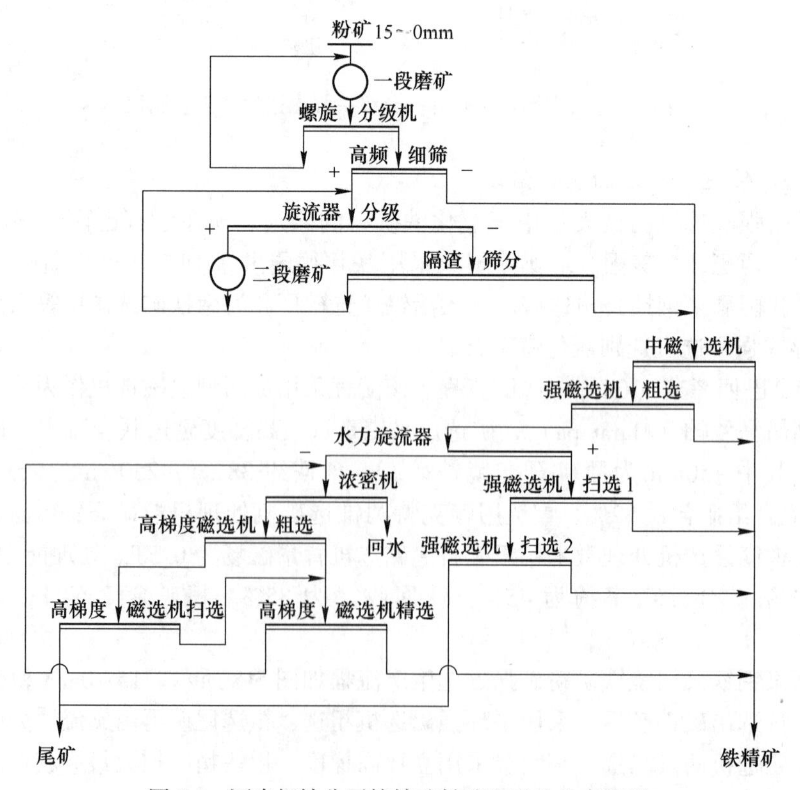

图 5-8　酒泉钢铁公司镜铁矿粉矿强磁选生产流程

5.2.2 锰矿石强磁选

锰矿石通常在破碎作业后需要进行洗矿脱泥，洗矿后的粗颗粒原矿干燥后，可采用永磁筒式或辊式强磁选机进行分级磁选，各粒级磁选作业流程常为一粗一扫（两段），低品位情况下采用一粗一精一扫（三段）；洗矿过程中产生的矿泥常采用湿式强磁选法处理，湿式强磁选通常用两段作业一粗一扫。

在新型永磁强磁选机问世之前，干法和湿法强磁选均采用电磁强磁选机（如感应辊式和平环式强磁选机等），现在永磁强磁选机完全可取代电磁强磁选机分选锰矿石。

云南斗南锰矿选矿工艺流程如图 5-9 所示。通过分级—粗中粒级干式强磁选（一粗两扫）、细粒级湿式强磁选（一粗一扫），当原矿品位 18%（Mn）左右时，获得综合精矿品位 30%（Mn）左右，综合回收率 80%（Mn）左右的锰精矿产品。分选设备采用 ϕ600mm×1500mm 干式永磁圆筒型强磁选机和 ϕ600mm×1200mm、ϕ300mm×1800mm 湿式永磁圆筒型干式强磁选机。

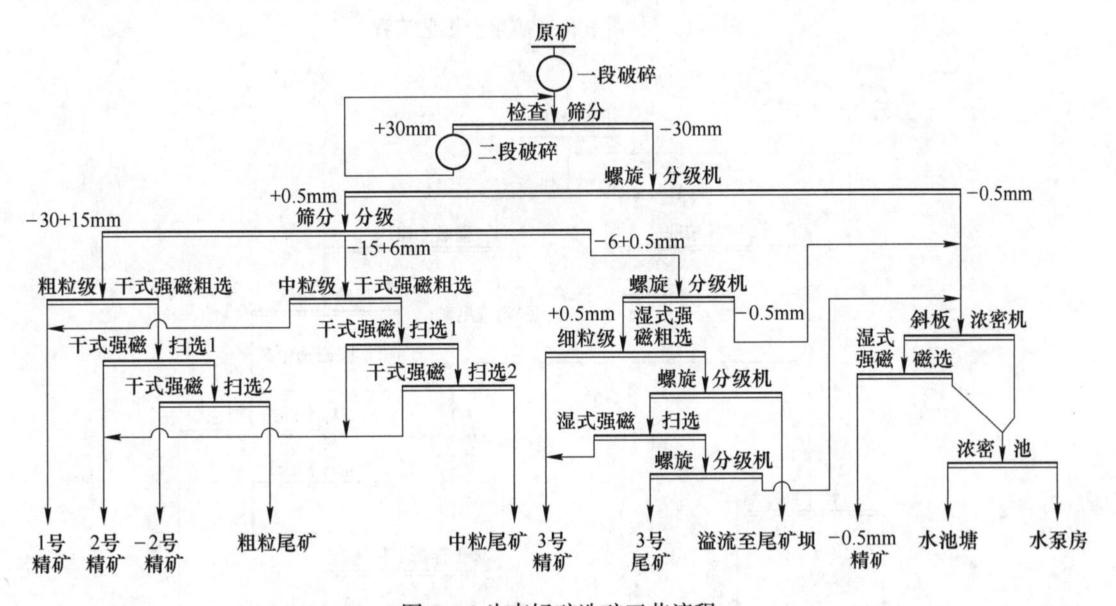

图 5-9 斗南锰矿选矿工艺流程

甘肃氧化锰矿生产工艺流程如图 5-10 所示。采用破碎—分级—干式强磁选作业，处理原矿品位 22.15%（Mn）的锰矿石，获得综合精矿品位为 32.34%（Mn），综合回收率达 91.01%（Mn）的氧化锰精矿产品。分选设备采用 ϕ150mm×1500mm 和 ϕ100mm×1000mm 干式稀土永磁辊带式强磁选机。

5.2.3 有色、稀有金属矿物强磁选

5.2.3.1 稀土金属矿物强磁选

稀土金属矿物（如钽铌矿等）可采用强磁选预富集获得粗精矿再采用浮选精选。包头中贫氧化矿综合回收铁、稀土的选矿工艺流程如图 5-11 所示。

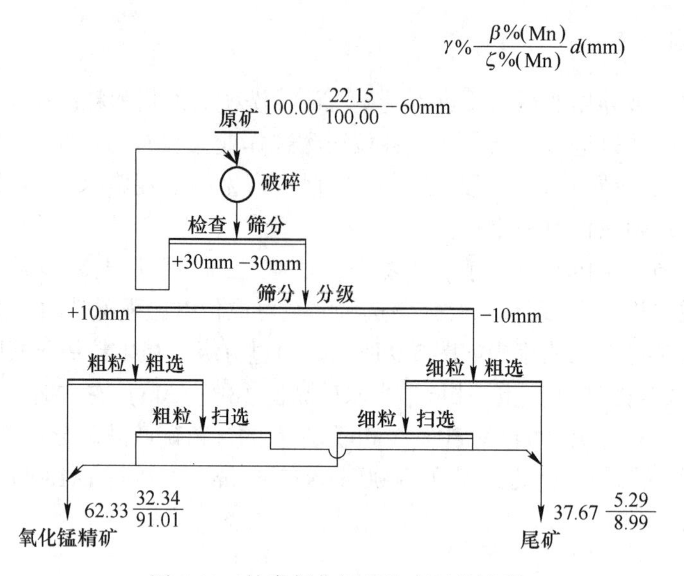

图 5-10 甘肃氧化锰矿生产工艺流程

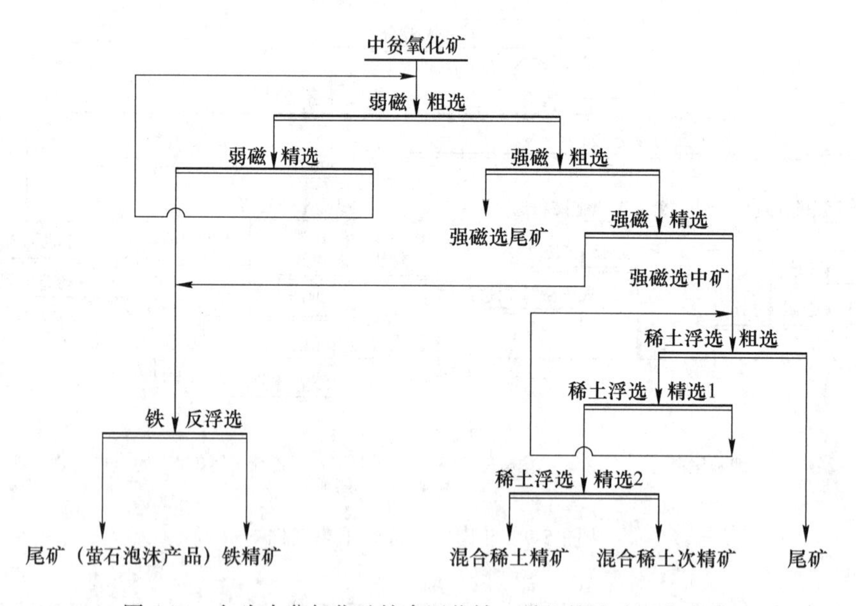

图 5-11 包头中贫氧化矿综合回收铁、稀土的选矿工艺流程

5.2.3.2 *海滨砂矿多金属矿物强磁选*

钛、锆海滨砂矿的重选粗精矿精选工艺流程如图 5-12 所示。

5.2.3.3 *黑钨矿强磁选*

强磁选在黑钨矿生产加工选矿工艺中主要有两方面的应用：

（1）粗颗粒黑钨矿的精选提纯（黑钨-锡石分离），经过重选和台浮脱硫后的黑钨粗精矿，干燥后通常采用干式强磁选进行钨-锡分离，获得最终黑钨矿精矿产品。

（2）微细粒黑钨-白钨（萤石）分离，含有微细粒级黑钨矿的有色多金属矿在黑钨矿回收过程中常采用湿式强磁选进行黑钨-白钨（萤石）分离作业，获得微细粒级黑钨矿粗

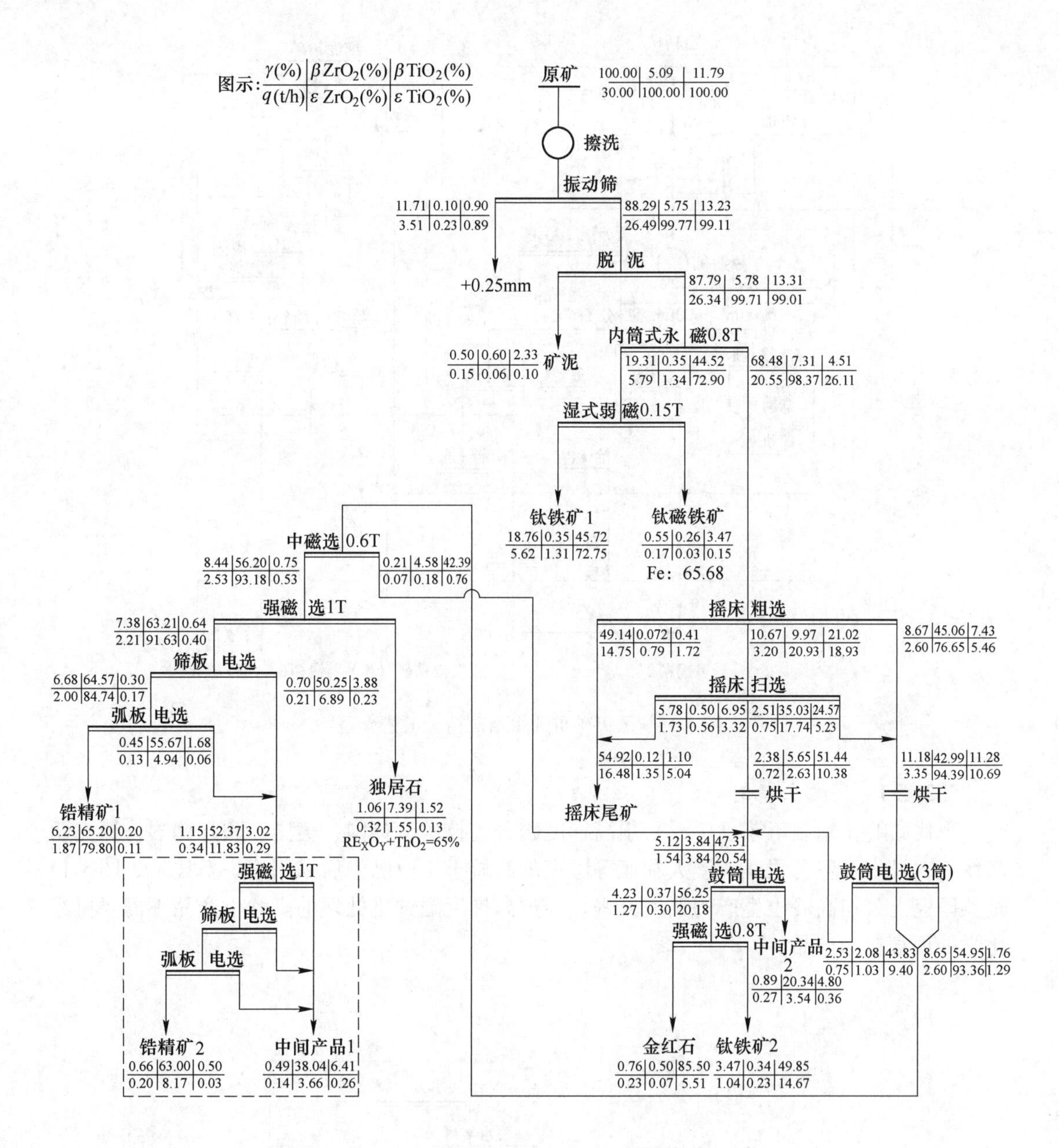

图 5-12　钛、锆海滨砂矿重选粗精矿精选工艺流程

精矿，然后采用浮选工艺精选得到微细粒级黑钨精矿产品。

粗颗粒黑钨矿重选粗精矿精选提纯（黑钨-锡石分离）的选矿工艺流程如图 5-13 所示。

5.2.4　非金属矿物强磁选

非金属矿物（如石英、蓝晶石、黏土矿物）中的铁和钛氧化物是有害杂质。现代高梯度分离技术的发展能使 40 多种工业矿物用磁选方法提纯。

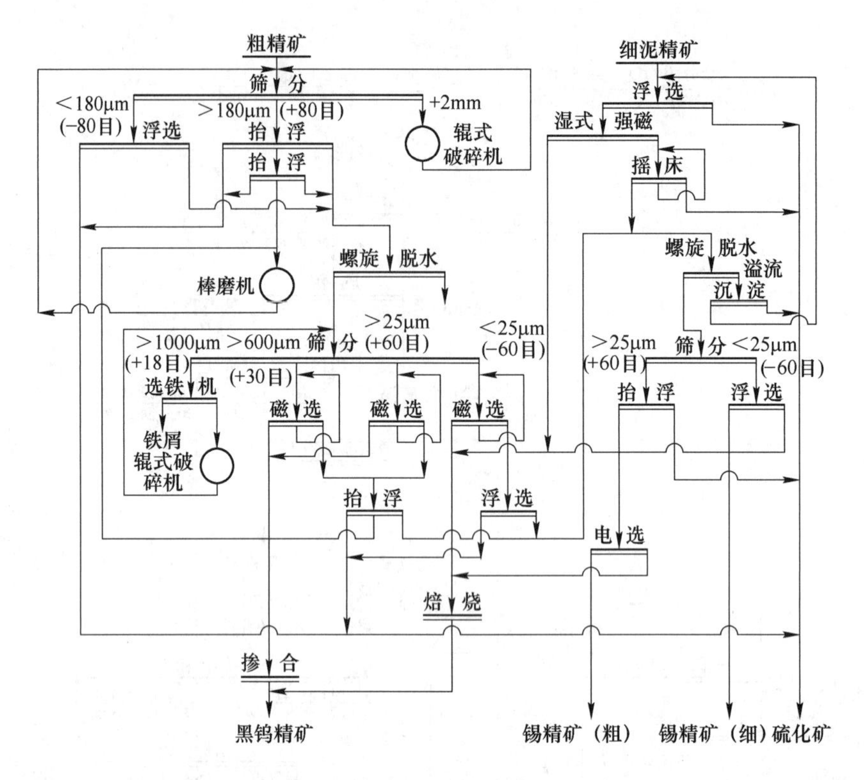

图 5-13　黑钨矿重选粗精矿精选工艺流程

5.2.4.1　高岭土精制

现代高岭土精制工艺已广泛采用高梯度磁分离技术。英国、美国、联邦德国、捷克斯洛伐克、日本、罗马尼亚、澳大利亚等国家的高岭土工业已先后采用这一新技术。图 5-14 是英国瓷土公司高岭土生产的典型流程。经过高梯度磁选机处理的高岭土产品不需要再经化学处理直接为产品。

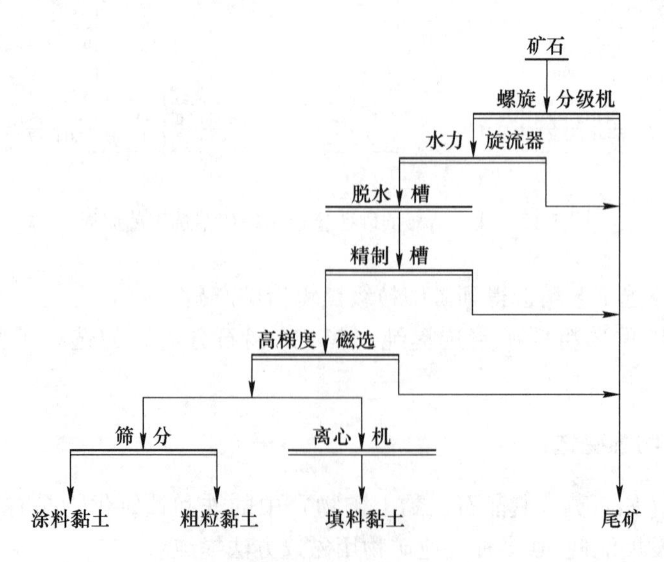

图 5-14　英国瓷土公司高岭土生产流程

5.2.4.2 硬质黏土提纯

以色列奈格夫（Negve）陶瓷原料公司鲁蒙（Rumon）选矿厂生产硬质黏土。选矿流程如图 5-15 所示。采用干式强磁选降低原料中的铁含量。该厂用 Permroll 型永磁（SmCo 合金）辊式强磁选机替代感应辊式强磁选机（IMR），使成品中的 Fe_2O_3 含量降到 0.9%，选厂回收率年增高 25%。新型磁选机使原来不能利用的原料也得到了利用，从而显著地增加了可采矿石的储量。

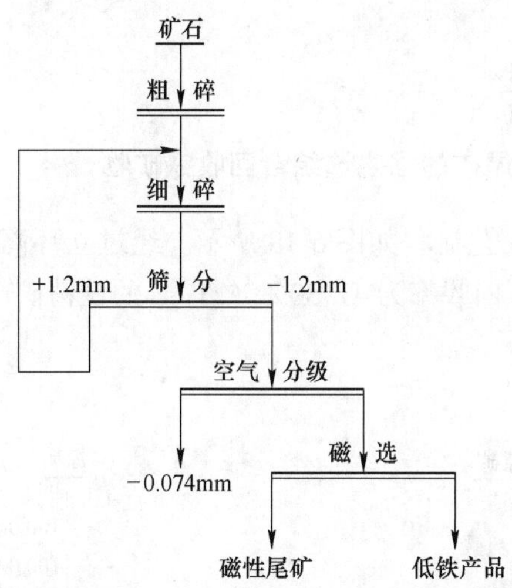

图 5-15 以色列奈格夫（Negve）陶瓷原料公司硬质黏土选矿流程

5.2.4.3 石英砂精制

随着玻璃行业对石英砂精矿产品要求的提升，目前，超白石英砂精矿产品除了 SiO_2 含量要求高之外，杂质 Fe_2O_3 的要求需达到-80g/t。由于化学方法存在水污染的缺陷，因此，磁选除铁生产工艺已成为石英砂精制的有效手段。此外，由于硅微粉材料需求量的增长，微细粒级磁选除杂也成为硅微粉材料制备的重要环节。

滨海石英砂矿生产工艺流程如图 5-16 所示。

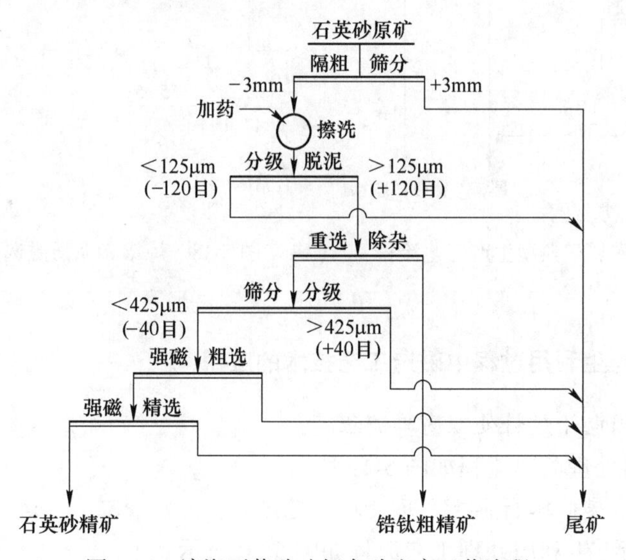

图 5-16 滨海石英砂矿超白砂生产工艺流程

5.2.4.4　长石矿精制

随着玻璃、陶瓷行业对原料品质要求的提升，为了获得高品质的长石精矿产品，长石矿生产加工过程中采用的磁选除杂设备和生产工艺也得到进一步的提升。目前长石矿岩矿的典型生产工艺流程如图 5-17 所示。在钾、钠含量符合要求的前提下，采用该生产工艺流程及相应设备可生产出 Fe_2O_3 含量低于 0.05%、烧成白度（1200℃）大于 70%的长石精矿产品。

5.3　其他磁选应用实践

5.3.1　铝土矿炼铝后赤泥尾矿的强磁选综合回收铁矿物

炼铝赤泥强磁选选铁工艺流程如图 5-18 所示。经过立环高梯度和强磁作业可回收精矿品位为 55.35%（TFe）、回收率为 47.30%（TFe）的铁精矿产品。

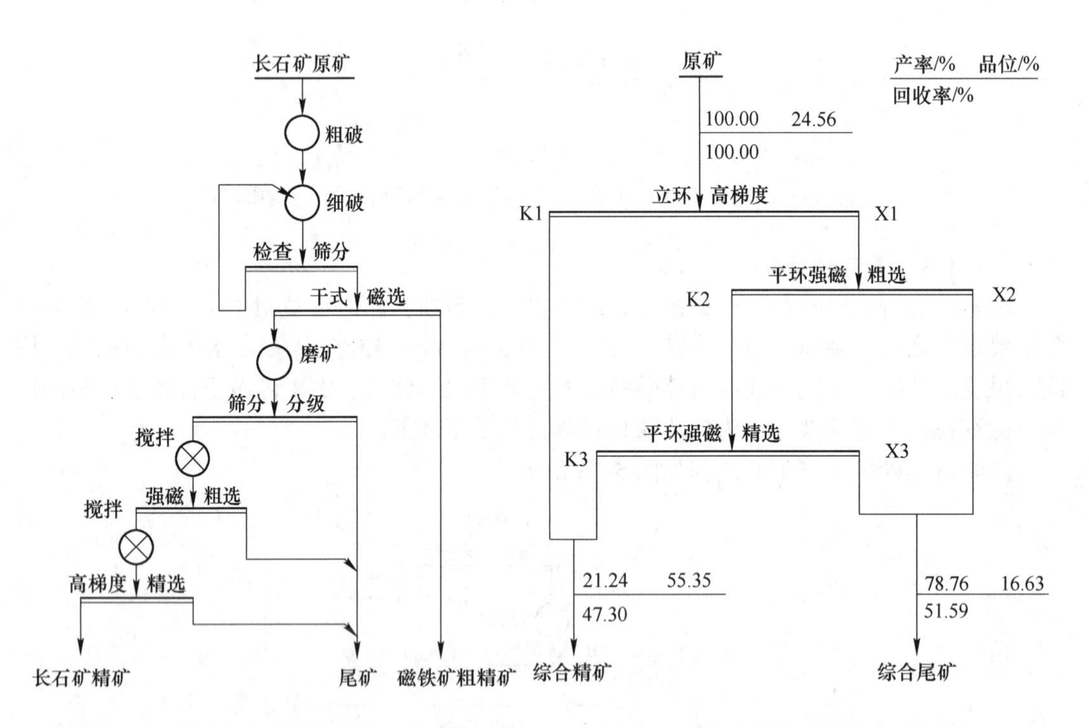

图 5-17　长石矿岩矿典型生产工艺流程　　图 5-18　炼铝赤泥强磁选选铁工艺流程

5.3.2　电子废料再生利用过程中磁选工艺技术的应用

5.3.2.1　德国电子废料处理简单流程

德国电子废料处理简单流程如图 5-19 所示。

5.3.2.2　日本废旧冰箱再生利用处理工艺流程

日本废旧冰箱再生利用处理工艺流程如图 5-20 所示。

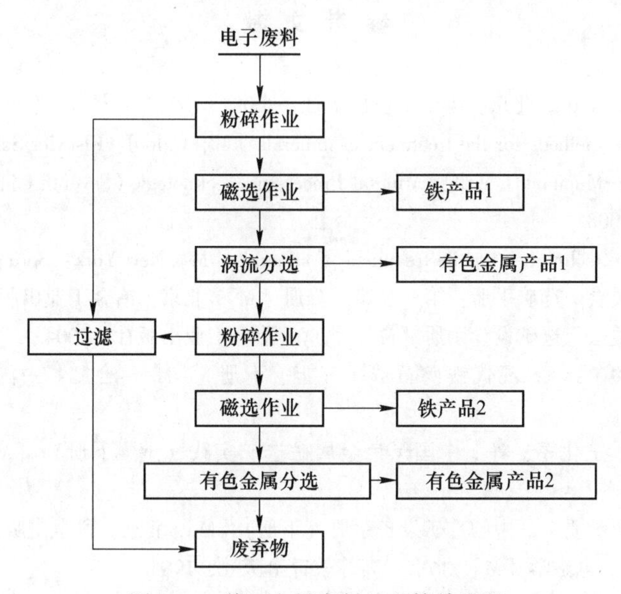

图 5-19　德国电子废料处理简单流程

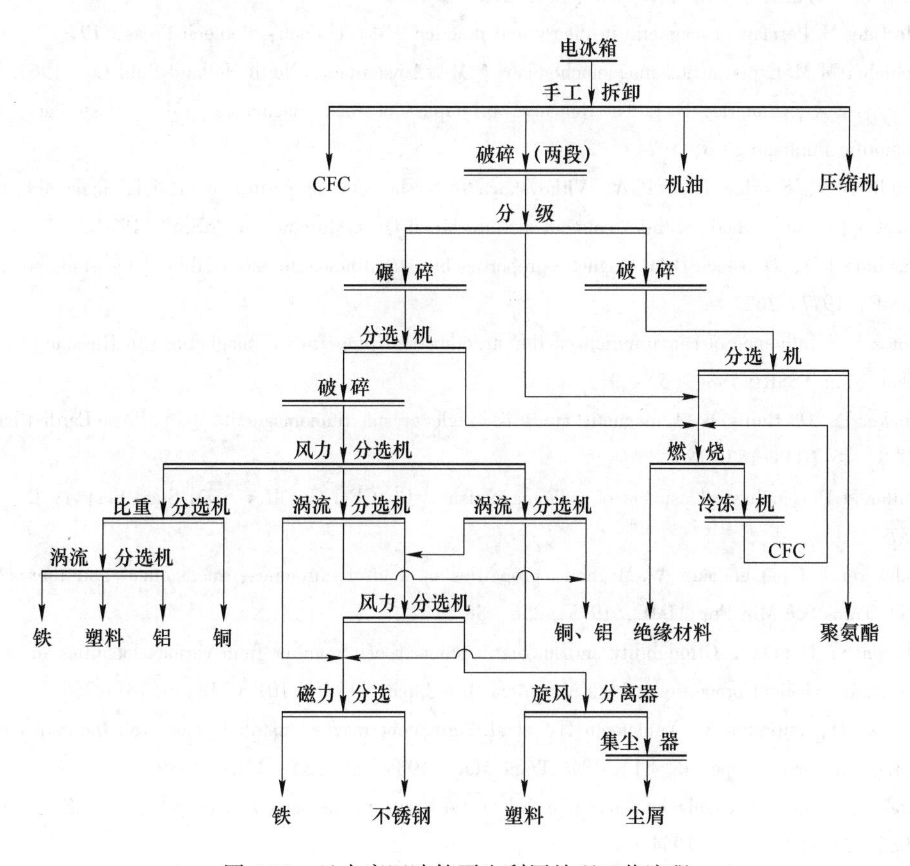

图 5-20　日本废旧冰箱再生利用处理工艺流程

参 考 文 献

[1] 王常任．磁电选矿［M］．北京：冶金工业出版社，2008.

[2] Svoboda J. Magnetic methods for the treatment of minerals［M］. Oxford：Elsevier Science，1987.

[3] Wills B A，Napier-Mumm T J. Will's Mineral Processing Technology（Seventh edition）［M］. 长沙：中南大学出版社，2008.

[4] Svoboda J. Magnetic techniques for the treatment of minerals［M］. New York：Springer Science，2004.

[5] 选矿手册编辑委员会．选矿手册：第三卷第三分册［M］．北京：冶金工业出版社，1991.

[6] 选矿设计手册编委会．选矿设计手册［M］．北京：冶金工业出版社，2004.

[7] 现代铁矿石选矿编委会．现代铁矿石选矿（上、下册）［M］．合肥：中国科学技术大学出版社，2009.

[8] 王运敏，田嘉印，王化军，等．中国黑色金属矿选矿实践（上、下册）［M］．北京：科学出版社，2008.

[9] 中国选矿设备手册编委会．中国选矿设备手册（下册）［M］．北京：科学出版社，2006.

[10] 赵凯华，陈熙谋．电磁学［M］．北京：高等教育出版社，1985.

[11] Oberteuffer J. Magnetic separation：a review of principles，devices and applications［J］. IEEE Trans Mag，1974，10（2）：223～238.

[12] 冯慈璋．电磁场［M］．北京：高等教育出版社，2011.

[13] Mc Caig M. Permanent magnetic in theory and practice［M］. London：Pentech Press，1977.

[14] Schieber M M. Experimental magnetochemistry［M］. Amsterdam：North-Holland Publ Co，1967.

[15] Stacey F D，Banerjee S K. The physical principles of rock magnetism［M］. Amsterdam：Elsevier Scientific Publishing Co，1974.

[16] Gubin G V，Sanzharovskiy P A，Vitkovskaya N S. Magnetic properties of artificial magnetite［C］//Electrophysical Methods of the Treatment of Rare Metal Ores. Moscow：AN SSSR，1972.

[17] Pastrana J M，Hopstock D M. Magnetic properties of natural hematite and goethite［J］. Trans Soc Min Eng AIME，1977，262.

[18] Moroz V F. Influence of comminution on the structure and properties of magnetite（in Russian）［J］. IZV Akad Nauk SSSR，1984（5）：9.

[19] Tucker P，O'Reilly W. A magnetic study of single crystal titanomagnetite［J］. Phys Earth Planet Int，1978，16（3）：183～189.

[20] Fuller M D. Geophysical aspects of paleomagnetism［J］. CRC Crit Rev Solid State Sci，1970，1（2）：137～219.

[21] Schwerer F C，Gundaker W. Magnetic properties of natural chromites：mechanical and thermal effects［J］. Trans Soc Min Eng AIME，1975，258：88.

[22] Owada S，Harada T. Grindability and magnetic property of chromites from various localities in relation to their mineralogical properties［J］. J Min Metal Inst Japan，1985，101（1184）：781～786.

[23] Sagawa M，Fujimura S，Yamamoto H，et al. Permanent magnet materials based on the rare earth-iron-boron tetragonal compounds［J］. IEEE Trans Mag，1984，20（5）：1584～1589.

[24] Arai S，Shibata T. Highly heat-resistant Nd-Fe-Co-B system permanent magnets［J］. IEEE Trans Mag，1985，21（5）：1952～1954.

[25] Marston P G. Magnetic design and its effects on the economic of HGMS process［C］//Proc of High-Gradi-

ent Magnetic Separation Symposium. M I T, 1973: 25.

[26] Larbalestier D, Fisk G, Montgomery B, et al. High-field superconductivity [J]. Physics Today, 1986, 39 (3).

[27] 王秋玲，陈雯，余永富．难选铁矿石磁化焙烧机理及闪速磁化焙烧技术［J］．金属矿山，2009 (12)：73~76.

[28] 胡双峰，黄尚宇，周玲．磁学的发展与重要磁性材料的应用［J］．稀有金属材料与工程，2007 (S3)：417~419.

[29] 张志东．磁性材料的磁结构、磁畴结构和拓扑磁结构［J］．物理学报，2015 (6)：5~21.

[30] 李贵斗．磁滑轮工艺参数的研究与优化［C］//2006年全国金属矿节约资源及高效选矿加工利用学术研讨与技术成果交流会论文集．2006：326~329.

[31] 戴慧新，郝先耀，赵志强．除铁器应用现状及其发展方向［J］．金属矿山，2007 (9)：90~93.

[32] 于婉丽，杨兴满，李超．脉冲振动预磁器的研究和设计［J］．沈阳化工学院学报，2008 (2)：172~175.

[33] 邹忠良．脱磁器的技术特点及发展方向［J］．金属矿山，1998 (2)：46~52.

[34] 张去非，穆晓东．国内外铁矿石脱泥预选设备的发展状况［J］．有色矿山，2003 (4)：24~27.

[35] 张博，屈进州，吕波．干式磁选设备发展现状与分析［J］．有色金属（选矿部分），2011 (S1)：155~158.

[36] Hopstock D M. Fundamental aspects of design and performance of low-intensity dry magnetic separators [J]. Trans AIME/SEM, 1975, 258: 222.

[37] Horst W E, Dyrenforth W P. Wet high-intensity magnetic separation of industrial minerals [J]. Min Eng, 1971 (3): 57.

[38] 周岳远．铁矿选矿磁选装备现状与发展趋势［C］//中国金属学会．第八届（2011）中国钢铁年会论文集．2011：10.

[39] 胡永会．国内外典型磁选设备的研究与发展［J］．金属矿山，2012 (9)：134~138.

[40] 陈建生，杨钢，裘宝泉．磁选机的现状和发展趋势（一）［J］．矿山机械，2009 (17)：75~79.

[41] 赵通林，陈中航，陈广振．磁选柱分选过程与机理初探［J］．金属矿山，2006 (9)：67~69.

[42] 陈广振，刘秉裕，周伟，等．磁选柱及其工业应用［J］．金属矿山，2002 (9)：30~31.

[43] 刘秉裕，段其福．磁选柱在磁铁矿提铁降硅中的应用［C］//中国冶金矿山企业协会．2004年全国选矿新技术及其发展方向学术研讨与技术交流会论文集．2004：164~169.

[44] Kopp J. Permanent magnetic disk Separator [J]. IEEE Trans Mag, 1984, 20: 1204. H. Kolm. The large-scale manipulation of small particles [J]. IEEE Trans Mag, 1975 (11): 1567.

[45] 陈雷，史佩伟，谭达，等．超大型永磁筒式磁选机的探索性研究［J］．有色金属（选矿部分），2006 (5)：32~35.

[46] 柳衡琪，曾维龙，陈志强．新型磁力预选设备——ZCLA磁选机［J］．矿冶工程，2016 (1)：49~51.

[47] 王建平．ZCLA选矿机在攀枝花钒钛磁铁矿预选抛尾中的应用［J］．矿冶工程，2016 (3)：47~50.

[48] 冉红想．多筒干式强磁选机的研制及应用［J］．有色金属（选矿部分），2010 (3)：42~44.

[49] 张义顺，史长亮，马娇，等．辊式磁选机典型磁系结构磁场特性分析［J］．矿业研究与开发，2013 (3)：96~99.

[50] 张妍，李阳阳，王玉珠．带式磁选机的介绍与应用［J］．中国废钢铁，2013 (5)：37~39.

[51] 圣洪，王俊良，袁喆，等．YCG粗粒永磁辊式强磁选机在磁选试验中的应用［J］．现代矿业，2015 (10)：198~202.

[52] 周岳远，李小静，余兆禄，等．CRIMM稀土永磁辊式强磁选机分选褐铁矿的生产实践［J］．矿冶

工程，2002（2）：62～64.
[53] 李明德，李涛，王明才．CRIMM 型稀土永磁辊式强磁选机研制［J］. 矿冶工程，1993（1）：32～34.
[54] 张国旺，周岳远，辛业薇，等．微细粒铁矿选矿关键装备技术和展望［J］. 矿山机械，2012（11）：1～7.
[55] 熊大和，刘建平．SLon 脉动与振动高梯度磁选机新进展［J］. 金属矿山，2006（7）：4～7.
[56] 熊大和．SLon-3000 高梯度磁选机的研制与应用［J］. 金属矿山，2013（12）：100～104.
[57] 熊大和．SLon 立环脉动高梯度磁选机大型化研究与应用［J］. 有色金属（选矿部分），2011（S1）：163～167.
[58] 苏方胜．双立环永磁高梯度磁选机及其应用研究［J］. 金属矿山，1996（12）：28～31.
[59] 李小静，徐星佩，周岳远，等．CRIMM 型高梯度磁选机在高岭土精制中的应用［J］. 矿产保护与利用，2005（6）：25～27.
[60] 刘永振．近几年我国磁选设备的研制和应用［J］. 有色金属（选矿部分），2011（S1）：24～33.
[61] 莫长录，韦献鹏．北海高岭土超导磁选应用研究［J］. 非金属矿，2009（S1）：9～10.
[62] 韦献鹏，莫长录．超导磁选机除铁应用研究［J］. 非金属矿，2007（S1）：34～35.
[63] 斯塔德穆勒 A，宫磊，徐晓军．新一代超导高梯度磁过滤机［J］. 国外金属矿选矿，2001（7）：31～36.
[64] Wasmuth H D，刘宗林．DESCOS——带超导磁系高处理能力高场强筒式磁选机［J］. 国外金属矿选矿，1991（2）：1～7.
[65] 瓦尔什 D E，刘建远，李长根．涡电流分选技术作为回收阿拉斯加砂金的新方法［J］. 国外金属矿选矿，2006（3）：42～44.
[66] 余永富，陈泉源．白云鄂博中贫氧化矿弱磁—强磁—浮选联合流程综合回收稀土研究［J］. 矿冶工程，1992（1）：58～61.
[67] 周晓彤，邓丽红，廖锦．白钨浮选尾矿回收黑钨矿的强磁选试验研究［J］. 中国矿业，2010（4）：64～67.

第2篇

电 选

6 概　　论

6.1 电选的研究内容

电选是根据各种矿物之间具有不同的电学性质，在矿物经过电场时，利用作用在这些矿物上的电力以及机械力的差异来进行分选的一种选矿方法。电选的理论基础是电学和力学。电选的内容非常广泛，包括电选、电分级、摩擦带电分选和介电分选等内容。矿物间电学性质的差别是实现电选分选的基础，而电选电极产生的高压静电场、电晕电场或复合电场，则是分选的必要条件。

电选的研究内容包括电选分选过程的基础理论、不同类型高压电选机的研制、电选工艺研究等。矿物的电学性质包括电阻、比导电度、介电常数和整流性等。电选时必须使矿物颗粒带电，主要带电方法有：(1) 传导带电；(2) 感应带电；(3) 电晕电场带电；(4) 摩擦带电等。电选机种类较多，目前多为圆筒式，使用由电晕场或电晕与静电极相结合的复合电场。目前电选已广泛应用于白钨与锡石、铁矿、钽铌矿、钛铁矿、金红石等有色、黑色和稀有金属矿的精选；钾盐、石英与长石、石墨、金刚石、磷灰石、煤与石棉等非金属矿物的分选；陶瓷、玻璃原料和建筑材料的提纯；塑料中除去金属物质，城市固体废物中回收铜、铝等有用金属；农业中谷物种子除杂精选，茶叶的分选；矿石和其他物料的分级等。积极开展电选理论研究、电选新工艺和新设备的研究与推广，将有利于更好的开发我国乃至世界的矿产资源，促进我国和世界经济的发展。

6.2 电选的发展概况

电选的发展经历了相当长的一段时间。电现象可追溯到公元前600年，希腊哲学家泰勒斯记述："用毛皮或布摩擦琥珀能吸引羽毛等小物体以及磁石相互吸引的现象。"公元1600年，William Gilbert对静电现象进行了精彩的描述，他发现当两个物体相互摩擦时能产生静电荷。他还发现一些被摩擦的物体相互吸引或排斥的性质，接着对接触/摩擦带电（现在称为摩擦带电）进行研究。很多科学家（如法拉第、富兰克林、牛顿、霍尔茨、开尔文等）研究了静电荷作用下物料的行为。

1880年开始用电选提纯谷物，而在此之前电选未得到工业应用。1892年爱迪生（Thomas A. Edison）申请了用静电选富集金矿石的专利，是电选的萌芽阶段。其后盖茨（E. Gates）发明了矿物先在带电容器中荷电，然后再进入电场中分选的方法，所用设备为现代使用的自由落下式电选机奠定了基础。1901年美国萨顿（H. M. Sutton）与斯蒂尔（W. L. Steel）将电晕电场与静电场结合，发明了圆筒式电选机，为当今广泛使用的圆筒式电选机奠定了基础。第一个工业静电选法称为赫夫（Huff）法，于1908年用于处理WI的Platville铅锌矿石。1912年赫夫法成为分离复杂锌矿石的最好方法。这个选矿厂的成功使得静电分选技术在世界范围得到广泛的应用。这个方法可单独或与重选法联合应用。

1912 年泡沫浮选的发展减缓了工业对静电选的依赖。但是，第二次世界大战时，由于钛资源不足又提出了从海滨砂矿中静电选钛和其他有价重矿物的新需求。因此使得高压电选机的制造得到很快的发展，新一代电选机，即高压电选机问世。

直到 20 世纪 40 年代，由于科学技术的发展，特别是在电选中应用的电晕带电方法，大大提高了分选效率。加之当时国际上对稀有金属（例如钛）的需求量很大，促使人们重新注意研究和应用电选技术。

20 世纪 50 年代，摩擦电选在钾盐工业中得到广泛应用，特别是在德国制盐工业中。1958 年后，世界工业发展迅速，对各种稀有矿产的需求量日增，大量开采海滨砂矿、陆地砂矿及脉矿中的钛矿物、锆英石、独居石、钽铌矿、钨矿和锡矿等，这类矿物用其他选矿方法分选效果差，而用电选则十分有效，因此又激发了电选的发展。此后电选的应用趋势不断扩大。除了铁矿、钛矿、海滨砂矿、钾盐和镁盐矿物外，磷酸盐矿石、金刚石和锡石选矿中也开始应用电选。

1965 年世界上最大的电选厂在加拿大 Wabush 矿山建成。这个电选选矿厂作为铁矿重选的补充，其处理能力为 600×10^4t/a。Wabush 电选厂的成功为世界类似铁矿选厂应用静电选铺平了道路。此外，在炼钢中用金属化球团代替废钢的想法，也使得人们对用电选获得高品位铁精矿产生兴趣。电选法也使得生产用于制造薄金属板的纯铁精矿成为可能。

20 世纪 70 年代之后，为适应世界钢铁工业采用精料的需要，加拿大、瑞典等国大规模采用电选方法再精选铁精矿，结果既提高了铁精矿的品位，又大大降低了其中的硅、磷的含量。瑞典所进行的研究表明，静电选可从铁矿石中除去磷酸盐矿物和二氧化硅。

1992 年美国的肯塔基大学的能源中心启动了一种新型摩擦电选机的研究项目，在这个项目中主要研究使用气力输送微细粒使煤颗粒荷电，从而达到在煤中除去黄铁矿的目的。近二十年里，摩擦电选技术还被用来从超级合金中除去陶瓷杂质，很多科学家在用摩擦电选技术处理微细粒矿粒方面进行了大量的研究。

在最近 20 年内，电选研究的方向是开发出一种分选细粒矿物（$-40\mu m$）的电选工艺。新一代电选机（STI 摩擦电选机）可用于选别 $5\mu m$ 的细颗粒。

我国于 1958 年开始研究和应用电选设备和工艺。相对国外而言，国内电选研究工作开展的比较晚，主要集中在矿物精选、煤炭分选、粉煤灰脱碳和固体废弃物回收等几个方面，此外在农业方面也有应用研究。

北京矿冶研究总院于 1964 年研制成功的 $\phi120mm\times1500mm$ 双圆筒电选机，该机采用复合电极，是由美国 Sutton 式电选机发展起来的，与苏联的 CЭ1250 型相同，但该产品型号单一，分选效果不尽理想。

1960 年以来长沙矿冶研究院研制的 YD 系列圆筒型高压电选机，经过多年实践和不断改进和完善，在矿山生产中得到良好的应用，满足了我国金属矿精选的需要，特别是钛精矿精选，取得了显著的经济效益，至今在我国金属矿选矿领域占有重要地位。19 世纪 70 年代开始，长沙矿冶研究院开始对 YD 系列高压电选机进行改进，用来进行粉煤灰中炭粒的分选，并已成功地研制出实验室用 YD3030-11L 型和工业用 YD31200-21F 型、YD31300-21F 型等系列粉煤灰电选脱碳机。长沙矿冶研究院研制的 YD 型粉煤灰电选脱碳机是目前国内解决粉煤灰综合利用的有效分选设备。

1971 年中南矿冶学院（中南大学）设计试制成功 DXJ$\phi320mm\times900mm$ 高压电选机，

在有色和稀有选矿厂中推广应用，取得了显著的效果，但由于只有一个转筒，使中矿返回不便。

广州有色金属研究院分别于1991年和1992年成功研制了SDX-1500型筛板式电选机和HDX-1500型弧板式电选机，在工业上得到了应用，并取得了一定的成果和经济效益，为我国海滨砂矿的精选提供了有效的电选设备。

中国矿业大学是国内率先进行煤粉摩擦电选技术研究的单位，自1993年起，中国矿业大学在煤的摩擦电选方面从理论和实践上做了大量的研究工作，多年来承担多项国家课题研究，建立了摩擦电选中试研究系统。

1994年昆明理工大学发明了悬浮电选机，并进行了钛铁矿、金红石、磷矿等矿物的分选试验，取得了满意的分选效果，对于以黄铁矿为主的低灰高硫烟煤，可以采用悬浮电选机脱除煤中的黄铁矿硫。

1995年长沙矿冶研究院研制的YD31200-23型高压电选机具有分选指标先进、机械电气性能稳定可靠、操作灵活简便、参数显示直观、密封措施周全等特点，分选指标比美国Carpco高压电选机有较大幅度提高，是我国新一代现代化的大型电选设备。

2006年长沙矿冶研究院研制的矿用CRIMM系列弧板式、筛板式高压电选机，用于海滨砂矿中锆英石与钛铁矿、金红石、蓝晶石等的分离，为我国乃至世界开发海滨砂矿资源起到了积极的作用。

2014年，长沙矿冶研究院自主开发的YD31200-23H型高压电选机通过了由中国钢铁工业协会组织的科技成果鉴定会，YD31200-23H型高压电选机整机技术达到国际领先水平。

经过几十年的发展，高压电选机及以其为主体设备的电选工艺，在矿物分离和精选加工方面有着独特的优势，目前高压电选机被广泛用于原生钛铁矿、海滨砂矿、锰矿及原生金红石等有色、黑色金属矿物的精选，白钨与锡石、钽铌矿与石榴石等的分离，而且在非金属矿物除杂、提纯及粉煤灰脱碳、废渣处理、废旧电子线路板处理等方面也有着广泛的应用前景。

6.3 电选的应用

世界各国采用电选设备主要用于精选作业，其粗精矿主要来自于重选或磁选。在选矿实践中电选也有直接用来选别矿石，近年来电选还发展到其他的行业中如稻谷的选种及除杂、茶叶与茶杆的分离等，电选的应用范围越来越广。目前，电选应用领域主要有以下几方面：

(1) 有色和稀有金属矿物的电选。

1) 白钨与锡石的电选。电选的典型应用为白钨与锡石的分离。原矿经重选获得以黑钨为主的混合精矿，先用干式强磁选分选出黑钨精矿，非磁性产物即为白钨锡石混合粗精矿。由于白钨与锡石的密度很相近，两者又无磁性，且可浮性也很相近，因此重选、磁选和浮选都不能使两者分开。但两者的电性差异明显，锡石为导体矿物，白钨为非导体矿物，电选是两者分开的最有效方法，不但经济合理且流程简单。

2) 砂金的电选。砂金也是先经重选，得出重矿物，通常包括黄金、磁铁矿、钛铁矿及少量石英等，将此重矿物用磁选与电选配合进行精选。但用磁选除去磁性矿物后，再用电选精选黄金，可以得到品位高、富集比大的黄金精矿，比一般选矿方法或混汞法更为优越。

3）海滨砂矿的电选。海滨砂矿或陆地砂矿重选粗精矿中钛铁矿、金红石与锆英石等的电选分离。砂矿最突出的特点，就是矿物已经单体解离，从而省去了一系列破碎、磨矿及分级这些耗能高而效率低的作业。重砂中含有磁铁矿、钛铁矿、锆英石、金红石、独居石、赤铁矿和石榴石等，钛铁矿常为砂矿的主要产品，次之为锆英石，而金红石和独居石则因产地不同而不同。显然这些重矿物必须经过磁选及电选，或再与重选配合，才能有效分离。

4）原生钛铁矿、原生金红石的电选精选。四川攀枝花钒钛磁铁矿是我国特大型铁矿，攀钢的主要原料基地。攀枝花选钛厂选用高压电选机进行钛铁矿的精选，最终获得含 TiO_2 为 47%左右，电选作业回收率为 80%～85%，尾矿降为 9.5%～10%。承德黑山铁矿采用高压电选机分选原生钛铁矿，最终获得的钛精矿含 TiO_2 品位大于 47%，回收率达 85%以上。河北行唐矿产公司采用 YD 型高压电选机分选原生金红石，获得 TiO_2 大于 87%的金红石精矿。

5）钽铌矿的电选。钽铌矿粗精矿中除少量钽铌矿外，大量为石榴石，并含有电气石、石英、长石和云母。石榴石属于非导体，石英、长石、云母、电气石和云母等均属于非导体，只有钽铌矿属于导体矿物，采用电选精选有利于钽铌精矿品位和回收率的提高。

（2）黑色金属矿的分选。铁矿、锰矿及铬矿的分选。目前对黑色金属矿电选仅限于铁矿的精选作业，国内尚无电选精选铁精矿的实例，而国外则在大型选厂中应用已久。电选给矿为重选所得铁精矿，干燥后电选精选，得到超纯铁精矿。如加拿大瓦布什（Waush）选矿厂处理的铁矿石，采用高压电选机精选，铁精矿含铁品位由 65%提高到 67.5%，同时将铁精矿中二氧化硅的含量由 5%降低到 2.25%，采用电选方法预先除去二氧化硅，可节约能源，提高高炉利用系数，具有极大的经济意义。

（3）非金属矿的电选。非金属矿物种类繁多，如长石、金刚石、钾盐、磷灰石、石英、石墨、石棉等的电选。

1）长石与石英的电选。长石与石英的分离也可以采用静电选矿法，其好处在于：①可以消除混在最终产品中的游离石英颗粒；②可以提高产品中碱的含量；③可以回收更均匀的产品等。用氢氟酸处理长石和石英的混合物时，在长石表面生成导电的氟化钾和氟化铝薄膜，石英则几乎保持不变。从而采用高压电选方法可以实现两者有效分离。

2）金刚石的电选。金刚石是很好的非导体，与金刚石伴生的杂质矿物有石英、石榴石、橄榄石和其他脉石矿物。它们的电阻不大，金刚石与砾石和其他伴生矿物的电性质差异是其电选的基础，金刚石可以用电选法精选，分选金刚石常采用圆筒型电选机。

3）钾盐的电选。钾盐是农业和化工所需的重要原料，且世界上钾盐需求量极大，钾盐中常含有大量的共生矿物和其他的各种杂质，通过摩擦电选方法可以提高氧化钾的含量。磷灰石的电选原理与钾盐很相似，即使磷灰石及脉石矿物与给矿槽互相碰撞摩擦及矿粒间互相摩擦而带电，然后进入到自由落体式电选机中进行分选。

（4）固体废弃物及其他物料的电选。除上述各种应用外，国内外还有采用电选回收粉煤灰、废旧电子线路板、金属冶炼渣等固体废弃物：二次资源诸如塑料、绝缘材料、固体废料中非铁金属的电选，从各类切削加工的钢屑等废料、塑料中回收非铁粉末（细粒、片）与其他绝缘材料等。此外电选也用于农业上的选种，粮食加工中大米与谷壳的分选，茶叶与茶杆的分离，以及用电选分出啮齿动物粪便和其他杂质如细砂等。这些都是近年来电选应用领域的扩展。

1）粉煤灰的电选脱碳。通过高压电场和离心力场的作用，实现碳-灰分离和灰的细度控制。采用高压电选机用于燃煤电厂粉煤灰的脱碳分选，可使脱碳灰烧失量降低至5%~8%，达到国家一级或二级粉煤灰烧失量的标准要求。

2）废旧电子线路板的电选。废印刷电子线路板中含有大量金属铜等有价成分，采用电选等机械处理方法可以实现节约资源和减轻环境污染的双重目的，从环境和经济角度来说是较好的处理方法。如采用YD高压电选机对破碎的废旧电子线路板进行金属铜的回收，将单体解离度较高的破碎产物电选，所得精料中Cu品位可达90%以上，回收率超过95%，尾料中Cu品位降低至1%以下。

3）农业中的电选。电选也可用于麦、稻谷等农业上的选种及去杂；麸皮与面粉的选别；茶叶与茶杆的分离等。例如为了提高小麦粉的质量，需要将淀粉质中的糠皮分离出来。采用摩擦电选使小麦粉带正电，糠皮带负电，所以它们在喷出时左右分开而被分选。

4）各种固体物料的电分级。包括各种金属和非金属以及其他固体物料，工业发达的国家对各种化工原料、涂料及冶金中的金属粉末，刚玉粉等的粒度要求很严格，当这些物料又不能采用湿式分级方法处理时，电分级便成为一种最为可行的方法，并能克服湿式分级带来的一系列困难和省去必须的一系列浓缩、过滤和干燥设备。

7 电选理论基础

7.1 矿物的电性质

矿物的电性质是指矿物的电阻、介电常数、电导率、比导电度和整流性等，它们是判断能否采用电选进行分选的依据。由于各种矿物的组分不同，表现出的电性质也有明显差异，即使属于同种矿物，由于成矿条件不同及所含杂质不同，其电性质也有差别。尽管如此，各种矿物电性质仍然存在着一定范围的数值，可根据其数值大小判定其可选性。在选矿中矿物的电性质是指矿物在电场中获得表面电荷的能力，以及表面电荷的传导能力。在电选中应用最普遍的电性质为电阻、介电常数、比导电度和整流性。

7.1.1 电阻

电选中矿物的电阻是指矿物粒度 $d=1\text{mm}$ 时所测定出的欧姆数值。可采用各种方法测定其电阻值，由于大多数矿物均为粒度比较小的矿粒，故只能测出颗粒状的电阻，而大块矿物则可做成一定形状的样品测出其电阻，这样测出的电阻比较准确，而粉末状者则较难准确测量。根据附表 1 中所测出的各种矿物的电阻值，常将矿物分成下列三种类型：

(1) 导体——电阻小于 $10^6\Omega$ 者，表明此类矿物导电性较好，在通常的电选过程中能作为导体分出；

(2) 半导体——电阻大于 $10^6\Omega$ 而小于 $10^7\Omega$ 者，导电性中等，此类矿物在通常的电选过程中常作为电选中矿分出；

(3) 非导体——电阻大于 $10^7\Omega$ 者，此类矿物导电性很差，在通常的电选过程中只能作为非导体分出。

电选中的导体与非导体的概念与物理学中的导体、半导体和绝缘体是有很大的差别的。所指的导体矿物是指在电场中吸附电子后，电子能在矿粒表面上自由移动，或在高压静电场中受到电极感应后，能产生正负电荷，这种正负电荷也能自由移动。非导体则相反，它在电晕场中吸附电荷后，电荷不能在其表面自由移动或传导，在高压静电场中只能极化，正负电荷中心只发生偏离，并不能移走，只要一脱离电场则又恢复原状，而不表现出正负性。半导体矿物则是介于导体与非导体之间的矿物，除确有一部分这类矿物外，在电选实际中，它们绝大部分是以连生体颗粒的形式出现。

美国宾夕法尼亚大学 G. Simkovich 和 F. F. Aplan 研究提出，固体结构缺陷及晶格掺杂对电性质产生影响，控制矿物的缺陷及掺入某些杂质，可以改变矿物的导电性质。这为难以分离的矿物采用类似方法进行分选提供了新思路。在实际选矿中，常常由于在选矿过程中矿物表面产生污染，由此改变了矿物的电性质，给电选带来困难。本来属于非导体的矿物却变成了导体矿物。例如石英、石榴石、长石、锆英石等，因为表面黏附有铁质，分选时成为导体，这在钽铌矿、白钨锡石的精选中常常会遇到。解决的办法是采用酸洗，消除表面杂质污染，能达到较好的分选效果。

对于电阻小于 $10^6\Omega$ 的矿物，电子的流动（流入或流出）非常容易，反之电阻大于 $10^7\Omega$ 的矿物，电子不能在表面自由移动，这在电晕电选机分选时表现最为显著。当用电选分选导体和非导体时，两者电阻值悬殊愈大，愈容易分选。

7.1.2 介电常数

介电常数是指带有介电质的电容与不带介电质（指真空或空气）的电容之比，用 ε 表示。在相同的电压下，如果在电容器两极之间放入介电质后，则电容器的电容会增加。介电常数 ε 可用下式表示：

$$\varepsilon = \frac{C_k}{C_0} \tag{7-1}$$

式中，C_k为矿物或物料的电容，F；C_0为真空或空气的电容，F。

介电常数值的大小是目前衡量和判定矿物能否采用电选分离的重要判据，介电常数 ε 越大，表示其导电性越好，反之则表示其导电性差。一般情况下，介电常数 ε 大于 12，属于导体，用常规高压电选可将导体分出，而低于此数值，若两种矿物的介电常数仍然有较大差别，则可采用摩擦电选而使之分开。大多数矿物属于半导体矿物。

根据研究结果，介电常数的大小并不决定于电场强度的大小，而与所用的交流电源的频率有关，还与温度有关。R. M. Fuoss 研究指出，极化物料在低频时，介电常数大，高频时介电常数小。现在各种资料所介绍的介电常数，都是在 50Hz 或 60Hz 的交流电条件下测定的数值，在 SI 制中，真空介电常数 $\varepsilon=8.858\times10^{-12}$F/m。

矿物的介电常数，可以用平板电容法或介电液体法测定。前者为干法，适应于大块结晶纯矿物，后者为湿法，可用来测细颗粒的介电常数。

7.1.2.1 平板电容法

在两块平行金属板之间放入待测之纯矿物片，此矿物片乃经切片、磨光而大小正如金属板的尺寸。可采用测电容的仪表和差频电容仪测定其介电常数，形式及测量方法如图 7-1 所示。系两个面积为 A 的平行电容板，两极板之间的距离为 d，但 d 远比 A 小。首先如图 7-1a 所示，即两极板之间为空气时以测定其电容，其次如图 7-1b 所示，两极板之间换以待测矿物，并充满整个空间以测出其电容。两个电容之比即为矿物的介电常数 ε（见式（7-1））。此法只适于大块结晶纯矿物或脉石矿，而不适用于粒状矿物。

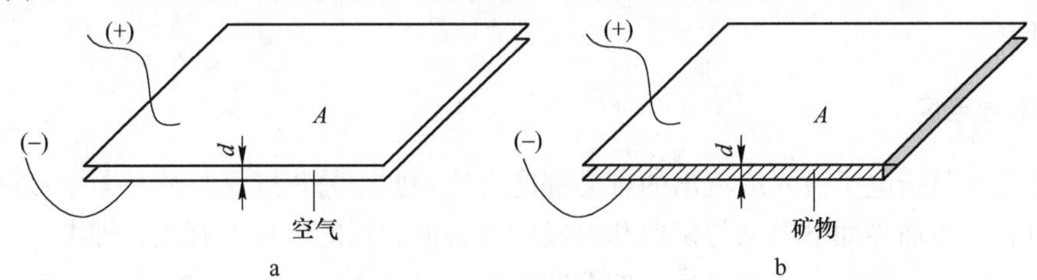

图 7-1 平面电容法测定介电常数 ε

7.1.2.2 湿法测定介电常数

现实中绝大多数矿物均为颗粒状，且细粒尤其多，平板电容法无法适用。此法的原理是利用电极在介电液体中对待测矿粒的吸引或排斥，来测定矿物的介电常数，其装置构造如图 7-2 所示。即在一容器中，从其上部的胶木盖上插入两根很细的钢针，两钢针间距 1mm 左右，往容器中加入一定量的介电液体，然后，往两针极上通以单相（50Hz 或 60Hz）交流电。将待测矿粒放入容器内液体中，此时介电常数高于介电液体的矿粒被吸向针极，低于液体者则从电极处排斥开。

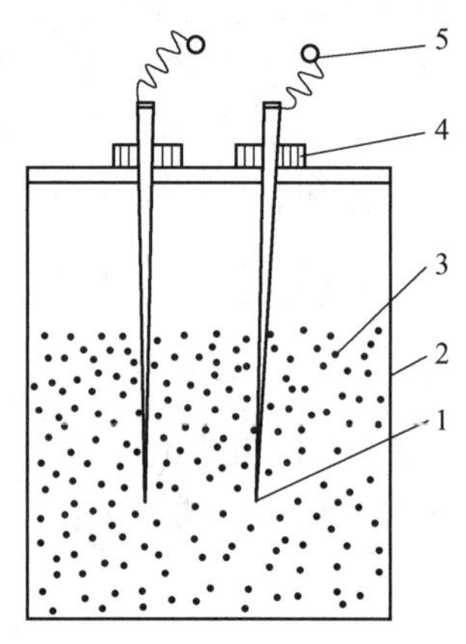

图 7-2 湿法测定介电常数装置

1—针极；2—容器；3—介电液体；4—绝缘子；5—电源

根据需要，将介电液体的介电常数大小事先配好，再不断调整。例如测定石英的介电常数时，在容器中加入 5mL 的四氯化碳，0.5mL 甲醇，混合后，则介电常数 $\varepsilon_h=5.1$。加入几颗石英，通电后，如石英粒子被吸向电极，证明液体的介电常数仍小，再加入 0.1mL 的甲醇，此时介电液体的介电常数 ε 已提高至 5.63，如见到石英粒子刚好被排斥，则石英的介电常数是介于两者之间，$\varepsilon_Q=(5.1+5.63)/2=5.36$。此法颇为麻烦，但比较精准，适合粒状矿物。

常用介电液体及介电常数列于表 7-1。

表 7-1 常用介电液体及其介电常数

名 称	介电常数 ε	名 称	介电常数 ε
甘油	56.2	硫酸二甲酯	55.0
硝基苯	36.0	甲醇	35.0
醋酸	6.4	三氯甲烷	5.2
四氯化碳	2.24	三溴甲烷	4.5
煤油	2.0	甲醛	84.0

各种常见矿物的介电常数列于附表 1 中。如果两种矿物其介电常数均较大，且属于导体矿物，则视其介电常数相差的程度而定，如果相差很悬殊，用常规电选，仍可利用其差别使之分开，当然相比导体与非导体矿物的分选效果会差。如果两种矿物均属非导体时，常规电选则难以分开，但仍可利用其差别，用摩擦带电的方法，比如磷灰石与石英，仍可使之分开。

7.1.3 比导电度

比导电度是指电子流入或流出的难易程度之比。此难易程度又与矿粒与电极间的接触界面电阻有关，而界面电阻又与矿粒和电极的接触面和点的电位差有关，即电压有关。如电压太低，电子不能流入或流出导电性差的矿粒，只有在电压很大时，电子才能流入或流出，即获得电子或损失电子而带负电或正电。在高压电场中非导体与导体颗粒在电场中表现出的运动轨迹也不相同。人们利用此种原理在电极上通以不同电压以测定各种矿物的偏离情况。

图 7-3 为测定各种矿物所需之最低电压装置，测定装置由一接地的金属圆筒和一个平

行于圆筒的带高压电的金属圆管组成。被测矿物给到圆筒上，在电场的作用下，颗粒由于感应而产生表面电荷，当电压达到一定数值时，颗粒变成导体，迅速变成等电位表面，与接地圆筒的电位相同，因此被吸向电极，使之落下轨迹发生偏离，此时电压即为最低电压。反之，如电压低，矿粒不表现出导体的偏离作用，而被吸附在圆筒上沿普通轨迹落下。为此可采用不同电压、不同电性（正电或负电）测定出各种矿物所需的最低电压。

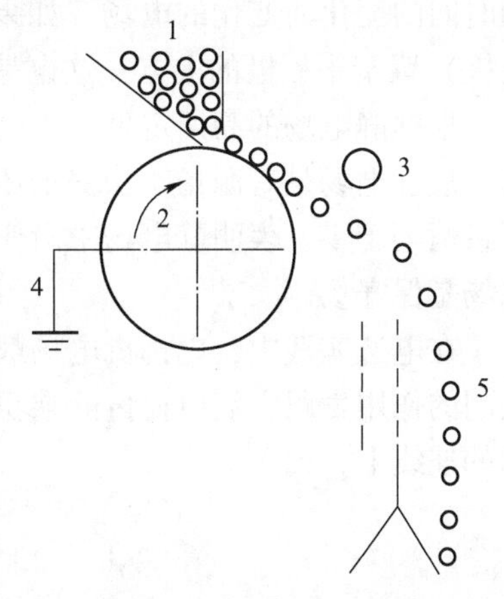

图 7-3 矿物比导电度测定装置
1—给矿斗；2—圆筒；3—高压电极；4—接地线；5—导体矿粒

石墨是良导体，所需电压最低，仅为 2800V，国际上习惯以它作为标准，将各种矿物所需最低电压与它相比较，此比值即定义为比导电度。例如，钛铁矿所需的最低电压为 7800V，其比导电度为 2.79（=7800/2800）。其他矿物比导电度依此类推。根据矿粒的比导电度，可大致确定其分选电压。矿物的比导电度越大，该矿物所需之最低电压就越高。显然，两种矿物的比导电度相差越大，就越容易在电场中实现分离。必须说明的是，这些测出和标定的电压乃最低电压，而不是最佳分选电压，实际分选电压常比最低电压要高得多。

7.1.4 整流性

由于各种矿物电性质的不同及带电电极极性（正或负电）不同，在电场中呈现出不同的行为。在实际测定矿物的比导电度时会发现，有些矿物只有当高压电极带负电时才作为导体分出；而另一些矿物则只有高压电极带正电时才作为导体分出；还有一些无论高压电极的正负，均能作为导体分出。矿物表现出的这种与高压电极极性相关的电性质称为整流性。为此规定：

（1）只获得正电的矿物叫正整流性矿物，此时电极带负电，如方解石等；

（2）只获得负电的矿物叫负整流性矿物，此时电极带正电，如石英、锆英石等；

（3）不论电极带正电或负电，均能获得电荷的矿物叫全整流矿物，如磁铁矿、锡石等。

根据前述矿物介电常数和电阻的大小，可以大致确定矿物用电选分离的可能性；根据矿物的比导电度，可大致确定其分选电压，当然此电压乃是最低电压；可以通过查表了解矿物的整流性。

7.2 电场形式与分类

电选机采用的电场有静电场、电晕电场和复合电场三种。复合电场是前两种电场相结合的电场，是目前电选实践中应用最广泛的一种电场。

7.2.1 静电场

所谓静电场是指带电体相对于介质和观察者其电荷不动，电荷量也不变化，相应的不随时间的变化而变化的电场。如果将圆筒展开成平板极，圆柱电极（叫高压静电极或静电极）置于平板极的上方，这也是静电电选机静电场的一种形式。

根据静电场的高斯定理，静电场的电场线起于正电荷或无穷远，终止于负电荷或无穷远，故静电场是有源场。从安培环路定理来说它是一个无旋场，根据环量定理，静电场中环量恒等于零，表明静电场中沿任意闭合路径移动电荷，电场力所做的功都为零，因此静电场是保守场。

在电选实践中，电选机电场都是采用高压直流电源产生。根据库仑定律，两个点电荷之间的作用力跟它们电荷量的乘积成正比，和它们距离的平方成反比，作用力的方向在它们的连线上，即

$$F = k\frac{q_1 q_2}{r^2} = \frac{1}{4\pi\varepsilon_0}\frac{q_1 q_2}{r^2} \tag{7-2}$$

式中，q_1，q_2 为两电荷的电荷量；r 为两电荷中心点连线的距离；k 为静电力常量，$k = \frac{1}{4\pi\varepsilon_0}$；$\varepsilon_0$ 为真空中的介电常数。

点电荷是当带电体的距离比它们的大小大得多时，带电体的形状和大小可以忽略不计的电荷。

电荷周围有力作用的空间叫电场。将单位正电荷置于电场中某点所受力的大小，叫该点的电场强度。这个力的方向就是电场的方向。电场强度等于力除以电量，是矢量。可以想象在电场中存在着许多曲线，这些曲线即为电力线。电力线总是由正极出发，止于负极，电力线有相互排斥的现象，但又不能交叉。

电选机中的静电极不会放电，即无电子流，矿物在静电场中只是由于感应、传导和极化，矿粒根据同性电荷相互排斥、异性电荷相互吸引的原理而产生轨迹上的偏离，从而达到分选的目的。矿粒在高压电场中获得电荷，根据上述原理及情况，必然产生相互作用。

在高压静电场中，存在着一个临界电场强度的问题。当电介质处在电场强度超过一定值时，电介质本身的全部或一部分就会丧失其绝缘性能，使之成为导体，人们把使电介质改变电性的这一电场强度叫做临界电场强度。为了使静电场稳定和设备的安全运行，就必须使绝缘体可能出现的电场强度小于临界电场强度。

绝缘体的临界电场强度 E_{KP}，不仅同绝缘体本身的分子结构有关，也和绝缘体的散热条件、电场的不均匀程度以及绝缘体的厚薄、形状等因素有关。临界电场强度为

$$E_{KP} = \frac{U_{KP}}{d} \tag{7-3}$$

式中，d 为绝缘体厚度，cm；U_{KP} 为临界电压，当外加电压使厚度为 1cm 绝缘体达到临界电场强度时的电压值。

应当指出，非均匀电场中临界电压低于均匀电场中临界电压。

7.2.2 电晕电场

在不均匀电场间距当中，由于放电开始而局部已击穿的形式表现出电晕放电。从放电电路的结构来看，空气中正电晕放电对应于汤森德放电，负电晕放电对应于辉光放电。电晕电场是电选机广泛使用的一种不均匀电场。在电场中两个电极，相隔一定的距离（通

常称极距)，其中之一采用直径很小的丝状电极（或称电晕电极)，曲率很大，通以高压直流负电或正电；另一极为平面或很大直径的圆筒（接地)。当两电极间的电位差达到某一数值时，电极以自持局部的形式放电，即发生电晕放电，负电晕放电为辉光放电。不论丝极为正或负，均是以局部击穿的形式表现出电晕放电。电晕电极的不均匀电场放电，电压、极距、极性、气体种类和丝极的曲率均对其产生很大的影响。

7.2.2.1 电晕电场的放电形式

电晕放电的形式分为正电晕放电和负电晕放电，其中正电晕（图 7-4 中 a~e）放电分为：(1）非自持猝发、脉冲、电晕；（2）非自持流光、脉冲、电晕；（3）辉光电晕；(4）刷形电晕；(5）拂尘电晕；(6）负电晕放电。电晕放电形式如图 7-4 所示。

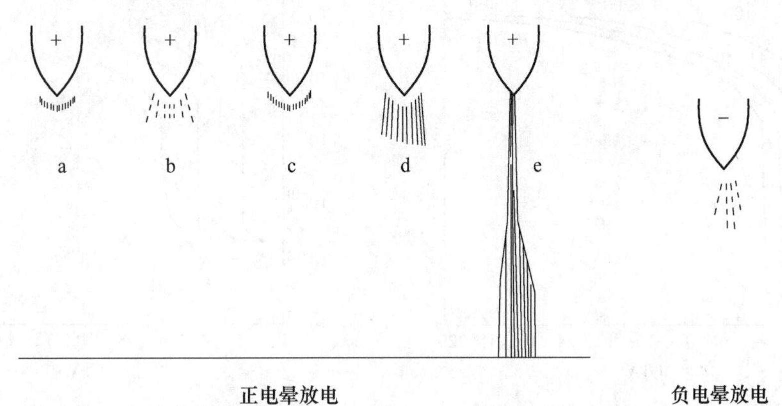

图 7-4 正负电晕放电形式

在针为正极的特性中，电流开始急剧上升的地方就是电子开始有效地起作用的地方。此外，在图中电流急增的地方，脉冲是以陡峭的电流波形出现的，这种脉冲的发生是不规则的。这种状态的放电外观如图 7-4a 那样，在针的尖端可见到淡的薄膜状的光。若使电压进一步上升，则开始出现比以前的电流脉冲还大的脉冲，其外形如图 7-4b 所示，可看见从针尖开始延伸的细的光线，这种光线就是被称为流光的那种光。在这两种的放电状态中，电流脉冲是有间断的，此外，放电开始也是由外部的射线所产生的无秩序的电子供应为开端而间断地进行的。也就是说，如果从静电场分布的角度来说，这种状态的间距应当满足自持条件，但是，当空间电荷被展开时针尖的电场就变弱，自持条件崩溃，放电停止。若使电压再升高，即使考虑了由于空间电荷所形成的畸变电场，但是在达到自持条件成立的地方，电流波形仍没有断开，而形成完全连续放电，即为图 7-4c 的放电状态，这是因为图 7-4a 形式连续稳定地存在，所以放电外观与图 7-4a 类似，仅仅是增加了它的发光强度。当进一步使电压升高时，流光就以排除被空间电荷所控制的那部分电场形式延伸开来。这样，电流波形在低的直流上面就有尖锐的脉冲重迭地反复出现，作为外观可以看到光强的流光压着薄膜的辉光，所以呈现出刷形。使电压升高，当达到所谓的火花电压时，流光的所有部分都延伸至阴极方面，达到从间距上渡桥的火花放电。此外，根据间距条件，像前面图 7-4b 的形式那样，因为放电路在阴阳两极间以连续的状态出现，所以根据其形状，把它称为“拂尘形电晕”，这也是综合观察长流光断续的形式，即随着时间而周期性地发生强电流脉冲。

负电晕放电，从外观来说，可称为刷形电晕。在像氧气、空气这种能够形成负离子的气体中，在针尖附近生成的负离子空间电荷，其与正电晕放电的针尖端附近的正离子空间电荷作用，使电场变弱，为了抑制放电，电流形成脉冲状，这就叫做毛发型脉冲，可以看作是一种前期的辉光放电。不管放电范围怎样，都有无脉冲的负电晕放电，而这可以看作是异常辉光放电（因为针端电场强，所以相当于正常辉光放电的形式就不能存在）。

7.2.2.2　*电晕电场的伏-安特性*

图 7-5 和图 7-6 为空气中针与平板电极装置上的伏-安特性曲线，图 7-5 为针状电极为正极的情形，图 7-6 为针状电极为负极的情形。

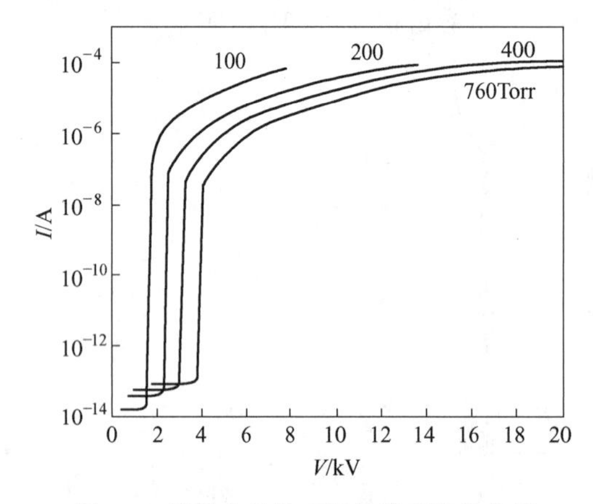

图 7-5　针状电极为正极的伏安特性曲线
（针为正极性，直径 0.5mm，间距长 4cm，空气，1Torr = 133.322Pa）

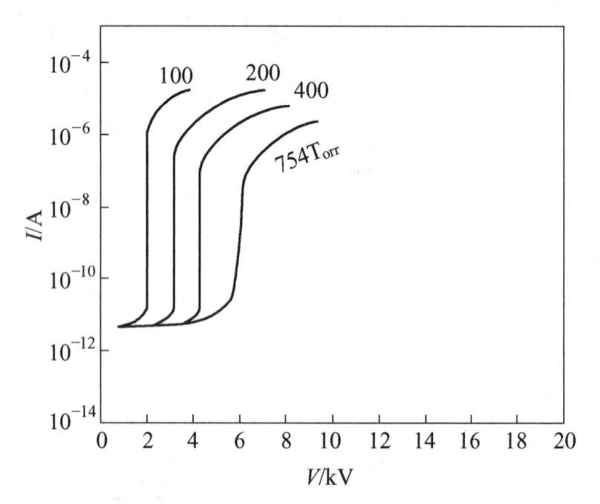

图 7-6　针状电极为负极的伏安特性曲线
（针为负极性，直径 0.5mm，间距长 4cm，空气，1Torr = 133.322Pa）

7.2.2.3　*火花放电*

由放电而产生的空间电荷电场由于有差动作用而控制了放电的进展，所以电晕放电保持了稳定。要使电流增加就必须增加电压。然而，对间隙条件而言，当达到特有电压，即达到所谓火花电压 V_s 时这种平衡就被破坏，即使在外加直流电压下，放电也表现为过渡的负特性，使得电流急剧上升，电压迅速降低，这就叫做火花放电。

不均匀电场间距的全部击穿火花放电，在正放电中，是与从汤森德放电向辉光放电的过渡相对应；在大气压下，是与经过辉光放电向弧光放电的过渡相对应；在负放电中，也可以说是与辉光放电转到弧光放电的过渡相对应。

可以从进行化学反应的角度把放电形式分为低温放电和高温放电。这时的温度是放电气体的温度，例如低温放电包括电晕，辉光及无声放电等，高温放电包括火花，弧光以及高频放电等。在高温下，由放电引起的反应过程和由温度引起的反应过程同时存在，极为复杂。在一定场合，放电只不过是使系统温度升高的一种手段，也可以看作是电热反应。放电反应很早以来就被人研究，并且还可以找到许多有关无机和有机化合物的反应报告。例如氧化、还原、分解、聚合等典型的化学反应，以及氢化作用、卤化、交换反应等等反应的发生过程。

7.2.2.4　*矿粒在电晕电场中获得的电荷*

当球形矿粒从给矿槽进入电晕电场后，此时不论导体矿粒和非导体矿粒均能获得电

荷，在瞬时 t 内获得的电荷为

$$Q_t = \left(1 + 2\frac{\varepsilon - 1}{\varepsilon + 2}\right)Er^2\frac{\pi Knet}{1 + \pi Knet} \tag{7-4}$$

式中，Q_t为球形矿粒在瞬时 t 内所获得的电荷；t 为矿粒在电场中所停留的时间，s；ε 为矿粒的介电常数；E 为矿粒所在位置的电场强度；r 为球形矿粒半径，cm；K 为离子迁移系数，即电场强度为 1V/cm 时，离子的运动速度，在标准的大气压力下，K=2.1cm/s；n 为离子浓度，$n=1.7\times10^8$个/cm^3；e 为电子电荷，$e=1.601\times10^{-19}$C 或 4.77×10^{-10}绝对静电单位电荷。

根据上述公式可以看出，矿粒获得电荷 Q_t主要与电场强度 E、矿物颗粒半径和矿物的介电常数直接相关。场强越高，矿粒半径愈大，则经过电晕场时所获得的电荷愈多。

7.2.2.5 影响电晕放电的因素

电晕放电是一种自持放电，电选要求稳定地放电，即不随时间而变化的直流放电，电选中以负电极使用最多，正电极使用较少。放电电极的直径极小，仅为 0.2~0.5mm。另一极则为与带电极相反的接地极，常为直径很大的圆筒或平板极，前者曲率很大，后者曲率很小，两者直径之比相差极大。正负极距离（称之为极距）很小，常在 60~70mm 之间，这样配合后，很容易产生电晕放电。例如，圆筒直径 ϕ=350mm，放电电晕电极直径 ϕ=0.2mm，两者相差达 1750 倍；如为平板极时，则为无限大，从而极易产生电晕放电。从选矿的角度来说，要求这种持续放电稳定可靠，即靠近圆筒或各种接地极之空间稳定的空间体电荷，切忌产生大量火花放电。电晕放电时，其最为突出的影响因素有电源电压、极距及空气湿度等。

电晕电选机就是应用电晕放电形成的电晕电场来进行物料分选工作的。常用电晕电选机的电晕电极与接地电极的配合形式及电力线的分布如图 7-7 所示。图中标出了电晕电极与接地电极的配合形式及电力线的分布状态。

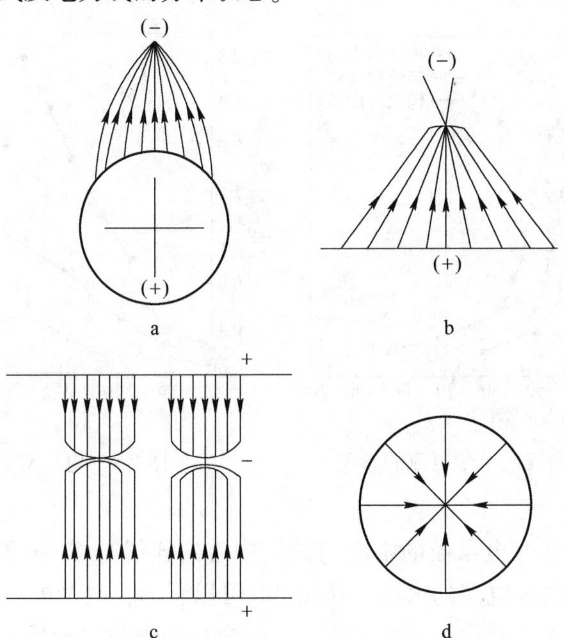

图 7-7 电晕电极与各种接地极配合的电力线分布图

a—点状；b—尖端；c—平行板；d—圆形

电晕电场与静电场不同之处就是有电子运动。电晕放电时，从丝极上发出负电子，在强电场作用下，电子本身在电场中运动速度很高，又进一步使空气电离而产生正负电荷，加之原来空气中就存在有少量正负电荷，此时正电荷迅速飞向高压负电极，负电荷又迅速飞向接地正极，如此不断地进行，从而形成了整个空间都带有电荷，即体电荷。显然，靠近接地极的圆筒或平面极则均为负电荷，这正是电选所希望创造的稳定条件，而不希望出现火花放电。因火花放电会产生空间电荷的极不稳定，很不利于电选。电晕放电时，具有以下几个方面的特征：一是在丝电极上会出现浅紫色的辉光；二是会听到丝丝的像漏气的响声；三是产生臭氧，在附近可以嗅到此种特殊臭味。

臭氧的气体明显地呈蓝色，液态呈暗蓝色，固态呈蓝黑色。臭氧很不稳定，在常温下慢慢分解，200℃时迅速分解，它比氧的氧化性更强，其氧化还原电位仅次于氟，臭氧具有很强的氧化性，除了金和铂外，臭氧化空气几乎对所有的金属都有腐蚀作用。臭氧属于有害气体，浓度为 $0.3mg/m^3$ 时，对眼、鼻、喉有刺激的感觉；浓度 $3\sim30mg/m^3$ 时，人会出现头疼及呼吸器官局部麻痹等症；臭氧浓度为 $15\sim60mg/m^3$ 时，则对人体有危害，其毒性还和接触时间有关。

在大多数电选实践中，一般采用高压负电通到丝极，正电很少使用。这主要是使用负电时，产生电晕放电所需的电压较使用正电要低，这从各国的研究数据中可以得到说明。至于在电压多少时开始产生电晕放电，则不可一概而论。

根据实际测定，电晕电流在圆筒面的分布属于正态分布，如图 7-8～图 7-10 所示。从图中可以看出，电晕极正对筒面的电流最大，以此为对称点向两边减少。电压的大小是电选的重要操作参数，电选机的电晕放电主要靠提高电压，其次是采用小的极距（电晕极与接地极表面间的距离）。在极距相同的条件下，电压越高电晕电流越大，电晕电流在筒面上的分布范围也越大，反之亦然。

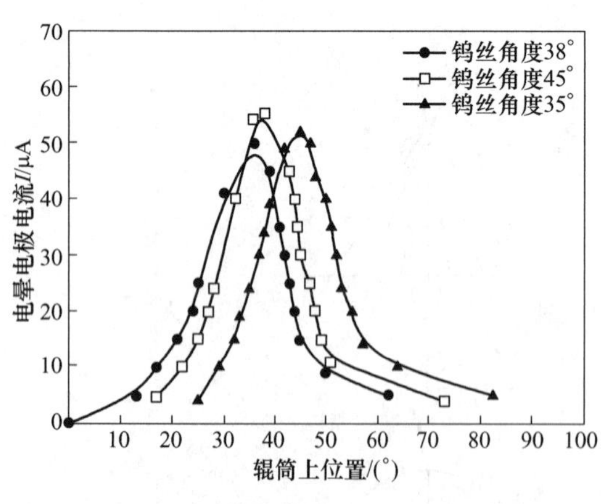

图 7-8　电晕极安装角度对电晕电流的影响

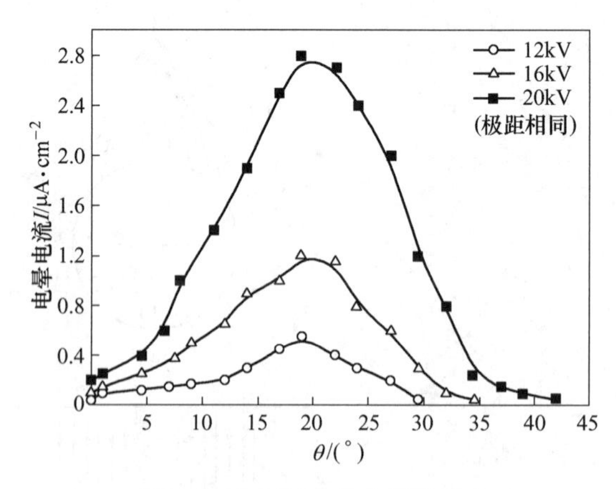

图 7-9　电压对电晕电流的影响

电晕极的安装角度（电晕极的中心与圆筒中心的连线与 Y 轴的夹角）的变化，能改变电晕放电的范围和电晕电流的大小。从图 7-8 可以看出，电晕电极的角度变化，使最大电晕电流值的位置发生了变化。实践证明，电晕电极的根数对电晕电流也有影响。

图 7-9 为极距相同，电压不同，一根电晕极放电时，电晕电流在筒面上的分布曲线。

极距越小电晕电流越大，亦即电晕电流随极距增大而减小。一根极距为5~45cm。在实际操作中，由于电压易控制，常通过控制电压来控制电晕电流。

极距也是严重影响电晕放电电流的重要因素，在相同电压下，极距越小，电流越大，亦即电流随极距的增加而减少，其关系曲线如图7-10所示。

图7-11是电压为50kV，电晕丝直径1.5mm，平板电极宽1200mm条件下测得的电晕丝的根数与电晕电流的关系曲线。从图中可以看出，对于一定直径的电晕丝，在一定的电压下有一最佳电晕丝数，这时单位电晕丝长度的电晕电流具有最大值。电晕丝数超过最佳数时，电晕丝之间的距离就减少，由于电晕丝互相屏蔽而使得电晕电流减少，试验说明电晕电流随电晕丝直径的减少而增大，因此在保证机械强度的前提下，电晕丝直径尽可能选得小一些。

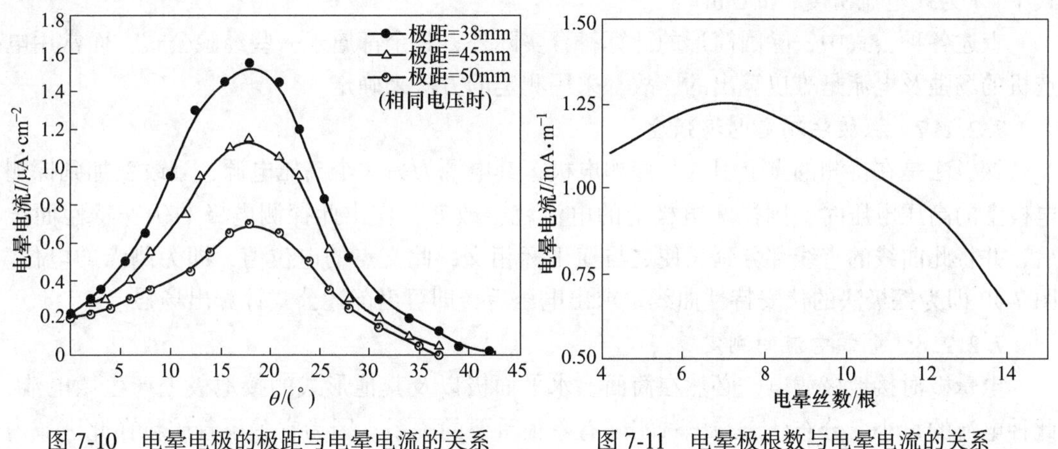

图7-10 电晕电极的极距与电晕电流的关系　　图7-11 电晕极根数与电晕电流的关系

7.2.2.6 电晕放电电场的计算

电选中电晕电场的计算是比较复杂的，且无准确的公式可用，这是由于极距很小，同时涉及影响放电的因素比较多，目前只有标准的圆筒形，即带电电极正好在圆筒的中心这种形式；另一种是电晕极与平面极配合的形式，其他形式则无法计算。

圆筒形电场强度及放电电流的计算：这种形式的起始电晕放电电场强度的计算，可采用下述简单计算法。

$$E_k = 31\delta\left(1 + \frac{3.08}{\sqrt{\delta r_0}}\right) \tag{7-5}$$

式中，E_k为圆筒形电晕放电的起始场强，kV/m；δ为空气相对密度，在标准气压，温度25℃时等于1；r_0为电晕放电电极半径，m。

圆筒中电晕极放电电流可采用如下计算方法。

$$I = \frac{2K(u - u_k)}{9R^2 \ln \frac{R}{r_0}} \tag{7-6}$$

式中，R为圆筒内径，m；u为加于圆筒中心电晕极电压，kV；u_k为电晕放电起始电压，kV。

$$u_k = r_0 E_k \ln \frac{R}{r_0} \tag{7-7}$$

平面极与电晕极的电场强度及放电电流的计算：该种形式的放电电极为丝极或尖削极，接地极为平面极，电场强度的计算公式为

$$E = \frac{2lr_0}{x(2l - x)} \times \sqrt{\frac{2l}{K}\left[\left(\frac{x}{r_0}\right)^2 - \frac{x^3}{3lr_0{}^3} - 1\right] + E_k^2} \tag{7-8}$$

式中，x 为距电晕极中心距离，m；l 为两极之间的距离，m。

平面极与电晕极配合时，线电流密度 I 的计算公式为

$$I = \frac{0.78K}{9h^2 \ln \frac{2h}{r_0}}(u - u_k)u \tag{7-9}$$

式中，I 为线电流密度，mA/m。

上述各种公式中，除圆筒形的计算符合实际外，其余都属于一些经验公式，而常用电选机的场强及电流是难以算出的，故都采用测定的方法来确定。

7.2.2.7　探极法测定电场强度

探极法是在待测的点上引入一探测电极，其电源为另一个高压电源，当改变加到探测电极上的高压电压时，则探测电极上的电流就会改变，作出此探测电极的伏安特性曲线后，并将此曲线的直线部分延长使之与横坐标相交，此交点的电位值，即为测点的电位。图 7-12 即为探极法的伏安特性曲线。求出电压后，即可由前述公式计算出场强。

7.2.2.8　电晕电流的测定

电晕极对接地极放电，必然在筒面上水平面极以及其他形式的接地极上产生微电流，此种电流的大小、分布状态与电选实际有着很重要的关系。因为它关系着矿粒在此区域内荷电量的多少，在这种极距很小的状态下，根本无法算出，只有靠测定的方法来解决。

测定的方法是在接地极的表面贴上一铜箔，并使之与接地极绝缘，再将此箔片与微安电流表相连接，然后使电晕极带高压电，则从电极发出的电子会落到铜箔上而反映在电流表上，读出此电流之大小，即为该筒面或平面上该点电流之大小，再转动接地极，则可测出这根或几根电晕极对地极的整个分布曲线，如此类推，则可测出各种电极结构形式的电流分布曲线，其简单线路如图 7-13 所示。

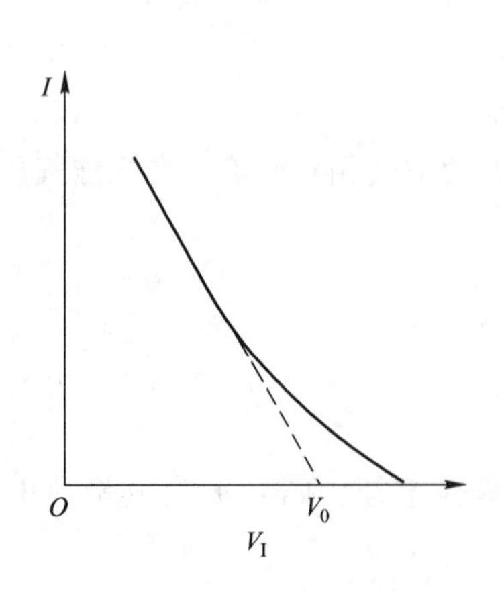

图 7-12　探极法测定伏安特性曲线

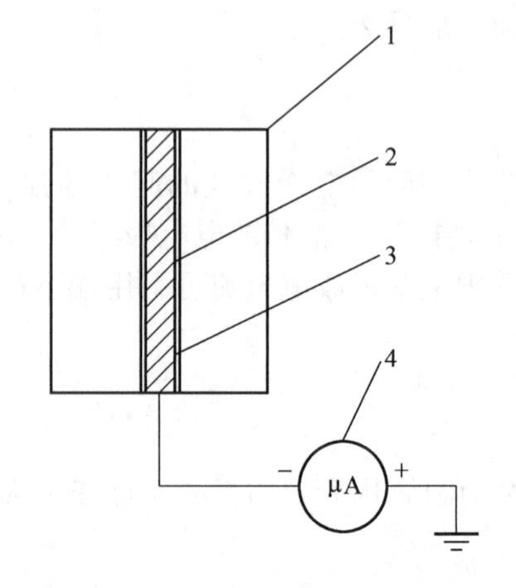

图 7-13　测量接地极筒面电晕电流分布装置图

1—圆筒；2—铜箔；3—绝缘纸；4—微安表

7.2.3 复合电场

复合电场为电晕电场与静电场相结合的电场，结合了这两种电场的优点，既有电晕放电又有静电场，扩大了导体颗粒与非导体颗粒所受电场力的差别，即导体颗粒受到背离圆筒的电场力和非导体颗粒吸筒面的电场力都较前两种电场单独使用时大，因而提高了分选效果，扩大了应用范围。这种电极的结构形式是圆筒式电选机发展史上的一个大进展，因为单纯地采用静电极分选效率很低；单纯地采用电晕极，分选效果也不理想，从而人们在实践和理论的基础上研究出了各种形式的复合电极，使得电选的适应性增强，其典型的形式和电力线的分布如图 7-14 所示。

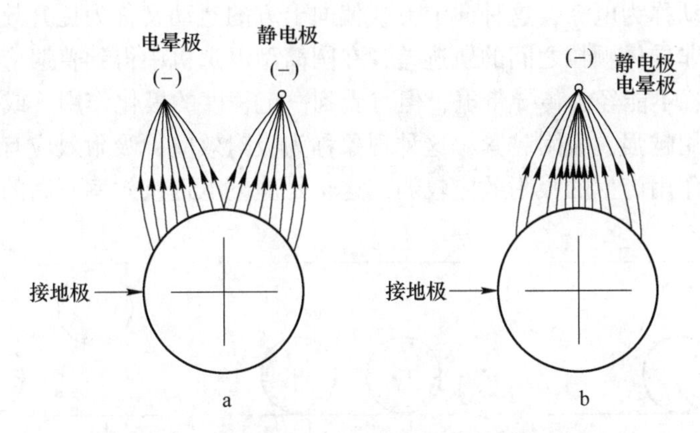

图 7-14 复合电极典型结构电力线分布图

a—电晕极与静电极并列；b—电晕极正对着静电极下面

此种电极结构形式的圆筒式电选机已发展到许多种类型，其结果是大大提高了分选效果。

根据现在世界各国使用的各种圆筒式电选机所采用的复合电场，其电极结构类型归纳有以下几种形式，如图 7-15 所示。显然，图 7-15 中的 b、c、d 三种形式高度地利用附着效果以及排斥作用，即充分发挥和利用电晕场的放电作用，使矿粒黏附于接地筒面，并利用高压静电极的排斥和吸引（感应带电）作用，从而强化了电选。

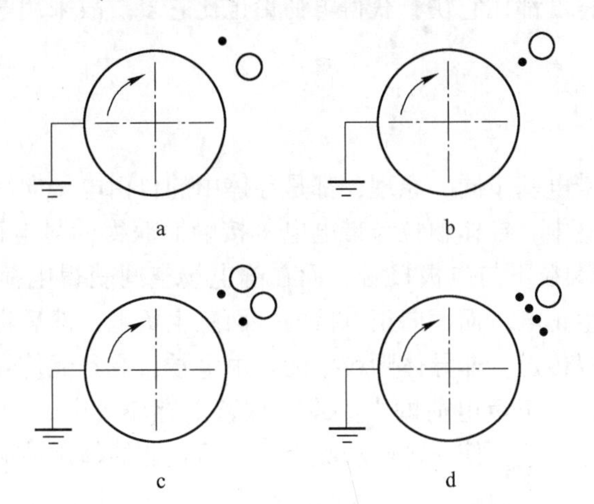

图 7-15 复合电场的各种圆筒式电选机简图

7.3　颗粒的荷电方法

电选过程中，使矿粒带电的方法通常有传导带电、感应带电、电晕电场带电、复合电场带电和摩擦带电。

7.3.1　传导带电

传导带电是一种简便的带电方法，也是电选过程中常见的带电方法。如图 7-16 所示，颗粒与电极接触后，导体颗粒由于其电位低于带电电极的电位，因而能通过传导迅速获得与接触电极同号的电荷，继之，受接触电极排斥和上方的异性电极吸引，脱离接触电极向上运动，这种运动称为电泳，这种向上方或偏向上方的运动又称为提升效应，提升效应可扩大导体颗粒和非导体颗粒之间的轨迹差，在圆筒型电选机中得到普遍应用。非导体颗粒 N 由于电阻很大，不能经由传导带电，但可受到一定程度的极化作用，或多或少受接触电极吸引，极化作用越强，吸附越紧，这种现象称为吸附效应，吸附效应有利于提高分选效果。但只靠极化作用产生的吸附效应较弱，这正是静电电选机效率不高的原因。

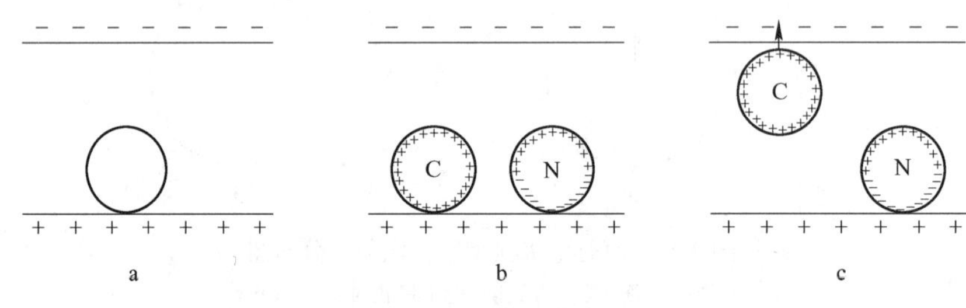

图 7-16　传导带电

a—带电前；b—带电中；c—带电后

物料颗粒由于传导所得电荷的符号与接触电极的符号相同。而所得电荷的多少则与颗粒的导电率、两极间的电位差和接触时间有关。传导电量随颗粒导电率（体现在电阻 R 上）的增大而增加，随两极间的电位差的加大而增加，随接触时间的延长而增加。

金刚石的导电率很低，它与带电电极接触时获得电荷的速度很慢，而与它共生的其他矿物颗粒获得电荷的速度都比它快，获得电荷量也比它多。故采用电选可使金刚石与其导电性高的矿粒分离。

7.3.2　感应带电

感应带电和传导带电基于同一原理，都是导体中的自由电子向高电位方向的移动。唯一区别是，在传导带电中，导体颗粒与带电电极接触而获得同号电荷，而在感应带电中，如图 7-17 所示，导体颗粒不与电极接触，而在静电场空间获得电荷。显然，导体颗粒面向带电负极的一面感生正电，而面向正电极的一面感生负电，然后带电颗粒朝异性电极方向运动；感应带电可以传走。非导体颗粒中无自由电子，既不能传导带电，也不能感应带电，只是在电场中极化，正负电荷的中心发生偏移。感应带电方法在电选实际中很有用处，这对于在强电场作用下，使导体矿粒吸出，而防止非导体矿粒混杂于导体中有着重要意义。

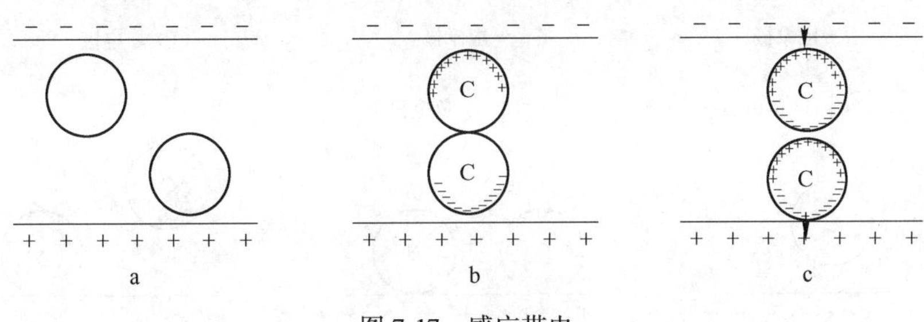

图 7-17　感应带电

a—带电前；b—带电中；c—带电后

7.3.3　电晕电场带电

电晕带电是高压电选中最有效的带电方法，可使入选颗粒最大限度地带电。电晕带电又称为离子碰撞带电。颗粒在电晕场中的带电过程如图 7-18 所示，颗粒进入电晕电场后，无论导体颗粒或非导体颗粒都能通过电晕放电获得电荷。不过导体颗粒由于其导电性好，能将其获得的电荷在极短时间（1/1000～1/40s）内经接地极传走，表面不再留有电荷。离开电晕电场后，甚至带上与接地极同符号的电荷，受接地极排斥。非导体颗粒由于其导电性很差或不导电，因而只能传走一部分电荷或不传走电荷，离开电晕场后，保留大量剩余电荷。从而使非导体颗粒吸附于接触电极表面，这种吸附效应较强，有利于提高分选效果。在实际电选中，常常要采用毛刷强制刷下才能移走非导体矿，有时刷下的矿粒仍残留有一定的电荷，在电压很高时，尤其显著。

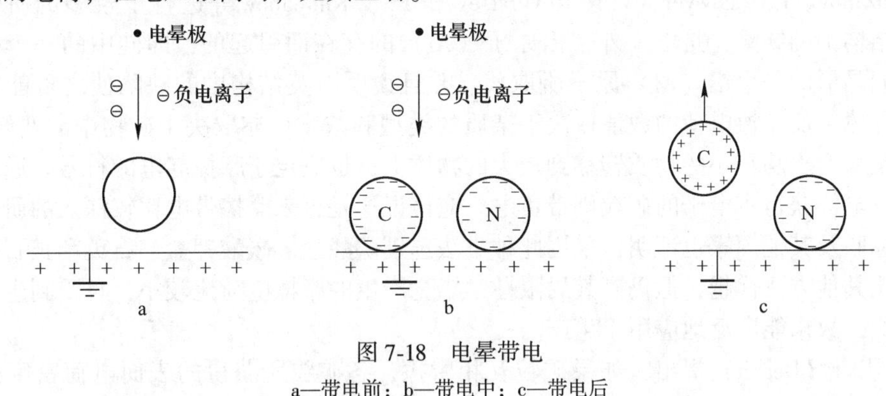

图 7-18　电晕带电

a—带电前；b—带电中；c—带电后

7.3.4　复合电场带电

复合电场中带电即颗粒在由电晕场和静电场叠加的电场中带电，或是颗粒依次经过电晕场和静电场的带电，如图 7-19 所示。在前期，颗粒进入以电晕场为主的复合电场中，这时导体颗粒和非导体颗粒都能通过电晕放电获得电荷。当进入静电场区域时，导体颗粒迅速将在电晕场中获得的电荷经接地极传走，并由传导感应带上与接触电极同符号的电荷，脱离接地极，飞向上方的静电极，产生较强的提升效应；而非导体颗粒一般只传走少量电荷，保留大部分剩余电荷，受接地极吸引和静电负极排斥，比较牢固地吸于接地极表面。

上述分析表明，在复合电场中，导体颗粒可产生较强的提升效应，而非导体颗粒可产生较强的吸附效应，因而能获得最佳的分选效果。

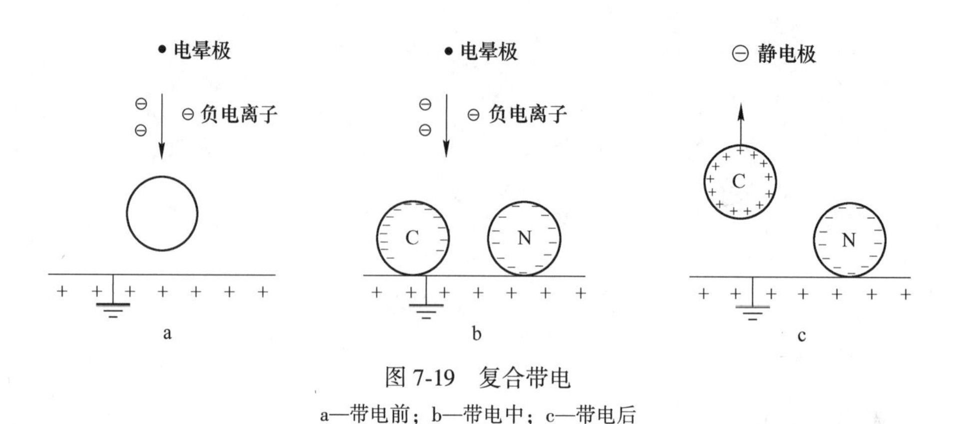

图 7-19　复合带电

a—带电前；b—带电中；c—带电后

7.3.5　摩擦带电

摩擦带电是通过接触、碰撞、摩擦的方法使矿粒带电。一种是矿粒与矿粒互相摩擦；另一种是使矿粒与某种材料相接触或滚动等。这样矿粒获得了电荷（或失去电荷）就会产生吸引或排斥的效应。例如，石英粒子与镀镍金属板相接触会产生摩擦电荷，若两种不同矿粒互相摩擦时，介电常数（ε）大者产生正电，而介电常数小者产生负电。影响摩擦带电的原因是多方面的，除了物料性质和金属板材料性质外，还与空气的湿度和温度有关。

苏联学者研究，认为摩擦电荷值决定于费米能级的大小和矿物结构上的晶体缺陷。V. N. Rlazanov、I. E. Lawyer、V. N. Revnivtsev 和 E. A. Khopanov 等进行了较多的研究，认为石英结构中的缺陷，是由于外来铝原子（Al）的存在而引起的，即硅中的一个硅原子被类质同晶形的一个铝（Al）原子所取代。并且说明石英结构中的缺陷使之可能被看成外来半导体，而摩擦电荷的数值取决于杂质的类型和浓度，亦取决于矿物中的费米能级，而电子是从逸出功较小的物质转移到较大的物质上，也决定于摩擦起电的符号。逸出了电子则带正电，获得了电子的矿粒则带负电。应该说这是近来摩擦带电比较深入的研究和观点。在苏联及其他国家也证明，采用此种方法选别磷酸盐、碳酸钾盐、石英和长石等非金属矿物比其他方法优越，但仍有其局限性，毕竟产生的摩擦电荷比较小，且受到生产能力小的影响，故未能广泛地应用于生产。

R. 比奇（Beach）提出，如果矿粒互相摩擦，各矿粒所获得的表面电荷密度必须大于 $26.6\times10^{-6}\ C/m^2$，否则电荷难以保持，而不能利用摩擦带电分选。

表 7-2 为各种矿物成对互相接触摩擦后，各自带有不同的电荷。

表 7-2　各种矿物成对互相接触摩擦带电

矿物名称	电荷符号	矿物名称	电荷符号
硫	-	岩盐	+
方解石	-	石英	+
微斜长石	-	岩盐	+
石英	-	菱锌矿	+
辉铜矿	-	微斜长石	+
石英	-	磷灰石	+

矿物与不同材料的给矿槽摩擦带电，从而产生不同符号的电荷，见表7-3。

必须指出，并非所有矿物都能采用摩擦带电的方法，而应该是两种矿物都属于非导体矿物，且两者的介电常数有明显的差别，才能产生电子转移并保持电荷；介电常数相同的两种非导体矿物，由于其能位相同，难以产生电荷，不能用摩擦带电的方法而使之分选；导体与导体矿粒互相碰撞摩擦，也能产生电荷，但无法保持下来，这是由于分选前电荷已损失掉，故不能用此法分选。

表7-3 矿物与不同物质摩擦带电

矿物名称	材料名称及介电常数							矿物介电常数
	硬橡胶	玻璃	纸板	塑料	云母	铜	镉	
	2.0~3.5	5.5~10.0	2.5~4.0	4.0~10.0	4.0~7.5			
硫	−	−	−	−	−	−	−	4.1
石英	+	−	−	−	−	−	−	4.5~6.0
微斜长石	+	−	−	−	−	−	−	5.6
黑云母	+	−	−	−	−	−	−	10.3
锡石	+	−	−	−	−	−	−	24.0
赤铁矿	+	−	−	−	−	−	−	25.0
辉铜矿	+	−	−	−	−	−	−	81.0
石膏	+	−	−	−	−	+	−	6.3~7.0
菱锌矿	+	+	−	−	−	−	−	5.0
菱镁矿	+	+	−	−	−	−	−	5.4
方解石	+	+	−	−	−	+	+	7.5~8.7
重晶石	+	+	−	−	−	+	+	6.2~7.9
岩盐	+	+	+	+	−	−	−	7.3
萤石	+	+	+	+	+	+	+	7.1
锆英石	+	+	+	+	−	−	−	7.8

7.4 电选过程的受力分析

由于电选在选矿中日益为人们所重视，长期以来，各国学者对矿物在电场中分选的理论进行了大量的研究，但多数只能是一般的定性分析，难以得出定量的理论，这主要是与许多因素有关，一是矿物的分选是在两极距离很小而电压又很高的空间进行，采用的电场有静电场又有电晕电场，电场的测定和计算存在着一定的困难；另一个重要因素是矿物本身的电性质和其他机械力的作用的影响等等。电选过程的理论主要涉及三方面的问题：第一是产生适合电选要求的电场；第二是如何使矿粒获得一定量的电荷；第三是获得电荷后受到各种电力及机械力联合作用而达到分选。

7.4.1 颗粒在电场中所受的各种电力与机械力

不同颗粒进入电场后，既受到各种电力作用，又受到各种机械力的作用。不同的电选过程，颗粒的受力与分离不尽相同。以干选（即在空气中）复合电场高压圆筒电选机为例进行分析。颗粒在电场中所受的电力和机械力主要有以下几种：

（1）库仑力。颗粒获得电荷后，在电场中受到的库仑力为

$$f_1 = QE \tag{7-10}$$

式中，f_1为作用在矿粒上的库仑力，N；Q 为颗粒电荷；E 为电场强度，N/C。

（2）颗粒受到的镜像力。对非导体颗粒而言，产生的镜像力是最为重要的力，其起源来自于剩余电荷量，例如颗粒吸附有大量负电荷而不能传走，则可视为一个点电荷，圆筒为金属构件，必然与之发生感应，而对应地感生正电荷，从而吸在圆筒表面，当然此种电荷是比较微弱的，但由于电场强度大，并同时受到上述库仑力的作用，更紧的吸在筒面。所谓镜像力是指荷电颗粒的剩余电荷与该电荷在接地电极表面处的镜像位置感应产生符号相反的电荷，此电荷称为镜像电荷，如图 7-20 所示。剩余电荷与镜像电荷符号相反，故相互吸引，此引力叫镜像力。镜像力是一种库仑力，其大小可用下式表示：

$$f_2 = \frac{Q_{\mathrm{R}}^2}{r^2} = \left(1 + 2\frac{\varepsilon - 1}{\varepsilon + 2}\right)^2 E^2 r^2 \mu^2(R) \tag{7-11}$$

式中，Q_{R}为颗粒剩余电荷，C；r 为矿粒中心与接地极之间的距离，m。

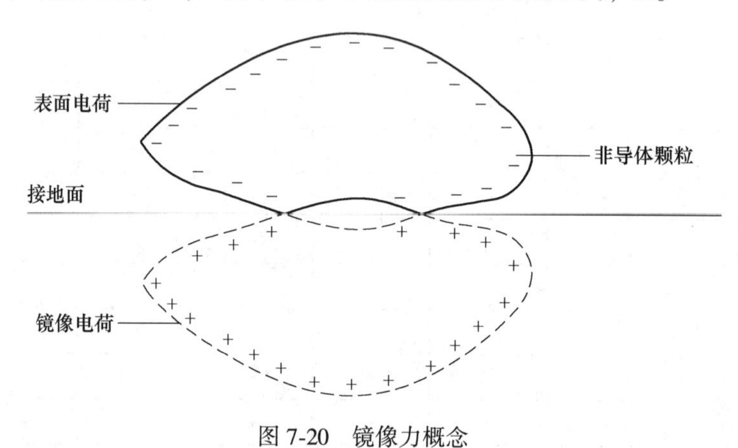

图 7-20　镜像力概念

这在分选细粒矿物时，电压越高，则场强 E 越大，此种镜像力表现极为明显，如果不采用毛刷（或压板刷）从圆筒的后方刷下非导体颗粒，则不断地吸在筒面而随之转动；即使用毛刷强制刷下时，还可见到此剩余电荷 Q_{R} 的互相排斥现象。为了避免此一现象的产生，可用一金属板置于接矿斗中（金属板与地线相连），则可消除此种影响。

（3）非均匀电场的作用力。颗粒在电场中被极化（非导体颗粒）或感应（导体颗粒）而成为一个电偶极子时，不均匀电场对它有一个作用力，这个作用力将使它被吸向电场强度大的区域。此力称为非均匀电场作用力 f_3，其方向是指向电场梯度 grad$E$ 最大的方向。f_3 用下式表示：

$$f_3 = r^3 \frac{\varepsilon - 1}{\varepsilon + 2} E \frac{\mathrm{d}E}{\mathrm{d}l} \tag{7-12}$$

式中，$\frac{\mathrm{d}E}{\mathrm{d}l}$ 为电场梯度，或用 grad$E$ 表示。

必须指出，在各种电选机中，愈靠近筒面的 grad$E$ 愈小，愈靠近电晕极和静电极的 grad$E$ 愈大。由于电选分选的粒度本来较小，因此 r^3 就更小，f_1 比 f_3 至少大 100 倍以上，故 f_3 的作用小到可以忽略不计。

（4）机械力。颗粒除了受上述电场力外，还有重力和离心力等机械力的作用。重力在筒面上的分力，大小为 $f_g = mg\cos\alpha$；随圆筒转动的离心力 $f_c = m\omega^2 R$。颗粒在随圆筒一起运动的整个过程中，离心惯性力起着使颗粒脱离圆筒的作用。

除上述五种力之外，还有分子间的作用力，颗粒与筒面的摩擦力和空气阻力，但相对于上述各种力来说都很小，可不予考虑，只有分选细粒级时，分子间的作用力才必须要考虑。

7.4.2 颗粒在圆筒型电选机中所受的各种作用力

目前研究最多而较深入的原理，大多集中在圆筒型高压电选机。这主要是因为世界各国（如苏联、美国、英国和德国等国家）在生产中使用的电选机仍以此种型式占绝大多数。我国也主要是使用圆筒型电选机。大量实验证明，圆筒的转速、电压高低和电极结构的形式三者的交互影响最为显著，当电极形式固定后，电压和转速则互为影响，圆筒转速实际上是产生离心力大小的问题。电力和机械力大小决定了颗粒运动轨迹，实际中决定分选效果的好坏。

电选机工作时，由于电晕电极与静电极通以高压负电，于是在电晕电极与圆筒之间形成电晕电场，在静电极和圆筒之间形成静电场。电晕电极附近的空气由于电离而产生的负离子和电子，在电晕电场作用下飞向圆筒，形成电晕电流。

入选物料经干燥后，随着圆筒首先进入电晕电场。来自电晕电极的空气负离子和电子使导体和非导体颗粒都吸附负电荷而带电，此为充电过程，导体颗粒落到圆筒面后又把电荷传给圆筒，此为放电过程。所以当物料随圆筒旋转离开电晕电场区进入静电场区时，导体颗粒的剩余电荷少，甚至完全没有电荷。非导体由于放电速度慢，结果剩余电荷多。

颗粒进入静电场后，不再继续得到电荷，但还继续放电。同时圆筒表面的正电荷又促使导体颗粒带正电，从而加速了放电过程。最后导体颗粒所得的负电荷全部放完反而得到了正电荷，于是被圆筒排斥，在电力、离心力、重力综合作用下，其轨迹偏离圆筒而进入导体产品区。同时由于偏转电极的作用，导体颗粒又受到一种偏向力，即提升效应，更增大了偏离圆筒的程度。

非导体颗粒进入静电场时，由于剩余电荷多，在静电场中产生的静电吸力大于矿粒的重力和离心力，于是吸在圆筒上。当离开静电场时，由于界面吸力的作用，使它继续吸在圆筒上，直至被圆筒后面的毛刷刷下而进入非导体产品区。

半导体颗粒的行为介于导体颗粒与非导体颗粒之间，它带有较少的剩余电荷，在随圆筒表面运动中掉落而进入半导体产品区。

由于颗粒进入电场后，既受到各种电力作用，又受到各种机械力的作用，图 7-21 为矿粒在鼓面不同位置上所受各种电力和机械力的情况。令 f_1、f_2、f_3 分别表示作用于颗粒上的库仑力、镜像力和非均匀电场作用力（静电力）。而机械作用力为

离心力：

$$f_{离} = m\frac{v_2}{R} \tag{7-13}$$

重力：

$$f_{重} = mg \tag{7-14}$$

对于导体颗粒，必须在圆筒的 AB 范围内落下，关系式为

$$f_{离} + f_3 > f_1 + f_2 + mg\cos\alpha \tag{7-15}$$

对于中等导电性颗粒，必须在 BC 范围内落下，关系式为

$$f_{离} + f_3 > f_1 + f_2 - mg\cos\alpha \tag{7-16}$$

对于非导体颗粒，必须在 CD 范围内落下，关系式为

$$f_2 > f_{离} + mg\cos\alpha \tag{7-17}$$

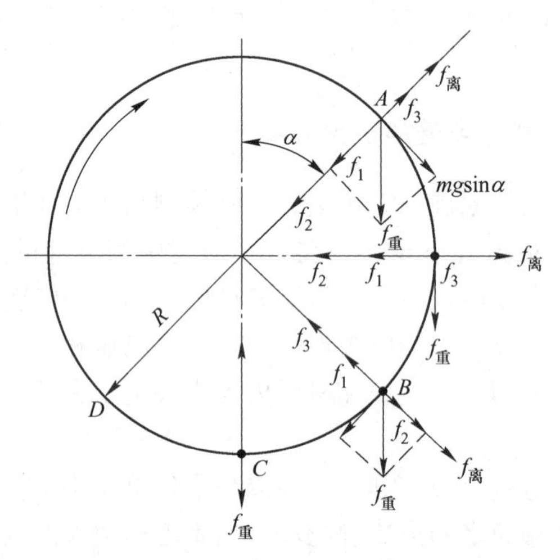

图 7-21　矿粒在筒面上受电力和机械力情况图

当然这是理想的境界，如果电压不高，非导体所获得电荷太少，而圆筒转速又很高，则势必由于离心力过大，库仑力、镜像力小，造成非导体混杂于导体中；如电压提高，电晕极又达到一定的要求，即作用区域恰当，非导体有机会吸附较多的电荷，产生的镜像力 f_3 足够大，则不宜落到导体中，远远超过 CD 的范围，必须用毛刷强制刷下。

7.4.3　颗粒在自由落体式电选机中所受的各种作用力

除圆筒式电选机外，自由落体式电选机是使用较多的一种电选设备。在这种电选机中，颗粒之间或与第三种材料（如容器、给料器、溜槽或喷嘴的壁）接触或摩擦而获得电荷，然后进入此设备中进行分选。这些颗粒进入电场中，根据它们的极化和所带电荷多少而发生分离。偏离是由于电荷之间的吸引或排斥引起的。颗粒获得具有不同极性的足够电荷，那么矿物混合物可以成功地分离。近年来，国内外学者积极研究用旋流器或流化床使颗粒与颗粒之间或颗粒与自由落体电选机的壁接触或摩擦而获得电荷。

最近制造的新一代接触/摩擦带电电选机，如 STI 带式摩擦电选机和 V-Stat 垂直摩擦电选机等，它们特别适用于分选细粒。这些电选机的性能可有效地分选不同的矿物。STI 电选机设计用于分选飞灰、提纯工业矿物和分选非导体矿物。V-Stat 电选机处理量大，分选粒度范围广，适用于非导体矿物、半导体矿物和塑料回收。图 7-22 为两种自由落体式摩擦静电分选机。

摩擦电选机的高压静电分选腔是对摩擦荷电后的矿粒进行分选并得到产品的区域，它

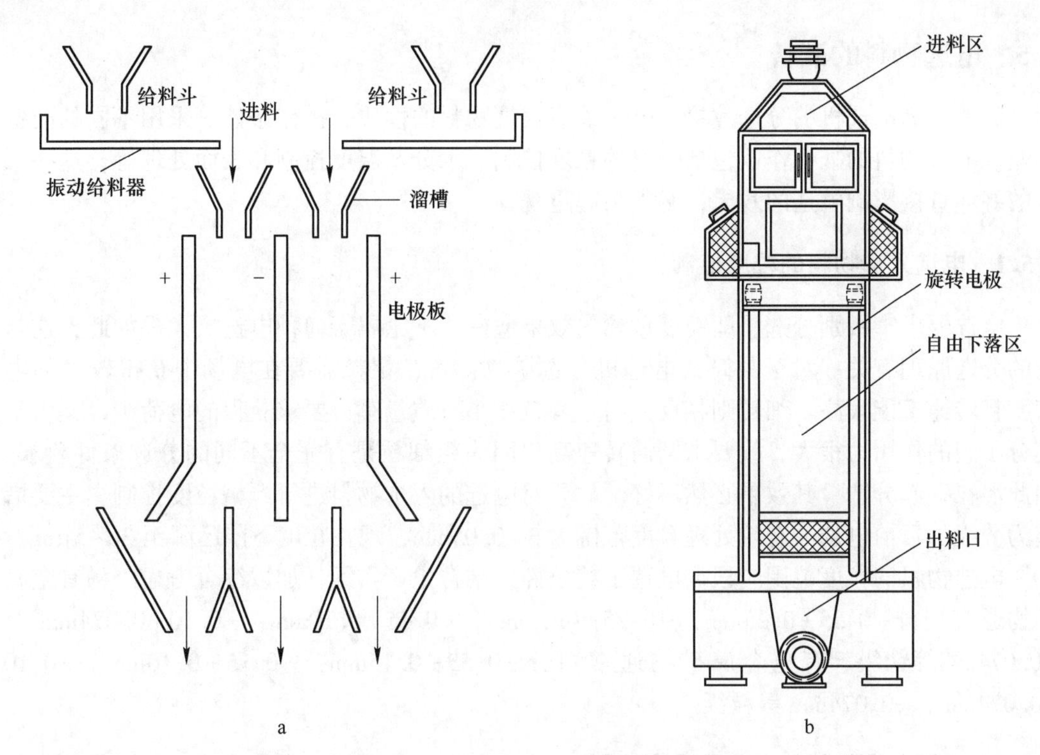

图 7-22 自由落体式摩擦静电电选机

a—自由落体式摩擦静电电选机；b—Carpco V-Stat 自由落体式摩擦静电电选机

能使进入里面的矿物及物料产生分选所需要的运动轨迹。各种摩擦静电电选机的高压静电分选腔大致相同。经过摩擦或接触带电的颗粒进入高压静电分选腔，荷电颗粒的运动同时受到多个力的影响，如颗粒自身的重力、把颗粒送入高压静电分选腔的气流推力、与电场力方向相反的空气阻力、荷电颗粒之间产生的库仑力以及带不同电荷的颗粒间的相互作用力等等。假设在所有力都起作用的情况下，荷电颗粒在自由落体电选机高压静电分选腔中的运动方程可由下式表示：

$$m\frac{\mathrm{d}v}{\mathrm{d}t}=f_{\mathrm{d}}+f_{\mathrm{e}}+f_{\mathrm{g}}+f_{\mathrm{i}}+f_{\mathrm{c}}+f_{\mathrm{o}} \tag{7-18}$$

式中，m 为颗粒的质量，kg；v 为颗粒的运动速度，m/s；t 为颗粒运动时间，s；f_{d} 为气流的推力，N；f_{e} 为电场力，$f_{\mathrm{e}}=QE$，N；f_{g} 为重力，$f_{\mathrm{g}}=mg$，N；f_{i} 为颗粒之间的碰撞所产生的力，N；f_{c} 为库仑力，N；f_{o} 为作用在颗粒上的其他的力，如分子间作用力等，N。

在电场力、重力、气体的推力起主要作用的情况下，建立荷电颗粒在高压静电场中受力的简单模型，如图 7-23 所示。其中电场力使荷电性质不同的颗粒产生不同的运动轨迹。而重力和气体的推力，只影响荷电颗粒在分选腔中的停留时间。

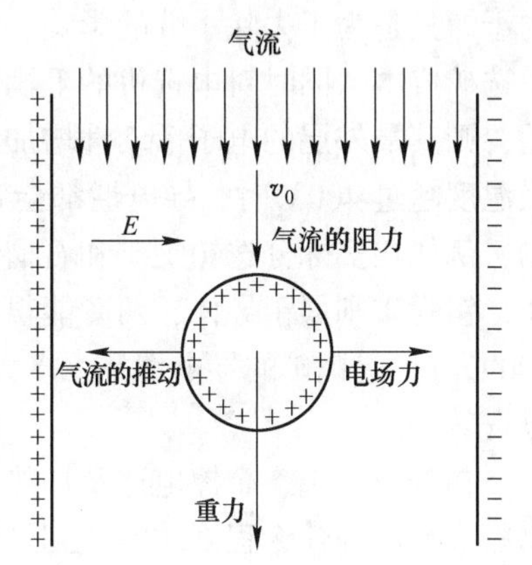

图 7-23 荷电颗粒在高压静电场中的受力

7.5　电选物料的准备

为了提高电选机的分选效果，电选前应根据物料的性质、操作条件等采用不同的准备作业。电选物料的准备作业包括物料的粒度控制、水分及温度控制和表面处理等，这些工作的好坏直接影响电选的效果，必须引起重视。

7.5.1　电选入选物料的粒度控制

电选要求窄级别分选，即粒度愈均匀效果愈好，不论属于何种电选机大都如此，这与它的分选原理有关。对于圆筒式电选机分选矿物而言，粗粒需要在电场中获得较多的电荷，且转速不能太高；细粒则相反，由于其粒度小，质量小，要求获得的电荷少，又由于其分子间的作用力很大，故要求圆筒转速高。因为粗细粒是有完全不同的分选条件要求，因此混在一起分选，其效果必然不好。故要对电选的入选物料进行严格粒度控制，主要措施为分级。目前电选的有效处理粒度范围为3~0.05mm，现在粒度下限已降至30~5μm。

电选物料的粒度范围应根据电选工艺条件，结合生产实际，加以综合考虑。稀有金属矿物通常划分-0.55+0.25mm，-0.25+0.15mm，-0.15+0.10mm，-0.10+0.074mm及-0.074mm等粒级。有色金属矿物通常划分-0.55+0.15mm，-0.15+0.10mm，-0.10+0.074mm，-0.074mm等粒级。

7.5.2　电选入选物料的水分及温度控制

电选物料大多是来自重选或其他选矿方法，常常含有一定水分，少则2%左右，高则可达5%~7%，甚至更多，因此电选前必须对入选物料进行水分控制，去除水分。由于电选是干式选矿作业，物料中水分高时，矿粒会互相团聚，会增加非导体物料的导电性，降低了矿物间导电性的差异，使得分选效果变差。所以加温干燥的目的有两个，一是去除物料水分的有害影响，以恢复不同矿物的固有电性，并使物料松散；二是加温到一定范围内还可使物料的导电性发生变化，从而改善和提高分选效果。

干燥是利用热能除去介质中水分或其他溶剂的单元操作，其本质是水分从物料表面向气相转移。干燥是一个非常复杂的传质传热过程，它不仅要受到外部条件如空气湿度、空气流速等因素的影响，还要受到物料本身内部结构、物理化学性质等的影响。大多数物料的干燥只是为了去除水分的影响，一般加温到100℃左右，不能太高，否则电耗大，增加了选矿成本，同时对电选机的毛刷部件容易造成损坏。有一部分矿物当温度超过一定范围后，则其最外层的电子活动性增加，其导电性也随之增加。根据研究，所有各种矿物的干燥温度超过400℃时，导电性都会有不同程度的增加。这些差别我们在实际中是可以利用的，例如在实际分选钽铌矿和石榴石的干燥上，控制在200℃以内，石榴石是完全的非导体，钽铌矿则属于导体，两者能很好地利用电选分开，但当干燥温度升高到200℃以上至400℃时，钽铌矿的导电性并无多大变化，而石榴石的导电性却明显地提高，严重恶化了分选效果。

在分级电选、摩擦电选及加热黏附电选中，干燥则是很重要的一个环节。至于电选中物料应干燥到什么程度才能达到最佳分选效果，目前尚无一个完善的标准，只能根据各种矿物的试验结果，然后选定最佳条件。

7.5.3　电选入选物料的表面处理

电选的效果在很大程度上取决于矿物的表面状况。矿物的表面状况有时可以用预处理的方法人为地加以改变。表面处理是指在电选前，采用各种药剂对矿物表面进行处理，以改善电选效果。第一种情况是通过处理，清除物料表面污染物的影响，呈现矿物本来面目和电性质；第二种情况则是加入少量药剂与物料颗粒表面反应，生成一种新的化合物，物料电性质发生了改变，或者仅仅是减少颗粒之间的团聚和互相黏附。

7.5.3.1　*表面污染物的清除*

电选是根据矿物的导电性差异进行分选，但常常由于矿物表面的污染，原为非导体的矿物变成了导体，同时也可能使导体矿物，因污染其他杂质而降低其导电性，给电选带来困难。如属于铁质的污染，则必须用酸洗，有效办法是先用少量水将物料润湿，然后加入1%左右的硫酸，使之发热，再加入5%~6%的盐酸（按物料质量百分数计），不断强烈搅拌10min，使之受到清洗，然后再加入清水冲稀，仍需强烈搅拌，一但沉淀，则立即倒出酸水，如此重复加水冲洗搅拌2~3次，再烘干电选，自然能提高电选效果。必须指出，由于成本高，这种方法只适于处理那些比较贵重的矿物原料，例如钽铌粗精矿及钨锡矿，而不适用于一般矿物。国内生产中常出现这种严重的铁质污染，全国各钽铌矿山的钽铌粗精矿，由于污染使本属非导体的石榴石变成了导体矿物；白钨锡石粗精矿也常出现这种现象，这都恶化了电选效果，唯一的办法是采用盐酸清洗。

7.5.3.2　*采用各种化学药剂处理物料*

添加化学药剂处理一些难选矿物，以改变其电性质，达到提高电选效果的目的，但必须尽可能降低用药量，否则会增加成本和带来环境污染问题。用药剂处理物料，有在水介质中进行，也有将药剂与固体物料混合，使药剂与矿物表面起作用等。

处理原则大致归纳为：基性伟晶岩用氢氟酸处理，既有清洗作用，也有化学作用，即在矿物表面生成新的化合物，例如氢氟酸与钾长石作用，在其表面生成氟化钾，导电性比钾长石要增加。酸性岩矿物可用硫酸或盐酸处理，主要为清洗作用。凡受铁质污染者，则用盐酸或硫酸处理。为防止细粒矿物互相黏附，则用脂肪酸类药剂处理。部分矿物采用普通药剂处理，吸附在矿物表面，增加其导电性。表7-4为常用药剂处理各种矿物的参考依据。

表7-4　采用化学药剂处理各种矿物

处理矿物名称	药剂及大致用量
长石与石英	氢氟酸（HF）100~200g/t
白钨与脉石矿物	NaCl 100g/t；水玻璃；硫酸盐
黄绿石	油酸钠，11胺，C_{18}~C_{25}混合氨基脂肪酸
磷灰石	HF（5%~10%的矿物质量）
锡石与白钨矿	甲酚（250g/t）；混合脂肪酸（400g/t）
锡石与硅酸盐矿物	甲酚（250g/t）；油酸钠（400g/t）
重晶石与锡石	混合脂肪酸
金刚石与重矿物	NaCl（0.5%的矿物质量）

8 电 选 设 备

8.1 电选设备分类

电选机的种类多达几十种，但在分类上则各不相同，有的按矿物带电方式分类，有的按电场的特征分类，有的按设备结构形式分类，也有按分选粗粒和细粒分类等等，常见有以下几种：

（1）按矿物带电方法分类。可分为：1）传导带电分选机；2）摩擦电选机；3）介电分选机；4）热电黏附分选机。

（2）按电场分类。可分为：1）静电场电选机；2）电晕电场电选机；3）复合电场电选机。也有按高压直流电场及高压交流电场分类。

（3）按设备结构形式特征分类。可分为：1）圆筒式（小直径称滚筒式）电选机；2）室式电选机；3）自由落下式电选机；4）溜板式电选机；5）皮带式电选机；6）圆盘式电选机；7）摇床式电选机；8）旋流式电选机。

（4）按分选或处理的粒度粗细分类。可分为：1）粗粒电选机；2）细粒电选机。

实际中人们普遍采用以结构特征为主，并加上其他分类的含义结合起来，例如圆筒式高压电选机，旋流式细粒电选机，自由落下式电选机等，以与其他电选机区别。国内外现在广泛使用的电选机 90%以上为圆筒式电选机。

8.2 圆筒型电选机

圆筒型电选机已由单圆筒发展成多圆筒，小筒径发展成较大筒径。国内常把小筒径的称之为滚筒或辊式电选机。我国生产的电选机中最小筒径只有 120mm，最大则达 320mm，现有单圆筒、双圆筒及三个圆筒，国外最大筒径达 350mm。此种电选机完全是根据矿物的导电性不同而进行分选的设备，而且是干式作业，采用的电源均为高压直流电源。电极结构除极少数只采用静电场和仅采用电晕电场外，多数采用复合电场。根据研究者归纳，现已出现有各种型式，图 8-1 为不同电极结构和导体与非导体矿粒的运动轨迹图。

由图可见，电极结构不同，导体矿粒与非导体矿粒运动的轨迹显然有很大差别。

（1）电极结构完全为静电极，导体矿粒靠感应传导带电而吸向电极，略偏离于正常的离心力所产生的轨迹；非导体则按正常轨迹落下。

（2）电极则产生电子流，不论导体和非导体，只要经过此高压电场作用区时，均可获得负电荷。导体矿粒导电性好，很快地由圆筒传走其所带电荷，故在离心力和重力分力的作用下抛离筒面；非导体则不能立即传走其所荷电荷，与圆筒感应产生对应的电荷而被吸在筒面，由于只有一根电晕极，吸附的电子也很有限，故此种电极突出缺点是非导体混杂于导体中，而导体则不易混杂于非导体中，造成非导体矿品位会比较高，但回收率低。

（3）结构比上述两种有改进，导体偏离的轨迹更大，非导体不易混杂到导体产品中，

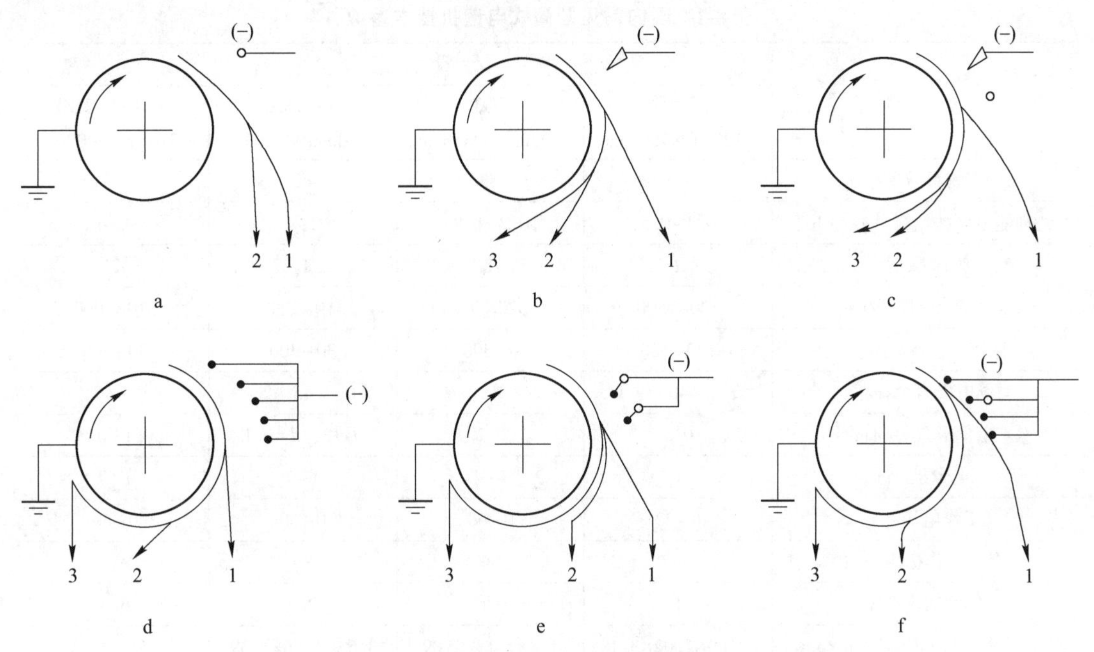

图 8-1 不同电极结构时，导体、非导体运动轨迹示意图

a—1 根静电极；b—1 根电晕极；c—1 根电晕极和 1 根静电极；d—5 根电晕极；
e—2 根电晕极和 2 根静电极；f—4 根电晕极和 1 根静电极
1—导体矿；2—中矿；3—非导体矿

主要是增加了静电极，有利于吸出导体，将非导体压于筒面（排斥作用），不易落于导体中，从而导体的品位比较高。

(4) 结构则纯采用电晕电场，这是苏联学者的观点，优点是非导体和导体均有足够的机会获得电荷，电场作用区域范围很大，从而非导体很难有机会落至导体中，但导体则由于吸附过多的电荷，不能全部传走而被带到中矿和非导体中，结果是导体精矿品位高，回收率低；非导体品位低（导体混入所致），回收率高。

(5) 电极结构则克服了 d 结构的弱点，导体的回收率提高，原因是增加了静电极。但由于只有两根电晕极，产生的电场作用区域仍然不够，从而非导体易混杂于导体中，因此导体品位不高，中矿量大，特别是美国 Carpco 电选机的电极只有一个时，中矿量达 50%~80%，而改为两根后，大有改进，据该公司报道，已降到 40%左右。

(6) 电极结构则在总结了上述 5 种情况基础上而设计出来的，从实际的一次分选效果看，确实比上述几种优越，既有静电场，又增加了电晕电场，导体不易落到非导体中，非导体也不易混杂于导体中，故它们落下的轨迹悬殊很大，分选指标好，中矿量少，通常只有 10%~20%。

圆筒为接地极，它却是直接影响分选效果的重要因素之一。现在国内外生产的各种电选机中直径有 120mm，130mm，150mm，200mm，250mm，300mm，310mm，320mm 以及 350mm 各种。国内外理论和实践证明，相同条件下，大筒径比小筒径的分选效果要好。目前国内使用的圆筒式电选机由于电极结构和条件不同，分选效果也有明显差别，表 8-1 为国内常见圆筒式电选机技术参数。

表 8-1　国内常见圆筒式电选机技术参数

主要参数	设备型号			
	双滚筒 ϕ120mm×1500mm	DXJ ϕ320mm×900mm	YD31200-23 ϕ310mm×2000mm	YD31300-21ZF ϕ310mm×3000mm
处理物料粒度/mm	<3	<3	<3	<3
处理能力（按给矿计）/t · h^{-1}	0.3~0.5	0.2~0.8	2~4	4~6
圆筒数/个	2	1	6	2
圆筒直径×长度/mm	120×1500	320×900	310×2000	310×3000
圆筒转速/r · min^{-1}	120~150	0~300	30~300	30~300
静电极直径/mm	40	45	45	45
电晕极直径/mm	0.5	0.2	刀片，d=0.1	0.1~0.3
电晕极/个	1	1~4	1~7	1~7
工作电压/kV	0~22	0~60	0~60	0~60
最大工作极距/mm	—	80	80	80
传动功率/kW	1	0.5	9.0	6.0
外形尺寸（长×宽×高）/m×m×m	2.09×1.02×3.1	1.8×1.13×2.09	3.52×1.76×4.39	4.65×1.8×4.9
总重/t	2	1.5	7.5	5.0

8.2.1　ϕ120mm×1500mm 型双筒电选机

这是我国在 1964 年研制成功的一种电选机，是国内最早在生产上使用的电选机。从原理和构造上说，它是由美国 Sutton 式电选机发展起来的，与苏联的 CЭ-1250 型相同。

8.2.1.1　设备构造

设备构造如图 8-2 所示。它由主机、加热器和高压直流电源三部分组成。

（1）主机部分。由上下两个圆筒（直径 ϕ120mm，长 1500mm）、电晕电极、静电极、毛刷和分矿板几部分组成。

圆筒表面镀以耐磨硬铬，由单独的电机经皮带轮传动，但圆筒的转速要通过更换皮带轮才能调节。

电晕电极是采用普通的镍铬电阻丝，直径为 0.5mm，静电极（又名偏转电极）采用直径为 40mm 的铝管制成，两者皆平行于圆筒面（电晕极用支架张紧），然后用耐高压瓷瓶支承于机架，而支架必须使两者相对于圆筒的位置可调。高压直流电源的负电则由非常可靠的电缆引入，上下两棍电极的固定方法相同。

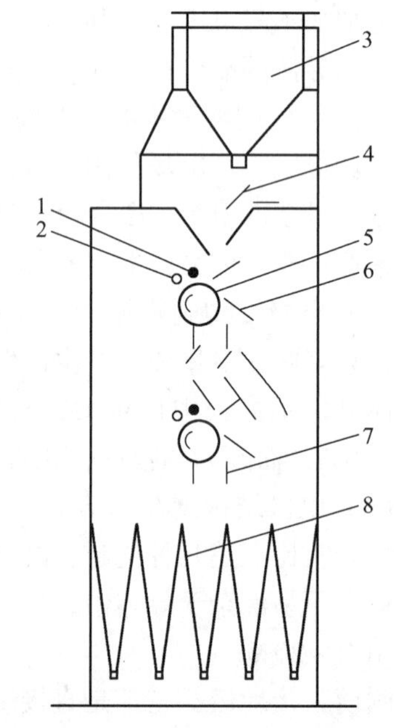

图 8-2　ϕ120mm×1500mm 型双筒电选机
1—电晕电极；2—偏转电极；3—给矿装置；4—溜矿板；5—圆筒电极；6—刷子；7—分矿调节板；8—产品漏斗

毛刷采用固定压板刷，电选时，由于非导体矿的剩余电荷所产生的镜面吸力紧吸于圆筒表面，必须用刷子强制刷下至尾矿斗中。

物料经分选后，所得精矿、中矿、尾矿（或称导体、半导体、非导体）的质量、数量除通过电压、转速等调节外，还可通过调节分矿扳的位置来调节。每个圆筒可分出三种或两种产品，对全机来说，则可分出五种产品，调节分矿板可使第一辊的精矿、中矿或尾矿再选，经第二辊又可分出三种产品。

（2）加热器。加热器设在给矿斗内，有效容积为0.3m^3，加热元件是用18根直径为25mm的钢管，内衬采用直径为20mm的瓷管绝缘，然后在瓷管里面装以18号镍镉电阻丝，加热面积为0.3m^2。在加热器的底部，沿电选机的长度方向，每隔100mm钻有直径为7mm的圆孔，已加热的原矿经这些圆孔均匀地给进电选机选别。

（3）高压直流发生器。由普通单相交流电先升压，采用二极管（电子管）半波整流，并加以滤波电容，将正极接地，负极用高压电缆引至电选机的电极，最高电压为22kV。表8-2为ϕ120mm×1500mm双筒电选机的主要技术参数。

表8-2 ϕ120mm×1500mm双筒电选机的主要技术特性

主要参数	ϕ120mm×1500mm型双筒电选机	主要参数	ϕ120mm×1500mm型双筒电选机
圆筒数/个	2个	高压整流器最大功率/W	275
筒径和长度/mm	120×1500	加热器有效面积/m^2	0.3
圆筒转速/r·min^{-1}	400、500	处理矿石粒度/mm	<3
电晕极	每辊1根，ϕ0.5mm	处理量/t·h^{-1}	0.3~0.5
偏极	每辊1根，ϕ40mm	机器外形尺寸/mm	2090×1020×2855
工作电压/kV	0~22	机重（不包括高压电源）/t	约2
加热器功率/kW	13		

8.2.1.2 分选原理

此种电选机采用电晕极和静电极（偏转电极）相结台的复合电场，其电极与转辊的相对位置如图8-3所示。当高压直流负电通至电晕极和静电极后，由于电晕极直径很小，从而向着圆筒方向放出大量电子，这些电子又将空气分子电离，正离子飞向负极，负电子则飞向圆筒（接地正极），因此靠近圆筒一边的空间都带负电荷，静电极则只产生高压静电场，而不放电。矿粒随转辊进入电场后，此时不论导体或非导体都同样地吸附有负电荷，但由于矿粒电性质的不同，运动和落下的轨迹也不同。导体矿粒获得负电荷后，能很快地通过转辊传走，与此同时，又受到偏转电极所产生的静电场的感应作用，靠近偏极的一端感生正电，远离偏极的另一端感生负电，负电又迅速地由圆筒传走，只剩

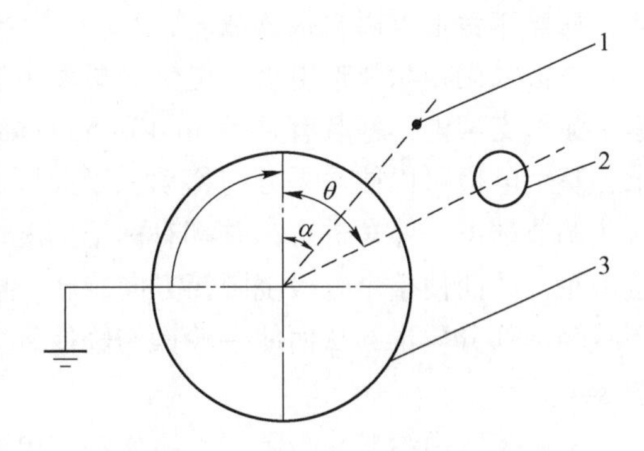

图8-3 转辊与电极相对位置

1—电晕极；2—静电极；3—转辊；

α—电晕极与辊中心角度；θ—静电极与辊中心角度

下正电荷，由于正负相引，故它被偏极吸向负极（静电极），加之矿粒本身又受到离心力和重力的切向分力作用，致使导体矿粒从圆筒的前方落下而成为精矿（导体）。对非导体来说，虽然也获得了电荷，但由于其导电性很差，获得的电荷很难通过圆筒传走，即使传走一部分也非常少，从而此电荷与圆筒表面发生感应而紧吸于辊面。电压越高（电场强度越大），此吸引力也就越大，随圆筒而被带到转辊的后方，用压板刷强制刷下，此部分即为尾矿（非导体）。而介于导体与非导体之间的中矿则落到中矿斗中。静电极对非导体矿粒还有一个排斥作用，避免其掉入导体部分。

8.2.1.3　优缺点

该设备的优点为：(1) 设备采用了复合电场，提高了分选效果（相对于纯电晕和静电场）；(2) 设备结构比较简单，不需要特殊材料，易于加工制造；(3) 有上下两个圆筒，下一圆筒可再选上一圆筒的任一产品，且圆筒较长，处理量也较大；(4) 设备经多年生产证明，运转可靠，操作简单。但该机也存在不少缺点：(1) 电压太低，额定最高电压 22kV，故应用范围和分选效果都受到了很大的限制；(2) 圆筒直径太小，从而电场作用区域太小，不利于导体与非导体矿粒的分选；(3) 圆筒无加热装置，实验证明，圆筒不加温，严重影响分选效果；(4) 电极（包括电晕极和静电极）位置及转速的调节极为不便，又无标记，难以区别。但由于是 20 世纪 60 年代初期产品，受到历史条件的限制，目前已处于淘汰状态。

8.2.2　DXJϕ320mm×900mm 型高压电选机

国内外的生产和研究表明，电选机的分选电压太低，使得不少矿物难以分选。圆筒直径太小也不利于分选。我国于 1971 年研制成功了这种较大筒径（320mm）的高压电选机，随后在国内有色和稀有金属选矿厂中推广应用，取得了显著的效果。

8.2.2.1　设备构造

本机采用了一个圆筒，直径为 320 mrn，圆筒用无缝钢管加工，表面镀以耐磨硬铬，圆筒可以加温至 50～80℃，加热元件为电加热器，温度可自控，采用直流电动机无级变速，在操作台上可以直接读数。

电极采用栅状弧形电极，电晕极最多可装 6 根，采用 ϕ0.2mm 镍铬电阻丝，用螺钉张紧于弧形支架上，并装有直径 ϕ(40～50) mm 的静电极（偏极）。为了适应不同条件的要求，整个电极可以往水平方向移动，以此调节极距，同时也可以沿圆筒方向调节入选角。这些调节都不必停车进行，并都有标记刻度。整个电极的调节是转动圆筒轴上的手轮，再经齿轮传动而使整个电极绕圆筒方向旋转。电极转动部分的质量平衡是通过滑轮和重锤达到减轻一部分质量，从而使手轮操作轻便省力。电选机简图和电极结构与圆筒相对位置如图 8-4 所示。

给矿装置由给矿斗、闸门、给矿辊和电磁振动给矿器等组成。

物料经闸门（可调给矿口的大小）由给矿转辊排料至振动给矿板，给矿辊的作用是保证物料均匀地给到振动板。当选别细粒级物料时才开动振动板，在给矿板上安有电加热装置，使物料能在此过程中得到充分加热，这样做能省电，又保证了分选效果，且给矿板的角度也能调节。

毛刷的作用是从筒面上强制刷下吸住的非导体物料，考虑到圆筒的加热，只有在正式

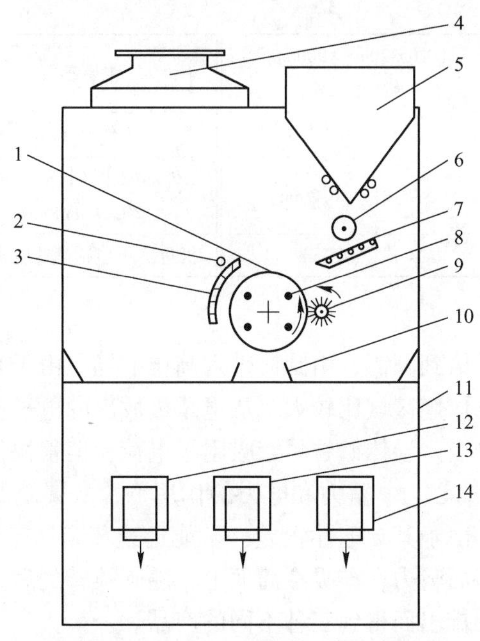

图 8-4 DXJϕ320mm×900mm 型高压电选机

1—接地圆筒；2—静电极；3—电晕极；4—排风筒；5—给料斗；6—给料辊；7—给料板；8—加热装置；9—毛刷卸料装置；10—分矿板；11—机壳；12—导体排出口；13—中矿排出口；14—非导体排出口

分选时才能将毛刷贴在鼓面，不给料转动时则应离开筒面。毛刷的排列也与其他电选机不同，采用螺线形，有利于刷矿，其转速为 1.25 倍圆筒转速。

分矿板的位置可以调节，以适应产出精矿、中矿和尾矿要求。分出的三种产品落到下部矿斗中，然后用振动器分别排出，振动器频率为 733 次/min，振幅为 2mm。

给矿辊、圆筒、毛刷和排矿振动器分别用电动机传动，以适应各自不同的要求。

高压直流电源采用四管桥式全波整流，即单相交流电源经升压后再全波整流。它包括一个高压变压器和四个高压整流管以及四个灯丝变压器，全部浸入一个油箱中。整流后的负电则与电选机的电极连接，正电接地。只要改变输入高压变压器的交流电压，即可方便地调节高压直流，现已有不少改为高压硅堆整流。表 8-3 为 DXJϕ320mm×900mm 高压电选机的技术特性。

表 8-3 DXJϕ320mm×900mm 高压电选机的技术特性

主要参数	DXJϕ320mm×900mm 高压电选机	主要参数	DXJϕ320mm×900mm 高压电选机
圆筒数/个	1	毛刷直径/mm	140
圆筒电极筒径和长度/mm	320，900	毛刷转速	1.25 倍于圆筒速度
转速无级变速/$r \cdot min^{-1}$	0~300	毛刷行程/mm	20
给矿辊直径和长度/mm	80，800	处理物料粒度/mm	0~3
给矿辊转速/$r \cdot min^{-1}$	27~100	主机重/t	约 1.5

续表 8-3

主要参数	DXJϕ320mm×900mm 高压电选机	主要参数	DXJϕ320mm×900mm 高压电选机
处理能力/t · h^{-1}	0.2~0.8	工作电压/kV	0~60
电晕丝及其直径	3~6 根，ϕ0.2mm	外形尺寸（长×宽×高）/mm×mm×mm	1800×1135×2090
静电极及其直径	1 根，ϕ45mm	机重（不包括高压电源）/t	约 2

8.2.2.2　分选原理

物料经给矿板加温后给到圆筒，由圆筒带入高压电场，由于采用了多根电晕极，加之圆筒直径较大，从而电场作用区域比较大，从电晕极放出的电子也较多，导体和非导体矿粒都有更多的机会吸附电子。导体矿粒尽管吸附了电荷，但很快传走，加之受到强静电场（偏转电极）的感应，在离心力、重力和电力的作用下，从圆筒的前方落下即为精矿；而非导体矿粒得到电荷后，由于其导电性很差，未能迅速传走所带的电荷，故剩余电荷多，因而在筒面产生较大的镜面吸力，被吸在筒面上，随圆筒转到后方，然后用毛刷刷落到尾矿斗中，再由振动排矿器排出而得到三种不同的产品。

8.2.2.3　优缺点

该机的优点为：（1）电压最高能达到 60kV，从而增加了电场力，也提高了分选效果，扩大了应用范围。例如，在低电压下，钽铌矿无法电选，白钨锡石的分选效率也很低，用这种高压电选机都能有效地分选，突出地表现在只经一次分选效率就很高；（2）采用多根电晕极与静电极相结合的复合电场，增加了矿粒通过电场荷电的机会，从而可提高分选效果。此外，极距和入选的角度有调节装置，有利于分选多种矿物；（3）采用圆筒内加温，使圆筒表面温度保持在 50~80℃，可提高分选效果；（4）圆筒转速采用直流马达无级变速，调节灵活方便；（5）毛刷采用螺纹形式，比固定压板刷优越。缺点是只有一个圆筒，多次分选时不便于中矿返回再选。

8.2.3　YD 圆筒型高压电选机

长沙矿冶研究院自 1961 年以来先后设计试制了 YD-1 型、YD-2 型、YD-3 型和 YD-4 型电选机，已在工业生产中应用上百台，YD-2 型主要用于实验室及半工业试验，YD-3 型则主要用于大型选厂，YD-4 型用于粉煤灰脱碳。1995 年“八五”国家科技攻关成功研制了 YD31200-23 型高压电选机，该电选机通过了省部级鉴定，并投入攀枝花选钛厂生产使用。2014 年底通过了由中国钢铁工业协会组织的科技成果鉴定会，YD 高压电选机整体技术居国际领先水平。目前长沙矿冶研究院已形成全套完整的 YD 系列圆筒电选机，设备型号配备齐全。其中矿用 YD 圆筒型高压电选机广泛用于铁矿、原生钛铁矿、海滨砂矿、锰矿及原生金红石等有色、黑色金属矿物的精选；白钨与锡石、黑钨与磷钇矿、钽铌矿与石榴石等的分离；长石与石英等伴生的杂质矿物的分离；非金属矿物原料精选提纯等等。粉煤灰专用 YD31300-21FZ 型高压电选机用于燃煤电厂粉煤灰的脱碳分选，可使烧失量降低至 5%~8%，达到国标一级或二级粉煤灰烧失量的标准；用于粉煤灰的富碳分选，烧失量最高可超过 60%，可作民用或工业应用；可以控制脱碳灰的细度，成为等级产品。废旧电子电路板分选用 YD31200-22P 型高压电选机用于电子线路板（PCB）中有价金属的分选，可使金属铜富集至 95%以上，尾料中含铜量降至 1%以下。

8.2.3.1　分选原理

YD 系列圆筒型高压电选机的分选，是借助物料在导电性能方面的差异，在高压静电—电晕复合电场中，利用电场力为主，辅之以其他力的作用来实现的。其分选过程如图 8-5 所示。

在弧形电晕电极上加上高压直流负电后，弧形电晕电极与接地圆筒电极之间即形成离子化电场区。入选物料进入电场区后，均荷上负离子电荷，导电性能良好的物料颗粒在与圆筒接触时，能迅速地将所带电荷经接地圆筒释放，呈电中性或正电性，受静电引力和镜像电荷的斥力，以及离心力的作用，作抛物运动脱离圆筒，落入导体接料槽中；非导体物料颗粒则因不能释放或非常缓慢地释放其所带电荷，较牢固地吸附于接地圆筒表面，随圆筒一同作匀速运动，被滚动毛刷刷入非导体接料槽中；导电性能介于导体和非导体之间的中间产品颗粒，由于需要一定时间才能释放所荷电荷，落入中间产品接料槽中。如此，物料便按导电性能良好和导电性能差的差别，实现了分离。

8.2.3.2　YD 矿用圆筒型高压电选机

A　设备结构

YD31200-23 型高压电选机由给料装置、主机、高压直流电源和电控柜四大部分组成，具体结构由机架、自动给料器、同步分料装置、振动布料器、落料控制装置、圆筒电极、复合电极、滚动毛刷和分隔板等部件组成，设备结构如图 8-6 所示。

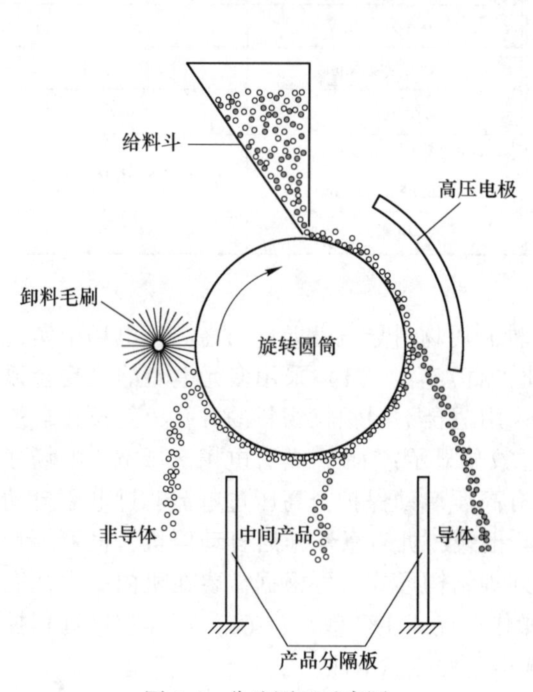

图 8-5　分选原理示意图

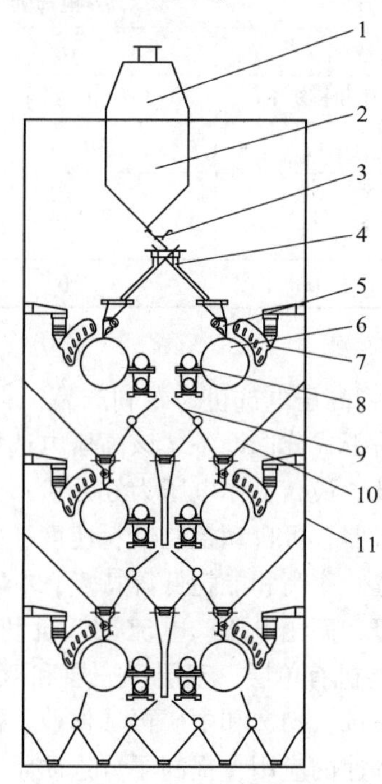

图 8-6　YD31200-23 型高压电选机

1—给料箱；2—加热仓；3—自动给料器；4—同步分料装置；5—落料控制装置；6—圆筒电极；7—复合电极；8—滚动毛刷；9—分隔板；10—接矿槽；11—机架

给料装置包括加热装置和给料箱两部分。加热装置装有 18 支干烧加热管，为物料提供辅助除去潮气的热能。给料箱最大有效容积约为 0.40m^3，通过手动给料装置来调整物料流量。振动布料器悬挂于料仓下部，密封在上辊机架中，通过强迫振动方式保证下料的流畅和均匀。

主机部分。两组六个接地圆筒双列垂直配置，结构紧凑，具有较高单机处理能力；与接地圆筒呈近似同心圆的弧形电极，构成较宽的高压电场区，有利于强化入选物料的荷电和分选；高压电极为静电—电晕复合电极，呈弧形分布的电晕极（丝状或带状）数量、静电极的位置、与接地圆筒电极的间距，均可根据使用要求进行调节；接地圆筒电极转速通过变频调速器进行稳定可靠调节，节能效果显著；采用滚动毛刷卸料装置，既有良好卸料效果，又有较长使用寿命；采用全密闭防尘结构，三面开设带观察窗的机门；可通过调节产品分隔板来调节分离产品的产率和品位，导引产品走向。本设备能分选出三个产品，由设于底部的三个产品出口排出：分别是非导体出口、导体出口与中间产品出口。

YD31200-23 型高压电选机采用长沙矿冶研究院研制的高压直流电源，是高压电选机的专用供电电源，它包括高压变压器、高压硅整流器和其他附属零部件。控制系统采用可编程序控制器（简称 PLC）控制运行。三台变频器分别对六台变频电机的转速进行调控。YD31200-23 型高压电选机的技术特性见表 8-4。

表 8-4　YD31200-23 型高压电选机的技术特性

主要参数	YD31200-23 型高压电选机	主要参数	YD31200-23 型高压电选机
圆筒数/个	6	传导功率/kW	3×3
圆筒电极直径和长度/mm	310，2000	入选粒度/mm	0.04~3.0
圆筒转速/r · min^{-1}	30~300	工作电压/kV	0~60
处理能力/t · h^{-1}	2.0~4.0	外形尺寸（长×宽×高）/mm×mm×mm	3515×1760×4390
静电极长度/mm	2000	机重/t	约 7.5

B　设备特点

YD 系列高压电选机为专利产品，它是一种利用物料导电性差异，在高压电场中实现物料分离的干式分选设备。该高压电选机突出的优点有：（1）采用多元电晕静电复合弧形结构电极，最高工作电压为 6 万伏；（2）采用适合不同颗粒物料的方孔、斜长孔自流式振动给料器，可自动控制给料速度，并通过数显显示；（3）具有电场区域宽、电场强度高、分选效率高和能耗低等特点；（4）具有高压启动保护，高压过电流、过电压自动停机、报警，高压电压、电流过低自动停机、报警，机门意外开启自动停机、报警等功能；（5）整机有单层、双层、三层和双辊并列等结构形式，可根据需要在机内一次性完成粗选、精选、扫选和中矿再选作业，简化操作，提高生产效率；（6）可编程序远程控制及变频调速的应用，提高了分选质量和机械电气性能稳定性。

8.2.4　国外圆筒型高压电选机

8.2.4.1　美国卡普科高压电选机

美国卡普科公司是专门生产各种高压电选机的著名公司。该公司制造的圆筒电选机有大型多圆筒、中型单圆筒及实验研究型等一系列产品，其特点是加工质量高，电极结构不同于其他圆筒电选机。分选圆筒有 ϕ200mm、ϕ250mm、ϕ300mm、ϕ350mm 等多种规格，以便按需选择。图 8-7 为其电极结构简图。图 8-8 为大型工业生产型卡普科电选机简图，其处理量可达 200t/h。主要用于铁矿、海滨砂矿等的精选中。加拿大瓦布什（Wabush）铁矿选厂每小时处理量达 1000t，瑞典马姆贝里耶特（Melmberget）选厂年生产 100 万吨超纯铁精矿，均采用了美国卡普科生产的大型电选机。

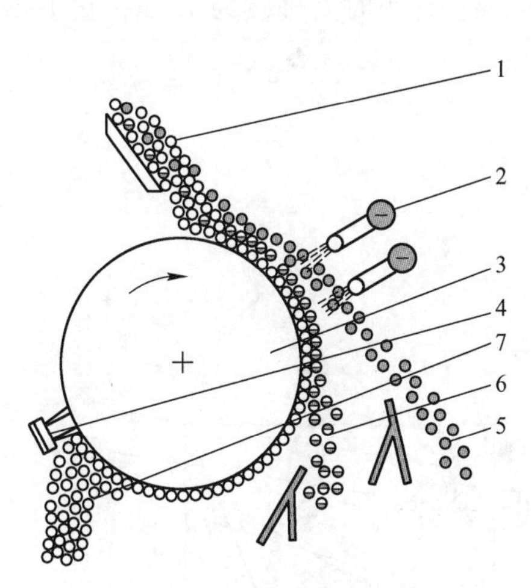

图 8-7 卡普科电选机电极结构

1—给矿；2—电极；3—圆筒；
4—毛刷；5—导体；
6—中矿；7—非导体

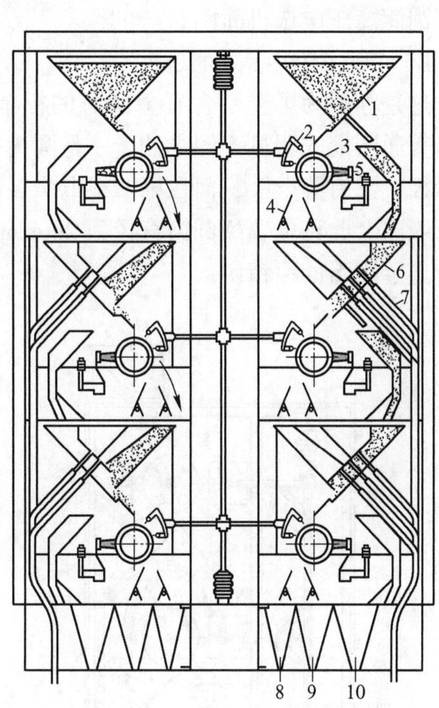

图 8-8 美国卡普科工业型高压电选机

1—给矿斗；2—电极（两个）；3—圆筒；
4—分矿板；5—排矿刷；6—给矿板；7—接矿槽；
8—导体矿斗；9—中矿斗；10—非导体矿斗

6 个分选圆筒成两列平行对称配置，除共用高压电源外，互不相关，自成系统；每个系统的 3 个分选圆筒按等距离上中下配置，其作业性质可以灵活多变，既可以单独处理同一种原料，也可以上下连选，使下筒分选上筒的导体产品、非导体产品或中间产品。但无论单独分选或是连选，每个系统只有 3 种最终产品。

六辊两列对称配置，是迄今筒数最多的电选机，这可以大大提高电选机的处理能力，节约附属设备（包括高压直流电源）的投资，提高劳动生产率，降低生产成本。其突出的缺点仍然是中矿产品循环量大，改进前中矿量达 40%~50%，改为两个卡普科电极后，已下降到 40%以下；再者就是最高电压仍然太低，对一些难选的钽铌矿、海滨砂矿等的精选，仍然不相适应。根据研究者实验，这些矿物的分选电压甚至超过 40kV。

8.2.4.2 苏联三圆筒式高压电选机

世界上苏联研究电选也比较深入，研制出的圆筒式电选机很多，现择其要者介绍。

A　三圆筒式电选机

此为苏联矿山研究所（ИГДАН）研制的，由于从上而下有三个圆筒，故导体、中矿及尾矿再选比较灵活方便，第一个圆筒分出的导体、非导体或中矿进一步在第二或第三圆筒上精选或再精选。其特点是电极结构不同，完全采用多根电晕极，而未用静电极，电晕极采用电阻丝或厚度为 0.1mm 的薄钢片，圆筒直径为 300～350mm，圆筒长 2m，最高电压为 50kV，最大电流为 50mA，处理量比较大，每米为 1.5～2t/h。图 8-9 为苏联 ИГДАН 型三圆筒高压电选机简图。

B　苏联 НИД-1 型电选机

这是苏联为了选别含有金刚石的粗精矿而研制的一种电选机，图 8-10 为该机简图。它与普通圆筒式明显不同之处，一是圆筒排列形式不同，二是电极结构特殊。采用了 2 根电晕极，没有静电极，而在第二根电晕极的正下方安装有一根转动的胶木管，以有利于导体的吸出。此种电选机圆筒直径为 200mm，长 750mm，每小时处理量为 1t/m，它主要用于分选金刚石的粗精矿。

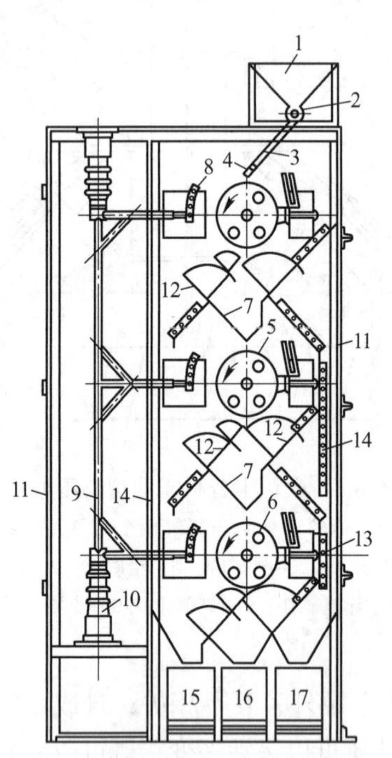

图 8-9　苏联 ИГДАН 型三圆筒电选机

1—给矿斗；2—给矿器；3—给矿槽；4—给矿调节口；5—圆筒；6—管状电加热器；7—中矿斗；8—电晕电极；9—高压电源支架；10—高压瓷瓶；11—机架；12—分隔板；13—毛刷；14—下料管；15～17—接矿斗

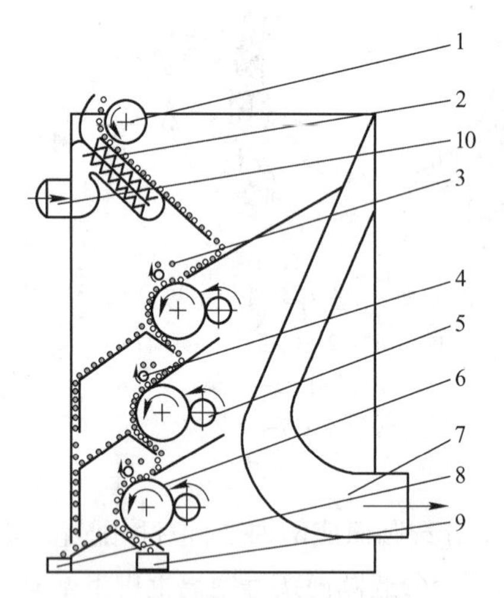

图 8-10　苏联 НИД 型电选机

1—圆筒式给矿器；2—加热器；3—电晕极；4—偏极；5—毛刷；6—圆筒电极；7—通风机导管；8，9—接矿斗；10—给风口

8.3　板式和筛网式电选机

8.3.1　澳大利亚板式和筛网式电选机

澳大利亚矿物矿床有限公司（Mineral Deposits）利用溜槽接触传导荷电的形式研制了

两种静电选矿机，一为溜板式，一为筛网式。目前主要应用在海滨砂矿中锆石、金红石等的精选作业中。筛网式电选机用于非导体矿物的精选，如锆石的精选；板式电选机用于导体矿物的精选，如金红石的精选。板式和筛网式电选机的分选原理如图 8-11 和图 8-12 所示。

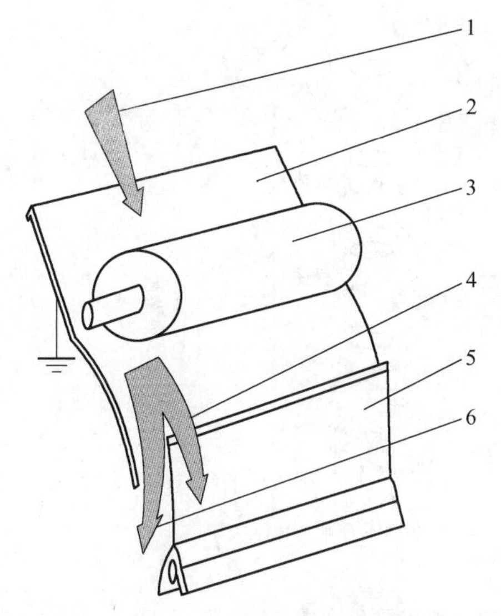

图 8-11　板式电选机分选原理

1—给矿；2—给矿板；3—静电极；4—导体；5—分矿板；6—非导体

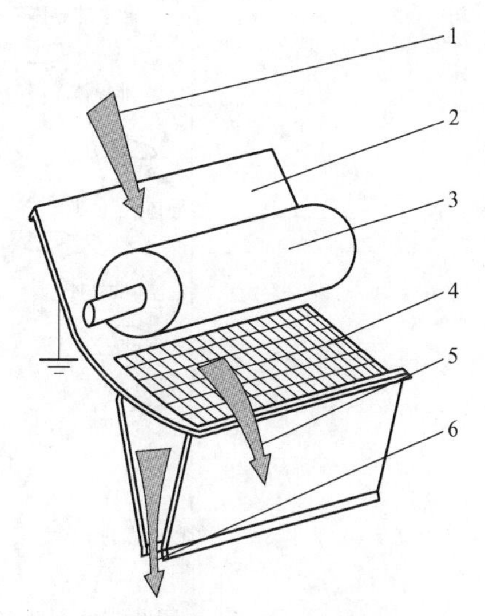

图 8-12　筛网式电选机分选原理

1—给矿；2—给矿板；3—静电极；4—筛网；5—导体；6—非导体

接地极为一溜板，在溜板之上安装有一椭圆形高压静电极，此带电极固定不动（但可调)，通以高压电，给矿经给矿振动槽溜下至溜板，进入高压电场区，导体矿粒被感应而带电，吸向电极，但由于同时受到重力作用及振动，故它的运动轨迹不同于非导体，从前方排出；非导体矿粒虽然也受到电场的作用，但不会被吸引，由于受到振动和整个矿流的向下推动，不断地向下运动。在实际分选中，细粒受到影响最大，常混入导体产品中。此种电选机主要用于从大量的非导体产品中分出含量很少的导体矿物。现澳大利亚主要用于从锆英石粗精矿中分出含量很少的钛铁矿和金红石，并且将几台串联在一起使用，如图 8-13 所示。根据澳大利亚及美国卡普科公司的实践，证明分选效果很好。

这两种电选机的应用范围大致相同。通常，板式电选机用于导体颗粒为主的物料，而筛网式电选机用于以非导体为主的物料。这两种电选机配合圆筒型电选机使用，补充和完善了海滨砂矿电选分选各种有价矿物的电选设备。板式和筛网式静电电选机结构简单、没有运动部件、操作费用和维修费用低。给矿粒度为 0.06～0.6mm，给料速度为 3～4t/h (澳大利亚东海岸砂矿)。

8.3.2　长沙矿冶研究院板式和筛网式电选机

为提高我国国产电选机技术装备水平，适应国内海滨砂矿、原生金红石等选矿发展需要，进一步提高分选指标，保持和发展钛精矿产品和锆精矿产品在国内外市场的竞争能力。近年来，长沙矿冶研究院结合国内外海滨砂矿等的分选特性和生产实践，借鉴国外已

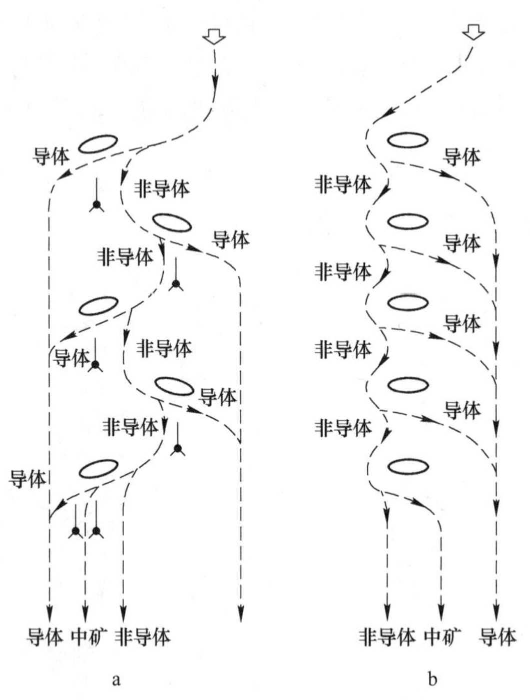

图 8-13　板式和筛网式电选机串联生产图

a—板式；b—筛网式

有电选设备的先进技术，吸收国内外电选机技术特长，于 2006 年底研制出具有良好机械电气性能和分选指标的矿用 CRIMM 系列板式和筛网式高压电选机，用于海滨砂矿中锆英石与钛铁矿、金红石和蓝晶石等的分离，为我国乃至世界海滨砂矿资源开发起到了积极的作用。

8.3.2.1　分选原理

CRIMM 系列板式、筛网式高压电选机广泛应用于海滨砂矿中锆石、金红石等的精选作业。长沙矿冶研究院生产的 CRIMM 系列板式、筛网式高压电选机具有处理量大、分选效果好，机械电气性能稳定、安全可靠和使用寿命长等特点。

板式电选机工作时，矿粒通过给矿板进入由接地弧板和弧板形高压电极组成的电场作用区域，导体矿粒被静电感应而荷电，所带电荷符号与高压弧形电极符号相反，从而吸向弧形电极，由于同时受到重力等的作用，导体矿粒以抛物线轨迹从前方排出。非导体矿粒虽然受到电极的电场作用。但只能极化而不显电性，不会吸向弧形电极，同时受到重力的作用，继续向下流动，由分矿板分开，从而达到分离目的。

筛网式电选机工作时，给料靠重力从倾斜接地弧板下落进入由一切面为椭圆形高压电极感应产生的发散静电场中，矿料被静电感应而荷电，导体颗粒感应所带的电荷符号与电极带电符号相反，从而受静电引力提起，同时受到重力分力作用，导体颗粒以抛物线轨迹从前方排出，而非导体颗粒受静电场的影响极小，只能极化，同时受到矿流向下流动力的作用，继续向下流动，从筛网掉下成为非导体产品。

8.3.2.2　设备结构

工业型 CRIMM 系列板式电选机的结构如图 8-14 所示，实行两路给料，电极结构为两列七层分布，由给料装置、主机、高压直流电源和控制系统四大部分组成，具体包括弧板形高压电极、自动给矿器、同步分料装置、分隔板、机架、接矿槽和控制系统等部件。工业型 CRIMM 系列筛网式电选机同样实行两路给料，电极为两列八层分布，由给料装置、主机、高压直流电源和控制系统四大部分组成，包括椭圆形高压电极、加热仓、自动给矿器、同步分料装置、分隔板、机架、接矿槽和控制系统等部件，其结构如图 8-15 所示。表 8-5 为 CRIMM 系列板式和筛网式电选机技术性能。

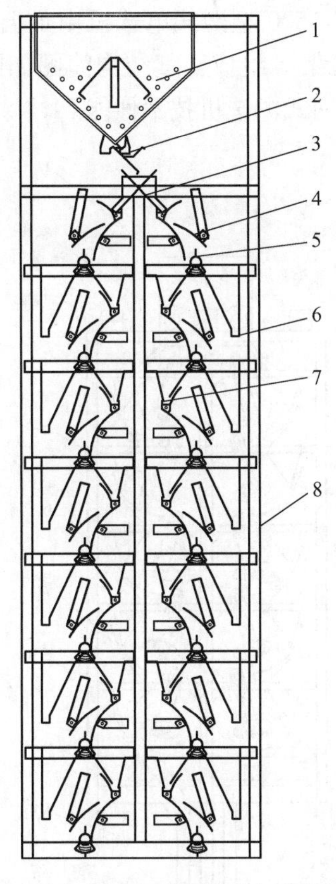

图 8-14 CRIMM 系列板式电选机结构

1—加热料仓；2—自动给料器；3—同步分料装置；4—弧形电极；5—分矿板；6—分料斗；7—给矿漏斗；8—机架

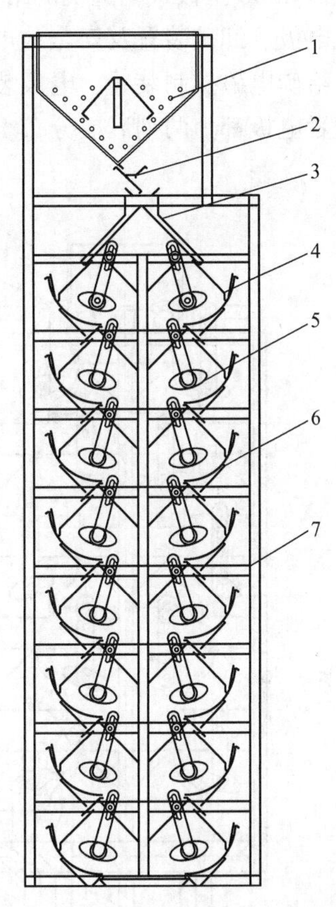

图 8-15 CRIMM 系列筛网式电选机结构

1—加热料仓；2—自动给料器；3—同步分料装置；4—给矿漏斗；5—椭圆电极；6—筛网；7—机架

表 8-5 CRIMM 系列板式和筛网式电选机技术性能

设备类型	工作电压 /kV	处理量 /$t \cdot h^{-1}$	入选粒度 /mm	外形尺寸 /m×m×m	机重 /t
CRIMM-16-HB25	0~40	0.8~1.6	0.04~3.0	1.8×1.1×2.7	1.7
CRIMM-20-HB25	0~40	1.2~2.0	0.04~3.0	2.2×1.8×2.7	2.0
CRIMM-16-SB25	0~40	0.8~1.6	0.04~3.0	1.8×1.1×2.7	1.7
CRIMM-20-SB25	0~40	1.2~2.0	0.04~3.0	2.2×1.8×2.7	2.0

8.3.3　广州有色金属研究院板式和筛网式电选机

板式与筛网式高压电选机是锆英石和金红石精选的有效设备。广州有色金属研究院于1987年引进澳大利亚实验室网式电选机，并于1991年和1992年分别研制成功了SDX-1500型筛网式电选机和HDX-1500型板式电选机，为我国海滨砂矿的精选提供了有效的电选设备。

HDX-1500型板式电选机的结构简图如图8-16所示，主要由给矿装置、椭圆电极、弧板接地电极、卸矿装置及安全放电装置等组成。SDX-1500型网式电选机由加温矿仓、给矿器、给矿电磁控制装置、电极装置、电控装置和机架等组成，其结构简图如图8-17所示。两者电极都为两列五层分布。表8-6为板式和筛网式电选机技术性能。

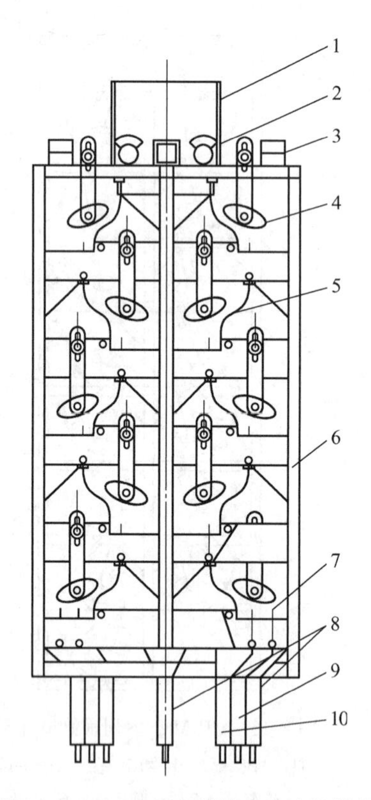

图8-16　HDX-1500型板式电选机结构

1—加温矿仓；2—给矿辊；3—电磁控制装置；4—椭圆电极；5—弧板；6—机架；7—分矿挡板；8—导体；9—中矿；10—非导体

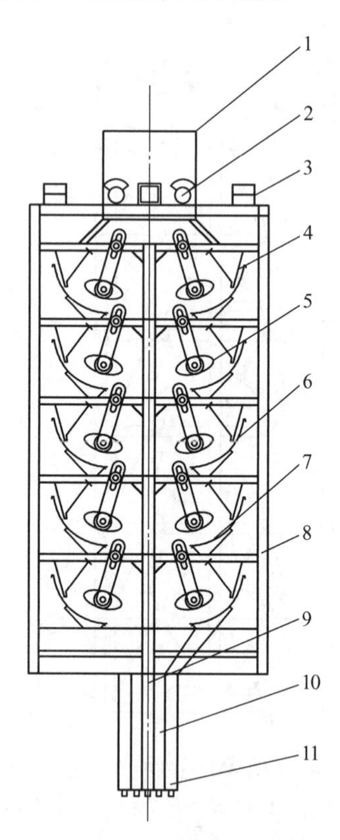

图8-17　SDX-1500型筛网式电选机结构

1—加温矿仓；2—给矿辊；3—电磁控制装置；4—给矿漏斗；5—椭圆电极；6—弧板；7—筛板；8—机架；9—导体；10—中矿；11—非导体

表8-6　板式和筛网式电选机技术性能

设备类型	工作电压 /kV	输入功率 /kW	处理量 /t · h^{-1}	电极长度 /mm	处理粒度 /mm	外形尺寸 /m×m×m
HDX-1500 板式电选机	0~40	1~14	0.5~3.0	1500	<1.0	2.42×1.09×2.72

续表 8-6

设备类型	工作电压 /kV	输入功率 /kW	处理量 /t · h^{-1}	电极长度、 /mm	处理粒度 /mm	外形尺寸 /m×m×m
SDX-1500 筛网式电选机	0~40	1~14	0.5~3.0	1500	<0.8	2.42×1.09×2.72

8.4 摩擦电选机

摩擦电选技术中的摩擦带电是通过接触、碰撞、摩擦的方式使矿粒带电，一种是矿粒与矿粒相互摩擦，使各自获得不同符号的电荷；另一种是矿粒与某种材料摩擦、碰撞使之带电。互相摩擦碰撞带电的根本原因是由于电子的转移。摩擦电选机是用来分选非导体矿物而研制的，但两种矿物的介电常数必须有明显的差别，这样矿粒经过摩擦后，各自能获得不同的电荷。介电常数大的矿粒具有较高的位能，容易受到极化，易于给出外层电子而带正电，而介电常数小的位能低，难以极化，易于接受电子而带负电。

摩擦电选机的不同结构反映出带电方式的不同。图 8-18 所示是一种典型的和已经被测试过的摩擦荷电装置的示意图。摩擦荷电装置在图 8-18a 中为铝的蜂窝状，这种结构会限制矿粒和金属表面的接触，因此，获得的电荷比较少。图 8-18b 为旋流式摩擦荷电装置。这种摩擦荷电装置被很多研究者采用，它提高了矿粒和金属表面的接触。然而，当矿粒以很低的速度从旋流器出来时有很多电荷由于带相反电性的电荷互相吸引而导致大量电荷被中和掉了。图 8-18c 所示的螺旋式铜管。尽管它在理论上能合理工作，但它存在很大的压力落差。最有效的是图 8-18d 混合式的摩擦荷电装置，它的叶轮式铜片拥有足够的表面积能够使矿粒和摩擦电选机表面充分接触。

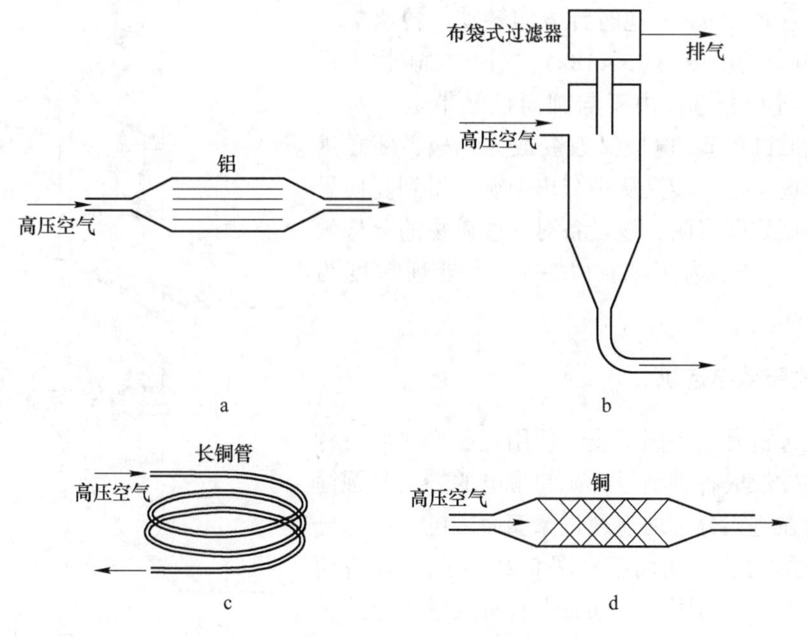

图 8-18 各种摩擦荷电装置的示意图

a—蜂窝式荷电装置；b—旋流式荷电装置；c—管道式荷电装置；d—混合式荷电装置

8.4.1　圆筒型摩擦电选机

物料进入摩擦荷电之前，先加温到 120～200℃，然后进入给矿槽中，使之互相摩擦并与槽底接触碰撞，从而各自获得正负电荷。将已带电荷的物料给到圆筒型摩擦电选机中进行分选，采用的静电极可以带高压负电或正电。图 8-19 为此种电选机的分选原理图。

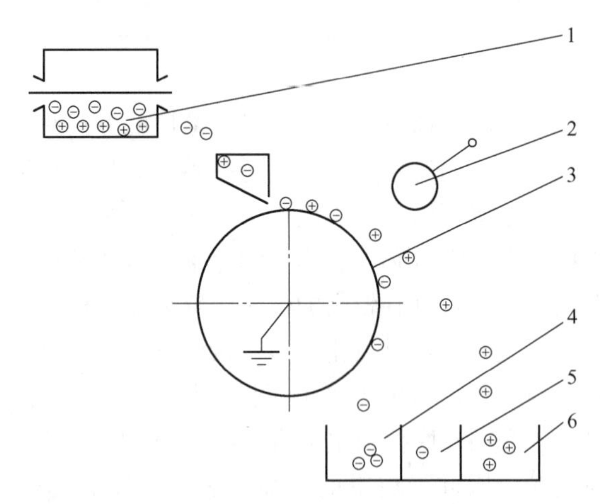

图 8-19　圆筒型摩擦电选机分选原理图
1—摩擦带电给矿槽；2—带电电极（负电）；3—圆筒电极（接地）；
4—带负电矿粒接矿槽；5—中矿槽；6—带正电矿粒接矿槽

图 8-20 为多圆筒摩擦电选机，经第一段 3 个圆筒分选出带有负电的矿粒，得出粗精矿，丢弃尾矿。其带电电极直径 25mm，逆时针方向转动，转速 75r/min，带电电极的电压为 15～18kV。分出的矿物再进入到第二段进行分选。由于与圆筒接触带电（黄铜或不锈钢做成圆筒），电极又改变成为负极，使之进一步进行精选，进一步又从中分出中矿，得到高质量的精矿。根据实践表明，该设备对一些矿物的分选效果较好。其生产率为 1～2t/(h · m)，处理粒度为 -1.7+0.1mm。

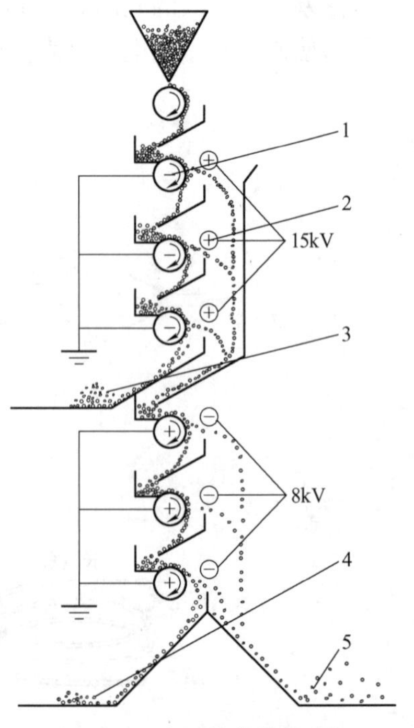

图 8-20　多圆筒摩擦电选机
1—圆筒（接地极）；2—带正电电极；
3—尾矿；4—中矿；5—精矿

8.4.2　室式摩擦电选机

此种电选机是在各国工业上使用且已成熟的一种设备，并已发展成各种型号。矿粒带电的方法与圆筒型相同，均在进入分选之前通过摩擦而带电，只是分选设备本身的构造不同而已。图 8-21 为此种设备简图。图中 a 为原理简图，b 为工业型两段室式电选机简图，c 为两段三个组合式使用简图。各种摩擦电选机型号与参数列入表 8-7。

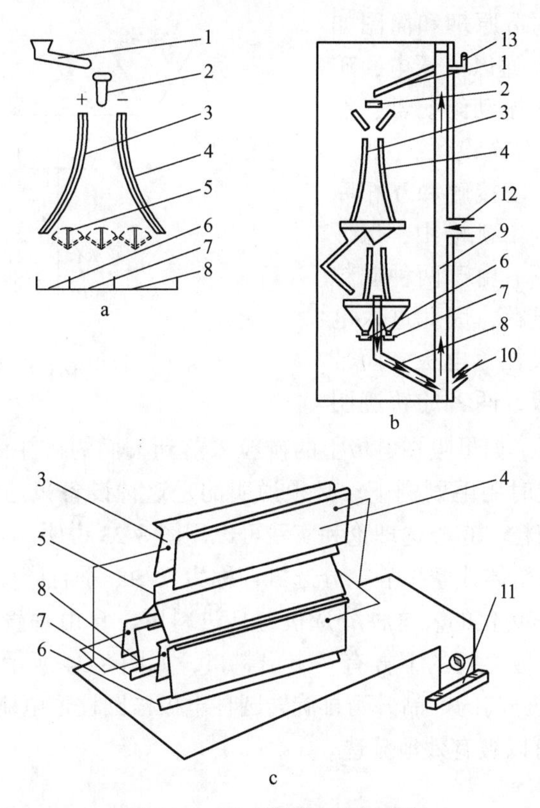

图 8-21 室式摩擦电选机简图

1—振动摩擦给矿槽；2—导向给矿斗；3，4—电极；5~8—接矿斗；9—提升机；10—物料给入口；11—高压电源设备；12—气体进入口；13—气体排出口

表 8-7 各种摩擦电选机型号及参数

主要参数	试验型		工业型	
	系列 1	系列 2	系列 1	系列 2
生产能力/t · h^{-1}	2.0	3.0	10.0	25.0
给矿最大粒度/mm	3	3	3	3
物料加温温度/℃	120	120	140	200
电极长/m	1.40	2.0	5.0	7.0
电极高/m	2.25	2.5	2.0	2.0
极距/mm	200~300	300	300	300~600
处理每吨矿石电耗/kW	0.125	0.2	0.75	0.9
外形尺寸（长×宽×高）/m×m×m	2.5×2.4×1.2	5.0×8.0×9.0	6.0×3.2×3.6	8.5×5.6×21.0
机重/t	5.8	8.8	10.3	44

8.4.3 自由落下式摩擦电选机

在自由落下式电选机中的精矿品位和回收率可以通过避免颗粒与电极的冲击碰撞而增加。此种电选机为适用于两种矿物都是非导体，但介电常数却相差较大，且又为粗粒矿物

的一种分选设备，其构造原理和简图如图 8-22 所示，在电极上通以高压电，矿石由给矿斗排出后进入振动给矿器，然后进入给矿槽，再送入分选设备。

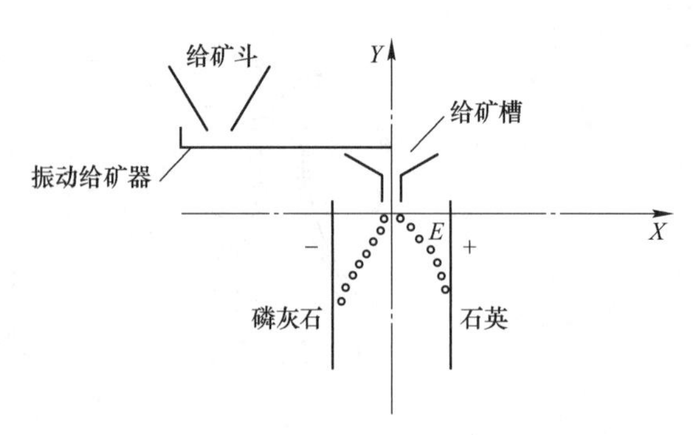

图 8-22　自由落下式电选机结构简图

矿粒经过给矿器振动接触和互相摩擦而带电，而后进入到给矿槽中，保证物料能从中心位置落下。由于两种矿粒各自带有不同符号的电荷，因此进入电场后，带正电的矿粒吸往负电极，而带负电的矿粒被吸向正极，两者的轨迹明显不同，故能使之分开。如果吸在电极上的矿粒未落到下面的矿斗中，而吸在电极上时，则当电极转到后面位置时用毛刷刷下。必须说明的是这种设备只适宜于处理比较粗的物料，而不适宜于分选细粒。其分选理论和实践可以用图 8-23 说明。

一个工业上的自由落体式摩擦静电分选机，称为 V-Stat 垂直摩擦静电分选机，是由美国 Carpco 公司发明并市场化的。这种分选机包括进料区，自由垂直下落区，在两个垂直于轴排列的旋转圆柱电极之间的下方有一个出料口，如图 8-24 所示。出料口有一个分隔板，它可以接到两种被分离的产品。两排旋转圆柱电极被圆柱形电刷自动清理。矿物粒度在 0. 075～10mm 之间可以被有效地分选。

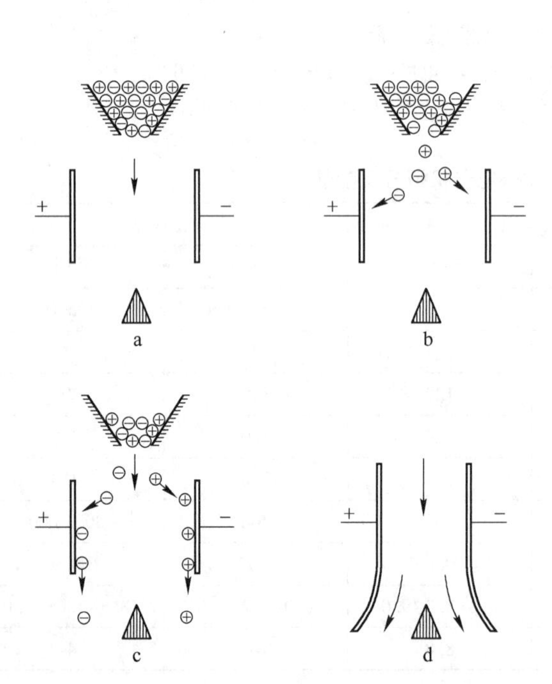

图 8-23　自由落下式电选机分选过程简图

a—物料通过接触各自带电；b—物料带电后进入电选机；
c—带电矿粒各自吸向电极；d—工业生产型设备

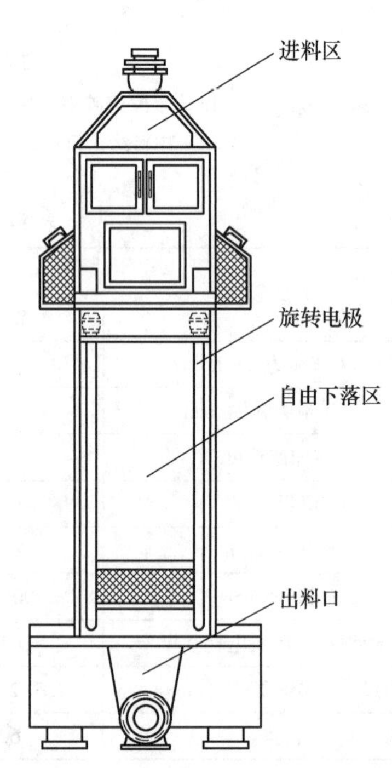

图 8-24　Carpco-V-Stat 自由落体式摩擦静电分选机

最典型的例子是从石英中分选长石，从磷灰石中分选石英和从钾盐中分出岩盐等。例如，当石英和磷灰石两个颗粒接触摩擦后，各自获得相反符号的表面电荷，磷灰石介电常数比石英的介电常数大，磷灰石带正电荷，石英带负电荷，因此各自带有相反符号的矿粒进入电场后，他们发生完全相反的运动轨迹。

美国采用此种电选机对佛罗里达州的磷矿石进行了试验，该种矿石由小粒的石英和磷灰石组成，用清水洗干净后，干燥并加温到 100 ℃，采用振动给矿槽的方法使之有充分的机会互相接触、碰撞和摩擦，从而能很简单地在均匀电场中进行分选。表 8-8 为用此种设备进行分选的结果。

表 8-8 磷灰石与石英的电选结果 (%)

产品名称	产 率	磷灰石	石 英
精矿	47.00	97.1	2.9
尾矿	53.00	8.2	91.8
给矿	100.00	50.0	50.0

注：给矿速度 35.72kg/(h · cm)（按电极宽度）；电极空间宽 15.24cm；电压（电极间）60kV；分选粒度0.15~0.3mm。

8.5 细粒电选机

细粒电选是当前国内外引起重视和研究的重要问题，特别是小于 0.1mm 的细粒物料，经过世界各国学者的研究后，已经取得了显著的进展。一种是干式电选，另一种是湿式电选。

8.5.1 干式回旋电选机

回旋电选机是意大利卡利亚里大学研制而成的一种结构形式比较特殊的电选机。这种电选机的构造为近似椭圆的闭合环形，而管的切面为矩形，图 8-25 为其构造简图。图中 1 处送入热风，3 处给入物料，2 为调节阀门。物料沿管道随热风而流动，在管道 4 处安装有电晕极，5 为接地极，进入管道的细粒物料在 *BC* 这一段带电。矿粒在电晕场中获得电荷后，由于电性质不同，导体矿粒吸附的电荷立即经接地极 6 传走，随气流而带走，从排矿孔 9 排出；非导体矿则不能立即传走电荷，吸附于管壁之内，由气流带动至 8 处排出，介于两者之间的中矿则随空气循环再进行分选。根据选别的矿物所带电荷和转变所需的时间不同，电极尺寸（指 *BC* 和 *CD* 之长）也可以改变。

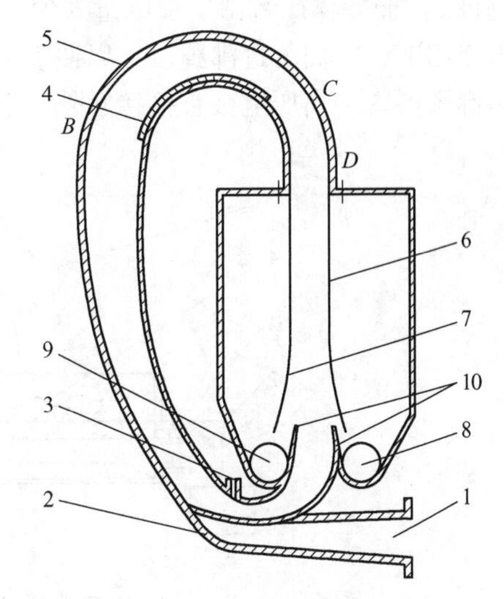

图 8-25 回旋电选机

1—热风管道连接口；2—调节阀门；3—物料给入口；4—电晕电极；5—接地极；6，7—静电极；8，9—排矿孔；10—分隔板

如利用此种电选机分选由于摩擦而带电的矿物，则不必安装电晕极 4，只是利用矿粒与管道壁摩擦，在管壁内再衬以其他材料，以

利于矿粒带电，而只需在 6，7 处安装静电极，分选带有正负电荷的不同矿物，电极 6 则接地，通风机通以热风，此机采用的电压较高，最高达 100kV，分选粒度小于 5μm，分选的效果比较好。

根据资料报道，当用该设备分选粒度为 0～0.06mm 的磁铁矿时，其分选效果较好，见表 8-9。该设备还用来选别 0～0.5mm 重晶石矿和黄铁矿烧渣，分选效果也比较好。

表 8-9　0～0.06mm 磁铁矿的电选结果　（%）

产品名称	产率	Fe 品位	Fe 回收率
导体（精矿）	73.05	64.73	90.85
非导体（尾矿）	26.95	17.69	9.15
给矿	100.00	52.05	100.00

8.5.2　沸腾电选机

沸腾电选机示意图如图 8-26 所示。在一个设有多孔板 1 的容器里放入粒状矿料。如果在容器底层和多孔板 1 之间喷进少量空气 2，空气先穿过多孔板，然后穿过矿粒，矿粒层没有变化。当空气流量增加时，矿粒层突然发生膨胀，矿粒变得异常扰动，好像“沸腾”一样。这称为“流态化”现象。每个矿粒，气流要把它往上吹，而它本身的质量又使它往下落，于是处于某种暂时平衡。在沸腾层 4 中，矿粒与高压电极 3 接触。只有与高压电极 3 接触的导体矿粒才带有与电极极性相同的电荷。非导体矿粒则带电少或不带电。并且在沸腾层中，当非导体矿粒与导体矿粒接触时，非导体矿粒将迅速失去它们的电荷。在电极 3 与另一个置于沸腾层上面或旁边的提取电极 5 之间形成电场。导体矿粒便落至提取电极 5。非导体矿粒由于带电量太少，电场的作用不足以将它们带至提取电极上去，在重力作用下，它们落进沸腾层，以便重新分选。在沸腾电选机中使矿粒带电，除了上述与置于沸腾层内的高压电极直接接触外，还可以利用摩擦带电或者电晕放电等方法。

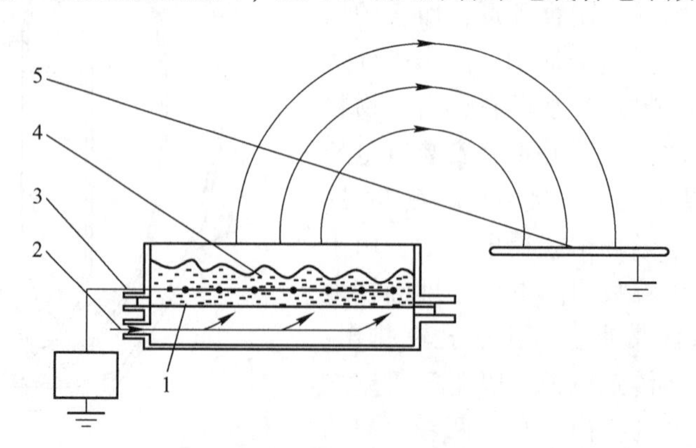

图 8-26　沸腾电选机示意图

1—多孔板；2—入口空气；3—高压电极；4—沸腾层；5—提取电极

沸腾电选机将静电分选与流态化结合在一起而具有下列特点：（1）矿粒在电场中的停留时间可加以控制。这在一般电选机中是难以做到的；（2）能在一个大面积的沸腾层表面上保证均匀的电场，任何电场畸变都可避免；（3）如果将进入沸腾电选机的空气预热刚可以用来烘干或预热待选物料；（4）虽然细颗粒物料会扰乱电场的作用，但由于气流的夹带作用，在分选开始时即可将它们分离出来。然后，根据这些细颗粒物料的组成，与精矿一起回收或与尾矿一起处理；（5）沸腾电选机可以使每个矿粒有多次分选机会。充分带电的矿粒，由于电场的作用而落到提取电极上。带电不足的矿粒重新落进沸腾层，再次参加分选。所以一次分选就能达到很高的选别率。

例如，某含钛矿物的组成为：钛铁矿（51%），金红石（1%），十字石（21%），锆英石（2%），石榴石（7%）以及少量石英。刚一接上电压，立即看到大量矿粒喷涌出沸腾层而落到提取电极上。使用 80kV 电压，1min 就从一个 200mm×200mm 装着 2kg 矿样的箱子中提取出 210g 含钛铁矿 96%、金红石 2%的精矿。

8.5.3　湿式介电分选机

这种电选机的分选是在介电液体中进行，而不同于本篇前述各种干式分选。其原理是利用介电体矿粒在非均匀电场中极化而产生不同的运动。当分选的固体粒子的介电常数小于介电液体的介电常数时，则电场对粒子产生斥力，反之大于液体的介电常数时则产生吸力。

根据理论公式，产生的电力（又称有质动力）为

$$F = \varepsilon_L r^3 \frac{\varepsilon_m - \varepsilon_L}{\varepsilon_m + 2\varepsilon_L} E\mathrm{grad}E \tag{8-1}$$

式中，F 为电力，N；ε_m，ε_L 分别为矿物及介电液体的介电常数。

当式（8-1）中的 r^3，E 及 $\mathrm{grad}E$ 为常数时，则 F 仅仅与 ε_m 及 ε_L 有关。

当 $\varepsilon_m > \varepsilon_L$ 时，$F>0$，电极吸引矿粒；

当 $\varepsilon_m < \varepsilon_L$ 时，$F<0$，电极排斥矿粒。

且当 $\varepsilon_L = 0.365\varepsilon_m$，$F$ 达到极限值（根据实测而得出）。

由于这种分选是在非均匀电场，且在液体中进行，细粒矿在介质中的运动必然与介电泳力、静电力、扩散或渗透压力、重力和黏滞阻力等有关，但由于这是一种粒群运动，且这些力暂时还无法测定和计算，因此只考虑电力的作用。

介电液体常采用四氯化碳和甲醇的混合物. 也有采用煤油和硝基苯的混合物，根据需要而配制成不同介电常数的介电液体。可按下式求得平均值。

$$\varepsilon_L = \frac{\varepsilon_1 + \varepsilon_2}{2} \tag{8-2}$$

式中，ε_1 为第一种介电液体的介电常数；ε_2 为第二种介电液体的介电常数。

如果要求的 ε_L 值比两者的平均值大或小，则可适当增加或减少第一种介电液体的量，以调节合适的 ε_L 值。此种电选机采用的电源不同于一般电选机，而是采用 2~5 kV 的交流电源，也可用直流电源。

8.5.3.1　圆筒式介电分选机

此为美国研制的一种介电分选机，在圆筒上安装有很多细丝，与之对应的为一筛板网，通电后则在圆筒与筛板之间形成非均匀电场，且圆筒 2/3 浸入介电液体中，其构造如图 8-27 所示。

给料从圆筒上部给入筒面后，由圆筒带动到介电液体中，此时矿粒进入筛网与圆筒间

所形成的电场作用区，由于非均匀电场的作用，介电常数大于液体的矿粒吸在圆筒上面，而介电常数低于液体的矿粒却被排斥而通过筛孔落到左边，吸在圆筒丝极上的矿粒则随圆筒转动，在离开筛板的分隔板关键位置时，随即落下至右边的槽中，因为该点的场强变小，且受到液体阻力和重力综合影响，故能顺利排下。

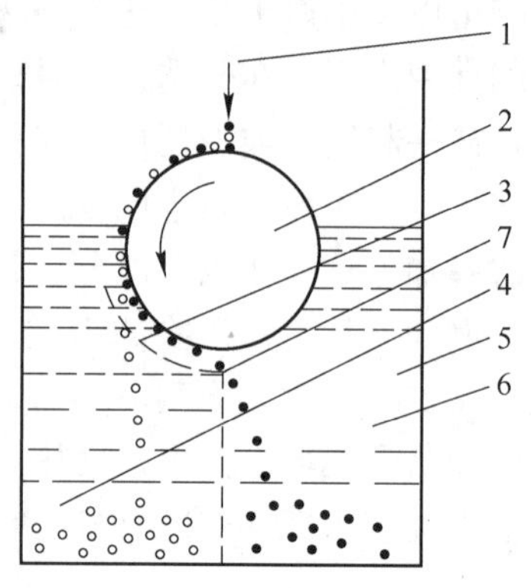

图 8-27　圆筒式介电分选机简图

1—给矿；2—圆筒电极；3—筛网电极；4—低介电常数矿粒；5—介电常数为 K 的中间介电液体；6—高介电常数矿粒；7—分隔板关键位置；

•—高介电常数矿粒（大于 K）；

∘—低介电常数矿粒（小于 K）

根据美国矿业局报道，对 28 种复杂矿的分选表明，效果很好，但生产能力很低，是其突出的弱点。

8.5.3.2　高梯度电选

此为近几年的研究成果，乃介电分选上的进展，也是针对微细粒难选物料而研制的一种新设备。类似于高梯度强磁选，是从提高电场梯度出发，采用介电体纤维在电场中被极化而产生极化力，从而提高电场梯度，而此介电体纤维就完全类似于高梯度磁选中的钢毛介质。

非导体的球形物体置于绝缘介质流体中并处于非均匀电场的作用下，当保持平衡时所受到的介电泳力为

$$F_{\alpha} = \frac{1}{2}\chi V \nabla(E^2) \tag{8-3}$$

式中，F_{α} 为介电泳力，N；χ 为极化率；V 为物体体积，m^3；∇为电场梯度，也可用 grad$E$ 表示。

如物体也像磁性物体那样，有各向异性，则χ 为张量，无法计算，但对球形物体，极化率为

$$\chi = 3\varepsilon_{L} \frac{\varepsilon_{m} - \varepsilon_{L}}{\varepsilon_{m} + 2\varepsilon_{L}} \tag{8-4}$$

将χ 值、球形体积 $V = \frac{4}{3}\pi r^3$ 代入式（8-3），整理后得出球形矿粒在液体中平移的介电泳力为

$$F_{e} = 2\pi r^3 \frac{\varepsilon_{L}(\varepsilon_{m} - \varepsilon_{L})}{\varepsilon_{m} + 2\varepsilon_{L}} \nabla(E^2) \tag{8-5}$$

显然 F_e与电场强度及梯度直接相关，电场强度 E 越大，梯度 ∇也越大，介电泳力也越大，且 F_e由丝极的形状和大小来决定，并由电场强度即母体极化后所产生的梯度而定。图 8-28 为周期式高梯度电选机构造简图。分选罐中所用介电体为玻璃纤维、球或棒形钛酸盐（如钛酸钡）、陶瓷纤维等，加于分选罐中，罐中装有绝缘的介电液体。

两极板通上电源后，介电体纤维被极化，两端出现了正负电荷，形成梯度很高的单元电场，从而产生很大的电力，捕集矿粒，而捕集矿粒所产生的聚电效应又建立了新的捕集点。研究表明，电力 F_e 可超过重力的 50~150 倍，在电场中捕集的切面积超过纤维介质半径的 100 倍，但只限于介电体纤维或球体的表面，当等于或大于纤维或球体直径时，介电体的非均匀性趋近于零。只要中断电源，被捕集在纤维或球体表面的矿粒能立即冲洗掉，因此新方法具有很大的优越性。

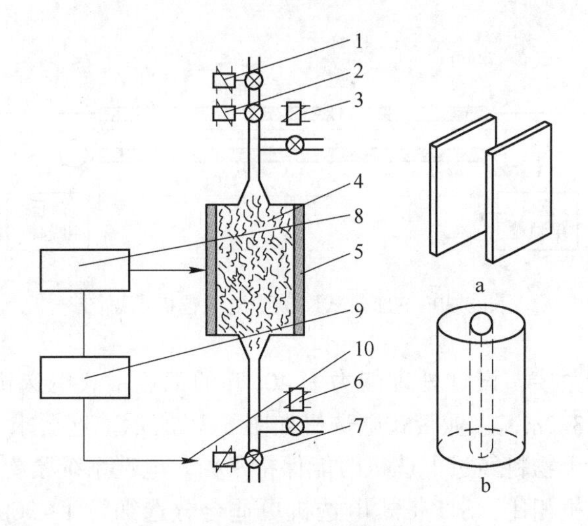

图 8-28 周期式高梯度电选机

a—平行板式；b—圆筒式

1—流速控制阀门；2—给矿阀门；3—清洗阀门；4—分选罐及介质；5—电极；6—清洗阀门；7—给矿阀门；8—直流电源和电场控制；9—自控装置；10—至阀门

现此种设备已发展成为连续式高梯度电选机，在选矿、化工和废物处理等方面有广泛的应用前途，且已在石油精炼、金属和植物油工业上应用，其处理粒度可达微米级，甚至胶体粒子也能用此设备分离。

8.5.4 带式电选机

美国的 Advanced Energy Dynamics（AED）公司发明的垂直带式电选机，即 AED 连续 UFC 带式摩擦静电分选机，如图 8-29 所示，是用来从矿物杂质混合物中分选出煤。AED 的装置是由几个固定平行的平板电极组成，用它来做荷电装置可以保持稳定的电场。在电极板之间，皮带两个部分向相反的方向运动来运输矿粒，并使矿粒接近电性相反的电极板。皮带的运动搅拌了矿粒并且形成了很高的湍流和剪切带，这种行为加强矿粒与矿粒之间的接触，并且可以提高荷电的效率，带电性不同的煤颗粒和其他矿粒就会向不同极性的电极板方向运动。

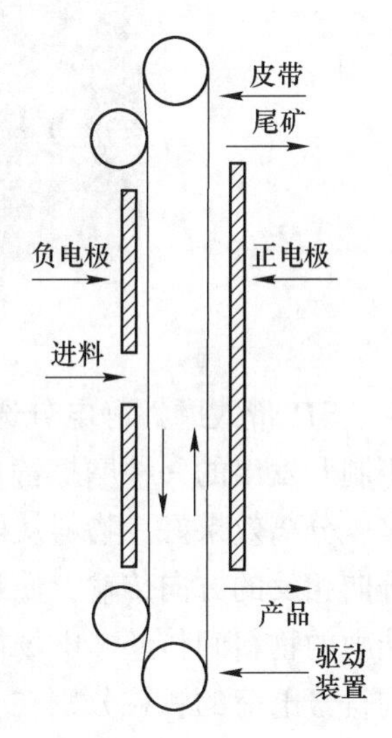

图 8-29 AED 连续 UFC 带式电选机

1995 年美国马萨诸塞州的 Separation Technology Inc（STI）公司在 AED 设备基础上，首次在 Brayton 发电厂的新英格兰电力公司（New England Power Company）开发出了 STI 带式摩擦静电分选机，用于粉煤灰分选以降低粉煤灰的烧失量。这种电选机采用水平卧式，如图 8-30 所示。碳矿物颗粒在相反的气流中连续碰撞而荷电，从而产生了概念上多级分选。带式电选机设计相对简单，皮带和连接圆筒是唯一的运动部件。电极是固定的，由耐用材料构成。皮带由塑料材料构成。实际尺寸的工业带式电选机的电极长度约 6m，宽度 1.25m。原料能耗约为 1kW · h/t，大部分消耗在传动皮带的两个电动机上。

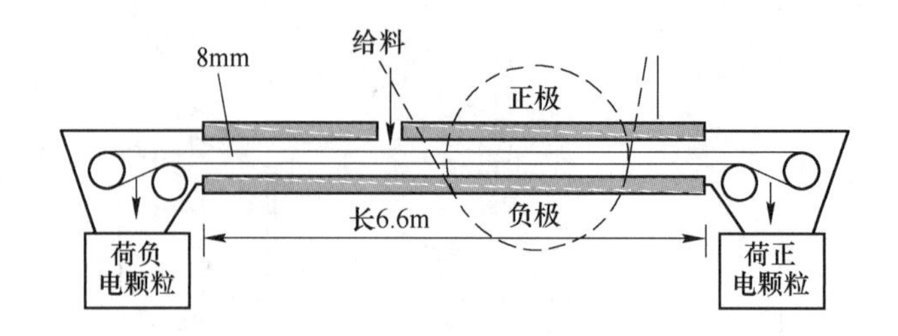

图 8-30　STI 带式摩擦静电电选机示意图

带式电选机结构紧凑，设计处理能力为 40t/h 的工业带式电选机外形尺寸（长×宽×高）为 9. 1m×1. 7m×3. 2m，工业带式电选机如图 8-31 所示。这要求工厂安装带式电选机时要保持水平，以便于物料经过电选机时能保持平衡。电选系统紧凑要考虑到安装设计的灵活性。与其他电选机相比，STI 带式电选机更适合分选细粒 1～300μm 的物料，并且处理量大。颗粒摩擦带电有广泛的应用范围，而且只要求颗粒之间接触。平板间距、高压电场、计量电流、颗粒搅动强度和电极皮带自净能力等参数是影响带式电选机的重要因素。通过充电与再充电和内循环实现细粒物料的高效多级分选，这是传统技术根本无法分离的。

图 8-31　工业型 STI 带式静电分选机

STI 带式摩擦静电分选机分选粉煤灰，是利用粉煤灰中炭粒和无机矿物的电性差异而研制开发出的一种摩擦静电分离技术。这种技术连续，干式分选，处理能力大，性能可靠，分离效果好。物料从两个平行平板电极间的窄缝加入，装有带网眼的传送带上下两部分向相反的方向传输，使颗粒通过与电极内层接触而摩擦荷电。电荷在具有不同电子亲和能力的物料间传递，电场使粉煤灰中的炭粒和无机矿物颗粒分别带上不同符号电荷，带不同符号电荷的颗粒分别在传送带的上部和下部富集，以达到炭粒和无机矿物颗粒分离的目的。

利用 STI 带式电选技术控制生产低烧失量的粉煤灰已经在美国、加拿大、英国、波兰等国家的 12 个发电厂应用，粉煤灰生产用 STI 带式电选机应用见表 8-10。如新格兰电力公司的粉煤灰经分选可以得到烧失量小于 2. 5%的脱碳灰。这些脱碳灰已被用作矿物掺合剂来改善混凝土的耐久性，用于隧道这样的重要建筑工程。

表 8-10 STI 带式电选机工业应用

地点	单位/发电厂	数量/台	投产日期
美国密西西比州	South Mississippi Electric Power Authority R. D. Morrow Station	1	2005 年 1 月
加拿大新布伦兹维克	New Brunswick Power Company Belledune Station	1	2005 年 4 月
英国英格兰	RWE npower Didcot Station	1	2005 年 8 月
美国宾夕法尼亚州	PPL Brunner Island Station	2	2006 年 12 月
美国佛罗里达州	Tampa Electric Co. Big Bend Station	3	2008 年 4 月
英国威尔士	RWE npower Aberthaw Station (Lafarge Cement UK)	1	2008 年 9 月
英国英格兰	EDF Energy West Burton Station (Lafarge Cement UK, Cemex)	1	2008 年 10 月
波兰	ZGP (Lafarge Cement Poland /Ciech Janikosoda JV))	1	2010 年 6 月
韩国	Korea South-East Power Yeongheung Unit 5 & 6	1	2014 年 9 月

带式电选技术与装备在矿业中已进行了大量物料分离中试试验和许多有挑战性的现场工业试验。表 8-11 为带式电选技术成功分离物料的实例。

表 8-11 STI 带式电选机矿物分离实例

矿石类型	分离矿物	给料组成	产品矿物组成	产率	回收率
硅酸盐	$CaCO_3/SiO_2$	90.5% $CaCO_3$/9.5%SiO_2	99.1% $CaCO_3$/0.9%SiO_2	82%	$CaCO_3$回收率 89%
滑石	滑石/菱镁矿	58%滑石/42%菱镁矿	95%滑石/5%菱镁矿	46%	滑石回收率 77%

8.6 电分级设备

8.6.1 圆筒式电分级机

圆筒式电选机实际上也有按粒度不同而进行分级的作用。如果没有电场，按照矿粒在筒面上所受离心力及重力不同，本身就有按粒度分级作用，粒度大和密度大的矿粒会抛落在圆筒前面最远的地方，中等次之，细粒最靠近圆筒，如果增加电场，则增加了一个很重要的电力作用力，使分级更为有效。

图 8-32 为圆筒式电选机分级粒度不同的同种物料，形状不同的不同物料的简图。

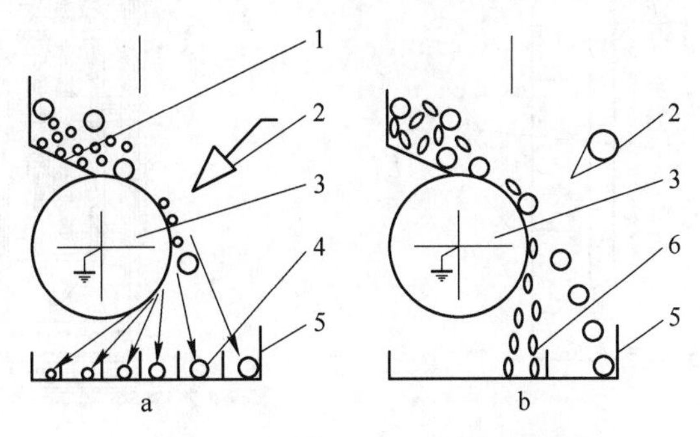

图 8-32 圆筒式电选机分级简图
a—同种物料粒度不同的分级；b—不同物料形状不同的分级
1—给矿斗；2—电极；3—接地圆筒；4—分级粗粒；5—接矿斗；6—扁形产品

从图可知，物料分级是各种力综合作用的结果，可用下式表示：

$$F = F_e + F_c + F_g + F_r \tag{8-6}$$

式中，F 为综合作用力，N；F_e为电力，此处为镜面吸力，N；F_c为离心力，N；F_g为重力，N；F_r为空气阻力，N。

对同种非导体物料，如用电晕极或电晕极与静电极相结合的复合电极，只要矿粒吸附的电荷较小而离心力又超过了电力，则粗粒必然落在圆筒前方，则其表达式为

$$F_c + F_g \gg F_e + F_r \tag{8-7}$$

对于中等粒度矿粒则有如下关系，并落在粗粒与细粒之间的位置。

$$F_c + F_g > F_e + F_r \tag{8-8}$$

对于细粒，则必然落在圆筒的后方，其表达式为

$$F_e > F_c + F_g + F_r \tag{8-9}$$

不论分级何种物料，细粒常易混入粗粒级中，而粗粒级则不易混入细粒级中，这是由于气流及静电场的影响所致。

8.6.2　室式电分级机

这是基于矿粒荷电后，在落下的过程中所受到的电力、重力和空气阻力不同，从而落下的轨迹也不同，使矿粒能按粒度分级。

图 8-33 为室式分级机原理简图，物料给入到电晕极 2 和接地极 3 的空间，在此获得电荷。粒度小的粒子获电荷后，其比表面电荷大，受电场作用力大，但质量小，所受的重力也小，从而很快地沉降在接地极 3 上；粒度大的矿粒则相反，故沉降在下部，其余则在粗细粒之间，如按横向位置划分，越靠近中心位置，粒度越粗，越远则粒度越细。按沉降高度划分，越上面粒度越细，最下层粒度越粗。图 8-34 为室式工业型电分级机。

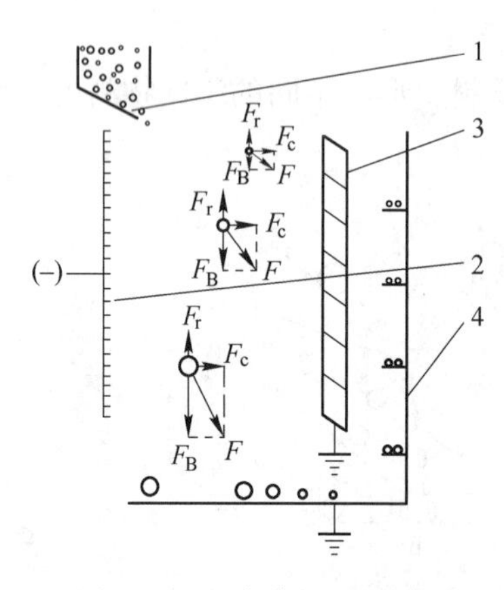

图 8-33　室式分级机原理图

1—给矿斗；2—带电电极；
3—接地极（百叶窗式）；4—收集箱（接地）

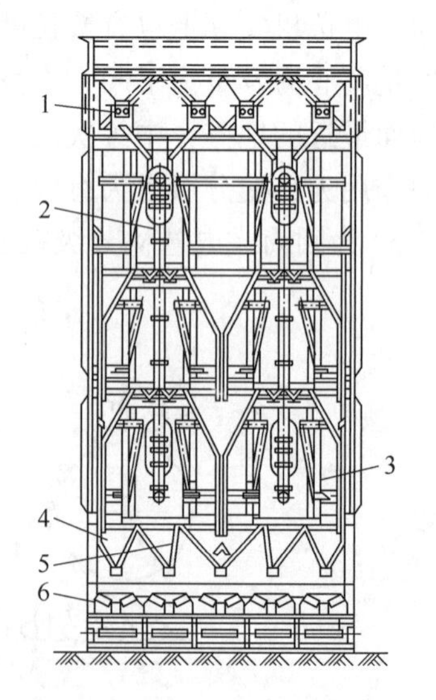

图 8-34　室式工业型电分级机

1—辊式给矿机；2—电晕极；3—接地极；
4，5—接矿斗；6—皮带运输机

除上述电分级设备外，还有摩擦黏附电分级设备，可分级粒度较小（0.04mm）的物料，其原理与上述圆筒式相同。

8.7 其他电选机

8.7.1 箱式电晕电选机

箱式电选机结构简单，其结构示意图如图 8-35 所示。箱式电选机分选过程如下：物料从漏斗 1 经溜槽 2 落入电极 3，4 之间的分选空间。电晕电极 3 为一框架结构。在框架上水平地拉有多根直径为 0.2～0.6mm 的镍铬丝电晕极。在电晕电极的对面装有百叶窗状接地垂直接矿槽 4。在机架的下部装有水平接矿槽 5。

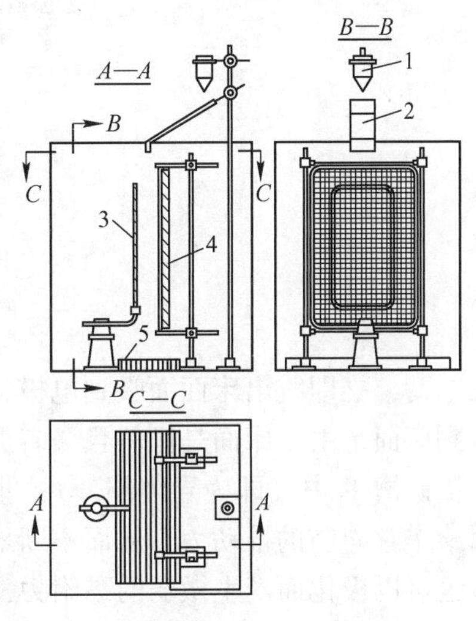

图 8-35 箱式电选机

在箱式电选机中，矿粒所受的力主要为水平方向的电力和垂直方向的重力。矿粒运动的轨迹取决于这两个力的合力。对于粒度细而相对密度小的矿粒，电力的作用较重力大，于是收集在垂直接矿槽 4 的上部；对于粒度粗而密度大的矿粒，重力的作用比电力大，则收集在垂直接矿槽 4 的下部或水平接矿槽 5 中。因此，箱式电选机对于除尘、分级以及分选密度差别较大的矿物效果很好。

8.7.2 电场摇床

所谓电场摇床是像普通的重选摇床，在床面上方加以高压电场来分选矿物的一种设备。此种设备发明已久，之前未用于选矿。今天的电场摇床已经是几经演变和发展起来的，其构造简图如图 8-36 所示。

8.7.2.1 构造

电场摇床与普通摇床有相似之处，也是采用床面，并沿横向有一定倾斜角度，也有摇动机构，但不是产生非对称性的摇动。与普通摇床相比它有许多不同的地方。电场摇床是干式选矿而不是湿选，床面为金属床面并接地，支承于下面四个支点上。床面有的有来复条，有的没有，来复条有的是在床面刻成槽形，或刻成切面呈圆形而均不突出，也有用绝缘材料做成条，总之有各种类型。来复条并不沿床面纵向排列，而是与纵向成一角度，但不能使用凸出型来复条，这样容易产生电晕放电。床面的振动是采用交流电磁铁，每秒振次为 120。显著的不同是在床面上加上直流高压电场。其构造形式如图 8-36 所示，即条状金属电极布满整个床面，它与床面的空间距离为 25～75mm，且与床面平行，高压电是间断而瞬时地加于静电极或电晕极，在电极上通以 4～8kV/cm 的高压电。

8.7.2.2 分选原理

当矿粒给到床面后，此时高压电极瞬时接通高压电，矿流层会发生松散，即导电性良好的粒子会立即从接地极获得正电荷，而当电极带高压负电时，也会使导体矿粒感应产生

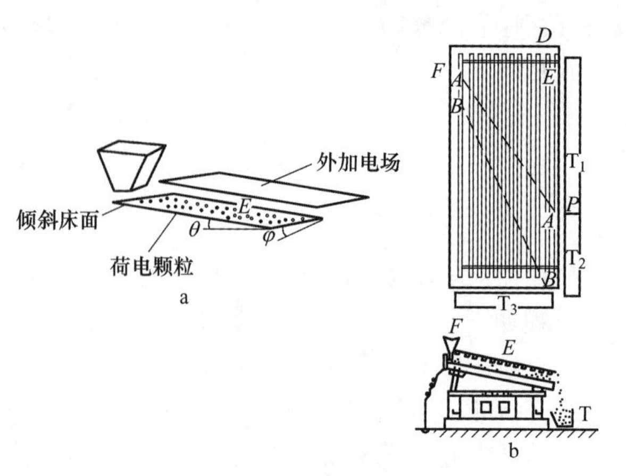

图 8-36　电场摇床简图

a—简图；b—俯视、侧视图

正电荷，立即跳出床面而吸到电极，当吸上去的这一瞬间，恰恰高压电源已中断，矿粒又落到床面，由于床面是倾斜且又有振动，从而导体矿粒按图 8-36b 图中的 *AA* 斜线落到图的接矿槽 T_1 中（即为导体部分）；非导体矿粒与床面紧密接触，加上本身质量和惯性，床面给予它向前的推动力，从而不断地往前运动（沿床面纵向）。当然在电场作用下，非导体也可以极化而产生微弱的黏附力，但比之床面振动而使其前进的力要微小得多，再者高压电的供给又是瞬时断开，因此非导体一直向前运动至床面的末端而从 T_3 处排出，中矿则沿 *BB* 线由 T_2 处排出。

由于供电是周期性的脉动，并且每一周期时间很短，故在床面上的导体矿粒不断地吸起和落下，而介电体矿粒则沿床面前进，运动方向不同。经过研究，高压直流电以每秒 4 个脉冲最好，而脉冲所延长的时间只有整个时间的 2%~4%，摇床振次以 120 次/s 较好。

8.7.2.3　应用

根据实践，只要矿物因密度和导电性能差异而存在运动行为上的差别，就可以利用这种设备进行分选，仅仅一台电场摇床，就可以相当于多台设备的精选。美国从石英、绿帘石等脉石矿物中分选锆英石，从石英中分选磷灰石。印度在工业上已经应用。美国 Ore Fractions Inc. 安装了此种设备，以提纯锆英石作绝缘材料，还用来提纯金红石、钛铁矿等。电场摇床的缺点是处理能力较低。

9 电选工艺流程

目前国内外采用电选主要用于精选作业，一是粗精矿进一步用电选精选，以降低脉石矿物和其他杂质的含量，得到合格的精矿；另一种是将共生在一起的各种有用矿物分开，使各自成为有用精矿，便于回收和供冶炼。目前也有一些矿物直接采用电选，另外近些年来电选还发展到其他行业中，分选非矿物中的其他物料。

9.1 有色及稀有金属矿物的电选

9.1.1 有色金属矿物电选

9.1.1.1 白钨与锡石的电选

最典型的电选应用是白钨与锡石的分选，在世界各国特别是我国这种应用很普遍。原矿为重选得出的以黑钨为主的混合精矿，先用干式强磁选分出黑钨精矿，磁选后的非磁性矿物即为白钨锡石混合矿。由于白钨与锡石的密度很相近（前者为5.9~6.2g/cm^3，后者为6.8~7.1g/cm^3），两者均无磁性，且可浮性也很相近，因此用重选、磁选、浮选都不能使两者分开。但由于两者的电性明显不同，锡石的介电常数大，为24~27，白钨的介电常数小，仅为5~6，前者为导体矿物，白钨为非导体矿物，故电选是使两者分开的最有效方法，不但经济合理，且流程简单，又不像浮选时要使用药剂而有污染问题。

电选前先用枱浮脱除大量硫化矿，如黄铁矿、黄铜矿、辉钼矿、辉铋矿等，然后将矿石干燥、筛分，再进入电选。如含有其他脉石矿物，如石英、黄玉、锆英石等，也有在脱除硫化矿后再用摇床富集，然后进入电选的。如硫化物和脉石矿物已脱除干净，则只是白钨锡石的电选分离问题。电选时物料的筛分分级是非常必要的，筛分粒级越窄，效果越好。国内经验是分-2+1.4mm，-1.4+0.83mm，-0.83+0.2mm，-0.2mm等各粒级。现选择某厂的电选流程介绍，如图9-1所示。国内各钨矿山和精选厂要求通过电选后，所得白钨精矿含锡（Sn）低于0.2%，含钨（WO_3）必须大于65%。应该说采用上述精选流程对保证白钨精矿的质量是完全可靠的。YD系列圆筒型高压电选机整机有单层、双层、三层和双辊并列等结构形式，可根据需要在机内一次性完成粗选、精选、扫选和中矿再选作业，简化工艺流程和操作，提高生产效率，在白钨与锡石的电选分离中发挥了极其重要的作用，为企业带来巨大的经济效益和社会效益。

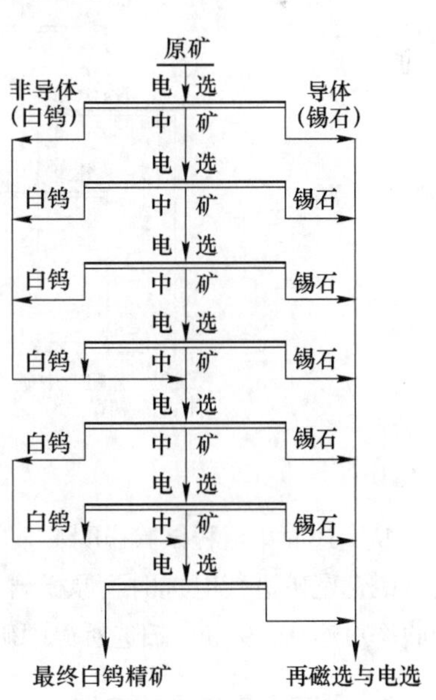

图9-1 白钨锡石电选流程

例如云南锡业公司、广西贺州珊瑚矿等选用 YD 系列高压电选机分离白钨与锡石，获得含 WO_3 68%~72%，含 Sn 小于 0.2%的优质白钨精矿，WO_3回收率达到 80%以上；锡石精矿中含 Sn 68%，含 WO_3小于 1.34%，Sn 回收率达到 80%以上。

国外如日本、苏联也有小厂处理白钨锡石，方法也是采用电选。日本大谷山选厂月处理量精矿 60t，原矿中含有硫化矿先用浮选脱除，然后干燥分级，电选分离。采用 +1.7mm，-1.7+0.85mm，-0.85+0.425mm，-0.425+0.18mm，-0.18+0.106mm 分级入选，先用磁选脱去磁性矿物，再分别多次电选，白钨回收率达 95%。苏联的生产厂也很小，其所得各项指标比我国低，白钨精矿含锡仍高达 0.3%。

9.1.1.2　黄金的精选

对砂金矿来说，用电选精选是一种很有效的方法。砂金矿先用重选（摇床或溜槽等）使重矿物富集，再用磁选与电选配合，提高黄金品位。我国对某金矿进行了电选试验，获得了显著效果。

粒度为-2mm 原矿用摇床选别，含黄金 120.36g/t，重砂矿物中磁铁矿 30%，钛铁矿 10%，石英、长石 25%，锆英石 7%，角闪石 10%，独居石 3%，褐铁矿 8%，石榴石 2%，其他云母，电气石等 5%左右。进入电选时，将物料分为+0.21mm 和-0.21mm 两个粒级。电选流程比较简单，均采用一次粗选和一次扫选流程。试验证明磁选尾矿采用高压电选，可使金回收率达 93.91%，进入电选的黄金给矿为 387.22g/t，电选后+0.21mm 和 -0.21mm黄金合并精矿可富集到 13480.93g/t，中矿为 1147.38g/t，如再将中矿进一步电选，黄金回收率可进一步提高。磁性产物用弱磁选将磁铁矿分出后，采用上述近乎相同的流程，所得黄金粗精矿为 24.13g/t，中矿和尾矿不含黄金，其选别流程如图 9-2 所示。

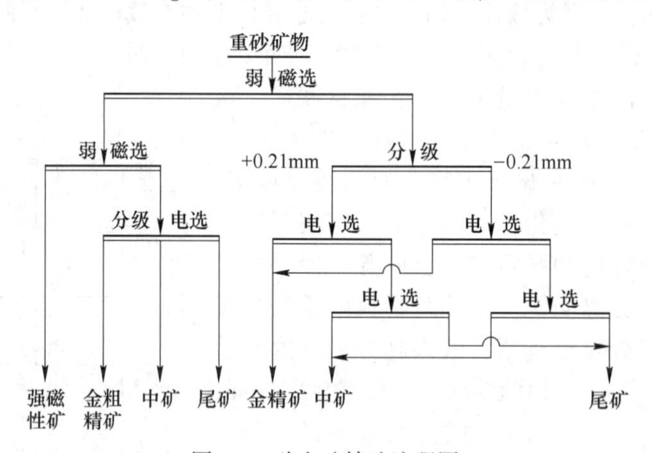

图 9-2　砂金矿精选流程图

从上述简单流程试验说明，某砂金矿的重砂矿物采用磁选和高压电选相配合，分选效果显著，磁选尾矿进行电选时，原矿含黄金 387.22g/t，经电选后黄金精矿可富集到 13480.93g/t，回收率可达 93.91%；扫选所得中矿黄金含量为 1147.38g/t，回收率为 5.24%。

9.1.2　稀有金属矿物的电选

此处稀有金属矿物是指含钛的钛铁矿、金红石以及钽铌铁矿等这几类矿物，不论是原生矿还是砂矿，大都采用电选进行精选，以选出最终精矿。

9.1.2.1　钛铁矿、金红石的电选

20世纪40年代，Carpenter发明了从海滨砂矿中电选回收钛矿物的方法。首先用湿式重选法将重矿物（如钛铁矿、金红石、锆石、石榴石、蓝晶石和稀土矿物独居石等）与轻矿物、矿泥和其他杂质分开。重选精矿干燥后给入多段磁选和电选流程中。

钛铁矿和金红石的粗精矿绝大多数来自海滨砂矿或陆地砂矿，次之为原生矿。这些粗精矿先经重选方法富集，然后运送到专门的精选厂进行电选，或与其他方法配合进行精选，以得出合格的精矿产品。全世界海滨砂矿以澳大利亚产量最大，国内以海南产量最多；原生脉矿则以四川攀枝花和河北承德最大，精选中大多采用了电选。

海滨砂矿和陆地砂矿最突出的特点，就是矿物已经单体解离，从而省去了一系列破碎、磨矿及分级这些耗能高而效率低的作业。砂矿中一般含重矿物至少在2~3kg/t以上，且粒度小于0.1mm的量很少。采用简单的重选设备如圆锥选矿机、螺旋选矿机等预先富集，得出重砂粗精矿，重砂中主要含有磁铁矿、钛铁矿、金红石、独居石、锆英石等。而此中含量最高的为钛铁矿，常为砂矿的主要产品，其次为金红石，而锆英石和独居石则因产地不同而不同，显然这些重矿物的分离仅仅采用单一磁选或电选时，都不可能得出合格的精矿，而必须是电选—磁选—重选几种方法配合，才能有效地分选。

我国南方某精选厂就是处理海滨砂矿的一个代表，原料主要来自海南及其他各地的粗精矿，此中TiO_2为33%~38%，ZrO_2为6%~7%，总稀土TR_2O_3为0.63%~0.7%。其矿物组成为：钛铁矿、白钛石、金红石、锆英石、独居石、磷钇矿、磁铁矿、褐铁矿，此外尚有少量锡石、黄金和钽铌矿；脉石矿物有石英、石榴石、电气石、绿帘石、十字石、蓝晶石等。其采用的流程比较复杂，如图9-3所示。

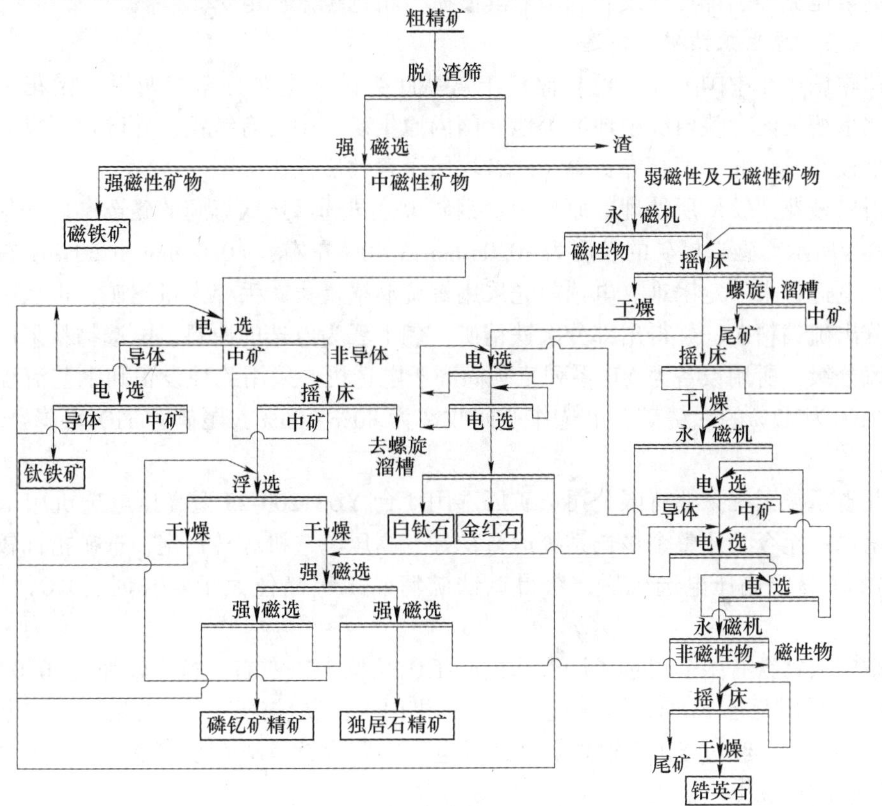

图9-3　海滨砂矿精选流程

按电性质划分，则为：

（1）导体矿物：磁铁矿、钛铁矿、金红石、褐铁矿、黄金、锡石、白钛石等。

（2）非导体矿物：锆英石、独居石、磷钇矿、石英、电气石、石榴石、绿帘石、十字石、蓝晶石等。

本工艺流程之所以非常复杂，一是粗精矿中所含各种矿物，种类繁多，单一磁选或电选均很难达到产品质量要求，国内外实践证明，要保证钛精矿含 TiO_2 大于 47%，电选是有效的方法；二是该厂所用设备非常陈旧。表 9-1 为所得各产品的指标。

表 9-1　砂矿精选各产品指标　　（%）

产品名称	品位				回收率	备　注
	TiO_2	ZrO_2	TR_2O_3	Y_2O_3		
钛铁矿	50				85	1. 金红石精矿包括金红石、板钛矿、锐钛矿和白钛石； 2. 原料中 TiO_2 是指总量而言
金红石	80				65	
锆英石		60～65			82	
独居石			55		72	
磷钇矿				30	68	
原矿	35	6.5	0.65	0.05	100	

澳大利亚是海滨砂矿最大出口国，为了解决锆英石中含少量导体矿物，最早研制出了与别国不同的溜板式和筛板式电选机，其选别效果较好。此外非洲的塞拉利昂，埃及以及印度、莫桑比克等国都在开发和利用海滨砂矿，精选也采用电选。

9.1.2.2　*原生钛铁矿的精选*

钒钛磁铁矿在中国分布广泛，储量丰富。此类矿床主要分布在四川攀枝花—西昌地区，河北承德地区，陕西汉中地区等地。国内原生矿石中含有钛铁矿并已建厂投产，目前有四川攀枝花及河北承德高寺台等，两者均属于含钛磁铁矿类型。

四川攀枝花选钛厂所处理的原料为攀钢矿山公司选厂选铁车间的磁选尾矿，其工艺流程如图 9-4 所示。磁选尾矿的粒度为-0.04mm 占 40%左右，+0.04mm 占 60%左右，这就给下一步电选带来一定困难。电选前先采用螺旋溜槽富集，丢弃大量尾矿，再从中用浮选和磁选分出硫钴精矿，并得出部分次铁精矿，剩下者为电选的原料。电选物料采用热风干燥，旋风分级，所用设备为 YD 系列三圆筒高压电选机。采用此种设备和工艺流程后，能获得含 TiO_2 为 47%的钛精矿，电选作业回收率为 80%～85%，尾矿含 TiO_2 可降至 9.5%～10%。

河北省承德天福钛业有限公司选矿厂选用 4 台 YD31200-23 型高压电选机用于原生钛铁矿的精选。至今为止整个精选系统运行良好，高压电选机运转稳定，选矿指标较好。使用 YD31200-23 型高压电选机后，获得钛铁矿精矿 TiO_2 品位大于 47%时，TiO_2 回收率大于 85%。

甘肃中大钛铁有限公司选矿厂浮选精矿 TiO_2 品位 38%左右，粒度较细，-0.075mm 粒级占 60%。采用两台 YD31200-23 型高压电选机用于钛铁矿浮选精矿的精选，在电选入料 TiO_2 品位 38%时，经过 YD 三辊高压电选机电选，获得钛铁矿精矿 TiO_2 品位 46.5%以上，TiO_2 回收率达 95%以上。

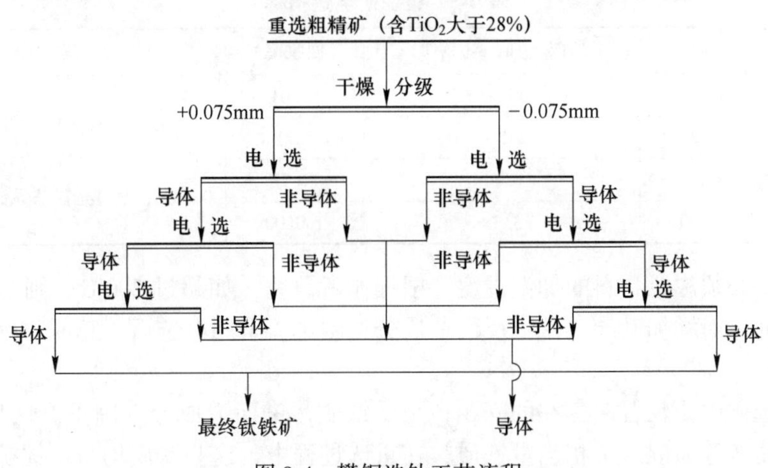

图 9-4 攀钢选钛工艺流程

9.1.2.3 钽铌矿的精选

自然界中含钽铌矿物的种类繁多，这是稀有矿物中比较重要的一种矿物，特别是含钽高的钽铁矿，钽铌铁矿，价值更大。世界上以非洲尼日利亚和南非等国所产钽铌矿的原矿品位最高。此外，马来西亚、菲律宾、印度和泰国等也从砂矿中回收一部分钽铌铁矿，原矿中含量不高。我国钽铌矿的资源较多，一部分为伟晶花岗岩原生矿床，一部分为伟晶花岗岩风化矿床和砂矿床。含钽铌的矿物中并非所有矿都能电选，只有重钽铁矿、钽铌铁矿、锰钽铁矿、钛铌钽矿、钛铌钙铈矿、铌铁矿的导电性较好能用电选。而烧绿石、细晶石等则属非导体，常规电选方法不能分选。

国内钽铌矿由于原矿品位都比较低，只有 0.02%～0.03%。经破碎、棒磨，摇床多次富集，得到粗精矿，此时含钽铌的品位约 2%～5%，然后采用电选或电-磁精选，以得出最终钽铌精矿，含 $(Ta, Nb)_2O_5$必须高于 30%以上。

粗精矿中除少量钽铌矿外，大量为石榴石，并含有电气石、黄铁矿、泡铋矿、石英、长石和云母。有些矿山还有锂辉石、锂云母。较多矿山过去采用强磁选分出钽铌矿，实践已经证明，效果很差。主要是含量很大的石榴石和钽铌矿一样，均属于弱磁性矿物，且两者比磁化系数很相近，故不可能有效地分离。但如果采用电选分离，则情况大不相同，石榴石属于非导体，石英、长石、电气石、云母等均属非导体，只有钽铌矿属于导体矿物，这样有利于钽铌精矿品位和回收率的提高。通过采用图 9-5 的流程，选别钽铌矿时，可以使用筒式高压电选机，但不能使用双滚低压电选机，这主要是钽铌矿的导电性不太好。

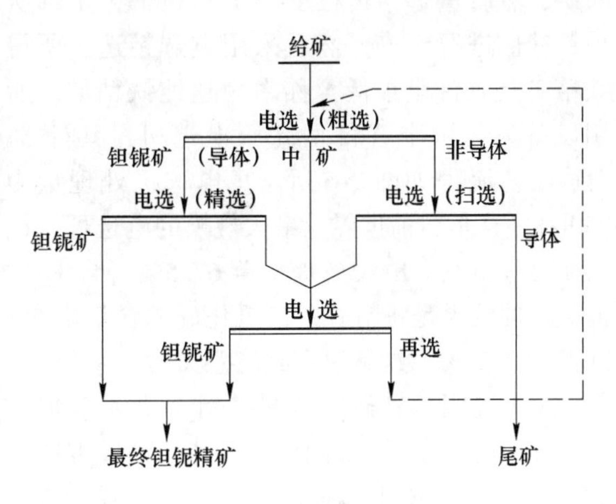

图 9-5 钽铌矿电选流程

采用此种工艺流程后，所得选矿指标列于表 9-2。

表 9-2　钽铌矿电选指标　　(%)

产品名称	产率	品位 $(Ta, Nb)_2O_3$	回收率	备　注
精矿	6.51	43.21	83.01	1. 原矿为摇床所得粗精矿； 2. 石榴石中含 $(Ta, Nb)_2O_5$ 达到 0.35%，物理选矿法无法回收
中矿	7.12	2.71	5.71	
尾矿	86.37	0.44	11.28	
给矿	100.00	3.38	100.00	

电选时还必须注意物料的加温温度，根据作者研究，如超过 200℃，则本属非导体的石榴石也会因此而增加其导电性，反而造成分选困难。采用电选后，总回收率比磁选提高 15%以上。

钽铌矿选矿中比较普遍存在的问题，是受铁质污染而造成分选困难。这是由于破碎、磨矿及管道输送等而混入了相当量铁质，在重选过程中，这些铁质均与钽铌矿、石榴石富集在一起而成为粗精矿，加之又易于氧化而黏附于非导体石榴石表面，增加了导电性。电选时与钽铌矿成为导体而一起分出，造成很大的困难。为此应尽早地在磨矿后即除去这些铁屑，否则待全部富集在粗精矿中后，不仅增加了石榴石的导电性，且常造成粗精矿结块，并且非常难碎散。

9.2　黑色金属矿物的电选

9.2.1　铁矿电选

目前全世界绝大多数的选厂实践已证明，电选仍然限于铁矿的精选作业，直接用电选分选铁矿的选厂甚少。国内尚无此种精选铁矿的实例，而国外则在大型选厂中应用已久。其给矿为重选所得铁精矿，然后采用电选精选，得出超纯精矿。这主要是由于电选能非常有效地除去铁精矿中所含硅酸盐类脉石矿物和磷矿物等杂质，而这些效果都是其他选矿方法所难以达到的。

典型的实践是加拿大瓦布什（Wabush）选矿厂，该厂处理的铁矿石是赤铁矿，先破碎、磨矿，然后重选，其粒度小于 0.6mm，重选所得铁精矿进行干燥，然后采用电选精选，所得铁精矿杂质含量很低，称之为超纯铁精矿。所用设备为美国卡普科型高压电选机，共计 58 台，工艺流程如图 9-6 所示。电选机处理量为 850t/h，这是目前世界上最大规模的电选厂，铁精矿品位虽然只由 65%提高至 67.5%（含 Fe），但突出的效果是将精矿中二氧化硅的含量由 5%降低到 2.25%，这是很有经济意义的。

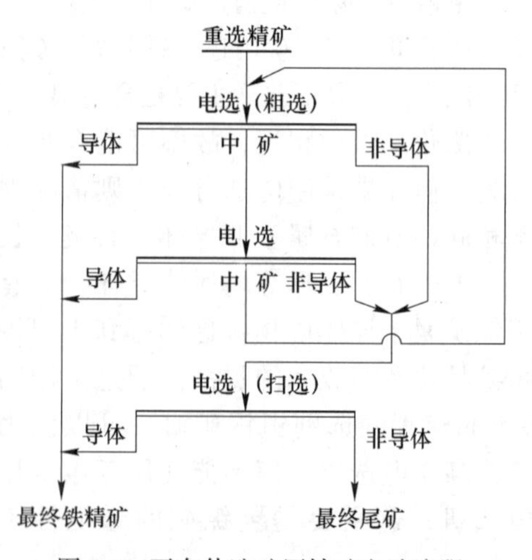

图 9-6　瓦布什选矿厂铁矿电选流程

根据美国钢铁研究人员统计，进入高炉中二氧化硅的含量每增加 1%，每吨生铁成本增加约 1.55 美元，采用选矿方法除去 1t 二氧化硅的费用约为 2.9 美元，而在高炉中要除去 1t

过量的二氧化硅的费用却高达95美元。显然预先除去要比进入高炉后除去经济得多，这样可以节约能源（电力、焦炭）、劳力及其他辅助原料，提高高炉利用系数。当然除去二氧化硅、铁精矿的干燥及电选本身也需要耗费能源和增加成本，但该厂全面实施这一方案后，核算结果，其成本反比原来下降25%，这是可供人们借鉴的。

瑞典北部的马姆贝里耶特（Melmbergt）选厂早在1972年就采用电选处理铁精矿，其原矿亦为重选铁精矿，年处理量达100万吨，是铁精矿降磷的典型，实际上除降磷外，同时也提高了铁精矿的品位，降低了二氧化硅的含量。采用图9-7所示的电选流程，原料中含磷量为0.6%时，经过电选磷含量降低到0.04%，铁精矿品位由58%提高到68%，效果非常显著。

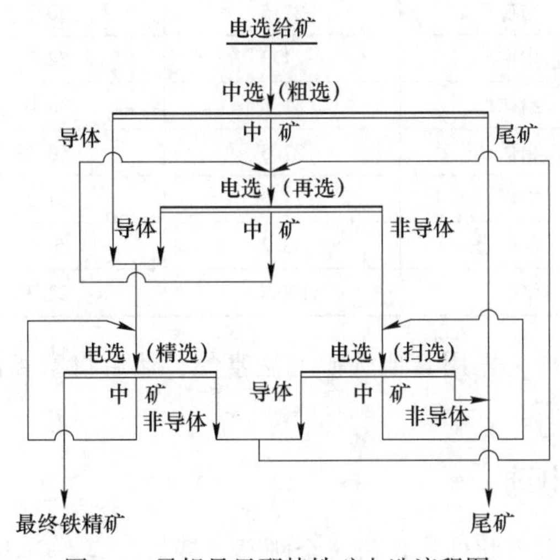

图9-7 马姆贝里耶特铁矿电选流程图

9.2.2 锰矿和铬矿的电选

一般情况下，锰矿大都采用重选、洗矿或强磁选，国内虽然有人研究采用电选分选锰矿石，但生产上并无应用实例，国外以苏联研究较多，并有应用者，同样也是用于精选作业。电选时锰精矿的品位都远比重选和磁选方法要高，而回收率却比磁选低，因此采用电选方法以提高精矿品位，用磁选以保证回收率并丢弃尾矿。表9-3为0.1~2mm锰矿石分选结果，即将磁选所得锰精矿再进行电选。

表9-3 锰矿石分选结果 (%)

分选方法	产品名称	产率	Mn品位	Mn回收率
磁选	精矿	65.6	40.3	94.1
	尾矿	34.4	4.8	5.9
	给矿	100.0	28.0	100.0
电选（磁选精矿）	精矿	34.5	52.2	63.9
	中矿	31.1	27.2	30.2
	给矿	65.6	40.3	94.1

续表 9-3

分选方法	产品名称	产率	Mn 品位	Mn 回收率
电选及磁选	精矿	34.5	52.2	63.9
	中矿	31.1	27.2	30.2
	尾矿	34.4	4.8	5.9
	给矿	100.0	28.0	100.0
磁选	精矿	51.8	38.0	88.3
	尾矿	48.2	5.4	11.7
	给矿	100.0	22.3	100.0
电选	精矿	27.5	50.2	61.8
	中矿	24.3	24.2	26.5
	给矿	51.8	38.0	88.3
电选及磁选	精矿	27.5	50.2	61.8
	中矿	24.3	24.2	26.5
	尾矿	48.2	5.4	11.7
	给矿	100.0	22.3	100.0

铬矿石与铁锰矿一样，先用其他选矿方法富集，然后将富集的粗精矿再用电选法精选，以便得出最终铬精矿。

9.3　非金属矿物的电选

非金属矿物种类繁多，此处指长石、金刚石、钾盐、煤、石墨、石棉、石英等，由于品种太多，不能一一列举，现择其要者介绍。

9.3.1　长石的电选

长石资源广泛应用于玻璃、陶瓷胚料、陶瓷釉料、研磨材料等工业部门及生产钾肥。但目前主要还是应用于玻璃和陶瓷工业，两者合计占总用量的80%~90%。我国长石资源很丰富，以钾长石为主，但存在富矿少、贫矿多等特点。我国长石选矿主要集中在原矿直接除铁以及石英-长石的分离两个方面。长石选矿方法有浮选、手选与洗矿、强磁选与高梯度磁选、重选、电选以及化学处理等。电选是利用高压电场技术高效地回收某些采用浮选、风选或磁选难以获得满意预期结果的原料。

长石与石英结构相似，导致两者的物理性质、化学性质及矿物表面的荷电性质均相似，它们的零电点接近，在中性自然介质中表面均荷负电。依据长石石英分离各种方法的机理可以看出，要使得两者达到有效的分离，关键是要充分利用两者结构上的微差别，即长石表层晶格中 K^+、Na^+和 Al^{3+}的活性。在长石与石英的分离除采用浮选法之外，也可以采用静电选矿法，其好处在于：(1) 可以消除混在最终产品中的游离石英颗粒；(2) 可以提高产品中碱的含量；(3) 可以回收更均匀的产品等。用氢氟酸处理长石和石英的混合物时，在长石表面生成导电的氟化钾和氟化铝薄膜，石英则几乎保持不变。从而采用高压电选方法可以实现两者有效分离。

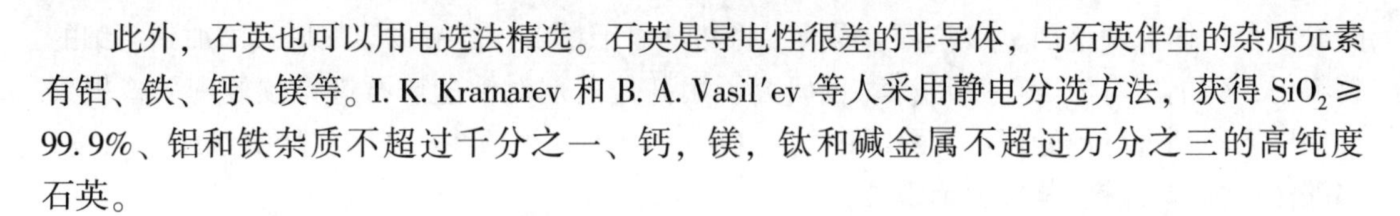

此外，石英也可以用电选法精选。石英是导电性很差的非导体，与石英伴生的杂质元素有铝、铁、钙、镁等。I. K. Kramarev 和 B. A. Vasil′ev 等人采用静电分选方法，获得 $SiO_2 \geqslant$ 99.9%、铝和铁杂质不超过千分之一、钙，镁，钛和碱金属不超过万分之三的高纯度石英。

9.3.2 金刚石的电选

金刚石是导电性很差的非导体，与金刚石伴生的杂质矿物有石英、石榴石、橄榄石和其他脉石矿物。金刚石可以用电选法精选。早在 1948 年南非金刚石研究实验室就发明了用电选法回收金刚石，并于 1952 年建立工业车间。分选金刚石常采用圆筒式电选机。

一般高压电选与湿式重选联合应用，用电选提纯重选精矿产品。金刚石、砾石和其他伴生矿物的电性质的差异是其电选的基础。应用周围大气的湿度可提高金刚石的回收率。在相对湿度 66%～70%时金刚石表面变成导电，它们开始被接地极排斥，而进入脉石矿物产品中，在相对湿度为 54%～60%时，金刚石得到很好的分选，但是最佳湿度为 60%。用盐水（0.6%～1.1%NaCl）处理可提高金刚石回收率和最终精矿品位。另外，其他盐（如 KCl、NaF、Na_2CO_3、Na_2SO_4、$NaNO_3$和 K_2CO_3）也很有效。添加 0.05%～0.5%NaCl 溶液很有效，此时脉石矿物表面电导率增大，而金刚石的电导率不受影响。

某金刚石矿是由-150mm 不同粒度的卵石、砂子和黏土混合组成的砂矿。金刚石全部单体解离。原矿经过洗矿和跳汰作业将绝大部分的黏土、轻矿物除去。电选流程包括一次粗选、二次精选和一次扫选，各粒级电选指标见表 9-4。

表 9-4 各粒级电选结果 （%）

粒级/mm	精矿		中矿		尾矿	
	产率	回收率	产率	回收率	产率	回收率
-4+2	4.34	90.32	20.55	5.38	75.11	4.30
-2+1	1.59	93.77	14.84	4.34	83.57	1.89
-1+0.5	1.04	90.41	7.98	5.41	90.98	4.18

南非奥兰治河河口选矿厂分选流程包括三个主要作业：重介质选矿、油脂选和电选。粗精矿选择性破碎后，分成四个粒级：-25+18mm、-18+11mm、-11+6mm 和-6mm。-6mm粒级进入电选。首先筛除-2mm 的物料，并在干燥炉中干燥。干物料再次分级以除去较细的颗粒，然后在 130℃下进入电选。在六辊电选机中进行电选，生产能力约 1.2t/h。精矿产率为 0.4%，金刚石的回收率超过 99%。

9.3.3 钾盐的电选

钾盐是农业和化工所需的重要原料，且全世界的需要量极大，但钾盐中常含有大量共生矿物和其他各种杂质，必须通过选矿才能提高氧化钾的含量。钾盐电选开始应用于 20 世纪 40 年代。在接触摩擦带电时，氯化钾和氯化钠带有不同的电荷，这种方法对温度和湿度很敏感。

在电选过程中一般应用不同种类的一元羧酸。但是，采用有机物质、无机物质或酸与酸酐混合物作为调整剂。在矿石干燥前，将药剂以干粉末、溶液或蒸汽形式添加到磨细的物料中，药剂用量为150~200g/t。也研究了用其他药剂对钾盐矿石进行预处理。曾报到过用以下药剂进行预处理：辛酸、$TiCl_4$或$FeCl_3 \cdot 4H_2O$；水杨酸；辛酸；醋酸铵或十二胺+醋酸铵；临苯二酸、苯酸和苯磺酸。

图9-8为美国一钾矿采用摩擦电选方法的工艺流程及设备简图。在容器中使矿石互相摩擦，钾盐获得电荷而带负电，脉石矿物带正电荷，然后将物料给入自由落下式电选机（两极分别带正负电），钾矿吸向正极，脉石矿物吸向负极，从而使之分开。经两次分选后得到最终钾盐精矿，含氧化钾（K_2O）大于10%以上。

根据工业生产实际情况，原料中含氧化钾8%，二氧化硅74%，经分选后所得的精矿含氧化钾10.4%~10.6%，中矿含氧化钾6.1%，尾矿则降低至2.9%~3.2%，二氧化硅为84%，精矿产率达72%~75%，回收率为93%~95%。

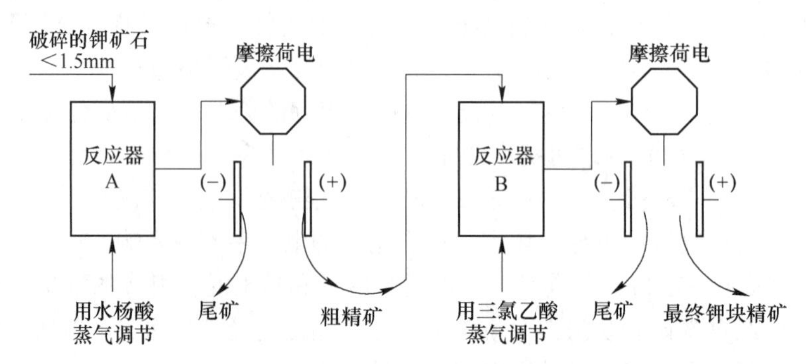

图9-8 钾盐摩擦电选流程

9.4 固体废弃物及其他物料的电选

9.4.1 燃煤电厂粉煤灰的电选

粉煤灰指锅炉燃烧煤粉后形成的细灰，又名飞灰、烟灰，它是燃煤电厂排出的主要固体废弃物。对燃煤电厂则指被除尘器从烟气中分离出来的固体颗粒。粉煤灰严重威胁生态环境，会导致水污染、空气污染、土地污染等一系列问题的出现。由燃煤电厂排放的粉煤灰已成为固体废弃物的最大污染源。粉煤灰虽然造成诸多环境问题，它更是一种有用的资源。发达国家一直注重对粉煤灰资源的综合利用，荷兰粉煤灰利用率为100%，法国为75%，德国为65%，美国已把粉煤灰列为第七位矿物资源。我国随着粉煤灰产生量逐渐大幅度增加，积极开展粉煤灰资源化利用。粉煤灰可以用于生产水泥、砖瓦、砌块等建材产品，用于混凝土、砂浆等建筑工程，用于筑路作业、建筑回填、充填煤矿塌陷区，在农业领域改良土壤、生产复合肥料等，还可以回收其中的二氧化硅、炭粒、三氧化二铝等原材料。

粉煤灰脱碳方法可分为湿法和干法两大类。浮选法是湿法工艺的代表，传统的水膜除尘系统收集的湿排粉煤灰通常采用该法处理；干法的代表工艺为电选法，静电干式收尘系统得到的粉煤灰干粉一般采用该法处理。粉煤灰的电选，既可采用常规的电选法处理，也可采用接触摩擦电选法。目前许多国家都在研究煤粉的电选，取得了较好的结果。例如加拿大已研制成煤粉的半工业型电选机，联邦德国采用了不锈钢风力旋流器分选煤粉，在旋流器中加上电场，仅经1段或2段分选，可将原煤中含无机硫0.82%降低至0.33%；灰分20.3%降为5%，效果非常显著。R. K. Dwari等人将摩擦静电的方法应用于煤粉的分选，灰分含量从45%降低至18%。如采用普通的高压圆筒式电选机分选煤灰（电厂灰），回收的精煤含碳量达70%~80%，灰分为20%~30%，煤的回收率为75%~89%，灰渣中含煤3%~9%不等。粉煤灰分选用YD31300-21FZ型高压电选机用于燃煤电厂粉煤灰的脱碳分选，可使烧失量降低至5%以下，达到国家一级粉煤灰烧失量的标准；用于粉煤灰的富碳分选，烧失量最高可超过60%，可作为民用或工业应用；可以控制脱碳灰的细度，成为等级产品。

青海桥头电厂采用YD31300-21FZ型高压电选机选别烧失量为10.10%的全粒级综合粉煤灰，可获得产率大于35%，烧失量5%以下，细度为-0.045mm含量超过90%的脱碳灰，达到国标GB 1596—91水泥混凝土掺合料一级粉煤灰烧失量的标准。贵州遵义鸭溪电厂粉煤灰原灰烧失量为15%左右，采用YD31300-21FZ型高压电选机分选粉煤灰，烧失量降为8%以下时，可获得脱碳灰的产率大于60%；烧失量降为5%以下时，可获得脱碳灰的产率大于40%。

9.4.2 电子线路板（PCB）的电选

废印刷电子线路板中含有大量金属和有害成分，若不进行妥善处理会严重污染环境。若对其中含有的金属铜等有价成分进行资源化回收利用，则可以实现节省资源和减轻环境污染双重目的，而电选法是回收废旧电子电气设备中有价金属的有效方法，电选分离效率高低取决于设备性能的优劣。圆筒式电选机在废旧电子线路板（PCB板）中回收金属和废塑料有许多优势，然而在工业应用中会面临分选过程中间产品的处理、有效分离效率与设备生产能力的均衡、细粒混合物的分选以及分选过程的稳定性等诸多问题。而物料组成轻微改变、环境条件或者电极配置的变化都可能引起产品质量的巨大波动。

废旧电子线路板处理技术有火法冶金、湿法冶金和机械处理技术等。相对于火法冶金、湿法冶金等废旧电子线路板处理技术，机械处理技术不需要考虑产品干燥和污泥处置等问题，产生的残余物质少，二次污染小，因此包括电选在内等机械处理技术从环境和经济角度来说是较好的处理方法。

废电子线路板的机械处理方法包括拆解、破碎、风力分选、磁选、筛分、涡流分选、电选等。国内处理废旧印刷电子线路板采用破碎后利用密度差的气流分选和水选进行金属与非金属分离，存在分选效率低和二次污染等问题，而采用破碎和高压电选机静电分选对废电子线路板中铜等贵金属进行回收，具有分选效率高，绿色环保，装备先进等优点，达到了国际先进水平，对我国经济、社会和环境的可持续发展战略具有重要意义。长沙矿冶研究院开发的电子线路板分选用YD型高压电选机已有多家电子线路板回收有价金属的成功案例。如新加坡伟翔环保公司、广州伟翔环保公司、上海伟翔环保公司、湖南万容环保公司等采用PCB板分选用YD型高压电选机进行废弃电子线路板的分选，分选的贵金属回收率大于90%。巴西的H. M. Veit等针对废印刷电子线路板，采用破碎、筛分、磁选和电选的方法对其进行金属回收，可以获得含铜50%以上、含锡24%、含铅8%的精料。

9.4.3　其他物料的电选

除上述各种应用外，国内外还有采用电选分选磷灰石、高合金钢屑，金属冶炼渣、废电缆、茶叶与茶杆，农业上的选种，粮食加工中大米与谷壳的分选以及用电选分出啮齿动物粪便和其他杂质如细砂等。二次资源采用电选方法分选废旧碎散塑料中的非铁金属等，这些都是近年来电选应用领域的扩展。

9.4.3.1　*磷灰石的电选*

在磷矿中磷灰石及其主要脉石均为非导体矿物，但这些矿物间的介电常数存在差异。磷灰石的电选原理为磷灰石、脉石矿物与给矿槽互相碰撞摩擦及矿粒间互相摩擦而带电，然后进入到自由落下式电选机中进行分选。此处所指的磷灰石的脉石矿物主要是石英，由于磷灰石的介电常数大，而石英的介电常数小，从而磷灰石失去电子而带正电，石英获得电子而带负电，并且由于两者均属非导体，摩擦所产生的电荷又能保持，一旦进入电场后，磷灰石吸向负极，石英吸向正极，从而使两者分开。

电选在磷矿石分选方面已取得的主要成果有：（1）Johnson 法。颗粒表面经浮选药剂调整后用辊式电选机分选。（2）Lebaron-Lowver 法。在一振动板上接触电位带电，加热并不完全冷却后给入自由降落分离室电选。（3）Angelov 法。在回转窑加热器中摩擦带电，然后冷却，在一自由降落室内电选分离。（4）SAMS-Cerphos。在一装有分离电极的流化床内摩擦带电分离。（5）DIMM 法。在相当高的温度下，在中间电极表面高能冲击并在较高温度下使颗粒间碰撞后带电，然后在自由降落室内电选分离。（6）Ciccu 法。矿石混合物与气流混合后给入旋流器中摩擦荷电，荷电矿粒通过底流口落入自由降落室内电选分离。

试验研究表明，采用电选法分离阿尔及利亚 Diebelonk 磷矿，当原矿品位 P_2O_5 为 24.9%时，经一粗两精一扫，可得含 P_2O_5 29.4%，回收率为 83.4%的磷精矿。印度 Mussoorie 磷矿的电选研究表明，磨至-0.21mm，经一粗一精一扫，可由含 P_2O_5 为 18.2%的原矿获得含 P_2O_5 29.0%，回收率为 85%的磷精矿。

美国农业化学公司在佛罗里达建立了一个工业规模的采用摩擦电选法选别岩状磷钙土的选矿厂，国际矿物化学公司的一座 10t/h 的半工业试验厂处理了同样的物料，并取得了较好的技术指标和经济效益。

爱沙尼亚马尔杜厂先将磷钙土矿石加热到 140℃，然后在荷电前冷却至 100℃后摩擦电选，这个 2t/h 的选厂可将含 P_2O_5 20.4%的给料精选为含 P_2O_5 30.3%的精矿，回收率达 95%以上。

9.4.3.2　*高合金钢磨屑的电选*

高合金钢屑是机加工的过程中打磨下来的磨屑，含铁量高（一般含铁量在 60%左右），是冶炼合金钢的重要资源之一。但磨屑中含有其他杂质，如砂轮渣、木屑等。由于铁与杂质在电性质上存在显著差异，可以通过电选实现两者的有效分离。

长沙矿冶研究院针对某高合金钢磨屑展开了电选试验研究，在对合金钢磨屑去油处理、加热干燥和筛分分级基础上，针对-0.18+0.074mm 粒级、-0.074mm 粒级的磨屑按照图 9-9 进行电选试验研究。针对-0.18+0.074mm 粒级电选所得 49.18%的中间产品和非导体产品按照图 9-10 所示流程进行再选。

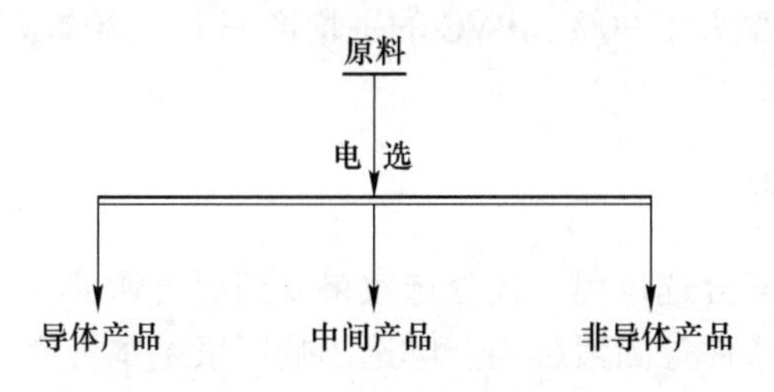

图 9-9 电选条件试验流程

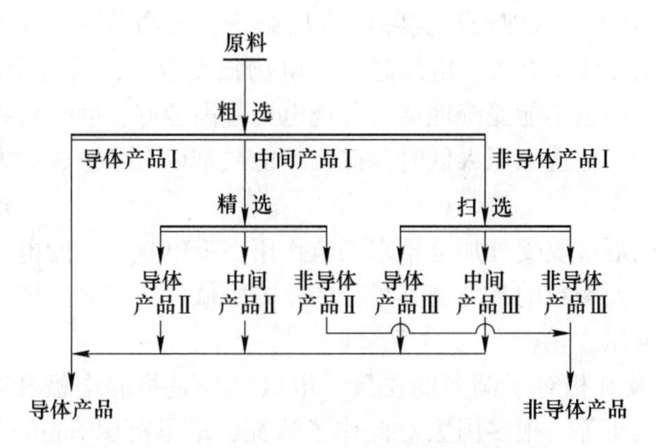

图 9-10 -0.18+0.074mm 粒级电选试验流程

试验结果表明，高压电选机对磨屑样有非常明显的分选效果，通过一粗一精一扫的流程试验，最终可得产率 70.65%，铁品位为 78.22%，铁回收率为 98.60%的导体产品（导体产品Ⅰ、Ⅱ、Ⅲ和中间产品Ⅰ、Ⅱ），此时导体产品的金属纯度（含量）高达 94.50%，而非导体产品（非导体产品Ⅱ、Ⅲ）的品位为 2.67%，其对应的金属纯度（含量）仅为 3.32%，完全可以满足回炉冶炼的要求。

9.4.3.3 *废旧塑料的电选*

随着塑料的广泛应用，其废弃物在生活与工业废弃物中所占的比例也日益增加。废旧塑料的回收利用包括三个阶段：收集、分选、加工或再生。目前对于废旧塑料的加工或再生，已经开发出了燃烧热能利用、热解转化、回收化学产品及简单再生等工艺。因此，现阶段真正制约废旧塑料回收利用的环节不是加工或再生阶段，而是废旧塑料的分选。

塑料的带电规则是按 PVC、PET、PP、PE、PS 顺序，当两种塑料切片摩擦后，前者常带负电，后者常带正电。当塑料添加剂种类不同、表面洁净程度不同时，可能会不符合上述规则。上述顺序中相近者就不容易分开，相隔较远则容易分离。当有多种塑料同时存在时，PVC 一定是带负电的，从而可以分离出来加以回收。G. L. Heam 等利用高压摩擦电选机成功地将塑料和非塑料废弃物（木制品如纸张，纸板等）分离，同时又将 PP、PS、PVC、HDPE 等塑料进行分离，分离效果显著。瑞士学者 D. K. Yanar 等先将聚乙烯 PE 和聚氯乙烯 PVC 的粉末颗粒混合充分地摩擦荷电，然后通过研究电选机的电场强度、空气相对湿度、颗粒下落速度等参数对两者分离效率的影响，优化影响因素，最后获得 PE 平均产率大于 60%，回收率大于 90%，PVC 的平均产率大于 30%，回收率大于 40%，将 PE 和 PVC 充分分离。

9.5　影响电选的因素

电选是典型的多因素分选过程。其分选效果受到混合颗粒物料性质、给料速度、电极结构、分选电压和环境条件等因素影响。电选影响因素基本可概括为两方面，一是对物料的要求（即物料准备作业方面，前面已有论述），二是电选机设备本身的各种影响因素。

（1）分选电压。电选中分选电压是直接影响电选效果的重要因素。之前世界各国所采用的电压大都为 20kV。从理论和实际中得出结论，提高分选电压对分选效果有好处。矿粒获得的电荷与电场强度有关，电压越高，电场强度越大，从电晕极逸出的电子越多，越有利于矿物分选。但也不能笼统地认为分选电压越高越好，因为对各种具体矿物所要求的分选电压是不同的。分选电压太低时，矿物不能或难以有效分选；太高时反而会影响导体矿粒的回收率。

在电选机中可以通过改变外加电压来调节作用在带电颗粒上的电力。细颗粒的表面电荷密度一般比较大，而颗粒的重力随其半径的立方降低，所以分选细颗粒需要降低电场强度，即较低的分选电压。

（2）电极结构及其相对于圆筒的位置。电极结构是指静电极和电晕极类型、数量、位置和偏转电极的大小等。很多国家对此作了研究，最早英国 Sturtevent 公司生产的电选机只有一根电晕极，此后又进一步发展为前面介绍的国产 ϕ120mm×1500mm 电选机的电极结构形式，均采用小的圆筒直径，后来美国又作了改进，将一根电晕极和偏转电极合并在一起安装，苏联和其他国家采用多根电晕极而无静电极，我国研制的 DXJ 型圆筒电选机则采用多根电晕极与一根偏转电极相结合的电极结构，美国则采取两根静电极与电晕极结合而成的 Carpco 电极，电极结构的改进相应地改善了选矿效果。据研究，单根电晕极与一根偏转电极选矿的回收率高，但精矿品位低，分选效率不高。电晕极太多，只有利于提高精矿品位，而对导体的回收率不利，电晕极与圆筒相对位置以 45°左右最为适宜。

极距也是影响电选的重要因素。小极距所需的电压低，但因很容易引起火花放电影响选矿效果而在生产中难以实现。采用 60~80mm 的极距，在较高的分选电压下，既不易引起火花放电，又能保证较好的选矿效果。

（3）圆筒直径和转速。圆筒的直径直接影响电选时的离心力。高压电选机的圆筒直径具有以下关系：

$$R > 0.328K_c^2\Delta t^2 \tag{9-1}$$

式中，Δt 为电荷降到镜像力不再对颗粒起作用所花费的时间；K_c 为离心力常数，它与矿物组成及作用在颗粒上的离心力有关。

为了获得较好分选效果，圆筒直径要适当。对于在电选中，如果选择较大半径圆筒，那么导体回收率较高。相反地，小半径圆筒可提高精矿品位。在选择较大的筒径时，应该提高圆筒的角速度。因为离心力增大可将更多的物料从圆筒上拉走。在圆筒以较快速度转动时，角速度也增大，使更多的物料进入导体产品中。

圆筒转速也是影响电选效果的重要因素。这实质上是入选物料通过电场区的时间问题。必须指出，物料经过电场作用区的时间应该近乎 0.1s，以保证物料能获得足够的电荷，否则分选效率必然降低。转速还直接与入选物料的粒度有关。物料粒度大，要求转速慢，粒度细，要求转速快。这是因为粗粒级在慢转速时，通过电场所获得的电荷较多，对非导体来说，则能产生较大的镜面吸力，从而不易掉入导体接料斗中。如果转速太快，不论导体或非导体矿粒的离心力都会增大，致使非导体矿粒过早脱离筒面，混杂于导体产品中。显然，转速越低，导体品位越高，非导体很少混杂于导体中，反之，在高速时，导体品位越低，非导体易于混在导体中，而此时非导体的品位则很高。根据作业要求不同，转速也应当有别。导体产品为精矿时，扫选作业宜用高转速，尽可能保证导体的回收率，精选作业时，为保证导体品位，宜用低转速。

(4) 给矿方式和给矿量。电选过程要求均匀薄层给矿，并使每个矿粒都应该有接触圆筒的机会，否则会因导体不能接触圆筒而不能将电荷放掉，致使其混入到非导体产品中，影响分选效果。

给矿量大小直接影响电选效果。给矿量过大，圆筒表面分布的物料层厚，外层矿粒不易接触到圆筒，而且矿粒会相互干扰和夹杂，易使分选效果变差。给矿量过小，又会使设备生产能力下降。适宜的给矿量应通过生产试验来确定。

(5) 分矿板的位置。除上述影响因素外，分矿板的位置也直接影响产品的品位和回收率。虽然颗粒通过电选机电场的运动轨迹决定于各种力的平衡，但精矿、中矿和尾矿产品的品位和回收率随分矿板位置和长度改变而变化。所以优化分矿板的个数和位置可改进最终产品的品位与回收率。如果对非导体矿要求很纯时，则应使圆筒下非导体分矿板向非导体方向倾斜，使中矿返同再选；反之如对导体（精矿）要求很纯时，则精矿分矿板尽可能向精矿方向倾斜，使中矿再选。

9.6　电选的发展方向

电选是一种非常有效的物理选矿方法，加之它不产生废水和污染环境，因此越来越显示出其优越性，日益为人们所重视。电选的发展方向如下：

(1) 电选应用范围越来越广。电选从传统矿种扩大到某些化工类矿物及其他物料的分选，例如钾盐及磷灰石等的分选。还有用电选从谷物中分出啮齿类动物粪便和其他杂物，可可豆与壳的分选、粮食中米与壳的分选、面粉与麦皮的分选、花生米与壳的分选等，这些在国外都已在实际中应用。废旧物资及塑料工业中回收非铁金属及塑料方面也逐步采用电选方法。

电分级本身虽不是新的方法，但今天已有新的发展，特别是由于冶金、化学、电子、陶瓷等各行业发展的需要，对细粒物料的严密分级要求更为迫切。这主要是因为一些物料粒度极细，进行筛分极为困难或根本无法实现，且大多数的物料又不可能在水介质中进行，而电分级则是一种非常有效的方法。为此，国外在这方面进行了较多研究。根据资料报道，在非导体物料的电分级时，一般效果都非常显著，最高效率达80%~90%。因此当前发展的主要方向是如何解决细粒物料的严密分级。

(2) 电选设备处理能力和分离效率的提高。随着对电选产品的质量要求更高，原有电选设备已不能适应新形势的要求，为此提高台时处理能力和分选效率仍然是引起人们重视的问题。世界各国进行了不少研究，主要是高压电选理论的发展和在设备上的不断改进，从而使设备的台时处理量得到提高，特别是分选效率也有明显的改进。根据资料报道，目前自由落下式电选机台时处理能力可达30～50t。圆筒式电选机在设备操作如电极的调节、自动控制以及给料、卸料等方面都进行了很多改进，使之更为适用。由于电极结构的改进，电选的分选效率可达95%以上，这也反映出其他选矿方法无法比拟的优越性。

(3) 电选理论的不断研究与发展。矿物的电性质和人为的改变电性质的药剂处理及其理论是重要课题之一。特别是在导体与导体之间，非导体与非导体之间，加入少量药剂扩大它们之间的电性质差别，使之用电选分开。国外学者在从事这方面的研究，如苏联、美国等，并获得初步的效果，这对电选的扩大应用和提高分选效率有一定的实际意义。其次就是矿粒微电荷的产生理论和微量电荷的测量。如摩擦、接触带电的原理，虽然也进行了不少研究，但尚无确切的理论，有认为是离子转移的，有认为是电子转移的，或谓离子电子转移，虽然也有某些设备在实验室获得初步成功，或在个别生产中应用，但生产能力并不高，故应用仍受到限制。矿粒微电荷的测量，对电选理论和实际都具有重要意义。

近年来，关于电场的研究比以前有了更为深入的认识，并进行了较多的研究，也取得了进展，如对静电场，电晕电场和复合电场的计算、测定等，仍不能完全满足实际的需要。人们在电极结构上进行了大量的研究，出现了各种不同形式的电极结构，尽管有各种不同观点，但从分选的效果上来看，都比过去有所提高。针对各种处理的矿物对象和电选设备，电极结构也应有所区别，这已为实践所证明。

(4) 细粒电选设备的研究。电选大多处理大于0.075mm以上的各种物料。国外一些学者认为圆筒式电选机不能用于分选细粒矿物，但由于工业发展的需要以及人们对环境污染的认识更为深刻，且由于各种具体矿物性质和要求的不同，各国学者一直在从事这方面的研究，目前已经取得了较大的进展。一种方法是采用干式电选。如意大利、加拿大和苏联等国学者长期从事这方面的研究，虽然研制的设备有所不同，但大多采用热风送入物料至电场，使细粒悬浮或沸腾而得到分散，再根据矿粒电性质的不同而进行分选。

新一代接触/摩擦带电电选机，如STI电选机、V-Stat电选机等，它们特别适于分选细粒。STI电选机设计用于分选飞灰、提纯工业矿物和分选半导体矿物。V-Stat电选机处理量大，分选粒度范围广，适用于非导体矿物、半导体矿物和塑料回收。最近新研制的工业规模的STI静电电选机可用于分选粒度小于5 μm的物料。STI带式电选机中的皮带运动使物料得到搅动，并在电极之间产生强涡流和高剪切区。当颗粒被皮带运送时，它受到连续地搅动，颗粒之间相互接触，因而获得很多的电荷。

参考文献

[1] 王常任．磁电选矿［M］. 北京：冶金工业出版社，2008.

[2] 长沙矿冶研究院电选组．矿物电选［M］. 北京：冶金工业出版社，1982.

[3]《选矿手册》编委会．选矿手册第三卷（第三分册）［M］. 北京：冶金工业出版社，1991.

[4] 王淀佐，邱冠周，胡岳华．资源加工学［M］. 北京：科学出版社，2003.

[5] 胡岳华，冯其明．矿物资源加工技术与装备［M］. 北京：科学出版社，2006.

[6] 袁致涛，李丽匣，冯泉．磁电选矿技术问答［M］. 北京：化学工业出版社，2012.

[7] 陈斌．磁电选矿技术［M］. 北京：冶金工业出版社，2008.

[8] 朱骏仕．中国钒钛磁铁矿选矿［M］. 北京：冶金工业出版社，1996.

[9] 菅义夫．静电手册［M］.《静电手册》翻译组，译. 北京：科学出版社，1981.

[10] 肖松文．现代选矿技术手册，第 8 册 环境保护与资源循环［M］. 北京：冶金工业出版社，2014.

[11] H·R·马诺切赫里．电选法基础理论评述［J］. 国外金属矿选矿，2002（7）：4~16.

[12] H·R·马诺切赫里，林森．电选法应用实践评述（I）［J］. 国外金属矿选矿，2002（10）：4~17.

[13] H·R·马诺切赫里．电选法应用实践评述（Ⅱ）［J］. 国外金属矿选矿，2002（11）：4~12.

[14] Barry A Wills, Tim Napier-Munn. Mineral processing technology [M]. Elsevier Science & Technology Books, 2006.

[15] Adrian Samuila, Marius Blajan, Radu Beleca, et al. Modeling of wire corona electrode operation in electrostatic separation at small and large gaps [J]. Journal of Electrostatics, 2005, 63 (6~10): 955~960.

[16] Khouira Senouci, Abdelber Bendaoud, Amar Tilmatine, et al. Multivariate statistical process control of electrostatic separation processes [J]. IEEE Trans Ind Appl, 2007, 45 (3): 787~791.

[17] Li Jia, Lu Hongzhou, Xu Zhenming, et al. Critical rotational speed model of the rotating roll electrode in corona electrostatic separation for recycling waste printed circuit boards [J]. Journal of Hazardous Materials, 2008, 154 (1~3): 331~336.

[18] Xu Zhenming, Li Jia, Lu Hongzhou, et al. Dynamics of conductive and nonconductive particles under high-voltage electrostatic coupling fields [J]. Science in China Series E: Technological Sciences, 2009, 52 (8): 2359~2366.

[19] Lu Hongzhou, Li Jia, Guo Jie, et al. Electrostatics of spherical metallic particles in cylinder electrostatic separators/sizers [J]. Journal of Physics D: Applied Physics, 2006, 39 (18): 4111~4115.

[20] Taylor J B. Dry electrostatic separation of granular materials [C]//IEEE Industry Applications Society Meeting. IEEE, 1988: 1741~1759.

[21] Lucian Dascalescu, Adrian Mihalcioiu, Amar Tilmatine, et al. A Linear-interaction model for electrostatic separation processes [C]//Industry Applications Conference, 37th IAS Annual Meeting, 2002: 1412~1417.

[22] Senouci K, Bendaoud A, Medles K, et al. Comparative study between the shewhart and CUSUM charts for the statistic control of electrostatic separation processes [J]. Conference Record-IAS Annual Meeting. 2008, 16 (4): 1~5.

[23] 向延松．SDX-1500 型筛板式电选机的研制［J］. 广东有色金属学报，1995（1）：35~42.

[24] 向延松，赖国新，朱远标．HDX-1500 型板式电选机的研制［J］. 广东有色金属学报，1997（1）：6~10.

[25] 龚文勇，林德福．YD31200-23 型高效电选机的研制及应用［J］. 矿冶工程，1996，16（2）：40~42.

[26] Simona Vlad, Michaela Mihailescu, Dan Rafiroiu, et al. Numerical analysis of the electric field in plate-type electrostatic separators [J]. Journal of Electrostatics, 2000, 48 (3, 4): 217~229.

[27] Subhankar Das, Karim Medles, Mohamed Younes, et al. Separation of fine granular mixtures in s-plate-type electrostatic separators [J]. IEEE Trans Ind Appl, 2007, 43 (5): 1137~1143.

[28] Laur Calin, Adrian Mihalcioiu, Subhankar Das, et al. Controlling particle trajectory in free-fall electrostatic separators [J]. IEEE Trans Ind Appl, 2008, 44 (4): 1038~1044.

[29] DascalescuL. Developmentof an expert system [C]//The 4th Int Conf Appl Electrostatics, 2001, 44 (4): 431~437.

[30] Calin L, Iuga A, Samuila A, et al. Factors that influence the fluidized-bed tribo-electrostatic separation of plastic granular mixtures [C]//Conference Record-IAS Annual Meeting, 2008: 1~4.

[31] Mohamed Miloudi, Karim Medles, Amar Tilmatine, et al. Optimization of belt-Type electrostatic separation of tribo-aero-dynamically charged granular plastic mixtures [J]. IEEE Trans Ind Appl, 2013, 49 (4): 1781~1786.

[32] Miloudi M, Medles K, Tilmatine A, et al. Optimization of belt-type electrostatic separation of granular plastic mixtures tribocharged in a propeller-type device [C]//13th International Conference on Electrostatics Journal of Physics: Conference Series 301, 2011: 012067.

[33] Bittner J D, Hrach F J, Gasiorowski S A, et al. Triboelectric belt separator for beneficiation of fine minerals [J]. Procedia Engineering, 2014, 83: 122~129.

[34] Advanced Energy Dynamics Inc. Advance Physical Fine Coal Cleaning [R]. Final Report Prepare for the U S Department of Energy under Contract, No. DE-AC22-85PC81211: 176.

[35] Bittner J D, Gasiorowski S A. STI's six years of commercial experiences in electrostatic beneficiation of fly ash [C]//2001 International Ash Utilization Symposium, CD Version, 2001: 1~9.

[36] Alexandru Iuga, Adrian Samuila, Vasile Neamtu, et al. Electrostatic separation methods for metal removal from ABS wastes [C]//2007 IEEE Industry Applications Annual Meeting, 2007.

[37] 王永周, 陈美, 邓维用. 我国微波干燥技术应用研究进展 [J]. 干燥技术与设备, 2008 (5): 219~223.

[38] 何家宁. 复合式摩擦电选机分选机理的研究 [D]. 昆明: 昆明理工大学, 2007.

[39] 王海峰. 摩擦电选过程动力学及微粉煤强化分选研究 [D]. 徐州: 中国矿业大学, 2010.

[40] 张桂芳. 悬浮微细矿粒在电场中数值分析的分选机理研究 [D]. 昆明: 昆明理工大学, 2003.

[41] Michaela Mihailescu, Adrian Samuila, Alin Urs, et al. Computer-assisted experimental design for the optimization of electrostatic separation processes [J]. IEEE Transactions on Industry Applications, 2000, 38 (5): 1174~1181.

[42] Lelik M S, Yasar E. Effect of temperature and impurities on electrostatic separation of boron minerals [J]. Minerals Engineering, 1995, 8 (7): 829~833.

[43] Iuga A, Cuglesan I, Samuila A, et al. Electrostatic separation of muscovite mica from feldspathic pegmatites [J]. IEEE Transactions on Industry Applications, 2004, 40 (2): 422~429.

[44] Diana R Inculet, Robert M Quigley, Ion I Inculet. Electrostatic separation of sulphides from quartz: a potential method for mineral beneficiation [J]. Journal of Electrostatics, 1995, 34 (1): 17~25.

[45] 黄雯. 长石与石英浮选分离试验研究 [D]. 武汉: 武汉理工大学, 2012.

[46] 富田坚二. 非金属矿选矿法 [M]. 王少儒, 孙成林, 葛文辉, 译. 北京: 中国建筑工业出版社, 1982.

[47] 任子杰, 罗立群, 张凌燕. 长石除杂的研究现状与利用前景 [J]. 中国非金属矿工业导报, 2009 (1): 19~22.

[48] 张成强，郝小非，何滕飞．钾长石选矿技术研究进展［J］．中国非金属矿工业导报，2012（5）：48~51.

[49] Kramarev I K, Vasil'ev B A. Using electrostatic separation to purify quartz raw material［J］. Plenum Publishing Corporation, 1980, 37（3）：115~118.

[50] 龚文勇，张华．电选粉煤灰脱碳技术的研究［J］．粉煤灰，2005（3）：33-36.

[51] 曹志群．粉煤灰物性与电选机理研究［D］．长沙：长沙矿冶研究院，1999.

[52] 裴爱芬，邱曙光，曹林岩．粉煤灰干法除碳技术与设备［J］．电力环境保护，2003，19（1）：38~39.

[53] 石云良，陈正学．粉煤灰的脱碳技术［J］．矿产综合利用，1999（2）：35~37.

[54] 索贵有，门建军，杨国辉．循环流化床锅炉粉煤灰渣综合利用探讨［J］．煤炭工程，2013（6）：100~101.

[55] Dwari R K, Hanumantha Rao K. Fine coal preparation using novel tribo-electrostatic separator［J］. Minerals Engineering, 2009, 22（2）：119~127.

[56] Baker L, Gupta A, Gasiorowski S. Triboelectrostatic beneficiation of Land filled fly ash［C］//2015 World of Coal Ash（WOCA）Conference in Nasvhille, 2015：1~10.

[57] Dwari R K, Hanumantha Rao K. Tribo-electrostatic behaviour of high ash non-coking Indian thermal coal［J］. Int J Miner Process, 2006, 81（2）：93~104.

[58] Zhang Shunli, Forssberg Eric. Mechanical recycling of electronics scrap-the current status and prospects［J］. Waste Management & Research, 1998, 16（2）：119~128.

[59] Cui Jirang, Forssberg Eric. Mechanical recycling of waste electric and electronic equipment：a review［J］. Journal of Hazardous Materials, 2003, 99（3）：243~263.

[60] 温雪峰．物理法回收废弃电路板中金属富集体的研究［D］．徐州：中国矿业大学，2004.

[61] 马俊伟，王真真，李金惠．电选法回收废印刷线路板中金属 Cu 的研究［J］．环境科学，2006，27（9）：1895~1900.

[62] 李佳．废旧印刷电路板的破碎和高压静电分离研究［D］．上海：上海交通大学，2007.

[63] Wu Jiang, Li Jia, Xu Zhenming. A new two-roll electrostatic separator recycling of metals and nonmetels from waste printed circuit board［J］. Journal of Hazardous Materials, 2009, 161（1）：257~262.

[64] Wu Jiang, Li Jia, Xu Zhenming. Electrostatic separation for multi-size granule of crushed printed circuit board waste using two-roll separator［J］. Journal of Hazardous Materials, 2008, 159（2, 3）：230~234.

[65] Lu Hongzhou, Li Jia, Guo Jie, et al. Movement behavior in electrostatic separation：recycling of metal material from waste printed circuit board［J］. Journal of Materials Processing Technology, 2008, 197（1~3）：101~108.

[66] Veit H M, Diehl T R, Salami A P, et al. Utilization of magnetic and electrostatic separation in the recycling of printed circuit boards scrap［J］. Waste Management, 2005, 25（1）：67~74.

[67] Karim Medles, Khouira Senouci, Amar Tilmatine, et al. Capability evaluation and statistical control electrostatic separation processes［J］. IEEE Transations on Indystry Application, 2009, 45（3）：1086~1094.

[68] 戴蕙新，王春秀，段希祥．电选在我国磷矿选矿中应用的可能性探讨［J］．化工矿物与加工，2003（2）：5~7.

[69] 吴彩斌，段希祥，戴蕙新，等．中低品位磷矿富集的新方法—干式电选法［J］．化工矿物与加工，2003（9）：7~9.

[70] 曹志群，龚文勇，张华．高合金钢磨屑电选试验研究［J］．矿冶工程，2001（2）：45~47.

[71] Yanar D K, Kwetkus B A. Electrostatic separation of polymer powders [J]. Journal of Electrostatics, 1995, 35 (2, 3): 257~266.

[72] Dascalescu L, Dragan C, Bilici M, et al. Premises for the electrostatic separation of wheat bran tissues [C]//2008 IEEE Trans Ind Appl, 2008: 1~6.

[73] Mesenyashin A I, Kravets I M. Radial electrostatic separator [J]. Minerals Engineering, 2002, 15 (3): 193~196.

[74] Lucian Dascalescu, Adrian Samuila, Amar Tilmatine, et al. Robust design of electrostatic separation processes [J]. IEEE Trans Ind Appl, 2005, 41 (3): 715~720.

[75] Tilmatine A, Flazi S, Medles K, et al. Séparation électrostatique: complement des procédés mécaniques de recyclage des déchets industriels [J]. Journal of Electrostatics, 2004, 61 (1): 21~30.

[76] Lucian Dascalescu, Stephane Billaud, Amar Tilmatine, et al. Optimization of electrostatic separation processes using response surface modeling [J]. IEEE Trans Ind Appl, 2004, 40 (1): 53~59.

[77] Amar Tilmatine, Karim Medles, Salah-Eddine Bendimerad, et al. Electrostatic separation of particles: application to plastic/metal, metal/metal and plastic/plastic mixtures [J]. Waste Management, 2009, 29 (1): 228~232.

[78] Florin Aman, Roman Morar. High-voltage electrode position: a key factor of electrostatic separation efficiency [J]. IEEE Trans Ind Appl, 2004, 40 (3): 905~910.

[79] Calin L, Caliap L, Neamtu V, et al. Tribocharging of granular plastic mixtures in view of electrostatic separation [J]. IEEE Transactions on Industry Applications, 2008, 44 (4): 1045~1051.

第3篇

重 选

10 概　　论

10.1 重选的研究对象

重力选矿是按不同矿物的密度差和粒度差进行分选的选矿方法，借助于多种力的作用，实现按物料的密度分离。在分选过程中，颗粒的粒度和形状也会产生一定的影响。因此，如何最大限度地发挥密度的作用，限制粒度和颗粒形状的影响，一直是重选理论研究的核心。

重选过程必须在某种流体介质中进行。常用的介质有水、空气、重介质（重液或重悬浮液），其中应用最多的介质是水，称为湿式分选；以空气为介质时称为风力分选；在重介质中进行的分选过程称为重介质分选。

介质的作用在于使颗粒群松散悬浮并按密度实现分层，此后可借介质流动或辅以机械机构将密度不同的产物分离。所以重选的实质就是一个松散—分层—分离过程，松散是实现分层的必要条件，分层是重选过程的目的，分离是分选过程的最终结果。

重选适合处理所含的矿物之间具有较大密度差的固体矿产资源，是钨、锡、金矿石（特别是砂金矿、砂锡矿）和煤炭的主要分选方法，在含稀有金属（铌、钽、钛、锆等）的砂矿和非金属矿产资源的处理过程中也得到广泛应用。

矿石重选的难易程度主要取决于矿石中高密度矿物和低密度矿物之间的密度差，通常用重选可选性准则 E 值进行初步判断：

$$E = \frac{\rho_1' - \rho}{\rho_1 - \rho} \tag{10-1}$$

式中，ρ_1，ρ_1'，ρ 分别为低密度矿物、高密度矿物和分选介质的密度，g/cm^3。

根据 E 的数值可将矿石的重选难易程度分为 5 级，具体见表 10-1。E 值愈大愈易选。同样矿石在粒度增大或入选粒度范围变窄时，分选也会变得容易。上述按 E 值的判断是粗略的，随着设备的改进和分选条件的完善，原来属于分选困难的矿石，也将变得容易了。

表 10-1　矿石重选的难易程度

E 值	>2.50	1.75~2.50	1.50~1.75	1.25~1.50	<1.25
重选难易程度	极容易	容易	中等	困难	极困难

10.2 重选的发展概况

重选的发展历史悠久，从古代人类开始知道利用金属材料的时候，就使用兽皮在河溪中淘洗自然金属或天然矿物。1921 年开始用重介质选矿法分选块煤，重选成功用于工业生产，1936 年美国马斯科特（Mascot）矿山首次用重介质选矿法分选铅锌矿石。1939 年在荷兰开始使用水力旋流器进行浓缩和分级，从而将离心力引用到选矿工艺中。1941 年美国人汉弗莱（Humphreys）研制成功了螺旋溜槽（螺旋选矿机）。至此，跳汰、摇床、螺旋溜槽和重介质分选等常用的重力选矿方法都成功实现了工业化生产。

我国的重选工艺到了清代已有相当的发展，形成了规模颇大的作坊式生产。20 世纪 60 年代以后，重选法被推广应用于处理铁矿石，并在铅、锌、锑有色金属矿山建立起重介质预选车间。70 年代以后大量推广采金船工艺，取代旧式的人工选金生产。重选法还在建材、化工特别是煤炭工业中得到广泛的应用。

我国用重选法生产的钨、锡精矿产量在世界上占有重要地位，各项生产指标与先进国家相比并无逊色。我国还自行研制了处理微细粒级的离心选矿机、振摆皮带溜槽等设备，组成了不同于国外的矿泥生产工艺。但是与工业先进国家相比，在技术管理上，在材料和能源消耗上尚有差距，还须进一步努力，以期全面达到世界先进水平。

10.3　重选的应用

重选适于处理有用矿物与脉石矿物间具有较大密度差的矿石或其他原料。重选适宜处理粗粒、中粒和细粒（大致界限是大于 25mm、25～2mm、2～0.1mm）的矿石。在处理微细矿泥（小于 0.1mm）时分选效率降低，现代的流膜选矿设备有效回收粒级可以到 20～30μm，离心选矿机可以到 10μm。

重选法是处理钨、锡，金矿石，特别是处理砂金，砂锡矿传统的方法。在处理含稀有金属（铌、钽、钛、锆等）的砂矿中应用也很普遍。重选也被用来分选弱磁性铁矿石、锰矿石和铬矿石。在选煤工业中重选是主要的方法。近年在非金属矿加工工业中重选也得到了发展，主要用于处理石棉、金刚石、高岭土、磷灰石和硫铁矿等矿石。在选别铜、铅、锌、锑、汞等硫化矿的浮选厂，也常采用重选法进行矿石预选。在主选流程中重选常与其他选矿工艺组成联合流程，以提早在粗粒状态下选出精矿或尾矿。这样将有利于降低生产成本并减少金属损失。当处理某种矿石有多种方法可供选择时，重选法总是被优先考虑。

重选要在一定的流体介质中进行，所用介质通常为水，有时亦用空气或重介质（重液或重悬浮液）。介质在分选设备内以一定的方式运动。矿物颗粒受介质的浮力和流体动力作用而松散，进而达到按密度（有时按粒度）差分层。影响分层过程的矿粒性质是它的密度、粒度以及较次要的形状等诸因素。

按介质的运动形式和作业的目的，重选有如下几种工艺方法：（1）水力分级；（2）重介质选矿；（3）跳汰选矿；（4）摇床选矿；（5）溜槽选矿；（6）离心选矿；（7）风力选矿；（8）洗矿。

11 重选理论基础

重选理论实质上就是阐述矿石中不同密度的矿物，在重选过程中实现松散、分层的作用机制及影响因素，概括起来主要包括：（1）颗粒及颗粒群的沉降理论；（2）颗粒群按密度分层的理论；（3）颗粒群在斜面流中的分选理论。

11.1 颗粒群按密度分层

颗粒群按密度分层是重选的核心问题，许多学者依据自己的研究成果，就此问题提出了理论见解。

11.1.1 分层的动力学体系

11.1.1.1 按颗粒自由沉降速度差分层学说

这一学说最早由雷廷智提出，他认为在垂直流中，床层的分层是按轻、重矿物颗粒的自由沉降速度差发生。在紊流绕流即牛顿阻力条件下，球形颗粒的沉降末速为

$$v_{ON} = 51.1\sqrt{d\frac{\delta - \rho}{\rho}} \tag{11-1}$$

式中，v_{ON} 为牛顿阻力下的颗粒沉降末速，m/s；d，δ 分别为球形颗粒的粒度和密度，m 和 g/cm^3；ρ 为介质密度，g/cm^3。

上式表明，颗粒粒度和密度对沉降速度有同样重要的影响。切乔特将上式改写成：

$$v_0 = A\sqrt{d} = Ax \tag{11-2}$$

写成上述关系后，并予以延伸，绘出了不同密度颗粒在同一介质中沉降时，沉降速度随粒度变化的关系，如图 11-1 所示。由图可见，要使两种密度不同的混合粒群在沉降（或与介质相对运动）中达到按密度分层，必须使给料中最大颗粒与最小颗粒的粒度比小于等降颗粒的粒度比，即等降比。这便是该学说给出的结论。

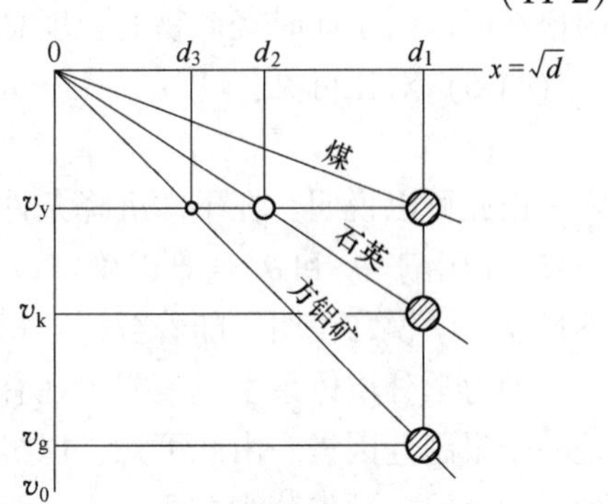

图 11-1 不同密度颗粒的沉降速度随粒度变化关系

根据式（11-1），牛顿阻力条件下的等降比：

$$e_{ON} = \frac{d_1}{d_2} = \frac{\delta_2 - \rho}{\delta_1 - \rho} \tag{11-3}$$

式中，d_1，d_2，δ_1，δ_2 分别为轻、重矿物的粒度和密度。

微细颗粒在层流绕流条件下，根据斯托克斯黏性公式导出的沉降末速为

$$v_{OS} = \frac{d^2(\delta - \rho)}{18\mu}g \tag{11-4}$$

式中，μ 为流体的动力黏度，Pa · s；其他符号意义同前，均采用 kg · m · s 单位制。

斯托克斯阻力条件下的等降比为

$$e_{ON}=\frac{d_1}{d_2}=\left(\frac{\delta_2-\rho}{\delta_1-\rho}\right)^{\frac{1}{n}} \tag{11-5}$$

公式（11-3）适用于雷诺数 $Re=10^3\sim10^5$ 范围内，公式（11-5）用在 $Re<1$ 条件下，分别对应于球形石英颗粒在水中沉降的粒度各为 3~57mm 和<0. 1mm。在阻力过渡段，等降比式中的指数随 Re 减小而减小，介于 $\frac{1}{2}\sim1$。等降比的减小表明对微细粒级的分选变得困难了。

11. 1. 1. 2　按颗粒的干涉沉降速度差分层学说

为了解释矿石可按宽级别（给料上下限粒度比值大于自由沉降等降比）入选问题，门罗（R. H. Monroe）于 1988 年提出了矿物颗粒按干涉沉降速度差分层的学说。颗粒的干涉沉降速度为

$$v_{hs}=v_0\theta^n=v_0(1-\lambda)^n \tag{11-6}$$

式中，θ，λ 分别为矿粒群在介质中的松散度及容积浓度；n 为反映矿粒群粒度和形状影响的指数，球形颗粒在牛顿阻力条件下 $n=2.39$，在斯托克斯阻力下 $n=4.70$。

在牛顿阻力条件下干涉沉降等降比为

$$e_{hsN}=\left(\frac{\delta_2-\rho}{\delta_1-\rho}\right)\left(\frac{\theta_2}{\theta_1}\right)^{4.78} \tag{11-7}$$

在斯托克斯阻力条件下的干涉沉降等降比为

$$e_{hsN}=\left(\frac{\delta_2-\rho}{\delta_1-\rho}\right)^{\frac{1}{2}}\left(\frac{\theta_1}{\theta_2}\right)^{2.35} \tag{11-8}$$

式中，θ_1 和 θ_2 可分别理解为等降的轻矿物局部悬浮体的松散度和相邻的重矿物局部悬浮体的松散度。由于此时轻矿物的粒度总是大于重矿物，故 θ_1 必然小于 θ_2。与式（11-3）和式（11-5）对比可见：

$$e_{hs}>e_0 \tag{11-9}$$

由此可以说明，在干涉沉降条件下可以分选宽级别的事实。虽然它比前述学说前进了一步，但由于 θ_1 和 θ_2 值难以确定以及 n 值也是变量等原因，要作可靠的计算仍很困难。不过这一学说却说明了随着粒群容积浓度的增大，按密度分层的效果会好转。

动力学分层体系学说表明了在有流体动力参与松散的条件下，粒度总是对按密度分层是一个限制性因素。由此可知，以沉降为主要形式的分选过程，包括介质与颗粒作相对运动时的分层，预先分级总要比不分级为好；对于细粒级金属损失也可由其沉降速度低而得到说明。

但是这类学说并未反映出在没有垂向流体动力作用时的分层原因。亦未揭露出矿物密度对按密度分层的决定性作用，因而并不能视为分层的普遍原理。

11. 1. 2　分层的静力学体系

这类学说不再考虑流体的动力作用，也无视个别颗粒的行为，而是将床层视作一个整

体，从某种内在的静力因素中探讨分层的原因。

11.1.2.1 按矿物悬浮体密度差分层的学说

这一学说最早由 A. A. 赫尔斯特和 R. T. 汗库克提出，其实质就是将混杂的床层视为由局部高密度矿物悬浮体和局部低密度矿物悬浮体构成。在重力作用下，床层内部存在着静力不平衡，最终导致按密度分层。

局部低密度矿物和高密度矿物悬浮体的密度分别为

$$\rho_{su1} = \varphi(\rho_1 - \rho) + \rho \tag{11-10}$$

$$\rho_{su2} = \varphi'(\rho_1' - \rho) + \rho \tag{11-11}$$

按此学说实现正分层（高密度矿物在下层）的条件是

$$\varphi'(\rho_1' - \rho) + \rho > \varphi(\rho_1 - \rho) + \rho \tag{11-12}$$

以某种方式改变 φ 与 φ' 的相对值，使发生反分层（低密度矿物在下层）的条件是

$$\varphi'(\rho_1' - \rho) + \rho < \varphi(\rho_1 - \rho) + \rho \tag{11-13}$$

而当 $\varphi'(\rho_1' - \rho) + \rho = \varphi(\rho_1 - \rho) + \rho$ 时，两种密度的矿物处于混杂状态。

利亚申柯通过悬浮试验认为上述关系是正确的，但后人经过大量的试验检验，除了看到正、反分层的变化外，发现计算的临界（混杂）状态上升水流速度值总是比理论值要小。

这一学说实际上是无法用悬浮试验验证的。因为只要有流体动力存在，便破坏了静态分层条件。只有当悬浮体的体积分数很高，悬浮粒群的流体动力很小时，才接近静态分层条件。

当悬浮体中的高密度矿物颗粒的粒度明显比低密度矿物颗粒的小时，高密度矿物颗粒构成的悬浮体对低密度矿物颗粒将产生重介作用。随着上升水流速度的增大，高密度矿物扩散开来，其悬浮体密度减小，及至低于低密度矿物的密度时，发生反分层。出现分层转变（混杂）时的临界上升水流速度 u_{cr} 为

$$u_{cr} = v_{02}\left(1 - \frac{\rho_1 - \rho}{\rho_1' - \rho}\right)^{n_2} \tag{11-14}$$

式中，n_2 为高密度矿物干涉沉降速度公式中的指数常数。

11.1.2.2 位能分层学说

由热力学第二定律可知，任何封闭体系都趋向于自由能的降低，即一种过程如果变化前后伴随有能量的降低，则该过程将自发地进行。德国人迈耶尔（E. W. Mayer）根据这一原理，认为矿石的重选分层过程是一个位能降低的自发过程。因此，当矿石层适当松散时，高密度矿物颗粒下降，低密度矿物颗粒上升，应该是一种必然的趋势。

图 11-2 表示了煤炭分层前与分层后的理想变化情况。若取煤炭层的底面为基准面，煤炭层的断面面积为 A，分层之前的位能 E_1 可用煤炭层重心 O 至底面的距离乘以煤炭层的总质量来表示，即

$$E_1 = \frac{h_1 + h_2}{2}(m_1 + m_2) \tag{11-15}$$

分层之后的位能 E_2 为

$$E_2 = \frac{h_2}{2}m_2 + \left(h_2 + \frac{h_1}{2}\right)m_1 \tag{11-16}$$

分层前后位能的降低值 ΔE 为

$$\Delta E = E_1 - E_2 = \frac{m_2 h_1 - m_1 h_2}{2} \tag{11-17}$$

设低密度矿物与高密度矿物的密度分别为 ρ_1 和 ρ_1'，在矿石层中的体积分数分别为 φ 和 φ'，介质的密度为 ρ，则有

$$m_1 = Ah_1\varphi\rho_1$$

$$m_2 = Ah_2\varphi'\rho_1'$$

代入式（11-17）得

$$\Delta E = \frac{h_1 h_2 A(\varphi'\rho_1' - \varphi\rho_1)}{2} \tag{11-18}$$

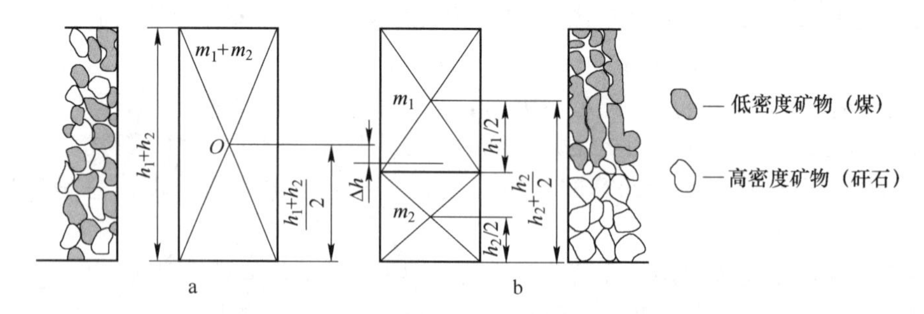

图 11-2　分层前后矿石层位能的变化示意图

a—分层前；b—分层后

m_1，m_2—床层内低密度矿物和高密度矿物的质量；h_1，h_2—床层内低密度矿物和高密度矿物的堆积高度

由于在分层过程中，床层内低密度、高密度矿物各自的数量不发生变化，式（11-18）中的 $\frac{h_1 h_2 A}{2}$ 为定值，而且当分层过程可以发生时，ΔE 必定为正值。因此，也就存在着 $\varphi'\rho_1' > \varphi\rho_1$。粒度相同而密度不同的两种矿物，在自然堆积时，其 φ 是相同的，因此，分层结果必然是高密度矿物位于下层，低密度矿物位于上层。

11.1.3　动力学和静力学分层学说的统一性

颗粒的自由沉降，当达到沉降末速时，颗粒的重力被流体的浮力和阻力所平衡。浮力是流体的静压力，它的大小和重力一样与颗粒体积（d^3）成正比，因此单位体积颗粒在介质中的有效重力只与其密度有关，而与粒度无关。而阻力是流体的动压力，由阻力通式 $R = \psi d^2 v^2 \rho$ 可见，它的大小随颗粒表面积（d^2）而增加，故作用于单位体积颗粒的阻力随粒度的增加而减小，在自由沉降到达平衡时存在关系式

$$\delta g = \rho g + \frac{6\psi}{\pi d} v_0^2 \rho \tag{11-19}$$

这样便造成了不同密度颗粒在适当粒度差下可成为等降颗粒。可见阻力是影响粒群按密度有效分层的不利因素。如果能够减小沉降过程中的阻力作用项，并相应增大浮力作用项，则粒度的影响可减小，按密度分层的效果也可得到改善。但在自由沉降条件下这是做不到的。

当颗粒在悬浮着的粒群中沉降时即成为干涉沉降。根据定义，公式（11-6）中的 v_{hs} 系颗粒相对器壁的沉降速度，而相对于内部间隙介质的速度 u_{vo}，则大于 v_{hs}，两者的关系为

$$v_{hs} = u_{vo}(1 - \lambda) \tag{11-20}$$

与式（11-7）对比可见，颗粒相对于间隙介质的速度明显地低于自由沉降的相对速度 v_0。这是由于周围粒群的存在而使整个悬浮体的密度比单一介质增大了所致。静的浮力作用补偿了流体的动压力。将式（11-6）分解得出

$$v_{hs} = v_0(1 - \lambda)^{n-1}(1 - \lambda) \tag{11-21}$$

可见式中 $v_0(1 - \lambda)^{n-1}$ 相当于式（11-21）中的 u_{vo}。$(1 - \lambda)^{n-1}$ 可认为是由于流体静力因素增大，使间隙速度 u_{vo} 比 v_0 降低的系数，而 $(1 - \lambda)$ 则是修正干涉沉降速度 v_{hs} 比间隙速度 u_{vo} 降低的系数。由于 n 值经常大于 2，故可近似地认为，影响干涉沉降速度降低的静力因素甚至比动力因素更为强烈。粒群越密集，静力因素越增强，颗粒悬浮所需流体的相对速度亦越小。由此按密度分层趋势亦增强。

在极端的情况下，当流体与床层颗粒间相对速度为零时，床层内便只剩有低密度矿物局部悬浮体与高密度矿物局部悬浮体之间的静力作用了。如果此时颗粒间仍有相对转移的可能，那么分层便是根据悬浮体密度差或位能降进行。这样的分层不再受颗粒粒度的影响。但是这只能是一种理想，因为床层不松散，分层也无法进行，而松散在绝大多数情况下又需有流体动力参加。故对入选矿石粒度总要有范围限制。

按重介质分层算是按悬浮体密度差分层的一个特例。当低密度矿物的体积相对于高密度矿物颗粒很大时，围绕在低密度矿物周围的分散介质体积也相对变得很小，于是局部低密度矿物悬浮体的密度将接近低密度矿物本身密度，即 $\rho_{su1} \approx \delta_1$。故按重介质关系分层可认为是低密度、高密度矿物粒度差大为增加后，按悬浮体密度差分层的一种自然转变。

这一学说比较接近实际，是由于细小高密度矿物颗粒可借较小的介质流速松散悬浮，而这一流体动力对大颗粒低密度矿物的作用则很小，即后者主要靠悬浮体的静力支配其运动，这便是对低密度矿物表现出的静力分层机理。

此时虽然低密度、高密度矿物间可有很大粒度差，但对矿物间的密度差却提出了严格的要求。例如当床层略呈紧密状态而又有活动性时 $\lambda_2 \approx 0.5$，在水中与石英（$\delta_1 = 2.65\text{g/cm}^3$）相分离的高密度矿物密度，由 $\varphi'(\rho_1' - \rho) + \rho = \varphi(\rho_1 - \rho) + \rho$ 可算出应不低于 4.30g/cm^3。

由上述分析可见，分层的动力学体系学说和静力学体系学说它们实际是一脉相承的。从自由沉降到干涉沉降，再到静力分层，是动力因素削弱，静力因素增强的过程，各种分层学说则是在这一链条中就不同浓度条件提出的理性认识，应当根据不同情况加以灵活运用。

11.2 颗粒在介质中的垂直运动

垂直沉降运动是颗粒在介质中运动的基本形式。在真空中，不同密度、不同粒度、不同形状的颗粒，其沉降速度是相同的，但它们在介质中因所受浮力和阻力不同而有不同的沉降速度。因此，介质的性质是影响颗粒沉降过程的主要因素。

11.2.1　介质的性质和介质的浮力与阻力

介质的密度是指单位体积内介质的质量，单位为 g/cm³。液体的密度常用符号 ρ 表示，而重悬浮液的密度通常用符号 ρ_{su} 表示，其计算公式为

$$\rho_{su} = \varphi\rho_1 + (1-\varphi)\rho = \varphi(\rho_1 - \rho) + \rho \tag{11-22}$$

或

$$\rho_{su} = (1-\varphi_1)(\rho_1 - \rho) + \rho = \rho_1 - \varphi_1(\rho_1 - \rho) \tag{11-23}$$

式中，φ 为重悬浮液的固体体积分数或容积浓度，即固体体积与重悬浮液总体积之比；φ_1 为重悬浮液的松散度，即液体体积与重悬浮液总体积之比，$\varphi_1 = 1-\varphi$；ρ_1 为固体颗粒的密度，g/cm³；ρ 为液体的密度，g/cm³。

除了重悬浮液的密度、容积浓度之外，在生产中还常常用到重悬浮液的质量浓度 c，亦即重悬浮液中固体的质量分数，它与其他参数之间的关系为

$$c = \frac{\rho_1\varphi}{\rho_{su}} \times 100\% \tag{11-24}$$

黏度是流体的重要性质之一。均质流体在作层流运动时，其黏性符合牛顿内摩擦定律，亦即

$$F = \mu A \frac{du}{dy} \tag{11-25}$$

式中，F 为黏性摩擦力，N；μ 为流体的动力黏度，Pa · s；A 为摩擦面积，m²；du/dy 为速度梯度，s^{-1}。

流体的动力黏度 μ 与其密度 ρ 的比值称为运动黏度，以 v 表示，单位为 m²/s，即

$$v = \frac{u}{\rho} \tag{11-26}$$

单位摩擦面积上的黏性摩擦力称为内摩擦切应力，记为 τ，单位为 Pa，其计算公式为

$$\tau = \mu \frac{du}{dy} \tag{11-27}$$

体积为 V(m³) 的固体颗粒，在密度为 ρ 的均质介质中所受的浮力 F (N) 为

$$F = V\rho g \tag{11-28}$$

该颗粒在密度为 ρ_{su} 的重悬浮液中所受的浮力 F (N) 为

$$F = V\rho_{su}g = V\rho g + V\varphi(\rho_1 - \rho)g \tag{11-29}$$

介质对颗粒的阻力又称为介质的绕流阻力，根据阻力产生时的具体情况，介质对颗粒的阻力又细分为摩擦阻力和压差阻力两种。

摩擦阻力又称为黏性阻力或黏滞阻力，产生的基本原因是：当颗粒与介质间有相对运动时，由于流体具有黏性，紧贴在颗粒表面的流体质点随颗粒一起运动，由此向外，流体质点运动速度与颗粒的运动速度之间的差异逐渐增加，流层间出现了速度梯度，最后使颗粒受到一个宏观的阻碍发生相对运动的力。

产生压差阻力的基本原因是：当流体以较高的速度绕过颗粒流动时，由于流体黏性的作用导致边界层发生分离，使得颗粒后部出现旋涡，从而导致颗粒前后的流体区域出现压强差，致使颗粒受到一个阻碍发生相对运动的力。

颗粒在介质中运动时，所受的阻力以哪一种为主，主要决定于介质的绕流流态，所以通常用表征流态的雷诺数来判断。在这种情况下，雷诺数的表达式为

$$Re = \frac{dv\rho}{\mu} \tag{11-30}$$

式中，Re 为介质的绕流雷诺数；d 为固体颗粒的粒度，m；v 为固体与介质之间的相对运动速度，m/s；ρ 为介质的密度，g/cm^3；μ 为介质的动力黏度，Pa · s。

当颗粒与介质之间的相对运动速度较低时，介质呈层流流态绕过颗粒，如图 11-3a 所示，此时颗粒所受的阻力以黏性阻力为主。斯托克斯在忽略压差阻力的条件下，利用积分的方法，求得作用于球形颗粒上的黏性阻力 R_s 计算式为

$$R_s = 3\pi\mu dv \tag{11-31}$$

式（11-31）可用于计算绕流雷诺数 $Re<1$ 时的介质阻力。

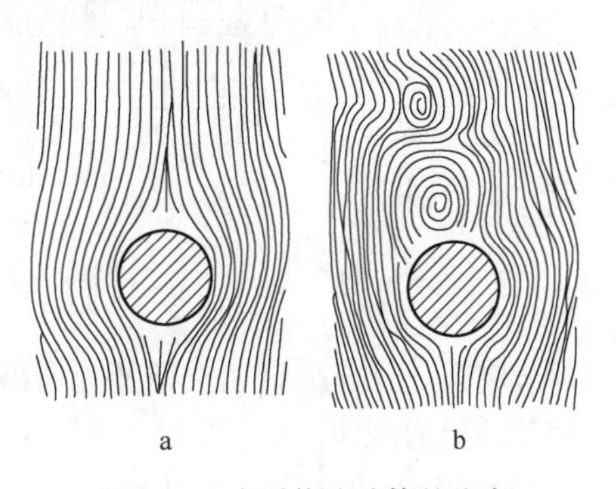

图 11-3　介质绕流球体的流态
a—层流；b—湍流

当颗粒与介质之间的相对运动速度较高时，介质呈湍流流态绕过颗粒，在这种情况下，颗粒后面出现明显的旋涡区，如图 11-3b 所示，致使压差阻力占绝对优势，在不考虑黏性阻力的条件下，牛顿和雷廷智推导出的作用于球形颗粒上的压差阻力 $R_{N\text{-}R}$ 计算式为

$$R_{N\text{-}R} = \left(\frac{1}{20} \sim \frac{1}{16}\right)\pi d^2 v^2 \rho \tag{11-32}$$

式（11-32）可用于计算绕流雷诺数 $Re=10^3 \sim 10^5$ 时的介质阻力。

绕流雷诺数 $Re=1 \sim 10^3$ 范围内为阻力的过渡区，黏性阻力和压差阻力均占有相当比例，忽略任何一种都将使计算结果严重偏离实际。

为了寻求阻力计算通式，有人利用 π 定理推导出了介质作用在颗粒上的阻力与各物理量之间的关系为

$$R = \psi d^2 v^2 \rho \tag{11-33}$$

式中，ψ 为阻力系数，是绕流雷诺数 Re 的函数。

对于球形颗粒，ψ 与绕流雷诺数 Re 之间呈单值函数关系，1893 年英国物理学家李莱通过试验，在绕流雷诺数为 $10^{-3} \sim 10^6$ 的范围内，测出了图 11-4 所示的 ψ-Re 关系曲线，它表明球形颗粒在介质中沉降时的阻力变化规律。

根据斜率的变化情况，李莱曲线可大致分为 3 段。

（1）当雷诺数很小时，李莱曲线近似为一条直线，阻力系数 ψ 与绕流雷诺数 Re 的关系为

$$\psi = \frac{3\pi}{Re} \tag{11-34}$$

写成对数形式得

$$\lg\psi = \lg(3\pi) - \lg Re \tag{11-35}$$

在对数坐标中，式（11-35）为一条直线，其斜率为 -1，在李莱曲线上恰好与 $Re<1$

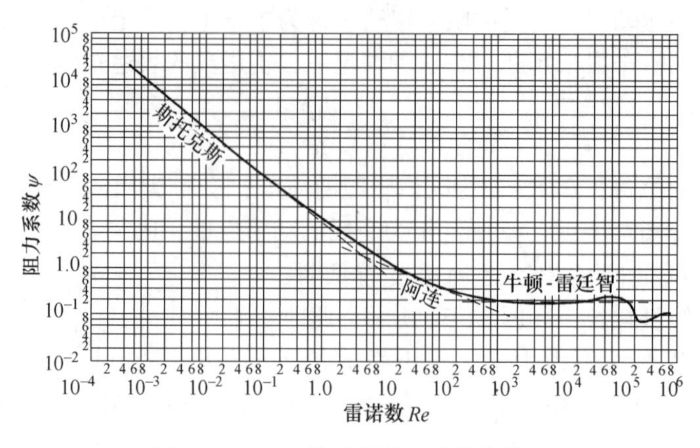

图 11-4　ψ-Re 关系曲线（李莱曲线）

的部分吻合。这充分证明，斯托克斯阻力计算公式很好地反映了在层流绕流条件下球形颗粒运动的阻力规律。

（2）当 Re 在 $10^3\sim10^5$ 的范围内时，李莱曲线近似与横轴平行，可将 ψ 视为一常数，其值大致为 $\left(\frac{1}{20}\sim\frac{1}{16}\right)\pi$。此绕流雷诺数区域称为牛顿阻力区，阻力系数取其中间值 $\frac{1}{18}\pi$，所以牛顿-雷廷智阻力计算公式可简化为

$$R_{\text{N-R}} = \frac{\pi d^2 v^2 \rho}{18} \tag{11-36}$$

这说明牛顿-雷廷智阻力计算公式近似地反映了湍流绕流条件下，球形颗粒运动的介质阻力变化规律。

（3）当 Re 在 25～500 范围内时，阿连提出的介质阻力系数 ψ 与绕流雷诺数 Re 之间的函数关系式为

$$\psi = \frac{5\pi}{4\sqrt{Re}} \tag{11-37}$$

与李莱曲线中的这段曲线基本吻合，所以当绕流雷诺数 $Re=25\sim500$ 时，可用阿连阻力计算公式来计算球形颗粒所受到的介质阻力，即

$$R_{\text{A}} = \frac{5\pi d^2 v^2 \rho}{4\sqrt{Re}} \tag{11-38}$$

11.2.2　颗粒在介质中的自由沉降

单个颗粒在广阔介质中的沉降称为颗粒在介质中的自由沉降。在实际工作中，把颗粒在固体体积分数小于 3%的重悬浮液中的沉降也视为自由沉降。

在介质中，颗粒受到的重力与浮力之差称为颗粒在介质中的有效重力，常以 G_0 表示。对于密度为 ρ_1 的球形颗粒有

$$G_0 = \frac{\pi d^3 g(\rho_1 - \rho)}{6} \tag{11-39}$$

若令
$$G_0 = mg_0 = \frac{\pi d^3 \rho_1 g_0}{6} \tag{11-40}$$
将式（11-40）代入式（11-39）并整理得
$$g_0 = \frac{(\rho_1 - \rho)g}{\rho_1} \tag{11-41}$$
式中，g_0 为颗粒在介质中因受有效重力作用而产生的加速度，称为初加速度，m/s^2。

当 $\rho_1 < \rho$ 时，$g_0 < 0$，此时颗粒在介质中上浮；当 $\rho_1 > \rho$ 时，$g_0 > 0$，颗粒在介质中下沉。

颗粒在介质中开始沉降时，在初加速度 g_0 的作用下，速度越来越大，与此同时，介质对运动颗粒所产生的阻力也相应不断增加，因介质阻力的作用方向恰好同颗粒的运动速度方向相反，而使得颗粒沉降的加速度逐渐减少，最后阻力增加到与颗粒的有效重力相等，沉降速度也就达到了最大值，以后便以此速度等速下沉，称为颗粒的自由沉降末速，记为 v_0。当绕流雷诺数 $Re<1$ 时，v_0的计算式为
$$v_{0S} = \frac{d^2 g(\rho_1 - \rho)}{18\mu} \tag{11-42}$$
式（11-42）称为斯托克斯自由沉降末速计算公式，可用来计算 0.1mm 以下的球形石英颗粒在水中的自由沉降末速。

当绕流雷诺数 $Re = 10^3 \sim 10^5$时，v_0的计算式为
$$v_0 = \sqrt{\frac{3dg(\rho_1 - \rho)}{\rho}} \tag{11-43}$$
式（11-43）称为牛顿-雷廷智自由沉降末速计算公式，可用来计算粒度为 2.8～57mm 的球形石英颗粒在水中的自由沉降末速。

当绕流雷诺数 $Re = 25 \sim 500$ 时，v_0的计算式为
$$v_0 = \sqrt[3]{\frac{4g^2 (\rho_1 - \rho)^2}{225\mu\rho}}d \tag{11-44}$$
式（11-44）称为阿连自由沉降末速计算公式，可用来计算粒度为 0.4～1.7mm 的球形石英颗粒在水中的自由沉降末速。

11.2.3　等降现象和等降比

由于颗粒的自由沉降末速受到密度、粒度等因素的影响，所以在同一介质中，性质不同的颗粒可能具有相同的沉降末速。密度不同而在同一介质中具有相同沉降末速的颗粒称为等降颗粒；在自由沉降条件下，等降颗粒中低密度颗粒与高密度颗粒的粒径之比称为自由沉降等降比，记为 e_0，即
$$e_0 = \frac{d_1}{d_2} \tag{11-45}$$
式中，d_1 为等降颗粒中低密度颗粒的粒径，m；d_2 为等降颗粒中高密度颗粒的粒径，m。

对于密度分别为 ρ_1 和 ρ_1'、粒径分别为 d_1 和 d_2 的两个颗粒，在等降条件下，由 $v_{01} = v_{02}$，可得关系式

$$\sqrt{\frac{\pi d_1 g(\rho_1 - \rho)}{6\psi_1 \rho}} = \sqrt{\frac{\pi d_2 g(\rho_1' - \rho)}{6\psi_2 \rho}}$$

由上式可解出：

$$e_0 = \frac{d_1}{d_2} = \frac{\psi_1(\rho_1' - \rho)}{\psi_2(\rho_1 - \rho)} \tag{11-46}$$

式（11-46）表明，自由沉降等降比 e_0 随着两种颗粒密度差（$\rho_1' - \rho$）和介质密度 ρ 的增加而增加。当两个等降颗粒同时处于斯托克斯阻力范围内时，由公式（11-42）得

$$e_{0S} = \sqrt{\frac{\rho_1' - \rho}{\rho_1 - \rho}} \tag{11-47}$$

当两个等降颗粒同时处于阿连阻力范围内时，由公式（11-44）得

$$e_{0A} = \sqrt[3]{\left(\frac{\rho_1' - \rho}{\rho_1 - \rho}\right)^2} \tag{11-48}$$

当两个等降颗粒同时处于牛顿阻力范围内时，由公式（11-43）得

$$e_{0N} = \frac{\rho_1' - \rho}{\rho_1 - \rho} \tag{11-49}$$

由上述三个计算公式可以看出，对于两种密度不变的固体颗粒，随着绕流流态从层流向湍流过渡，自由沉降等降比逐渐增大。正是由于微细粒级的等降比较小，才使得它们很难有效地按密度实现分层。上述三个计算公式还表明，等降比随着高密度和低密度颗粒的密度差增加而上升，从而使得重选的分选精确度增加，但对分级过程的不利影响将更加突出。

实践中把低密度大颗粒与高密度小颗粒的粒度比小于自由沉降等降比 e_0 的混合物料称为窄级别物料；反之则称为宽级别物料。

若将由密度不同、粒度不同的颗粒构成的宽级别物料置于上升介质流中悬浮，当流速稳定后，即在管中形成松散度自上而下逐渐减小的悬浮柱，如图 11-5 所示。在下部形成比较纯净的高密度粗颗粒层；而上部则是比较纯净的低密度细颗粒层；中间相当高的范围内是混杂层。若将各个薄层中处于混杂状态的颗粒视为等降颗粒，则对应的低密度颗粒与高密度颗粒的粒度之比，即可称为干涉沉降等降比，记为 e_{hs} ，亦即

$$e_{hs} = \frac{d_1}{d_2} \tag{11-50}$$

由于混合粒群在同一上升介质流中悬浮，所以粒群中每一个颗粒的干涉沉降速度都是相同的。因此，对于同一层中不同密度的颗粒必然存在如下的关系：

$$v_{01}\varphi_1^{n_1} = v_{02}\varphi_1'^{n_2} \tag{11-51}$$

如果两颗粒的自由沉降是在同一阻力范围内，则有 $n_1 = n_2 = n$ 。将斯托克斯自由沉降末速计算公式（11-42）代入式（11-51），即可解出斯托克斯阻力范围内的干涉沉降等降比的计算公式为

$$e_{hsS} = \frac{d_1}{d_2} = \sqrt{\frac{\varphi_1'^n(\rho_1' - \rho)}{\varphi_1^n(\rho_1 - \rho)}} = e_{0S}\left(\frac{\varphi_1'}{\varphi_1}\right)^{2.35} \tag{11-52}$$

将牛顿-雷廷智自由沉降末速计算公式（11-43）代入式（11-51），即可解出牛顿阻力

范围内的干涉沉降等降比的计算公式为

$$e_{\mathrm{hsN}} = \frac{d_1}{d_2} = \frac{\varphi_1'^{2n}(\rho_1' - \rho)}{\varphi_1^{2n}(\rho_1 - \rho)} = e_{\mathrm{ON}} \left(\frac{\varphi_1'}{\varphi_1}\right)^{4.78} \tag{11-53}$$

两种不同的颗粒混杂时，总是粒度大者松散度大，而粒度小者松散度小，所以总是有 $\varphi_1' > \varphi_1$，由此可见，恒有 $e_{\mathrm{hs}} > e_0$，且 e_{hs} 随着悬浮体容积浓度的增加而增大，这一特点对于重选过程是十分重要的。

11.2.4 颗粒在悬浮粒群中的干涉沉降

颗粒在悬浮粒群中的沉降称为干涉沉降。此时颗粒的沉降速度除了受自由沉降时的影响因素支配外，还增加了一些新的影响因素。这些附加影响因素归纳起来大致如下：

（1）粒群中任意一个颗粒的沉降，都将导致周围介质的运动，由于存在大量的固体颗粒，又会使介质的流动受到某种程度的阻碍，宏观上相当于增加了流体的黏性；

（2）当颗粒在有限范围的悬浮粒群中沉降时，将在颗粒与颗粒之间或颗粒与器壁之间的间隙内产生一上升股流，如图 11-5 所示，使颗粒与介质的相对运动速度增大；

（3）固体粒群与流体介质组成的悬浮体密度 ρ_{su} 大于介质的密度 ρ，因而使颗粒所受到的浮力作用比在纯净流体介质中要增大；

（4）颗粒之间的相互摩擦、碰撞，也会消耗一部分颗粒的运动动能，使粒群中每个颗粒的沉降速度都有一定程度降低。

上述诸因素的影响结果，使得颗粒的干涉沉降速度小于自由沉降速度。其降低程度随悬浮体中固体颗粒密集程度的增加而增加，因而颗粒的干涉沉降速度并不是一个定值。

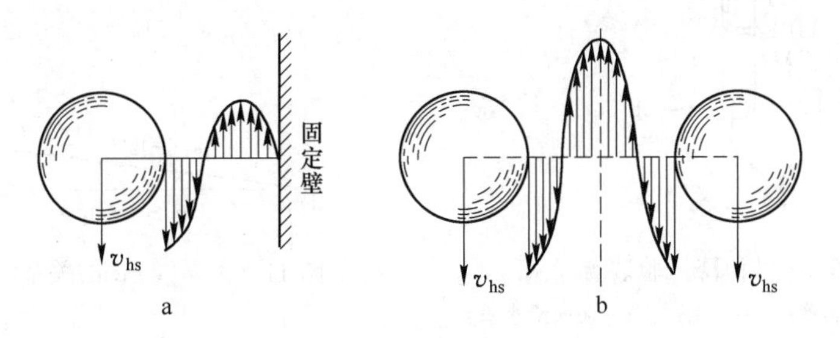

图 11-5 干涉沉降时的上升股流

a—颗粒与器壁之间；b—颗粒与颗粒之间

为了探讨颗粒的干涉沉降规律，不少学者曾进行了大量的研究工作。其中研究结论比较成熟，且最早出现在相关著作中的研究成果，是苏联人利亚申柯于 1940 年完成的。

利亚申柯的试验装置如图 11-6 所示。他在研究中为了便于观测，将粒度均匀、密度相同的物料置于上升水流中悬浮，当上升水流速度一定时，物料的悬浮高度亦为一定值，物料中每个颗粒在空间的位置宏观上可认为是固定不变的。按照相对性原理，即当水流为静止时，各个颗粒将以相当于水流在净断面上的上升流速 u_{a} 下降，所以颗粒此时的干涉沉降速度 v_{hs} 可以用 u_{a} 表示，即

$$v_{\mathrm{hs}} = u_{\mathrm{a}} \tag{11-54}$$

利亚申柯通过试验发现物料的干涉沉降速度是单个颗粒的自由沉降末速 v_0 及悬浮体

容积浓度 φ 的函数，即有关系式

$$v_{hs}=f(v_0,\ \varphi) \tag{11-55}$$

在某一水流上升速度 u_a 下，物料达到稳定悬浮时，悬浮体中每个颗粒的受力情况均可表示为

$$G_0=R_{hs}$$

或

$$\frac{\pi d^3 g(\rho_1-\rho)}{6}=\psi_{hs}d^2v_{hs}^2\rho$$

由上式解出颗粒的干涉沉降速度计算公式为

$$v_{hs}=\sqrt{\frac{\pi dg(\rho_1-\rho)}{6\psi_{hs}\rho}} \tag{11-56}$$

式中，R_{hs} 为颗粒在干涉沉降条件下所受到的介质阻力，N；ψ_{hs} 为颗粒在干涉沉降条件下的阻力系数。

通过实际测定，测得 ψ_{hs} 与 φ 之间的关系曲线如图 11-7 所示。

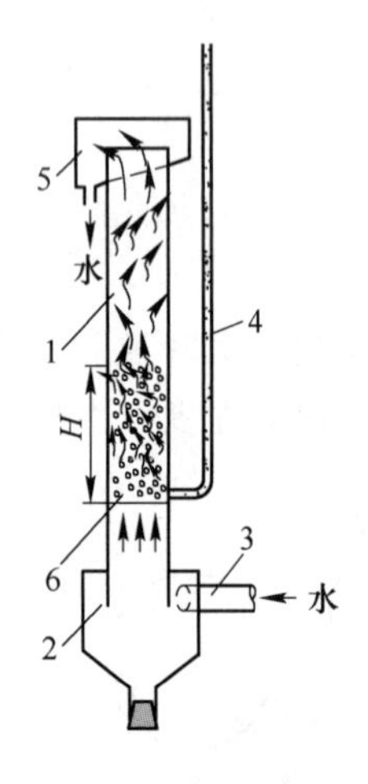

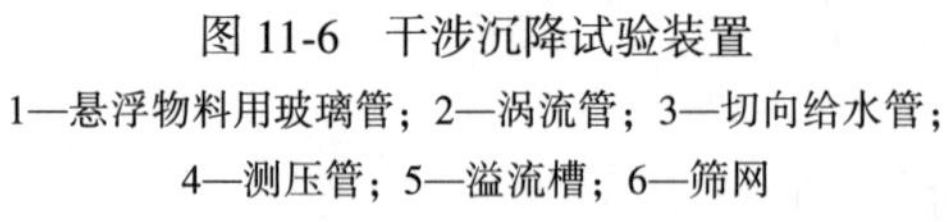
图 11-6　干涉沉降试验装置
1—悬浮物料用玻璃管；2—涡流管；3—切向给水管；
4—测压管；5—溢流槽；6—筛网

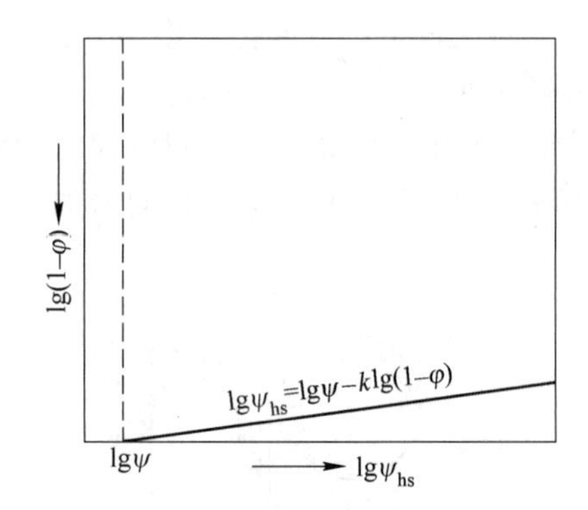

图 11-7　ψ_{hs} 与 φ 的关系曲线

由图 11-7 中的曲线可以看出，在双对数直角坐标系中，ψ_{hs} 与 φ 呈直线关系，据此可写出一般的直线方程：

$$\lg\psi_{hs}=\lg\psi-k\lg(1-\varphi) \tag{11-57}$$

由式（11-57）得

$$\psi_{hs}=\frac{\psi}{(1-\varphi)^k} \tag{11-58}$$

将式（11-58）代入式（11-56）得

$$v_{hs}=\sqrt{(1-\varphi)^k\frac{\pi dg(\rho_1-\rho)}{6\psi\rho}}$$

令 $k/2=n$，上式可简化为

$$v_{hs} = v_0 (1 - \varphi)^n \tag{11-59}$$

式（11-59）是由均匀物料的悬浮试验结果推导出的颗粒干涉沉降速度计算式。从式（11-59）中可以看出：

（1）对于一定粒度、一定密度的固体颗粒，v_{hs} 并无固体值，而是随着 φ 的增大而减少，这与 v_0 明显不同，v_0 是颗粒的固有属性，在一定的介质中有固定值。

（2）指数 n 表征物料中颗粒的粒度和形状的影响，粒度越小，形状越不规则，n 值越大，v_{hs} 也就越小。大量的研究表明，对于球形颗粒，在牛顿阻力区 $n=2.39$，在斯托克斯阻力区 $n=4.7$。

11.3 斜面流分选原理

在沿斜面流动的水流中进行矿石分选也具有十分悠久的历史。采用厚水层进行粗、中粒级矿石分选的设备称为粗粒溜槽，其中的水流呈较强的湍流流态；处理细粒级矿石的斜面流分选设备主要有摇床、螺旋溜槽（螺旋选矿机）、圆锥选矿机和离心选矿机等，其中的水流多呈弱湍流或层流流态。

11.3.1 层流斜面流的流动特性

当水流沿斜面呈层流流动时，流速沿深度的分布规律可由黏性摩擦力与重力的平衡关系导出。如图 11-8 所示，在距槽底 h 高处取一底面积为 A 的流体单元，作用在该单元上的黏性摩擦力 F 为

$$F = \mu A \frac{\mathrm{d}u}{\mathrm{d}h} \tag{11-60}$$

式中，$\frac{\mathrm{d}u}{\mathrm{d}h}$ 为沿流层厚度方向的速度梯度。

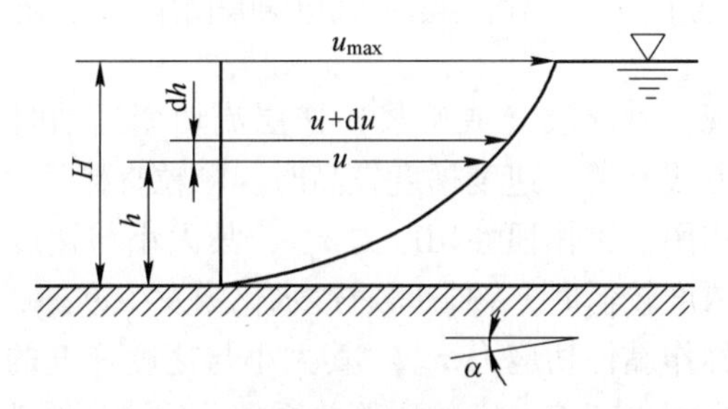

图 11-8 层流水速沿深度的分布情况

作用在该单元上的重力沿流动方向的分量 W 为

$$W = (H - h)A\rho g\sin\alpha \tag{11-61}$$

当水流作恒定流动时，根据力的平衡关系，有

$$\mu A \frac{\mathrm{d}u}{\mathrm{d}h} = (H - h)A\rho g\sin\alpha \tag{11-62}$$

由此得

$$\mathrm{d}u = \frac{(H - h)\rho g\sin\alpha}{\mu}\mathrm{d}h \tag{11-63}$$

由式（11-63）积分得

$$u=\frac{(2H-h)h\rho g\sin\alpha}{2\mu} \tag{11-64}$$

式中，α 为槽底倾角。

液流表层的最大水流速度 u_{max} 和全流层的平均流速 v 分别为

$$u_{max}=\frac{H^2\rho g\sin\alpha}{2\mu} \tag{11-65}$$

$$v=\frac{H^2\rho g\sin\alpha}{3\mu}=\frac{2u_{max}}{3} \tag{11-66}$$

即层流斜面水流的平均流速为其最大流速的 $\frac{2}{3}$。

拜格诺（R. A. Bagnold）经研究发现，当悬浮液（或矿浆）中的固体颗粒连续受到剪切作用时，垂直于剪切方向将产生一种斥力（或称作分散压），使物料具有向两侧膨胀的倾向，斥力的大小随速度梯度的增大而增大。当剪切的速度梯度足够大，以致使斥力达到与固体在介质中的有效重力平衡时，颗粒即呈悬浮状态，如图 11-9 所示。这一学说被称为层间斥力学说或拜格诺层间斥力学说，它恰当地解释了在层流斜面流中矿石的松散机理。

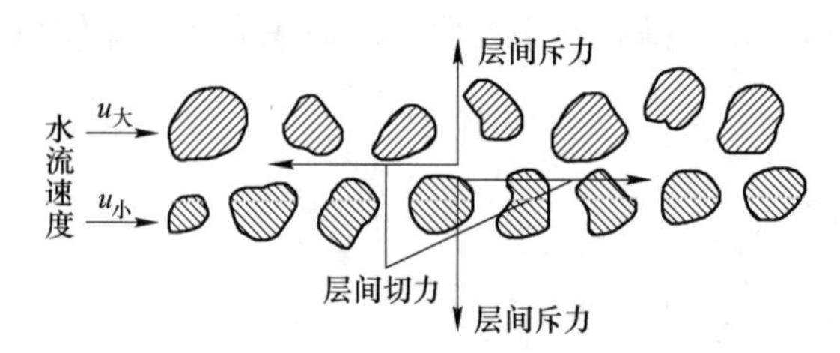

图 11-9　拜格诺的层间剪切力和层间斥力示意图

拜格诺从研究中发现，悬浮液（或矿浆）作层流切变运动时，颗粒间相互作用的切应力性质与颗粒的接触方式有关，速度梯度较高时，颗粒直接发送碰撞，颗粒的惯性力对切应力的形成起着主导作用，称作惯性切应力 τ_{in}，其大小与速度梯度的平方成正比；速度梯度或悬浮体的容积浓度较低时，颗粒间通过水化膜发生摩擦，此时液体的黏性对切应力的产生起主导作用，称作黏性切应力 τ_{ad}，其大小与速度梯度的一次方成正比；与此同时，切应力与层间斥力之间也有着一定的比例关系，若斥力压强为 p，则完全属于惯性剪切时，$\frac{\tau}{p}=0.32$；基本属于黏性剪切时，$\frac{\tau}{p}=0.75$。

在层流斜面流中，若使矿石发生松散悬浮，则任一层间的斥力压强 p 应等于单位面积上矿石在介质中的法向有效重力 G_h，在临界条件下为

$$p=G_h=(\rho_1-\rho)g\cos\alpha\int_h^H\varphi\mathrm{d}h \tag{11-67}$$

式中，α 为斜面的倾角；h 为某层距底面的高度；H 为斜面矿浆流的深度。

若已知高度 h 以上至顶面的矿石平均体积分数为 φ_{aV}，则 G_h 可近似地按下式计算

$$G_h=(\rho_1-\rho)g(H-h)\varphi_{aV}\cos\alpha \tag{11-68}$$

11.3.2 湍流斜面流的流动特性

湍流流态发生在流速较大的情况下，其特点是流层内出现了无数的旋涡，如图 11-10 所示。经过深入的研究发现，湍流的产生和发展存在着有次序的结构，称作拟序结构。这种结构显示，湍流的初始旋涡是以流条形式在固体壁附近形成的。在速度梯度的作用下，流条不断地滚动、扩大，发展到一定大小后即迅速离开壁面上升，并对液流产生扰动。最初生成的旋涡范围很小，但转动强度很大，且在流场内是不连续的，属于小尺度旋涡。在底部流条中间还无规则地交替出现非湍流区。随着小尺度旋涡上升扩展、相互兼并，结果又出现了转动速度较低但范围较大的大尺度旋涡，形成许多小的波动运动。最后在黏滞力作用下，速度降低，动能转化为热能损耗掉。与此同时，新的旋涡又在底部形成和向上扩展，如此循环不已，构成图 11-10 所示的湍流运动状态。

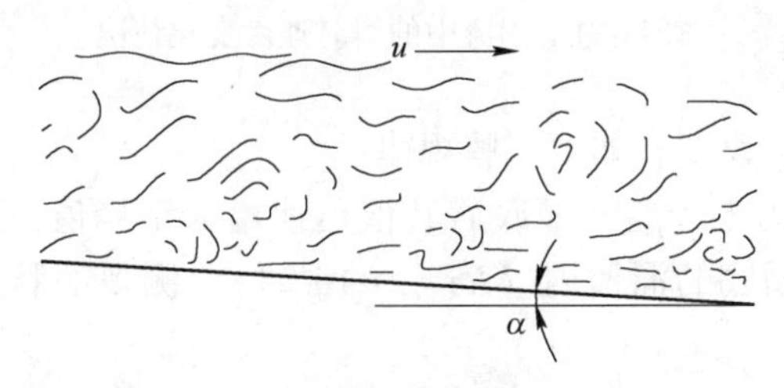

图 11-10 湍流中旋涡运动示意图

11.3.2.1 湍流中水速沿深度的分布规律

在湍流中，由于旋涡的存在，使流场内任何一点的速度时刻都在变化，所以湍流流态的速度均系时均流速，其速度沿水深的分布曲线可近似地表示为

$$u = u_{\max}\sqrt[n]{\frac{h}{H}} \tag{11-69}$$

式中，n 为常数，随雷诺数 Re 的增大而增大，并与槽底的粗糙度有关，在粗粒溜槽中其值为 4~5，在矿砂溜槽中 n 值为 2~4。

根据式（11-69），可求得 h 高度以下流层的平均流速 v_{h} 和整个流层的平均流速 v，分别为

$$v_{\mathrm{h}} = \frac{nu_{\max}\sqrt[n]{\frac{h}{H}}}{n+1} \tag{11-70}$$

$$v = \frac{nu_{\max}}{n+1} \tag{11-71}$$

11.3.2.2 湍流中的脉动速度

在湍流斜面流中，任何一点的流速都在随时间发生变化，如图 11-11 所示，流体质点在某点的瞬时速度围绕着该点的时均流速上下波动，流体质点的瞬时速度偏离时均流速的数值（$u'-u$）称作脉动速度。显然，脉动速度在 3 个互相垂直的方向上均存在，但对重选过程影响较大的是法向脉动速度，因为它是湍流斜面流中推动颗粒松散悬浮的主要作用因素。由于脉动速度平均值为零，所以法向脉动速度 u_{im} 的大小以瞬时脉动速度的时间均方

根表示，即

$$u_{im} = \sqrt{\frac{\int u_y'^2 dt}{T}} \tag{11-72}$$

式中，u_{im} 为法向脉冲速度，m/s；u_y' 为法向瞬时速度，m/s。

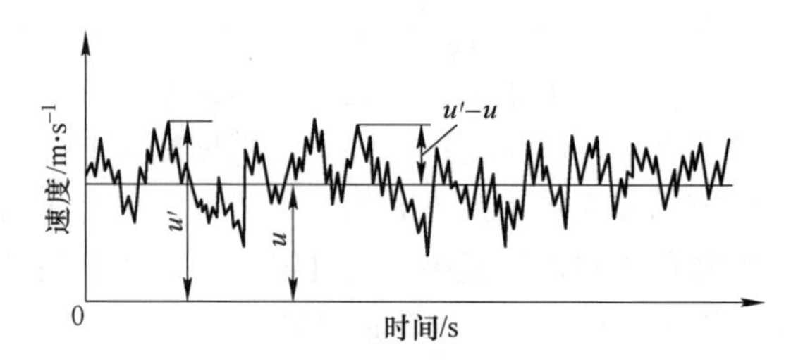

图 11-11　湍流中的瞬时速度变化情况

研究表明，法向脉动速度有如下一些规律：

（1）在槽底处其值为零，离开槽底后其值迅速增大至峰值，此后略有减少。明斯基用快速摄影法，在光滑槽底的溜槽内（$Re=2\times10^4$ 时），测得的脉动速度与槽深的关系如图 11-12 所示。

（2）法向脉动速度与水流的最大速度或平均速度成正比，即

$$u_{im} = Ku_{max} \tag{11-73}$$

式中，比例系数 K 可由表 11-1 查得。

（3）法向脉动速度的大小除了与水流的最大速度或平均速度有关外，还与槽底的粗糙度有关，因为槽底越粗糙，小尺度旋涡越发达，因而法向脉动速度也就越大。

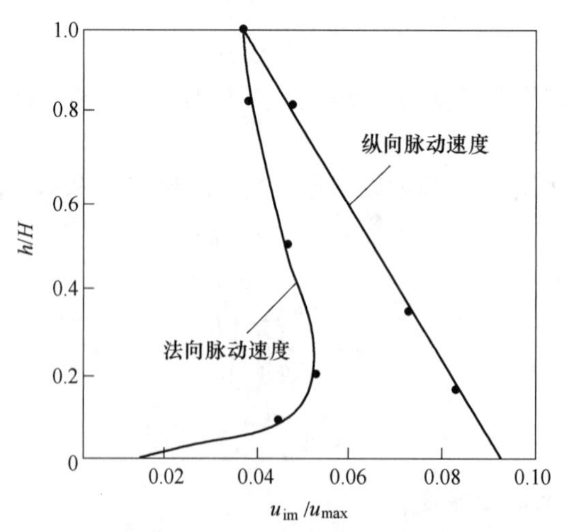

图 11-12　脉动速度与槽深的关系

表 11-1　比例系数与槽深的关系

h/H	0.05	0.18	0.42	0.54	0.65	0.68	0.80	0.91
K	0.046	0.048	0.046	0.042	0.041	0.040	0.040	0.038

11.3.2.3 *矿石在湍流斜面流中的松散机理*

湍流斜面流中的法向脉动速度是推动矿物颗粒松散悬浮的主要因素之一，称为“湍流扩散作用”，与黏性底层中的拜格诺层间斥力一起维持湍流斜面流中矿石的松散。矿石在湍流斜面流中借法向脉动速度维持松散悬浮的同时，他们又会对法向脉动速度起到抑制作用，称为固体的“消湍作用”。

拜格诺通过试验发现，在斜面水流的 Re 值为 2000 的条件下加入固体颗粒，当固体的体积分数达到 30%时，矿浆流的湍流程度显著减弱；当体积分数增至 35%时，矿浆流的湍流特征完全消失，从上到下均呈现层流流态。

11.3.2.4 *在湍流斜面流中颗粒沿槽底的运动*

图 11-13 是湍流斜面流中颗粒沿槽底运动时的受力情况，此时作用在颗粒上的力有下列几种。

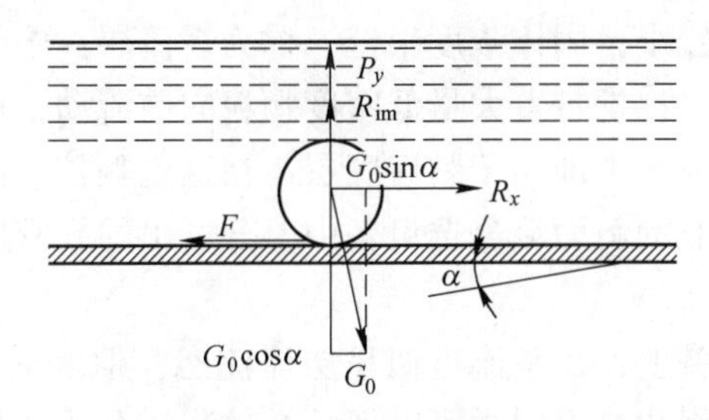

图 11-13 湍流斜面流中颗粒在槽底的受力情况

（1）颗粒在水中的有效重力 G_0：

$$G_0=\frac{\pi d^3(\rho_1-\rho)g}{6}$$

（2）水流的纵向推力 R_x：

$$R_x=\psi d^2(u_{d,av}-v)^2\rho$$

式中，$u_{d,av}$ 为作用于颗粒上的平均水速，m/s；v 为颗粒沿槽底的运动速度，m/s。

（3）法向脉动速度的向上推力 R_{im}：$R_{im}=\psi d^2u_{im}^2\rho$。

（4）水流绕流颗粒产生的法向举力 P_y，这种力是由于水流绕流颗粒上表面时，流速加快，压强降低所引起；当颗粒的粒度较粗、质量相对较大时，这种力可以忽略不计。

（5）颗粒与槽底间的摩擦力 F：

$$F=fN$$

式中，f 为摩擦系数；N 为颗粒作用于槽底的正压力，其值为 $N=G_0\cos\alpha-P_y-R_{im}$。

当颗粒以等速沿槽底运动时，沿平行于槽底方向上力的平衡关系为

$$G_0\sin\alpha+R_x=f(G_0\cos\alpha-P_y-R_{im}) \tag{11-74}$$

对于粗颗粒来说，法向举力 P_y 和脉动速度上升推力 R_{im} 均较小，可以略去不计。将其余各项的表达式代入式（11-74）得

$$(u_{d,av}-v)^2=\frac{\pi d(\rho_1-\rho)g(f\cos\alpha-\sin\alpha)}{6\psi\rho} \tag{11-75}$$

设水流推力 R_x 的阻力系数 ψ 与颗粒自由沉降的阻力系数值相等，则将颗粒的自由沉

降末速 v_0 代入后，开方移项即得

$$v = u_{d,av} - v_0\sqrt{f\cos\alpha - \sin\alpha} \tag{11-76}$$

式（11-76）即是颗粒沿槽底的运动的速度公式。它表明颗粒的运动速度随水流平均增加而增大，随颗粒的自由沉降末速及摩擦系数增大而减小，因而改变槽底的粗糙度可改善溜槽的分选指标。

11.3.3　矿石在斜面流中的分选

在绝大部分矿砂溜槽中没有沉积层，高密度产物连续排出，矿浆流的流态一般是弱湍流，而矿泥溜槽则多数有沉积层，选别过程大都在近似层流的矿浆流中进行。

在弱湍流斜面矿浆流中，由于矿石的消湍作用，底部的黏性底层将增厚，根据流态的差异及上、下层中固体浓度的不同，一般可将整个矿浆流分为4层，如图11-14所示。最上一层中法向脉动速度比较小，固体浓度很低，称为表流层；中间较厚的层内，小尺度旋涡发达，在湍流扩散作用下，携带着大量低密度颗粒向前流动，可称为悬移层；下部液流的流态发生了变化，若在清水中即属于黏性底层，在这里颗粒大体表现为沿层运动，所以可称为流变层；在间断作业的斜面流分选设备中，分选出的高密度产物在矿浆流的最底层沉积下来，形成沉积层。

在固定矿泥溜槽等设备上，矿浆流近似呈层流流态，但表面仍有鱼鳞波形式的扰动，只是它的影响深度不大。因此，也同样可以把整个矿浆流分为4层，如图11-15所示，即表面极薄的表流层；中间层浓度分布较均匀，厚度相对较大，且近似呈层流流态运动，但仍有微弱的大尺度旋涡的扰动痕迹，属于流变层；下部颗粒失去了活动性，形成了沉积层；在流变层和沉积层之间往往存在一厚度很小的推移层，这一层中的矿物颗粒之间几乎没有相对运动，近似呈整体向前移动。

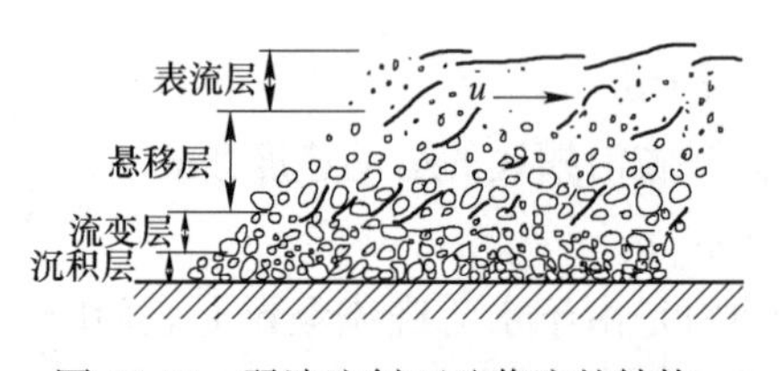

图11-14　弱湍流斜面矿浆流的结构

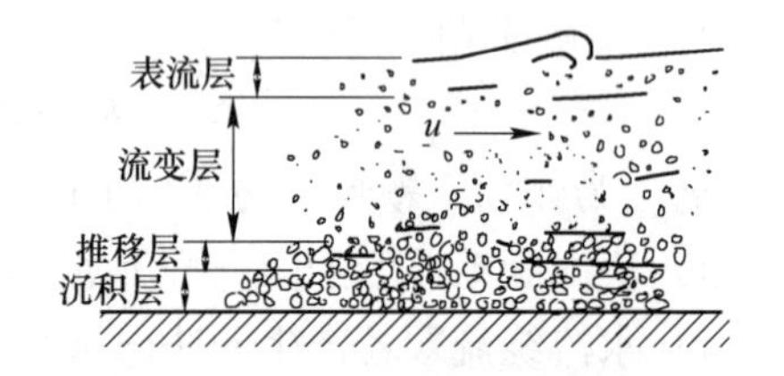

图11-15　层流斜面矿浆流的结构

在表流层中，存在着不大的法向脉动速度，沉积末速小于这里的脉动速度的颗粒，难以进入表层，始终悬浮在表流层中，随液流一起进入低密度产物中。所以表流层中的脉动速度基本上决定了设备的粒度回收下限。

弱湍流斜面矿浆流中的悬移层借较大的法向脉动速度悬浮着大量的矿物颗粒，并形成上稀下浓、矿粒粒度上细下粗的悬浮体。这与不均匀粒群在垂直上升介质流中的悬浮情况类似，密度大、粒度粗的矿物颗粒较多地分布在下部，同时大尺度旋涡又不断地使上下层中的矿粒相互交换，高密度矿粒被送到下面的流变层中，而从流变层中被排挤出的低密度矿粒则上升到悬移层中。经过一段运行距离后，悬移层中将主要剩下低密度矿物颗粒，随矿浆流一起排出，所以悬移层中既发生初步分选，又起着运输低密度矿物颗粒的作用。

弱湍流斜面矿浆流中的流变层和层流矿浆流中的流变层一样，在这一层中，基本不存在旋涡扰动，固体浓度很高，速度梯度也较大，靠层间斥力维持矿浆松散。在这种情况下，矿物颗粒之间的密度差称为了分层的主要依据。与此同时，由于细颗粒在下降过程中受到的机械阻力较小，所以分层后处在同密度粗颗粒的下面，其结果如图 11-16 所示。这样的分层结果称作析离分层。

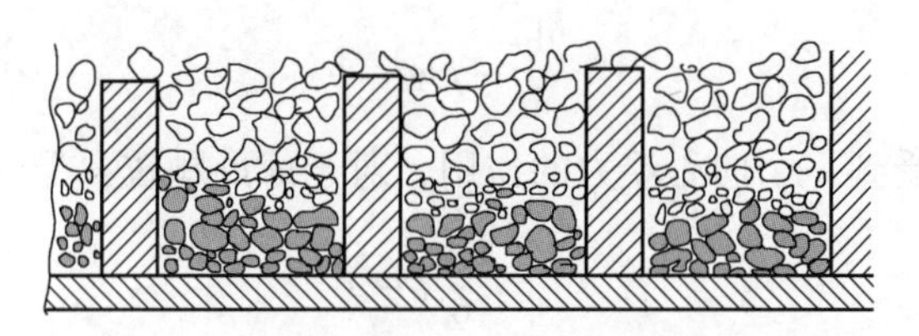

图 11-16 析离分层后矿石层中颗粒的分布情况

○—低密度颗粒；●—高密度颗粒

层流斜面矿浆流中的高密度微细颗粒，进入底层后与槽底相黏结，很难再运动，于是聚集起来形成沉积层。沉积层是一种高浓度的类似塑性体的流层，其厚度少许增大即会引起滚团和局部堆积，使分层过程无法正常进行，所以沉积层达到一定厚度后，即应停止给料，将其冲洗下来，然后再给料进行分选。

11.3.4 矿石在旋转流中分选

在重力场中，颗粒沉降受重力加速度 g 的制约，由于 g 是定值，所以颗粒的沉降速度受到限制，这就使得重选设备的生产能力也受到限制。在离心力场中，颗粒沉降受离心加速度 a 的制约，由于 a 是可以调节和改变的，所以在离心力场中重选过程的处理能力可以比在重力场中的大。离心加速度 a 为

$$a=\omega^2 r=\frac{u_t^2}{r} \tag{11-77}$$

式中，r 为颗粒运动的旋转半径，m；ω 为旋转角速度，rad/s；u_t 为旋转线速度，m/s。

离心加速度与重力加速度的比值称为离心力强度，用 i 表示，即

$$i=\frac{a}{g}=\frac{\omega^2 r}{g} \tag{11-78}$$

在离心力场中对矿石进行重选时，离心力强度数值在数十至百余倍之间变化，所以重力往往可以忽略。

在实践中，形成旋转流的主要方式有 4 种，其一是将矿浆在一定的压强下给入圆形容器，迫使其产生回转运动（如旋流器、通过式离心分离器等）；其二是圆形容器回转运动，其壁上的矿浆随着作回转运动（如离心选矿机、尼尔森选矿机等）；其三是借助于中心叶轮的转动，带动矿浆作回转运动（如离心式风力分级机等）；其四是使矿浆在螺旋槽中流动（如螺旋溜槽等）。

在离心力场中，由于离心加速度很大，是重力加速度的数十倍，所以介质流动速度一般都很快，即使在坡度很小的斜面流（如离心选矿机、螺旋溜槽）中，流态也基本上属于湍流，所以，矿浆沿斜面的平均流速 v 为

$$v = C\sqrt{H\frac{\omega^2 R}{g}\sin\alpha} \tag{11-79}$$

式中，C 为谢才系数；H 为矿浆流厚度，m；R 为过水断面的水力半径，m；α 为斜面倾角，(°)。

在旋转流中，离心惯性力沿径向向外，在介质内部产生压强梯度，即

$$\frac{\mathrm{d}p}{\mathrm{d}r} = \rho\omega^2 r \tag{11-80}$$

颗粒在介质中要受到一个向心浮力的作用，对于球形颗粒，受到的向心浮力 F_r 为

$$F_r = \frac{\pi d^3}{6}\rho\omega^2 r \tag{11-81}$$

如果颗粒与介质同步旋转，忽略重力以后，若颗粒与介质无相对运动，则在径向受到的合力 F_0 为

$$F_0 = \frac{\pi d^3}{6}(\rho_1 - \rho)\omega^2 r \tag{11-82}$$

如果 $\rho_1 > \rho$，则颗粒沿径向向外作沉降运动，设相对速度为 v_r，则颗粒受到的介质阻力 R_r 为：

$$R_r = \psi d^2 v_r^2 \rho \tag{11-83}$$

当 F_0 和 R_r 大小相等时，可得到颗粒的离心沉降末速 v_{0r} 为

$$v_{0r} = \sqrt{\frac{\pi d(\rho_1 - \rho)}{6\psi\rho}\omega^2 r} \tag{11-84}$$

对于微细颗粒，当离心沉降运动的雷诺数 $Re<1$ 时，颗粒的离心沉降末速 v_{0rs} 为

$$v_{0rs} = \frac{d^2(\rho_1 - \rho)}{18\mu}\omega^2 r \tag{11-85}$$

12 重 选 设 备

重选设备是我国历史上最古老的选矿设备，曾广泛用于砂金等矿物的提纯，只不过当时的重选设备很简陋，种类很少，多数为手工工具之类。重选设备发展到现在，已成为机械化的现代选矿设备，个别设备，种类繁多，应用极广，可适应不同作业条件下性质不同矿物的选别。

重选设备现在大体上可分为分级设备、摇床、螺旋选矿设备、跳汰机和重介质选矿设备。近 30 年来，这些选矿设备在我国发展较快，出现了不少新型设备，如近年研制、生产的新型螺旋选矿机、动筛跳汰机、离心选矿机、智能摇床等，已达到或接近世界先进水平，在选矿工业中发挥了重要作用。

12.1 水力分级

所谓分级，即根据物料颗粒在流体介质中沉降速度的差异，将物料分成不同粒级的过程，按照使用的介质，可分为风力和水力两种分级类型。

分级和筛分作业的目的都是要将粒度范围宽的物料分成粒度范围窄的若干个产物。但筛分是比较严格地按颗粒的几何尺寸分开，而分级则是按颗粒的沉降速度快慢分开，因此，颗粒的密度、形状及沉降条件对物料分级的精确性产生影响。筛分产物和分级产物的粒度特性差异如图 12-1 所示。从图 12-1 中不难看出，筛分产物具有严格的粒度界限，而分级产物则因受颗粒密度的影响，在同一级别中，高密度颗粒的粒度要小于低密度颗粒的粒度，因而使产物的粒度范围变宽。

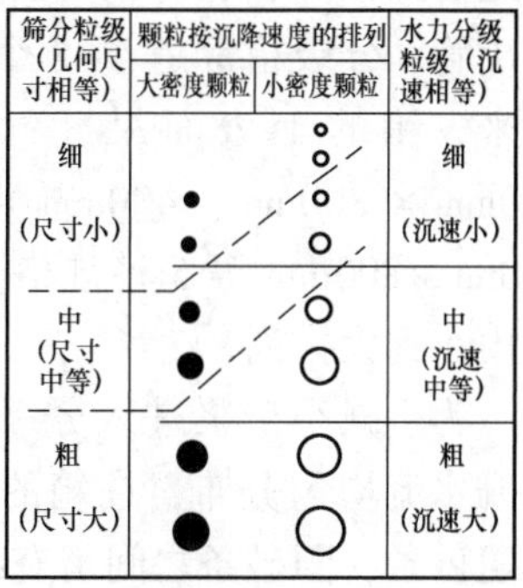

筛分粒级（几何尺寸相等）	颗粒按沉降速度的排列		水力分级粒级（沉速相等）
	大密度颗粒	小密度颗粒	
细（尺寸小）			细（沉速小）
中（尺寸中等）			中（沉速中等）
粗（尺寸大）			粗（沉速大）

图 12-1　分级和筛分产物的粒度特性示意图

水力分级在工业生产中的应用包括以下几个方面：

（1）与磨机组成闭路作业，及时分出粒度合格的产物，减少物料过磨，提高磨机的生产能力和磨矿效率；

（2）应用在其他选别工序之前，将物料分成多个级别，分级入选；

（3）对物料进行脱水或脱泥；

（4）测定微细物料的粒度组成，水力分级的这种应用常称为水力分析。

12.1.1 单槽及多室水力分级机

在物料分选的生产实践中，常常需要将物料分成若干个粒度范围较窄的级别，以便分别给入分选设备，对其进行有效的分选或生产出具有不同质量的产品。完成这项作业使用的主要设备是水力分级机，其工作原理有基于自由沉降的和基于干涉沉降的两种。由于后者的处理能力大，所以目前生产实践中多采用干涉沉降式水力分级机。

在水力分级机中，形成干涉沉降条件的方法包括图 12-2 所示的几种形式。混合粒群在上升水流中粒度自下而上逐渐减小，不断将上层细颗粒和下层粗颗粒分别排出，即可达到分级的目的。目前生产中应用较多的多室水力分级机有云锡式分级箱、筛板式槽型水力分级机、机械搅拌式水力分级机等；单槽水力分级机有分泥斗、倾斜浓密箱等。它们被广泛用在物料的分级、浓缩、脱泥等作业中。

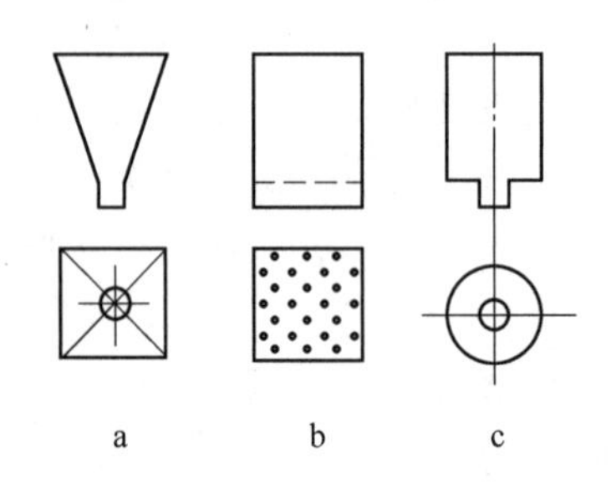

图 12-2　形成干涉沉降的方法示意图
a—利用向上扩大的断面形成不同粒级悬浮层；b—利用筛板支撑粒群悬浮；
c—利用变断面水速不同支撑粒群悬浮

12.1.1.1　云锡式分级箱

云锡式分级箱的结构如图 12-3 所示。设备的外观呈倒立的圆锥形，底部的一侧接有给水管，另一侧设沉砂排出管。分级箱常是 4~8 个串联工作，中间用溜槽连接起来，箱的上表面尺寸（$B \times L$）有 200mm × 800mm、300mm × 800mm、400mm × 800mm、600mm × 800mm、800mm×800mm 等 5 种规格。主体箱高约 1000mm，安装时由小到大排列。

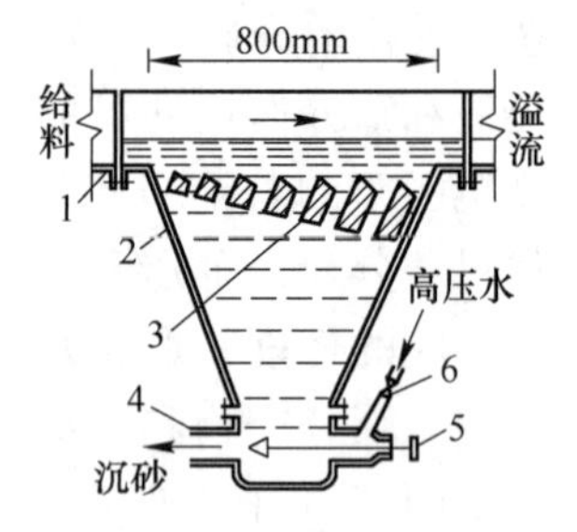

图 12-3　云锡式分级箱
1—矿浆溜槽；2—分级箱；3—阻砂条；4—砂芯（塞）；5—手轮；6—阀门

为了减小矿浆进入分级箱时产生的扰动，并使箱内上升水流均匀分布，在箱的上表面垂直于流动方向安装有阻砂条，阻砂条之间留有缝隙，缝隙大小约 10mm。落下的固体颗粒经过阻砂条缝隙时，受到上升水流的冲洗，细颗粒被带入下一个分级箱中，粗颗粒在分级箱内大致按干涉沉降规律分层，最后由沉砂口排出。沉砂的排出量可通过手轮旋动砂芯进行调节。采用阀门控制给水量，自首箱至末箱依次减小。

云锡式分级箱的优点是结构简单、不耗动力、便于操作；缺点是耗水量较大（通常为处理物料质量的 5~6 倍）、分级效率低。

12.1.1.2　机械搅拌式水力分级机

机械搅拌式水力分级机的构造如图 12-4 所示，主体部分由 4 个角锥形分级室构成，各室的断面面积自给料端向排料端依次增大，在高度上呈阶梯状排列。角锥箱下方连接有圆筒部分、带玻璃观察孔的分级管和给水管。高压水流沿分级管的径向或切线方向给入，在给水管的下面还有缓冲箱，用以暂时堆存沉砂产物。从分级室排入缓冲箱的沉砂量由连杆下端的锥形塞控制。连杆从空心轴的内部穿过，轴的上端有一个圆盘，由蜗轮带动旋转。圆盘上设有凸缘，圆盘转动时凸缘顶起连杆上端的横梁，锥形塞随之提起，从而实现沉砂间断地排入缓冲箱。空心轴的下端装有若干个搅拌叶片，用以防止颗粒结团并将悬浮的粒群分散开。空心轴与蜗轮连接在一起，由传动轴带动旋转。

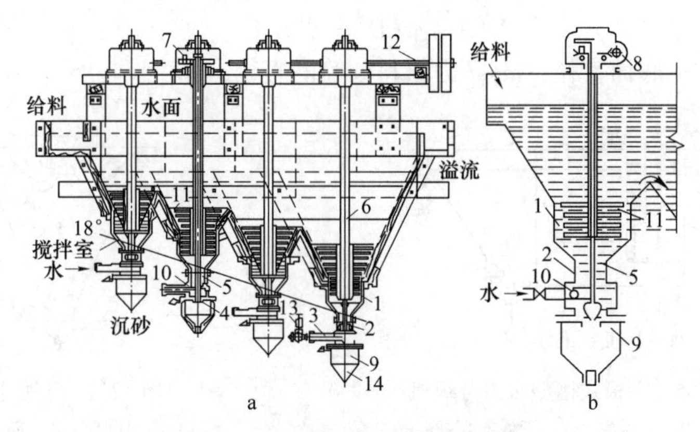

图 12-4 机械搅拌式水力分级机

a—整机断面图；b—分级箱示意图

1—圆筒；2—分级管；3—给水管；4—锥形塞；5—连杆；6—空心轴；7—凸缘；8—蜗轮；9—缓冲箱；10—观察孔；11—搅拌叶片；12—传动轴；13—活瓣；14—沉砂排出孔

矿浆由分级机的窄端给入，微细颗粒随上层液流流向槽的宽端。粗颗粒则依沉降速度不同逐次落入各分级室中。由于分级室的断面面积自上而下逐渐减小，上升水速则相应地增大，因而可明显地形成干涉沉降分层。下部粗颗粒在沉降过程中受到上升水流的冲洗，再一次进行分级。最后，锥形塞提起，粗颗粒随之排出。悬浮层中的细颗粒随上升水流进入下一个分级室中。以此类推，后续各室中的上升水速逐渐减小，沉砂的粒度也逐渐变细。

此种分级机主要优点是分级效率较高、沉砂浓度较大、处理能力大、节约水耗（不超过 $3m^3/t$）。其主要缺点是构造复杂、设备体积大、配置比较困难，且沉砂口易堵塞。

12.1.1.3 筛板式槽型水力分级机

筛板式槽型水力分级机通常是借助于分级室中的筛板形成干涉沉降条件的，其基本构造如图 12-5 所示。机体外形为一角锥箱，借助垂直隔板将箱室分成 4~8 个分级室，每室的断面面积为 200mm×200mm。筛板到底部留有一定的高度，高压水流由筛板下方给入，经筛孔向上流动，悬浮在筛板上方的粒群在干涉沉降条件下实现分层。粗颗粒通过筛板中心的排料孔排出，其排出数量由锥形阀控制。

筛板式槽型水力分级机工作时，矿浆由设备窄端给入，流经各室。各室的上升水速依次减小，因而排出由粗到细的各级产物。这种分级设备的优点是构造简单，不需动力，高度较小，便于配置，但分级效率不高，而且沉砂浓度较低。

12.1.1.4 分泥斗

分泥斗（圆锥分级机），该设备既可用作脱泥浓缩，也可用作粗分级设备。分泥斗的外形为一倒立圆锥，如图 12-6 所示。中心插入给料圆筒，矿浆沿切线方向给入中心圆筒，然后由圆筒下端折上向周边溢流堰流去。在上升分速度带动下，细小颗粒进入溢流中，沉降速度大于液流上升分速度的粗颗粒则向下沉降，从底部沉砂口排出。分泥斗按溢流体积计的处理能力与圆锥底面积及分级临界颗粒的沉降末速之间的关系为

$$KA = q_{ov}/v_0 \tag{12-1}$$

式中, K 为考虑到"死区"而取的系数，一般为 0.75；q_{ov} 为溢流的体积流量，m^3/s；v_0 为分级临界颗粒的沉降末速，m/s；A 为分泥斗工作时矿浆的液面面积，m^2，其计算式为

$$A = \pi(D^2 - d^2)/4$$

式中, D 为圆锥的上底面直径，m；d 为给料圆筒的直径，m。

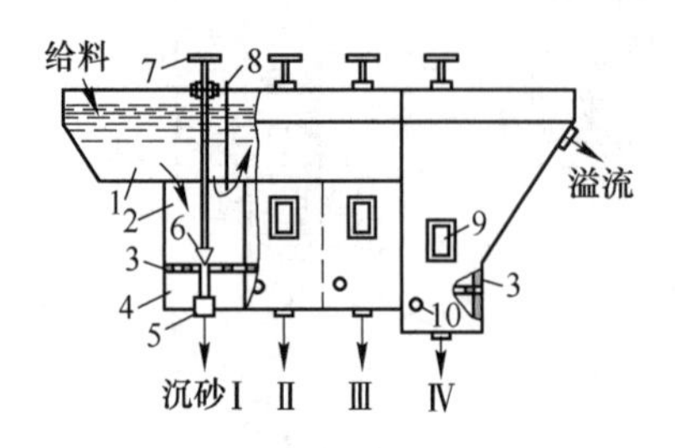

图 12-5　筛板式槽型水力分级机

1—给料槽；2—分级室；3—筛板；4—高压水室；5—排料口；6—排料调节塞；7—手轮；8—挡板（防止粗粒越室）；9—玻璃窗；10—给水管

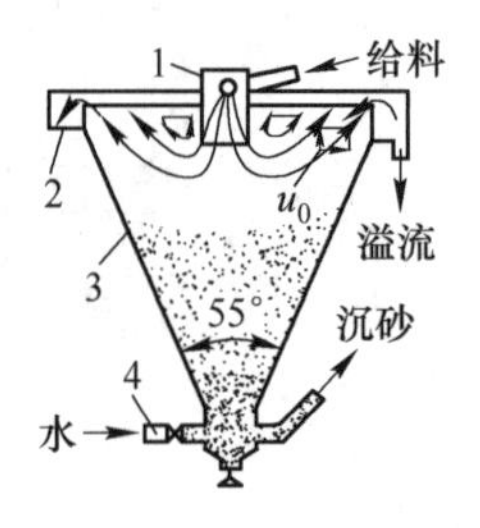

图 12-6　分泥斗简图

1—给料圆筒；2—环形溢流槽；3—椎体；4—给压水管

常用的分泥斗规格有 ϕ2000mm 和 ϕ3000mm 两种，其分级粒度多在 0.074mm 以下，给料粒度一般小于 2mm，用来对物料进行脱泥或浓缩。这种设备的容积大，可兼有贮料作用，且结构简单，易于制造，不耗费动力。它的缺点是分级效率低，安装高差较大，设备配置不方便。

12.1.1.5　倾斜浓密箱

倾斜浓密箱是一种高效浓缩、脱泥设备，其构造如图 12-7 所示。这种设备的特点是箱内设有上下两层倾斜板，上层用于增加沉降面积，下层用于减小水流旋涡扰动。矿浆沿整个箱的宽度方向给入后，通过倾斜板之间的间隙向上流动，在此过程中颗粒在板间形成沉降聚集。沉降到板上的颗粒借重力向下滑落，通过底部的排料口排出；溢流（含微细颗粒）则由设备上部的溢流槽排出。

颗粒在浓缩板间的运动情况如图 12-8 所示。设浓缩板的倾角为 α，板长为 l，板间的垂直距离为 s，矿浆流沿板间的流动速度为 u。若某临界颗粒的沉降末速为 v_0，则它向板面法向运动的分速度 v_z 为

$$v_z = v_0\cos\alpha \tag{12-2}$$

沿浓缩板倾斜方向运动的分速度 v_y 为

$$v_y = u - v_0\sin\alpha \tag{12-3}$$

分级的临界颗粒就是那些在沿板长 l 运动的时间内恰好沿浓缩板的法向运动了 s 距离的颗粒，所以存在关系式：

$$s/v_0\cos\alpha = l/(u - v_0\sin\alpha) \tag{12-4}$$

设浓密箱内部的宽度为 b，浓缩板的个数为 n，则溢流量 q_{ov} 为

$$q_{ov} = nbsu$$

将式（12-4）代入上式得

$$q_{ov} = nbv_0(l\cos\alpha + s\sin\alpha) \tag{12-5}$$

式（12-5）是浓密箱按溢流体积计的处理量计算式。当 $\alpha=90°$时，即变成以垂直流工作的浓密机，设此时溢流体积处理量为 q'_{ov} ，则有

$$q'_{ov}=nbsv_0 \tag{12-6}$$

式（12-6）中的 ns 相当于不加倾斜板时箱表面的有效长度，此时箱表面的面积 A 为

$$A=nbs \tag{12-7}$$

将式（12-6）与式（12-5）对比可见，设置倾斜板时浓密箱的有效表面积 A' 为

$$A'=nb(l\cos\alpha+s\sin\alpha) \tag{12-8}$$

倾斜浓密箱的宽度 b 一般为 900~1800mm，浓缩板的长度 l 为 400~500mm，安装倾角 α 为 45°~55°，板间的垂直距离 s 为 15~20mm，浓缩板的个数 n 为 38~42。这种设备结构简单，制造简易，无需动力，脱泥效率高，单位设备占地面积的处理能力大；其缺点是倾斜板之间的间隙容易堵塞，需要定期停机检修。

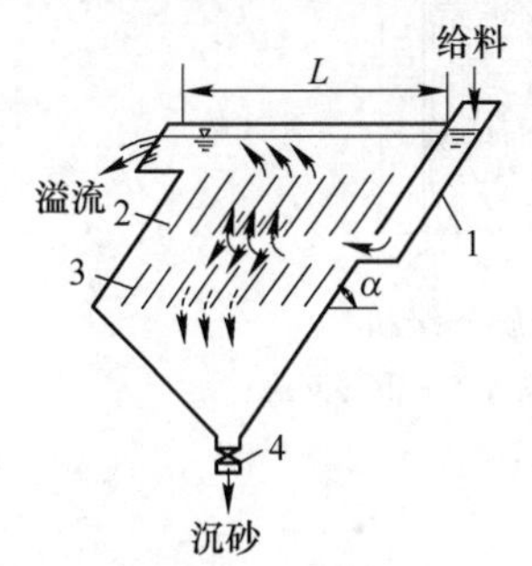

图 12-7 倾斜浓密箱结构示意图
1—给料槽；2—浓缩板；3—稳定板；4—排料口

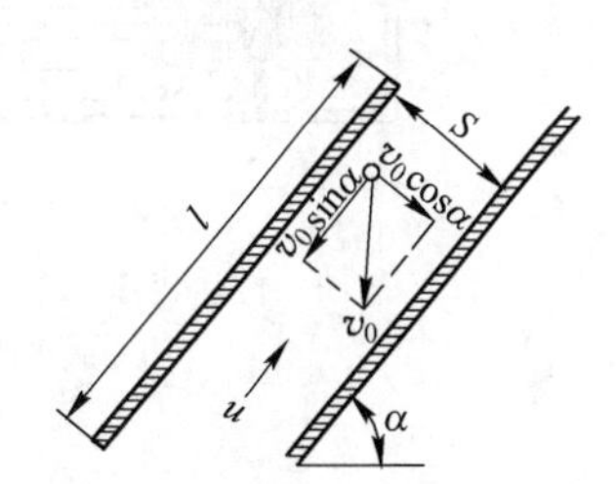

图 12-8 颗粒在浓缩板间的运动

12.1.2 螺旋分级机

螺旋分级机通常用于同磨矿设备构成闭路，或用来洗矿、脱水脱泥等，其主要特点是利用连续旋转的螺旋叶片提升和运输沉砂。

螺旋分级机的外形是 1 个矩形斜槽（见图 12-9），槽底倾角为 12°~18.5°，底部呈半圆形。槽内安装有 1 或 2 个纵长的轴，沿轴长连续地安置螺旋形叶片，借上端传动机构带动螺旋轴旋转。矿浆由给料口给入，在槽的下部形成沉降分级面。粗颗粒下降至槽底，然后被螺旋叶片推动，向斜槽的上方移动，在运输过程中同时进行脱水。细颗粒被表层矿浆流携带至溢流堰排出。螺旋分级机分级过程与分泥斗类似（见图 12-10）。

设分级液面的长度为 L ，溢流截面高度为 h ，矿浆纵向流速为 u ，分级临界颗粒的沉降速度为 v_{cr} ，则由关系式

$$h/v_{cr}=L/u$$

得

$$v_{cr}=uh/L \tag{12-9}$$

设分级机单位时间的溢流量为 Q ，溢流堰宽度为 b ，则有关系式：

$$uh=Q/b$$

将上述关系式代入式（12-9）得

$$v_{cr}=Q/(bL) \tag{12-10}$$

根据螺旋数目不同，螺旋分级机可分为单螺旋分级机和双螺旋分级机。按溢流堰的高低不同，又分为低堰式、高堰式和浸入式。

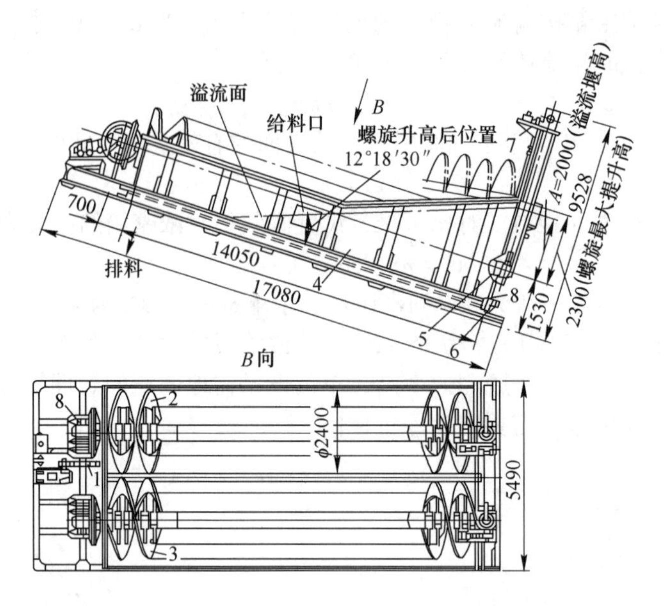

图 12-9　ϕ2400mm 浸入式双螺旋分级机

1—传动装置；2，3—左、右螺旋；4—水槽；5—下部支座；6—放水阀；7—升降机构；8—上部支承

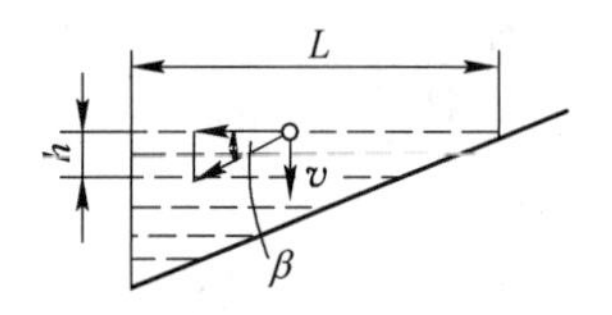

图 12-10　螺旋分级机的分级原理示意图

低堰式螺旋分级机的溢流堰低于螺旋轴下端的轴承。这种分级机的分级面积小，螺旋搅动的影响大，溢流粒度粗，故通常用作洗矿设备。

高堰式和沉没式螺旋分级机的溢流堰均高于螺旋轴下端的轴承，两者的区别是沉没式螺旋分级机的螺旋叶片在末端全部浸没在矿浆中，而高堰式则有部分螺旋叶片露在矿浆表面以上。因此，沉没式螺旋分级机适用于细粒级物料的分级，而高堰式适用于较粗粒级物料的分级。通常情况下，分级粒度在 0. 15mm 以上时采用高堰式螺旋分级机，在 0. 15mm 以下时采用沉没式螺旋分级机。

螺旋分级机按溢流中固体量计的生产能力，常用下列经验公式进行计算

对于高堰式：
$$Q_1 = mK_1K_2(94D^2 + 16D) \tag{12-11}$$

对于沉没式：
$$Q_1 = mK_1K_2(75D^2 + 10D) \tag{12-12}$$

如已知需要同溢流一起分出的固体物料量 Q_1，则所需要的分级机的螺旋直径 D 可按下式计算。

对于高堰式：
$$D = -0.08 + 0.103[Q_1/(mK_1K_2)]^{0.5} \tag{12-13}$$

对于沉没式：
$$D = -0.07 + 0.115[Q_1/(mK_1K_2)]^{0.5} \tag{12-14}$$

式中，Q_1 为按溢流中固体量计的分级机生产能力，t/d；m 为分级机螺旋的个数；D 为分级机螺旋直径，m；K_1 为物料密度修正系数（见表 12-1）；K_2 为分级粒度修正系数（见表 12-2）。

表 12-1 物料密度修正系数 K_1 值

物料密度/$g\cdot cm^{-3}$	2.70	2.85	3.00	3.20	3.30	3.50	3.80	4.00	4.20	4.50
K_1	1.00	1.08	1.15	1.15	1.30	1.40	1.55	1.65	1.75	1.90

表 12-2 分级粒度修正系数 K_2 值

溢流粒度/mm		1.17	0.83	0.59	0.42	0.30	0.20	0.15	0.10	0.075	0.061	0.053	0.044
K_2	高堰式	2.50	2.37	2.19	1.96	1.70	1.41	1.00	0.67	0.46			
	沉没式						3.00	2.30	1.61	1.00	0.72	0.55	0.36

根据溢流处理量由式（12-13）和式（12-14）计算出分级机的规格后，还需要按返砂处理量进行验算。返砂量 Q_s 的计算式为：

$$Q_s = 135mK_1nD^3 \tag{12-15}$$

式中，Q_s 为按返砂中固体量计算的生产能力，t/d；n 为螺旋转速，r/min。

12.1.3 水力旋流器

水力旋流器是利用离心惯性力进行分级的设备，由于它的结构简单、处理能力大、工艺效果良好，故广泛用于分级、浓缩、脱水以及选别工序。

水力旋流器的构造如图 12-11 所示，其主体是由一个圆筒（上部）与一个圆锥（下部）连接而成。在圆筒的中心插入一个溢流管，沿切线方向接有给矿管，在圆锥的下部留有沉砂口。旋流器的规格用圆筒的内径表示，其尺寸变化范围为 50~1000mm，其中常用旋流器内径尺寸为 125~500mm。

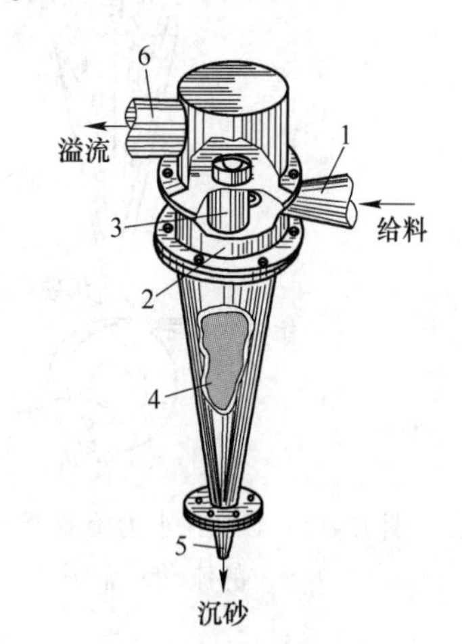

图 12-11 水力旋流器

1—给料管；2—圆柱体；3—溢流管；4—圆锥体；5—沉砂口；6—溢流排出管

在压力作用下矿浆沿给矿管进入旋流器，随即在圆筒壁的限制下作回转运动。质量为 m 的颗粒随矿浆一起作回转运动时，所受到的离心惯性力 P_G 为

$$P_G = m\omega^2 r \tag{12-16}$$

惯性离心加速度 a 为

$$a = P_G/m = \omega^2 r = u_t^2/r \tag{12-17}$$

式中，m 为颗粒质量，kg；r 为颗粒的回转半径，m；ω 为颗粒的回转角速度，rad/s；u_t 为颗粒的切向速度，m/s。

惯性离心加速度 a 与重力加速度 g 之比称为离心力强度或离心因数，用 i 表示，由定义得

$$i = a/g \tag{12-18}$$

由于离心因数通常为几十乃至上百，因此在旋流器中重力的影响可以忽略不计。由于

颗粒所受的离心惯性力远远大于自身的重力，导致沉降速度明显加快，使得设备的处理能力和作业指标都得到了大幅度的提高。

12.1.3.1　水力旋流器的分级原理

在压力作用下矿浆通过给矿管沿切向进入旋流器，在旋流器内形成回转流，其切向速度在溢流管下口附近达最大值。同时，在后面矿浆的推动下，进入旋流器内的矿浆，一面向下运动，一面向中心运动，形成轴向和径向流动速度，即矿浆在旋流器内的流动属于三维运动，其流动情况如图 12-12 所示。

矿浆在旋流器内向下运动的过程中，因流动断面逐渐减小，所以内层矿浆转而向上运动，即矿浆在水力旋流器轴向上的运动是外层向下，内层向上，在任意一高度断面上均存在着一个速度方向的转变点。在该点上矿浆的轴向速度为零。把这些点连接起来，即构成一个近似锥形面，称为零速包络面（见图 12-13）。

位于矿浆中的固体颗粒，由于离心惯性力的作用而产生向外运动的趋势，但由于矿浆由外向内的径向流动的阻碍，使得细小的颗粒因所受离心惯性力太小，不足以克服液流的阻力，而只能随向内的矿浆流一起进入零速包络面以内，并随向上的液流一起由溢流管排出，形成溢流产物；而较粗的颗粒则借较大的离心惯性力克服向内流动矿浆流的阻碍，运动至零速包络面以外，随向下的液流一起由沉砂口排出，形成沉砂产物。

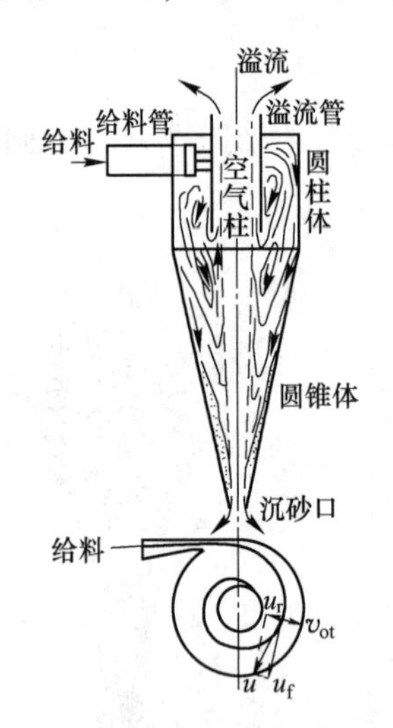

图 12-12　矿浆在水力旋流器纵断面上的流动示意图

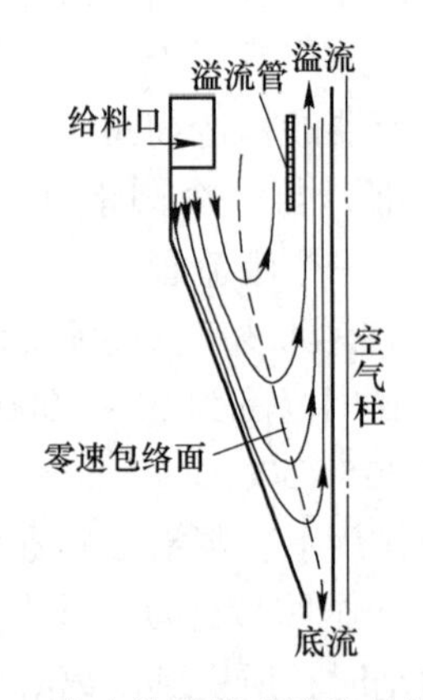

图 12-13　水力旋流器内液流的轴向运动速度及零速包络面

12.1.3.2　水力旋流器的工艺计算

波瓦洛夫于 1978 年将水力旋流器视为流体通道，按局部阻力关系推导出了水力旋流器按矿浆体积计的生产能力计算式为

$$q_V = K_0 d_f d_{ov} p^{0.5} \tag{12-19}$$

或

$$q_V = K_1 d_f d_{ov} p^{0.5} \tag{12-20}$$

式中，q_V 为旋流器按矿浆体积计的生产能力，m^3/h；d_{ov} 为溢流管内径，m；p 为给料口压强，kPa；K_0，K_1 均为系数，随 d_f/D 而变化，其数值见表 12-3，其中 $K_0 = K_1/(d_f/D)$；D

为旋流器圆柱体部分（圆筒）的内径，m；d_f 为旋流器给矿口的当量直径，m，当给矿口的宽×高 = $b \times l$ 时，换算式为

$$d_f = (4bl/\pi)^{0.5}$$

表 12-3 旋流器处理量公式中 K_0 与 K_1 的数值

d_f/D	0.1	0.15	0.20	0.25	0.30
K_0	1100	987	930	924	987
K_1	110	148	186	231	296

12.1.3.3 影响水力旋流器工作的因素

影响水力旋流器工作情况的因素包括旋流器的结构参数和操作条件。

影响水力旋流器工作情况的结构参数主要是旋流器的直径 D，其他结构尺寸均以此而改变。分级用旋流器的结构尺寸关系一般为

$$d_f = (0.08 \sim 0.4)D$$

$$d_{ov} = (0.2 \sim 0.4)D$$

式中，d_{ov}/d_s（或其倒数）称做角锥比，它是影响溢流和沉砂体积产率及分级粒度的重要参数，d_s 为旋流器的沉砂口直径，cm，生产中使用的旋流器的角锥比通常为 3~4。

旋流器的结构参数对其体积处理量和分离粒度的影响可由各计算式看出。给矿口和溢流管直径与体积处理量呈线性关系，在旋流器直径一定的情况下，改变两者的尺寸是调节处理量的简便方法。减小给矿口和溢流管直径时，分离粒度亦随之变细。在闭路分级时，分级粒度被磨机的能力所制约，旋流器的结构参数影响不明显。

旋流器的直径是影响分离粒度和处理量的重要因素，对微细粒级物料进行分级或脱泥时，常采用小直径旋流器，并可由多个旋流器并联工作以满足处理量的要求。沉砂口的大小对处理量影响不大，但对沉砂产率和沉砂浓度有较大影响。旋流器锥角的大小关系到矿浆向下流动的阻力和分级面的大小。细分级或脱泥时应当采用较小的锥角（10°~15°），粗分级或浓缩时应采用较大的锥角（25°~40°）。

圆筒的高度和溢流管插入深度，在一定范围内对处理量和分级粒度没有明显影响，但过分增大或减小将影响分级效率。

影响水力旋流器工作情况的操作参数主要是给料压强和给料浓度。给料压强直接影响着旋流器的处理能力，对分级粒度影响较小。一般来说，采用较高压强（150~300kPa）可获得稳定的分级效果，但带来的问题是磨损增加。给料方式可采用稳压箱或砂泵直接给料，从节能和稳定操作角度考虑，采用后一种给料方式效果较好。

给料浓度主要影响旋流器的分级效率。处理微细粒级物料时，给料浓度应选低值。根据生产经验，当分级粒度为 0.074mm 时，给料浓度以 10%~20% 为宜；分级粒度为 0.019mm 时，给料浓度应取 5%~10%。

12.1.3.4 水力旋流器的应用和发展

旋流器以其结构简单、处理量大而获得广泛的工业应用。目前旋流器的规格继续向两个方向发展：一是微型化，已经制成了 ϕ10mm 的微管旋流器，可用于 2~3μm 高岭土的超细分级；另一方向是大型化，国外已有直径达 1000~1400mm 的大型水力旋流器，用作大型球磨机闭路磨矿的分级设备。

在旋流器的结构方面，因用途不同，已出现了多种形式，图 12-14 列出了生产中应用的几种。

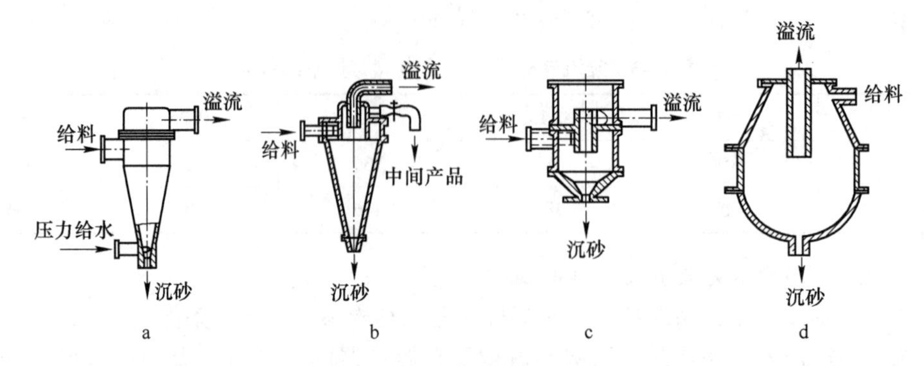

图 12-14　几种不同形式的水力旋流器

a—带有冲洗水的旋流器；b—三产品旋流器；c—短锥旋流器；d—脱砂旋流器

图 12-14a 是底部补加冲洗水的旋流器，有利于减少混入沉砂中的微细颗粒的数量；图 12-14b 是一种三产品水力旋流器，通过溢流管外的套管获得一定量的中间产品，可使溢流和沉砂的粒度界限更加清楚；图 12-14c 被称做短锥旋流器，锥体角度达到 90°~140°，由于沉砂难以排出，在底部形成旋转的高密度物料层，可以进行按密度分选，常用作砂金矿的粗选设备；图 12-14d 是脱砂旋流器，专门用于从瓷土等原料中脱出硅砂。除上述几种变种形式外，还有沉砂串联的旋流器、溢流串联的旋流器、微管旋流器组以及带导向板的旋流器等，可根据不同的用途进行选择。

12.2　重介质选矿

重介质选矿是指在密度大于 1.00g/cm³的介质中进行的选矿过程。介质的密度一般选择在矿石中轻矿物和重矿物的密度之间，因而矿粒基本是按密度差分离，流体的动力作用影响很小。当严格控制介质的密度时（波动范围不超过 0.02g/cm³），可使密度差只有 0.05~0.10g/cm³的两种矿物有效分离。

重介质有重液和重悬浮液两种，前者是一些密度较大的有机液体或无机盐类溶液；后者是一些被称为“加重质”的细磨矿粉或合金粉与水混合的悬浮液。重液由于价格昂贵和有毒，工业上很少应用，仅在实验室使用。重悬浮液的来源广、无毒、价廉，因此工业上普遍应用。常用的重液和加重质的性质列于表 12-4 和表 12-5 中。

与选矿有关的重悬浮液的性质是它的密度、黏度和稳定性。

表 12-4　选矿常用重液的性质

品种及化学成分	溶　剂	配成重液最大密度/g·cm⁻³
三溴甲烷	酒精、苯、甲苯、四氯化碳	2.89
四溴乙烷	酒精、苯、甲苯、四氯化碳	2.97
杜列液（$KI+HgI_2$）	水	3.19
二碘甲烷（CH_2I_2）	苯和其他有机溶剂	3.32
克列里奇液	水	4.30

表 12-5 选矿常用重介质的性质

品种及化学成分	密度/g·cm^{-3}	配成悬浮液最大密度/g·cm^{-3}	莫氏硬度
细磨硅铁	6.9	3.1	7.3~7.6
喷制硅铁	6.9	3.5~3.8	7.0
方解石	7.5	3.3	2.5~2.75
磁铁矿	5.0	2.5	5.5~6.5
磁黄铁矿	4.6	2.3	3.5~4.5
黄铁矿	5.0	2.5	6~6.5
砷黄铁矿	6.0	2.8	5~6

这些性质与加重质的密度、粒度和形状有关。细磨的加重质形状不规则，配制的重悬浮液最大固体容积浓度约为35%，而用球形喷雾硅铁配制的重悬浮液最大固体容积浓度可达43%。加重质的粒度愈细，允许的固体容积浓度也愈低。常用加重质的粒度上限是0.15mm。

重介质选矿在工业上应用已有50余年历史，主要用在矿石预选上，即在粗粒条件下选出脉石或围岩，减少细磨深选矿石量，并提高入选矿石品位。目前它已在处理黑色、有色金属和非金属矿石方面广为应用。在选煤工业中应用尤多。

12.2.1 重悬浮液的性质

在有关的悬浮液的性质中，密度决定着分选的密度（比重）界限，而黏度和稳定性则影响着分选的精确性。

12.2.1.1 重悬浮液的黏度

重悬浮液是非均质两相流体，它的黏度与均质液体不同。其差异主要表现在悬浮液的黏度即使温度保持恒定，也不是一个定值，同时悬浮液的黏度明显比分散介质的大。其原因可归结为如下3个方面：

（1）悬浮液流动时，由于固体颗粒的存在，既增加了摩擦面积，又增加了流体层间的速度梯度，从而导致流动时的摩擦阻力增加。

（2）固体体积分数 φ 较高时，因固体颗粒间的摩擦、碰撞，使得悬浮液的流动变形阻力增大。

（3）由于加重质颗粒的表面积很大，它们彼此容易自发地联结起来，形成一种局部或整体的空间网状结构物，以降低表面能（见图12-15），这种现象称为悬浮液的结构化。在形成结构化的悬浮液中，由于包裹在网格中的水失去了流动性，使得整个悬浮液具有了一定的机械强度，因而流动性明显减弱，在外观上即表现为黏度增加。

结构化悬浮液是典型的非牛顿流体，其突出特点是：有一定的初始切应力 τ_{in}（见图12-16），只有当外力克服了这一初始切应力后，悬浮液才开始流动。当流动的速度梯度达到一定值后，结构物被破坏，切应力又与速度梯度保持直线关系，此时有

$$\tau = \tau_0 + \mu_0 \mathrm{d}u/\mathrm{d}h \tag{12-21}$$

式中，τ 为结构化悬浮液的切应力，Pa；τ_0 为结构化悬浮液的静切应力，Pa；μ_0 为结构化悬浮液的牛顿黏度，Pa·s；$\mathrm{d}u/\mathrm{d}h$ 为结构化悬浮液流动过程的速度梯度，s^{-1}。

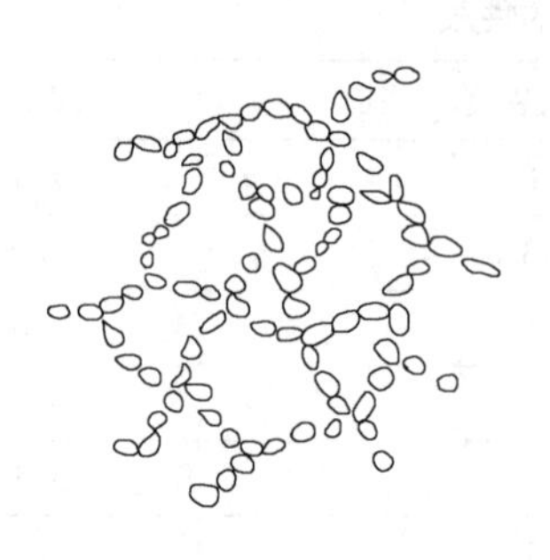

图 12-15 悬浮液结构化示意图

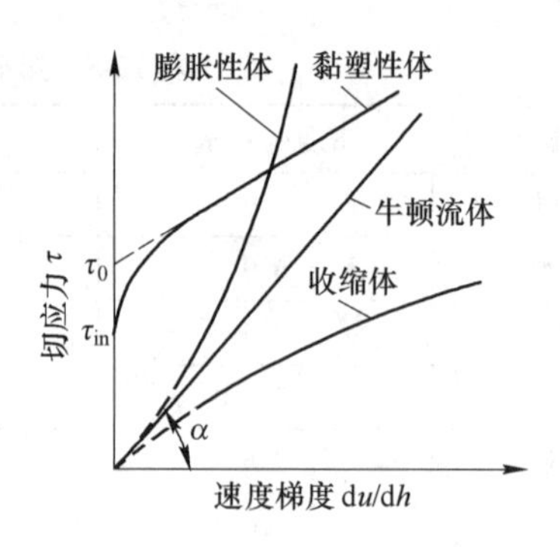

图 12-16 不同流体的流变特性曲线

12.2.1.2 悬浮液的密度

悬浮液的密度有物理密度和有效密度之分。悬浮液的物理密度由加重质的密度和体积分数共同决定，用符号 ρ_{su} 表示，计算式为

$$\rho_{su} = \varphi(\rho_{hm} - 1) + 1 \tag{12-22}$$

式中，ρ_{hm} 为加重质的密度，g/cm^3；φ 为悬浮液的固体体积分数，采用磨碎的加重质时最大值为 17%~35%，大多数为 25%，采用球形颗粒加重质时，最大值可达 43%~48%。

在结构化悬浮液中分选固体物料时，受静切应力 τ_0 的影响，颗粒向下沉降的条件为

$$\pi d_V^3 \rho_1 g/6 > \pi d_V^3 \rho_{su} g/6 + F_0$$

式中，d_V 为固体颗粒的体积当量直径，m；ρ_1 为固体颗粒的密度，g/cm^3；F_0 为由静切应力引起的静摩擦力，其值与颗粒表面积 A_f 和静切应力 τ_0 成正比：

$$F_0 = \tau_0 A_f / k \tag{12-23}$$

式中，k 为比例系数，与颗粒的粒度有关，介于 0.3~0.6 之间，当颗粒的粒度大于 10mm 时，$k = 0.6$。

由上述二式，可得颗粒在结构化悬浮液中能够下沉的条件是

$$\rho_1 > \rho_{su} + 6\tau_0/(k d_V g \chi) \tag{12-24}$$

式（12-24）中的 $6\tau_0/(k d_V g \chi)$ 相当于悬浮液的静切应力引起的密度增大值。所以对于高密度颗粒的沉降来说，悬浮液的有效密度 ρ_{ef} 为

$$\rho_{ef} = \rho_{su} + 6\tau_0/(k d_V g \chi) \tag{12-25}$$

由于静切应力的方向始终同颗粒的运动方向相反，所以当低密度颗粒上浮时，悬浮液的有效密度 ρ'_{ef} 则变为：

$$\rho'_{ef} = \rho_{su} - 6\tau_0/(k d_V g \chi) \tag{12-26}$$

由式（12-25）和式（12-26）可以看出，悬浮液的有效密度不仅与加重质的密度和体积分数有关，同时还与 τ_0 及固体颗粒的粒度和形状有关。

密度 ρ_1 介于上述两项有效密度之间的颗粒，既不能上浮，也不能下沉，因而得不到有效的分选。这种现象在形状不规则的细小颗粒上表现尤为突出，是造成分选效率不高的主要原因，这再次表明入选前脱除细小颗粒的必要性。

12.2.1.3 悬浮液的稳定性

悬浮液的稳定性是指悬浮液保持自身密度、黏度不变的性能。通常用加重质颗粒在悬

浮液中沉降速度 v 的倒数来描述悬浮液的稳定性，称做悬浮液的稳定性指标，记为 Z，即

$$Z = 1/v \tag{12-27}$$

式中，Z 值越大，悬浮液的稳定性越高，分选越容易进行。v 的大小可用沉降曲线求出，将待测的悬浮液置于量筒中，搅拌均匀后，静止沉淀，片刻在上部即出现一清水层，下部混浊层界面的下降速度即可视为加重质颗粒的沉降速度 v。将混浊层下降高度与对应的时间画在直角坐标纸上，将各点连接起来得到一条曲线（见图 12-17），曲线上任意一点的切线与横轴夹角的正切即为该点的瞬时沉降速度。从图 12-17 中可以看出，沉降开始后，在相当长一段时间内曲线的斜率基本不变，评定悬浮液稳定性的沉降速度即以这一段为准。

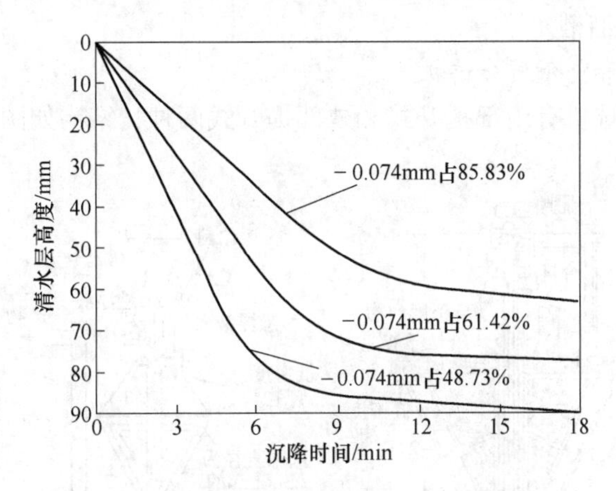

图 12-17 测定磁铁矿悬浮液稳定性的沉降曲线

12.2.2 影响悬浮液性质的因素

影响悬浮液性质的因素主要包括悬浮液的固体体积分数、加重质的密度、粒度和颗粒形状等。

悬浮液的固体体积分数不仅影响悬浮液的物理密度，而且当浓度较高时又是影响悬浮液黏度的主要因素。试验表明，悬浮液的黏度随固体体积分数的增加而增加（见图 12-18），图 12-18 中的黏度单位以流出毛细管的时间（s）表示。

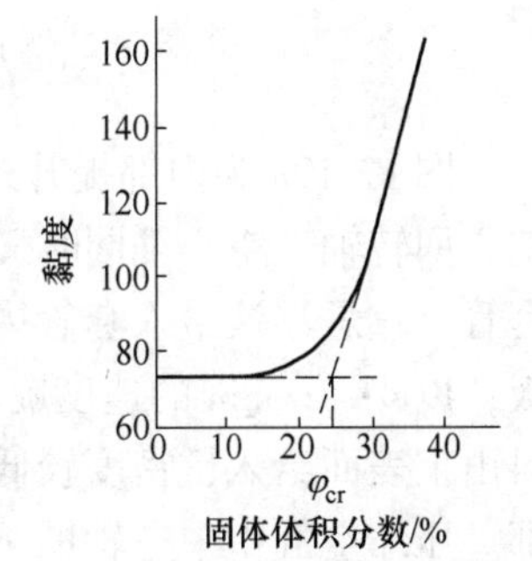

图 12-18 悬浮液的黏度与固体体积分数的关系

从图 12-18 中可以看出，固体体积分数较低时，黏度增加缓慢，而当固体体积分数超过某临界值 φ_{cr} 时，黏度急剧增大。φ_{cr} 称为临界固体体积分数。当悬浮液的固体体积分数超过临界值时，颗粒在其中的沉降速度急剧降低，从而使设备的生产能力明显下降，分选效率也将随之降低。

加重质的密度主要影响悬浮液的密度，而粒度和颗粒形状则主要影响悬浮液的黏度和稳定性。

悬浮液的黏度越大其稳定性也就越好，但颗粒在其中的沉降或上浮速度较低，使设备的生产能力和分选精确度下降；如果悬浮液的黏度比较小，则稳定性也比较差，严重时会影响分选过程的正常进行。因此，应综合考虑这两个指标。

12.2.3　重介质选矿机

重介质选矿机的类型，据统计，至今已出现的重介质选矿机有 70 余种，按设备结构形式大致可分为：

（1）圆锥形垂介质选矿机；

（2）鼓形重介质选矿机；

（3）重介质旋流器；

（4）重介质涡流旋流器；

（5）重介质振动溜槽。

12.2.3.1　圆锥形重介质分选机

圆锥形重介质分选机有内部提升式和外部提升式两种，结构如图 12-19 所示。

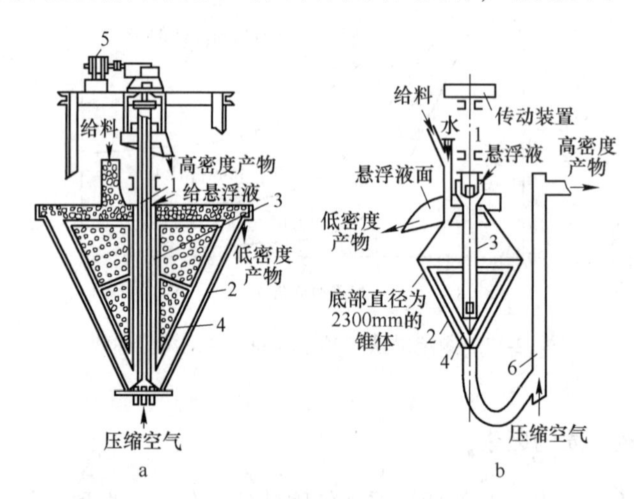

图 12-19　圆锥型重介质分选机

a—内部提升式单锥分选机；b—外部提升式双锥分选机

1—中空轴；2—圆锥形分选槽；3—套管；4—刮板；5—电动机；6—外部空气提升管

图 12-19a 为内部提升式圆锥型重介质分选机，即在倒置的圆锥形分选槽内，安装有空心回转轴。空心轴同时又作为排出高密度产物的空气提升管。中空轴外面有 1 个带孔的套管，重悬浮液给入套管内，穿过孔眼流入分选圆锥内。套管外面固定有 2 个三角形刮板，以 4~5r/min 的速度旋转，借以维持悬浮液密度均匀并防止被分选物料沉积。入选物料由上表面给入，密度较低的部分浮在表层，经四周溢流堰排出，密度较高的部分沉向底部。压缩空气由中空轴的下部给入。当中空轴内的高密度产物、重悬浮液和空气组成的气-固-液三相混合物的密度低于外部重悬浮液的密度时，中空轴内的混合物即向上流动，将高密度产物提升到一定高度后排出。外部提升式分选机的工作过程与此相同，只是高密度产物是由外部提升管排出（见图 12-19b）。

这种设备的分选面积大、工作稳定、分离精确度较高。给料粒度范围为 50~5mm。适于处理低密度组分含量高的物料。它的主要缺点是需要使用微细粒加重质，介质循环量大，增加了介质回收和净化的工作量，而且需要配置空气压缩装置。

12.2.3.2 鼓型重介质分选机

鼓型重介质分选机的构造如图 12-20 所示，外形为一横卧的鼓形圆筒，由 4 个辊轮支撑，通过设置在圆筒外壁中部的大齿轮，由传动装置带动旋转。在圆筒内壁沿纵向设有带孔的扬板。入选物料与悬浮液一起从筒的一端给入。高密度颗粒沉到底部，由扬板提起投入排料溜槽中，低密度颗粒则随悬浮液一起从筒的另一端排出。这种设备结构简单，运转可靠，便于操作。在设备中，重悬浮液搅动强烈，所以可采用粒度较粗的加重质，且介质循环量少，它的主要缺点是分选面积小，搅动大，不适于处理细粒物料，给料粒度通常为 150~6mm。

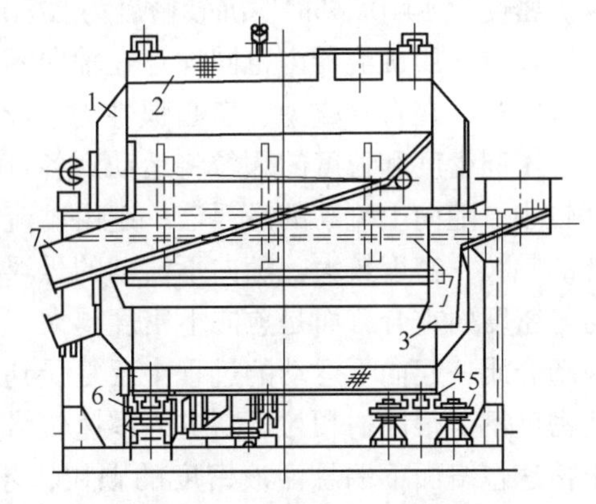

图 12-20 鼓型重介质分选机

1—转鼓；2—扬板；3—给料漏斗；4—托辊；5—挡辊；6—传动系统；7—高密度产物漏斗

12.2.3.3 重介质振动溜槽

重介质振动溜槽的基本结构如图 12-21 所示。机体的主要部分是个断面为矩形的槽体，支承在倾斜的弹簧板上，由曲柄连杆机构带动作往复运动。槽体的底部为冲孔筛板，筛板下有 5~6 个独立水室，分别与高压水管连接。在槽体的末端设有分离隔板，用以分开低密度产物和高密度产物。

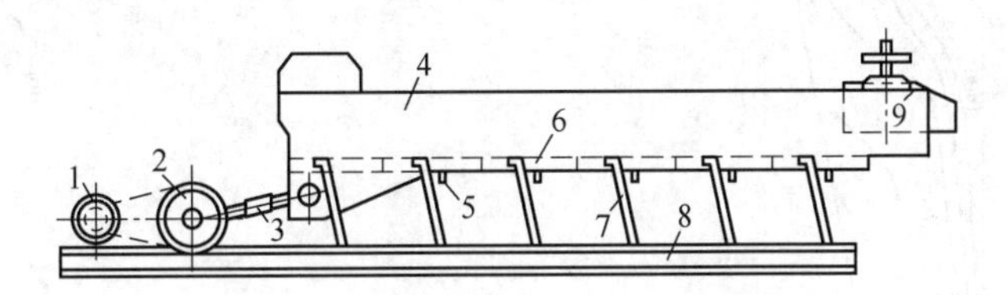

图 12-21 重介质振动溜槽结构示意图

1—电动机；2—传动装置；3—连杆；4—槽体；5—给水管；6—槽底水室；7—支承弹簧板；8—机架；9—分离隔板

设备工作时，待分选物料和重悬浮液一起由给料端给入重介质振动溜槽，介质在槽中受到摇动和上升水流的作用形成一个高浓度的床层，它对物料起着分选和搬运作用。分层后的高密度产物从分离隔板的下方排出，而低密度产物则由隔板上方流出。

重介质振动溜槽的优点是：床层在振动下易松散，可以使用粗粒（+0.15mm）加重质。加重质在槽体的底部浓集，浓度可达 60%，提高了分选密度。因此又可采用密度较低的加重质，例如对铁矿石进行预选时，可以采用细粒铁精矿作加重质。

重介质振动溜槽的处理能力很大，每 100mm 槽宽的处理量达 7t/h，适于分选粗粒物料，给料粒度一般为 6~75mm。设备的机体笨重，工作时振动力很大，需要安装在坚固的地面基础上。

12.2.3.4 重介质旋流器

重介质旋流器属离心式分选设备，其结构与普通旋流器基本相同。在重介质旋流器内，加重质颗粒一方面在离心惯性力作用下向器壁产生浓集，同时又受重力作用向下沉降，致使悬浮液的密度自内而外、自上而下增大，形成图 12-22 所示的等密度面（图中曲线标注的密度单位为 kg/m^3)。图中所示的情况是给入旋流器的悬浮液密度为 1500kg/m^3，溢流密度为 1410kg/m^3，沉砂密度为 2780kg/m^3。

在重介质旋流器内也同样存在轴向零速包络面。同悬浮液一起给入重介质旋流器的待分选物料，在自身重力、离心惯性力、浮力（包括径向的和轴向的）和介质阻力的作用下，不同密度和粒度的颗粒将运动到各自的平衡位置。分布在零速包络面以内的颗粒，密度较小，随向上流动的悬浮液一起由溢流管排出，成为低密度产物；分布在零速包络面以外的颗粒，密度较大，随向下流动的悬浮液一起向着沉砂口运动。但轴向零速包络面并不与等密度面重合，而是愈向下密度越大（见图 12-23)，因而位于零速包络面以外的颗粒，在随介质一起向下运动的过程中反复受到分选，而且是分选密度一次比一次高，从而使那些密度不是很高的颗粒不断进入零速包络面内，向上运动由溢流口排出。只有那些密度大于零速包络面下端悬浮液密度的颗粒，才能一直向下运动，由沉砂口排出，成为高密度产物。

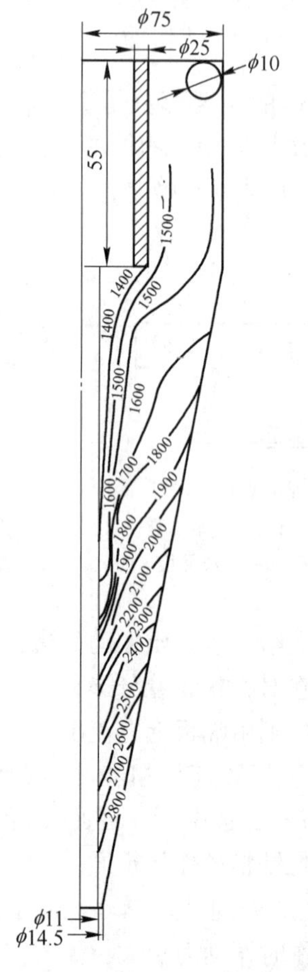

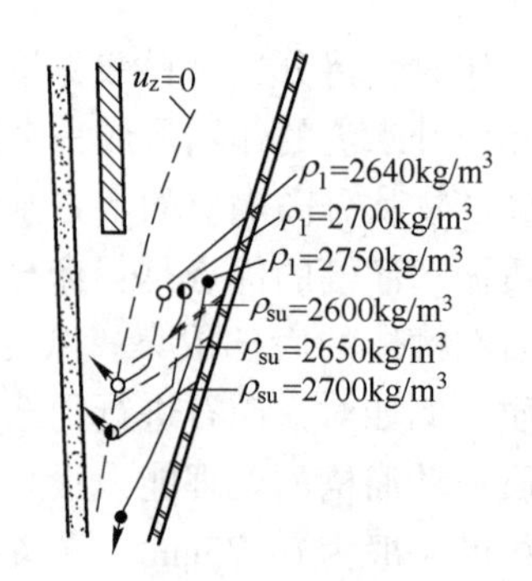

图 12-22　重介质旋流器内等密度面的分布情况　　　图 12-23　重介质旋流器分选原理示意图

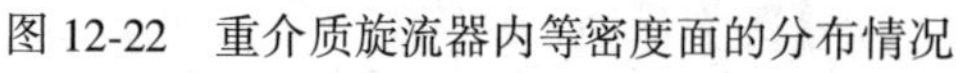

影响重介质旋流器选别效果的因素主要有溢流管直径、沉砂口直径、锥角、给料压强和给入的固体物料与悬浮液的体积比等。

给料压强增加，离心惯性力增大，既可以增加设备的生产能力，又可以改善分选效果。但压强增加到一定值后，选别指标即基本稳定，但动力消耗却继续增大，设备的磨损剧增。所以给料压强一般在 80~200kPa 范围内。

增大沉砂口直径或减小溢流管直径，都会使零速包络面向内收缩，分离密度降低，高密度产物的产率增加。

加大锥角，加重质的浓集程度增加，分离密度提高，高密度产物的产率下降，但由于悬浮液密度分布更加不均而使得分选效率降低，所以锥角一般取 15°~30°。

给入的固体物料体积与悬浮液体积之比一般为 1∶6~1∶4，增大比值将提高设备的处理能力，但因颗粒分层转移的阻力增大而使得分选效率降低。

重介质旋流器的优点是处理能力大，占地面积小，可以采用密度较低的加重质，且可以降低分选粒度下限，最低可达 0.5mm，最大给料粒度为 35mm，但为了避免沉砂口堵塞和便于脱出介质，一般的给料粒度范围为 2~20mm。

12.2.3.5 重介质涡流旋流器

重介质涡流旋流器的结构如图 12-24 所示，实质上它是一倒置的旋流器，不同之处是由顶部插入一空气导管，使旋流器中心处的压强与外部的大气压强相等，借以维持分选过程正常进行。调节空气导管喇叭口距溢流管口的距离，可以改变产物的产率分配，减小两者之间的距离，可以降低低密度产物的产率。该设备的另一个特点是沉砂口和溢流口的直径接近相等，所以可处理粗粒（2~60mm）物料。这种设备的处理量较大，比相同直径的重介质旋流器大 1 倍以上。

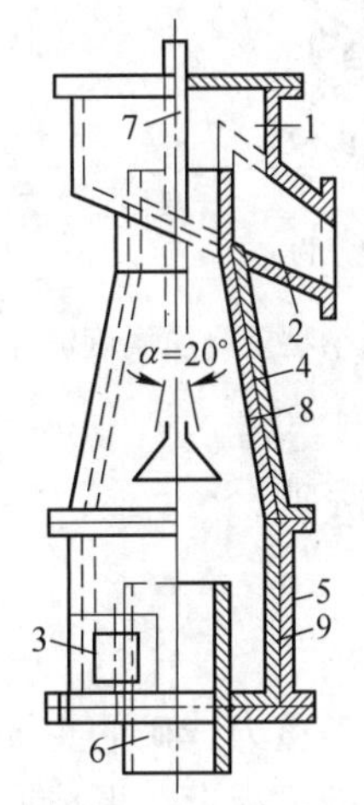

图 12-24 重介质涡流旋流器的结构

1—接料槽；2—高密度产物排出口；3—给料口；4—圆锥体外壳；5—圆筒体外壳；6—低密度产物排出口；7—空气导管；8—圆锥体内衬；9—圆筒体内衬

重介质涡流旋流器的工作过程与重介质旋流器的基本相同。它的优点是分选效率高，能分选密度差较小的物料，可以采用粒度较粗（+0.074mm 占 50%~85%）的加重质，有利于介质的净化和降低加重质的消耗。

12.2.3.6 荻纳型和特拉伊-费洛型重介质涡流旋流器

荻纳型重介质涡流旋流器又称 D.W.P 型动态涡流分选器，设备外形呈圆筒状，其构造如图 12-25 所示。这种设备的特点是：待分选物料同少量悬浮液（大约占悬浮液总体积的 10%）一起从圆柱上部的给料口给入，其余大部分悬浮液则由靠近下端的切向管口给入，入口处的压强为 60~150kPa。介质在圆柱体内形成中空的旋涡流，密度大的颗粒在离心惯性力作用下甩向器壁，与一部分介质一起沿筒壁上升，通过高密度产物排出口排出；密度小的颗粒分布在空气柱周围，随部分悬浮液一起向下流动，最后通过圆柱体下部的排料口排出。

荻纳型重介质涡流旋流器的优点是构造简单，体积小，单位处理量需要的厂房面积小；给料粒度下限可达 0.2mm，因此可预先多丢弃低密度成分，降低分选成本；给料压强低，颗粒在设备内的运动速度低，设备磨损轻，使用寿命长。

特拉伊-费洛型重介质涡流旋流器实际上是由 2 个获纳型涡流旋流器串联而成，结构如图 12-26 所示。筒体上有 2 个渐开线形的介质进口和 2 个形状相同的高密度产物排出口。第 1 段分选后的低密度产物进入第 2 段再选，所以可分出 2 种高密度产物。当给入不同密度的悬浮液时，还可依次选出 3 种密度的产物。例如处理方铅矿-萤石矿石时，可以分出方铅矿、萤石和脉石矿物，分选指标比获纳型旋流器高。

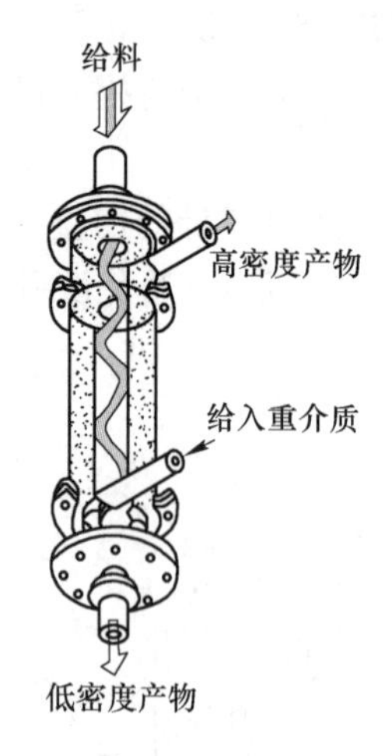

图 12-25　获纳型重介质涡旋流器

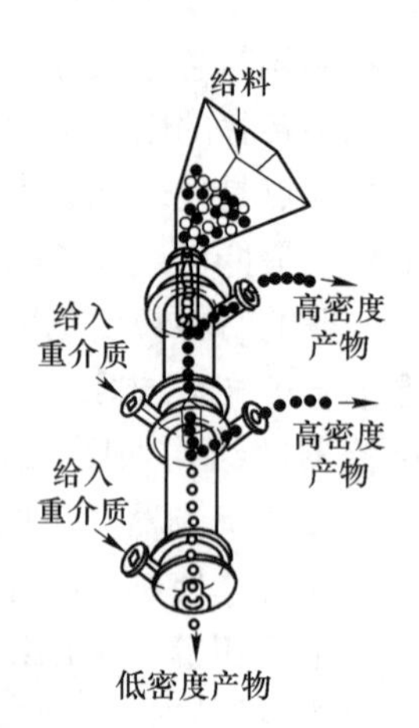

图 12-26　特拉伊-费洛型重介质涡流旋流器

12.3　跳汰选矿

12.3.1　概述

跳汰选矿是重力选矿的主要方法之一，属于深槽分逃作业。工艺特征是被选的矿石连续给到跳汰室的筛板上，形成厚的物料层，称作床层。通过筛板周期地鼓入上升水流，使床层升起松散，接着水流下降（或停止上升），在这一过程中，密度不同的颗粒发生相对转移，重矿物进入下层，轻矿物转入上层，分别排出后即得精矿和尾矿。

跳汰所用介质多数是水，特殊情况采用空气。跳汰机机内筛板一般是固定的，水流透过带板多呈上下交变运动，少数采用滑阀间歇给入上升水流。另有一类跳汰机筛框作上下往复运动，称作动筛跳汰机。在定筛跳汰机中推动水流运动的器件在矿用跳汰机中主要是隔膜，早期采用活塞。在大型煤用跳汰机中则采用压缩空气。

水流在跳汰机内运动的速度和方向是周期变化的，每完成一个循环所用时间称作跳汰周期。在一个周期内表示水流运动速度随时间变化的关系曲线称作跳汰周期曲线。水流在跳汰室内上下运动的最大距离称为水流冲程，它与隔膜或活塞运动的机械冲程成一定比例。水流每分钟运动的次数称作冲次。床层的厚度、周期曲线形式、冲程、冲次是影响跳汰选别的重要参数。

12.3.2　跳汰选矿理论基础

12.3.2.1　跳汰分选原理

在跳汰分选过程中，水流呈非恒定流动，流体的动力作用时刻在发生变化，使得床层的松散度（床层中分选介质的体积分数）也处于周期性变化中。床层在变速水流推动下运动，颗粒在其中松散悬浮，但又不属于简单的干涉沉降。在整个分选过程中，床层的松散度并不大，颗粒之间的静力压强对分层转移起重要作用。由于动力和静力因素交织在一起，而且又处于变化之中，所以很难用简单的解析式描述其分层过程。

概括地讲，物料在跳汰分选过程中发生按密度分层，主要是基于初加速度作用、干涉沉降过程、吸入作用和位能降低原理等。

A 初加速度作用

在交变水流作用下，物料在跳汰机内发生周期性的沉降过程，每当沉降开始时，颗粒的加速度均为其初加速度 g_0（$g_0=(\rho_1-\rho)g/\rho_1$）。由于 g_0 仅与颗粒的密度 ρ_1 和介质密度 ρ 有关，且 ρ_1 越大，g_0 也越大，因而在沉降末速达到之前的加速运动阶段，高密度颗粒获得较大的沉降距离，从而导致物料按密度发生分层。

B 干涉沉降过程

交变水流推动跳汰室内的物料松散悬浮以后，颗粒便开始了干涉沉降过程，由于颗粒的密度越大，干涉沉降速度也越大，在床层松散期间，沉降的距离也越大，从而使高密度颗粒逐渐转移到床层的下层。

C 吸入作用

吸入作用发生在交变水流的下降运动阶段，随着床层逐渐恢复紧密状态，粗颗粒失去了发生相对转移的空间条件，而细颗粒则在下降水流的吸入作用下，穿过粗颗粒之间的空隙，继续向下移动，从而使细小的高密度颗粒有可能进入床层的最底层。

D 位能降低原理

物料在跳汰分选过程中实现按密度分层的位能降低原理是德国学者麦依尔(E. W. Mayer)提出的。麦依尔的分析过程如图 12-27 所示，图 12-28a 和 b 分别代表分层前后的理想情况。设床层的断面面积为 A、低密度颗粒和高密度颗粒的密度分别为 ρ_1 和 ρ_1'、它们所占床层的高度分别为 H 和 H'、介质的密度为 ρ、低密度颗粒和高密度颗粒在对应物料层中的体积分数分别为 φ 和 φ'、它们在介质中的有效重力分别为 G_0 和 G_0'，以床层底面为基准面，则分层前物料混合体的位能 E_1 为

$$E_1=(H+H')(G_0+G_0')/2 \tag{12-28}$$

分层后体系的位能 E_2 为

$$E_2=G_0'H'/2+G_0(H'+H/2) \tag{12-29}$$

由式（12-28）和式（12-29）得分层后位能的变化值 ΔE 为

$$\Delta E=-(E_1-E_2)=-(G_0'H-G_0H')/2 \tag{12-30}$$

由于

$$G_0=AH\varphi(\rho_1-\rho)g$$

$$G_0'=AH'\varphi'(\rho_1'-\rho)g$$

代入式（12-30）中得

$$\Delta E=-HH'A[\varphi'(\rho_1'-\rho)-\varphi(\rho_1-\rho)]g/2 \tag{12-31}$$

由于在跳汰分选过程中，床层的松散度始终处于较低水平，即有 $\varphi\approx\varphi'$，所以有

$$\varphi'(\rho_1'-\rho)-\varphi(\rho_1-\rho)>0$$

亦即

$$\Delta E<0$$

这表明当跳汰分选过程中，物料发生按密度分层是一个位能降低的自发过程，只要床层的松散条件适宜，就能实现按密度分层。

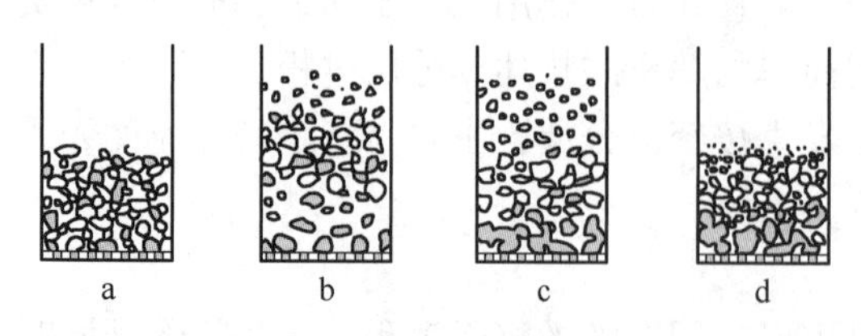

图 12-27　跳汰分层过程示意图

a—分层前颗粒混杂堆积；b—上升水流将床层抬起；
c—颗粒在水流中沉降分层；d —水流下降、床层紧密、高密度产物进入下层

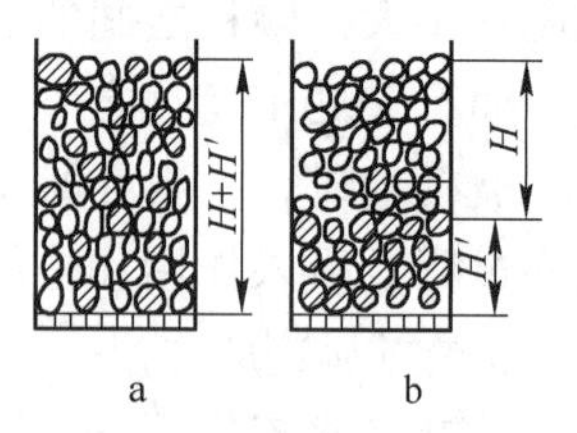

图 12-28　床层分层前后位能的变化

a—分层前；b—分层后

12.3.2.2　颗粒在跳汰分选过程中的运动分析

在跳汰分选过程中，颗粒受到非恒定运动介质流的作用。在这种情况下，颗粒除受介质的速度阻力作用外，还有因水流的加速度运动和颗粒的加速运动所引起的附加力的作用。设垂直向上的方向为正，介质的密度为 ρ，介质运动的速度和加速度分别为 u 和 a，颗粒的密度和粒度分别为 ρ_1 和 d，颗粒的运动速度为 v，颗粒与介质的相对运动速度为 v_c（$v_c = v - u$）。则颗粒在跳汰分选过程中受到的作用力包括：

（1）颗粒在介质中的有效重力 G_0，$G_0 = -\pi d^3(\rho_1 - \rho)g/6$。

（2）水流的相对速度阻力 R_1，$R_1 = \pm \psi d^2 v_c^2 \rho$。

（3）介质的加速度附加惯性阻力 R_2：$R_2 = -\zeta \pi d^3 \rho (\mathrm{d}v_c/\mathrm{d}t)/6$，式中的 ζ 是质量联合系数，与颗粒形状有关，对于球形颗粒 $\zeta = 0.5$，这是被加速运动的颗粒所带动的周围介质所产生的惯性阻力。

（4）加速运动的介质流对颗粒的附加推力 P_B，其值相当于颗粒体积占有的那部分介质获得加速度 a 所受到的作用力，即 $P_B = \pi d^3 \rho a/6$。

（5）颗粒运动时所受到的机械阻力 P_m，是颗粒在运动过程中相互碰撞、摩擦所引起的阻力，其数值取决于床层松散度以及颗粒的粒度和形状。由于影响机械阻力的因素很复杂，无法用数学式表达，所以目前在分析跳汰过程中颗粒运动的趋向时，没有把它考虑在内。

在忽略机械阻力的条件下，跳汰过程中颗粒的运动微分方程为

$$\pi d^3 \rho_1 (\mathrm{d}v/\mathrm{d}t)/6 = G_0 + R_1 + R_2 + P_B$$

亦即

$$\pi d^3 \rho_1 (\mathrm{d}v/\mathrm{d}t)/6 = \pi d^3 (\rho_1 - \rho) g/6 \pm \psi d^2 v_c^2 \rho - \zeta \pi d^3 \rho (\mathrm{d}v_c/\mathrm{d}t)/6 + \pi d^3 \rho a/6$$

或

$$\mathrm{d}v/\mathrm{d}t = -(\rho_1 - \rho) g/\rho_1 \pm 6\psi v_c^2 \rho/(\pi \mathrm{d} \rho_1) - \zeta \rho (\mathrm{d}v_c/\mathrm{d}t)/\rho_1 + \rho a/\rho_1$$

将 $v_c = v - u$ 代入上式，经整理后得

$$\mathrm{d}v/\mathrm{d}t = -(\rho_1 - \rho) g/(\rho_1 + \zeta\rho) \pm 6\psi\,(v - u)^2 \rho/[\pi d(\rho_1 - \zeta\rho)] + (\rho + \zeta\rho) a/(\rho_1 + \zeta\rho) \tag{12-32}$$

式（12-32）即是颗粒在非恒定垂直运动介质流中的运动微分方程。它首先由维诺格拉道夫（Н. Н. Виноградов）于 1952 年提出，后来又经过赫旺（В. И. Хван）等人补充。

由式（12-32）可以看出，颗粒运动的加速度基本上由 3 种加速度因素构成，第一是

重力加速度因素，第二是速度阻力加速度因素，第三则是由介质的加速度引起的附加推力加速度因素。

重力加速度是静力性质因素，随颗粒密度的增加而增大，与颗粒的粒度和形状无关，所以属于按密度分层的基本作用因素。

速度阻力加速度与颗粒的密度和粒度同时有关，高密度细颗粒与低密度粗颗粒因有相近的速度阻力加速度，将引起同样的运动，以至不能有效分层。这项影响随着相对速度的增大、作用时间的延长而增强。减小这项因素影响的唯一办法是减小相对速度及控制其作用时间。

第3项是由介质加速运动引起的颗粒运动加速度，也是只与颗粒的密度有关。但由于介质加速度的方向是变化的，其对分层的影响亦不一样。当介质的加速度方向向上时，高密度颗粒的上升加速度比低密度颗粒的小，对按密度分层有利。反之，加速度方向向下时，高密度颗粒则会因加速度小而滞留在上层，对按密度分层不利。所以在采用跳汰分选法选别物料时，水流向下的加速度应尽量减小。

应该指出，式（12-32）表示的颗粒在跳汰分选过程中的运动微分方程，忽视了床层悬浮体内静压强增大对颗粒运动的影响，仍然用介质的密度计算颗粒所受到的浮力，这是不符合实际的。此外，这一公式还忽略了机械阻力的影响，所以只能用来定性地分析一些因素对跳汰分选过程的影响。

12.3.2.3 偏心连杆机构跳汰机内水流的运动特性及物料的分层过程

目前在工业生产中应用最多的是采用偏心连杆机构传动的跳汰机，在这类跳汰机内水流运动有着共同的特性。如图12-29所示，设偏心轮的转速为 n（r/min）（相当于跳汰冲次）、旋转角速度为 ω（rad/s）、偏心距为 r（m），跳汰机的机械冲程 $l = 2r$。如偏心距在图中从上方垂线开始顺时针转动，经过 t(s) 时间转过 Φ 角（rad），则

$$\Phi = \omega t \qquad \omega = \pi n/30 \tag{12-33}$$

当连杆长度相对于偏心距较大（一般连杆长度约为偏心距的5~10倍以上）时，隔膜的运动速度近似等于偏心距端点的垂直运动分速度 c，即

$$c = r\omega\sin\Phi = (l\omega\sin\omega t)/2 \tag{12-34}$$

若用 β 表示跳汰机的冲程系数，则跳汰室内的水流运动速度 u 为

$$u = \beta c = (\beta l\omega\sin\omega t)/2 \tag{12-35}$$

将式（12-33）代入式（12-35）中，经整理得

$$u = (\beta l n\pi\sin\omega t)/60 \tag{12-36}$$

式（12-36）表明，在偏心连杆机构驱动下，水流速度随时间的变化呈正弦曲线，如图12-32所示。因此，习惯上把由偏心连杆机构驱动的隔膜跳汰机的周期曲线称为正弦跳汰周期曲线。当 $\omega t = 0$ 或 π 时，水流的运动速度最小，$u_{min} = 0$。当 $\omega t = \pi/2$ 或 $3\pi/2$ 时，水流的运动速度达最大值 u_{max}，即

$$u_{max} = \beta l n\pi/60 \tag{12-37}$$

在1个周期 $T = 60/n$ 内，按绝对值计算的水流平均运动速度 u_{av} 为

$$u_{av} = 2\beta l/T = 2\beta l n/60 \tag{12-38}$$

将式（12-35）对时间 t 求导得水流运动的加速度 a 为

$$a = (\beta l\omega^2\cos\omega t)/2 = (\beta l n^2\pi^2\cos\omega t)/1800 \tag{12-39}$$

式（12-39）表明水流的加速度变化为一余弦曲线（见图 12-30）。当 $\omega t = \pi/2$ 或 $3\pi/2$ 时，$a = 0$。当 $\omega t = 0$ 或 π 时，水流的运动加速度达最大值 a_{max}，即：

$$a_{max} = (\beta l n^2 \pi^2)/1800 \tag{12-40}$$

将式（12-35）对时间积分得跳汰室内脉动水流的位移 h 为

$$h = \beta l(1 - \cos\omega t)/2 \tag{12-41}$$

当 $\omega t = \pi$ 时，跳汰室内水流的位移达最大值 h_{max}，即

$$h_{max} = \beta l \tag{12-42}$$

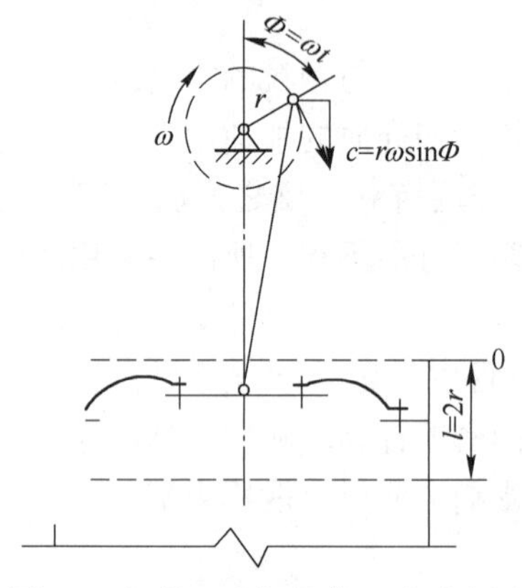

图 12-29　偏心连杆机构运动示意图

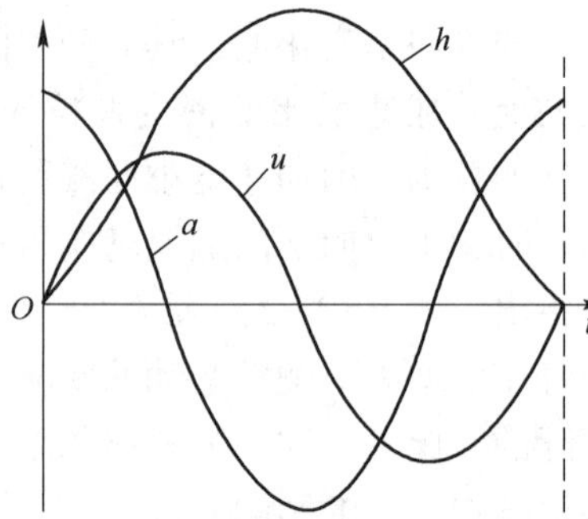

图 12-30　正弦跳汰周期的水流速度、加速度和位移曲线

由式（12-36）、式（12-39）、式（12-41）可以看出，水流速度、加速度和位移与冲程、冲次之间的关系为

$$u \propto ln \tag{12-43}$$

$$a \propto ln^2 \tag{12-44}$$

$$h \propto l \tag{12-45}$$

这说明改变冲程和冲次，对水流速度、加速度和位移的影响是不同的。

为了分析在正弦跳汰周期的各阶段物料的分层过程，将 1 个周期分成图 12-31 所示的 4 个阶段。

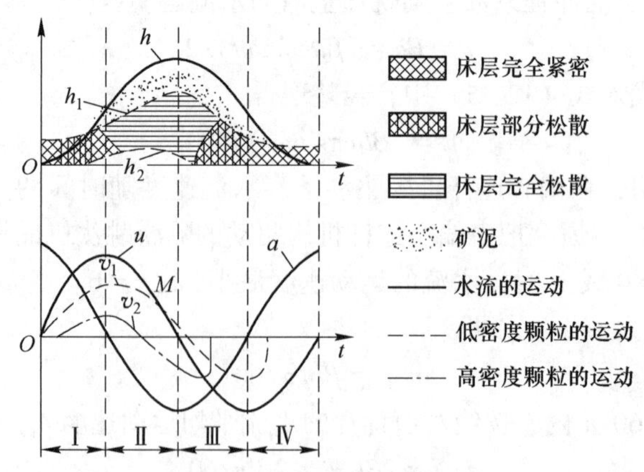

图 12-31　在正弦跳汰周期的 4 个阶段床层的松散-分层过程

h，h_1，h_2—水流、低密度颗粒和高密度颗粒的位移；

u，v_1，v_2—水流、低密度颗粒和高密度颗粒的运动速度；a—水流运动的加速度

12.3.3 跳汰机

国内外采用各种类型的跳汰机，根据设备结构和水流运动方式不同，大致可以分为以下几种：活塞跳汰机；隔膜跳汰机；空气脉动跳汰机；动筛跳汰机。

12.3.3.1 旁动型隔膜跳汰机

旁动型隔膜跳汰机又称为上动型或丹佛（Denver）型跳汰机，其结构如图12-32所示，其主要组成部分有机架、传动机构、跳汰室和底箱。跳汰室面积为 $B \times L = 300\text{mm} \times 450\text{mm}$，共2室，串联工作。为了配置方便，设备有左式和右式之分。从给料端看，传动机构在跳汰室左侧的为左式，在跳汰室右侧的为右式。

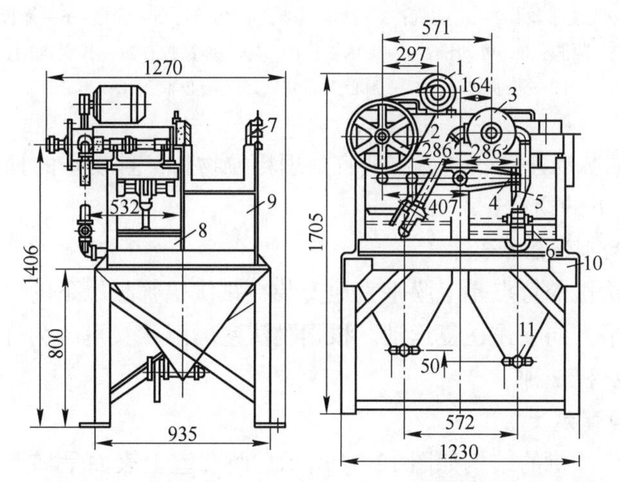

图12-32 300mm×450mm双室旁动型隔膜跳汰机的结构

1—电动机；2—传动装置；3—分水管；4—摇臂；5—连杆；6—橡胶隔膜；7—筛网压板；8—隔膜室；9—跳汰室；10—机架；11—排料活栓

电动机带动偏心轴转动，通过摇臂杠杆和连杆推动两个隔膜交替上下运动。隔膜呈椭圆形，四周与机箱作密封连结。在隔膜室下方设补加水管。底箱顶尖处设有排料阀门，可间断或连续地排出透过筛孔的细粒高密度产物。

这种跳汰机由于隔膜位于跳汰室一旁，所以设备不能制造得太大，否则水速会分布不均，所以目前生产中使用的规格仅有300mm×450mm 1种。且耗水量较大（处理1t物料的耗水量在 3m^3 以上）。单台设备的生产能力为2~5t/h。

12.3.3.2 下动型圆锥隔膜跳汰机

下动型隔膜跳汰机的结构特点是传动装置和隔膜安装在跳汰室的下方。2个方形的跳汰室串联配置，下面各带有1个可动锥斗，用环形橡胶隔膜与跳汰室密封连结。锥斗用橡胶轴承支承在摇动框架上。框架的一端经弹簧板与偏心柄相连。当偏心轴转动时即带动锥斗上下运动。设备的结构如图12-33所示。锥斗的机械冲程可在0~26mm的范围内调节，更换皮带轮可有240r/min、300r/min和360r/min三种冲次。

这种跳汰机不设单独的隔膜室，占地面积小，水速分布也比较均匀。高密度产物采用透筛排料法排出。但锥斗承受着整个设备内的水和物料的重力，所受负荷大，而且传动装置设在机体下部，检修不便，也容易遭受水砂的侵蚀。这种跳汰机的冲程系数小（只有

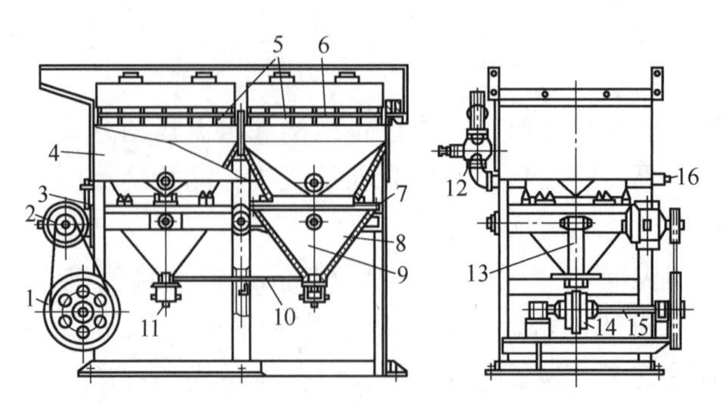

图 12-33　1000mm×1000mm 双室下动型隔膜跳汰机的结构

1—大皮带轮；2—电动机；3—活动框架；4—机架；5—筛格；6—筛板；
7—隔膜；8—可动锥；9—支承轴；10，13—弹簧板；11—排料阀门；
12—进水阀门；14—偏心头部分；15—偏心轴；16—木塞

0.47 左右），水流的脉动速度较弱，不适宜处理粗粒物料，且设备的处理能力较低，一般仅用于分选 6mm 以下的物料。

12.3.3.3　侧动型隔膜跳汰机

侧动型隔膜跳汰机的特点是隔膜垂直地安装在跳汰机筛板以下的底箱侧壁上，在传动机构带动下，在水平方向上作往复运动。根据跳汰室的形状又可分为梯形侧动隔膜跳汰机和矩形侧动隔膜跳汰机 2 种。

A　梯形侧动隔膜跳汰机

梯形侧动隔膜跳汰机的结构如图 12-34 所示。跳汰室上表面呈梯形，全机共有 8 个跳汰室，分为 2 列，用螺栓在侧壁上连接起来形成一个整体。每 2 个对应大小的跳汰室为一组，由 1 个传动箱中伸出的横向通长的轴带动两侧的垂直隔膜运动，因此它们的冲程、冲次是完全相同的。全机分为 4 组，可采用 4 种不同的冲程、冲次进行工作。全机共有 2 台电动机，每台驱动 2 个传动箱。筛下补加水由 2 列设在中间的水管引入到各室中，在水流进口处设有弹性盖板，当隔膜前进时，借水的压力使盖板遮住进水口，中断给入筛下水；当隔膜后退时盖板打开，补充给入筛下水，以减小下降水流的吸入作用。

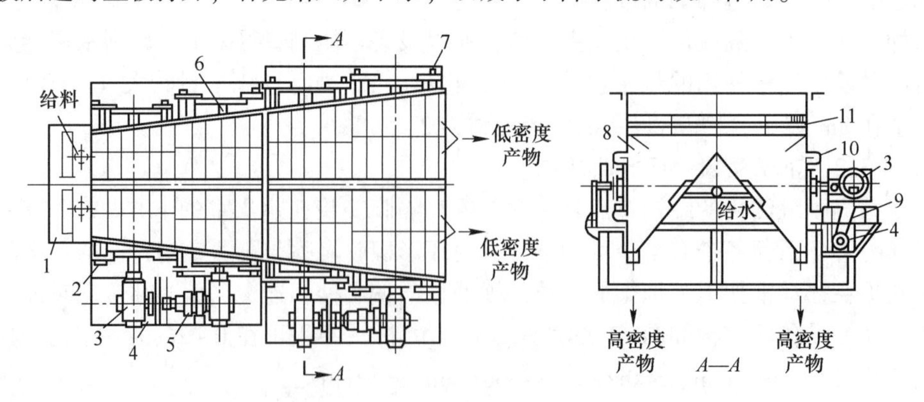

图 12-34　900mm×(600～1000)mm 梯形侧动隔膜跳汰机的结构

1—给料槽；2—前鼓动箱；3—传动箱；4，9—三角皮带；5—电动机；
6—后鼓动箱；7—后鼓动盘；8—跳汰室；10—鼓动隔膜；11—筛板

由于筛板宽度从给料端到排料端逐渐增大，所以床层厚度相应逐渐减小，物料向前运动的速度逐渐变缓，加之各室的冲程依次由大变小，冲次由小变大，使得前部适合于分选粗粒级，后部可有效地分选细粒级。所以该设备的适应性强，回收粒度下限低，有时可达0.074mm，广泛用于处理-5mm的物料，最大给料粒度可达10mm。设备的主要缺点是占地面积大。

B 矩形侧动隔膜跳汰机

跳汰机筛面呈矩形的侧动隔膜跳汰机有吉山-Ⅱ型和大粒度跳汰机等。

吉山-Ⅱ型矩形侧动隔膜跳汰机有单列二室和双列四室2种规格，图12-35是单列二室的外形图。设备的特点是机械冲程可调范围大，最大为50mm，加之冲程系数大，所以选别物料的粒度上限可达20mm；其次是分选出的粗粒高密度产物采用一端排料法排出，其排料装置如图12-36所示。沿筛板末端整个长度上开缝，在高密度产物排出通道两侧设内外闸门，外闸门插入床层一定深度，用于控制高密度产物的质量，调节外闸门的高度，则可以改变高密度产物的排出速度。为使排料顺利进行，在盖板顶部设排气孔，以使内部与大气相通。

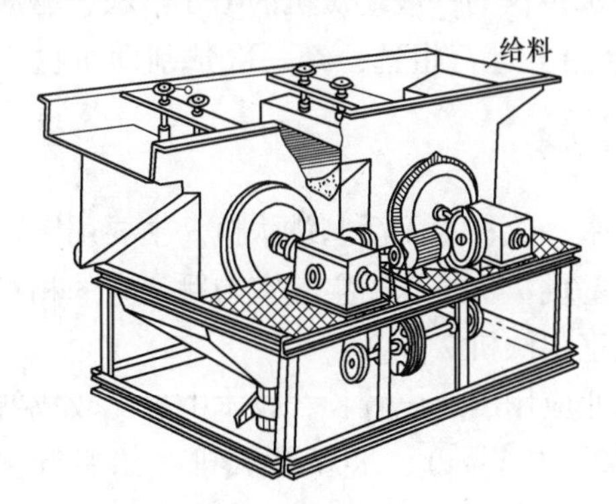

图12-35 吉山-Ⅱ型单列二室矩形侧动隔膜跳汰机

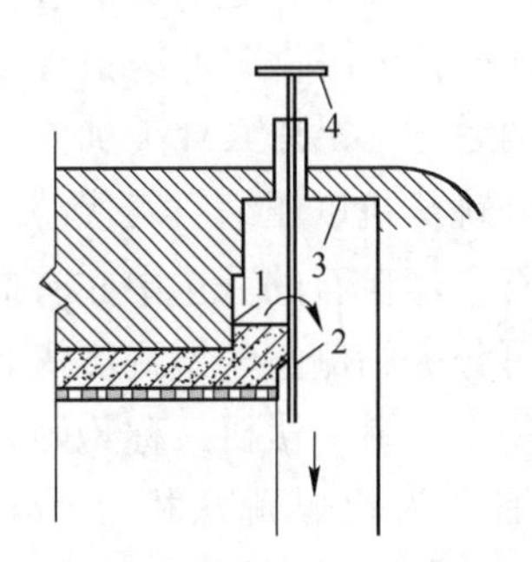

图12-36 筛上高密度产物排出装置
1—外闸门；2—内闸门；3—盖板；4—手轮（调节内闸门用）

大粒度跳汰机有AM-30和LTC75两种型号，前者的最大给料粒度为30mm，后者为75mm。2种设备的结构形式相同，均为双列四室，由偏心连杆机构带动隔膜运动。

12.3.3.4 圆形跳汰机和锯齿波跳汰机

圆形跳汰机的上表面为圆形，可认为是由多个梯形跳汰机合并而成的。带旋转耙的液压圆形跳汰机（I. H. C-Cleaveland jig）的外形如图12-37所示。这种跳汰机的分选槽是个圆形整体或是放射状地分成若干个跳汰室，每个跳汰室均独立设有隔膜，由液压缸中的活塞推动运动。跳汰室的数目根据设备规格而定，最少为1个，最多为12个，设备的直径为1.5~7.5m。待选物料由中心给入，向周边运动，高密度产物由筛下排出，低密度产物从周边的溢流堰上方排出。

圆形跳汰机的突出特点是，水流的运动速度曲线呈快速上升，缓慢下降的方形波，而水流的位移曲线则呈锯齿波（见图12-38）。这种跳汰周期曲线能很好地满足处理宽级别物料的要求，且能有效地回收细颗粒，甚至在处理-25mm的砂矿时可以不分级入选，只需脱除细泥。对0.1~0.15mm粒级的回收率可比一般跳汰机提高15%左右。

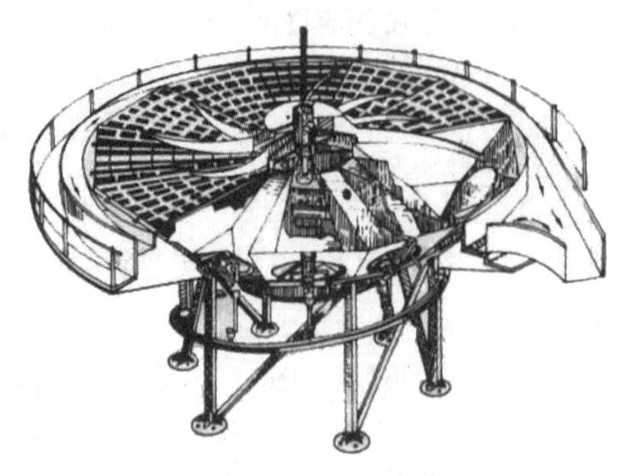

图 12-37　液压圆形跳汰机的示意图

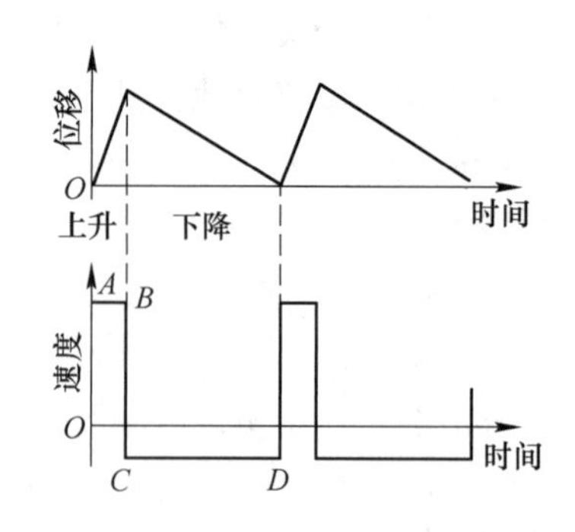

图 12-38　圆形跳汰机的隔膜运动曲线

圆形跳汰机的生产能力大，耗水少，能耗低。ϕ7.5m 的圆形跳汰机，每台每小时可处理 175～350m^3的砂矿，处理每吨物料的耗水量仅为一般跳汰机的 1/3～1/2，驱动电动机的功率仅为 7.5kW。这种设备主要用在采金船上进行粗选，经一次选别即可抛弃 80%～90%的脉石，金回收率可达 95%以上。

12.3.3.5　无活塞跳汰机

这种跳汰机以压缩空气代替了早期的活塞，故称为无活塞跳汰机。主要用于选煤，但在铁矿石、锰矿石的分选中亦有应用。无活塞跳汰机按压缩空气室与跳汰室的相对位置不同，又可分为筛侧空气室跳汰机和筛下空气室跳汰机 2 种。

筛侧空气室跳汰机又称鲍姆跳汰机，工业应用的历史较长，技术上也比较成熟。按其用途可细分为块煤跳汰机（给料粒度为 13～125mm）、末煤跳汰机（给料粒度为 0～13mm）和不分级煤用跳汰机 3 种。图 12-39 是 LTG-15 型筛侧空气室不分级煤用跳汰机的结构简图，这种跳汰机的筛面最小者为 8m^2，最大者为 16m^2。

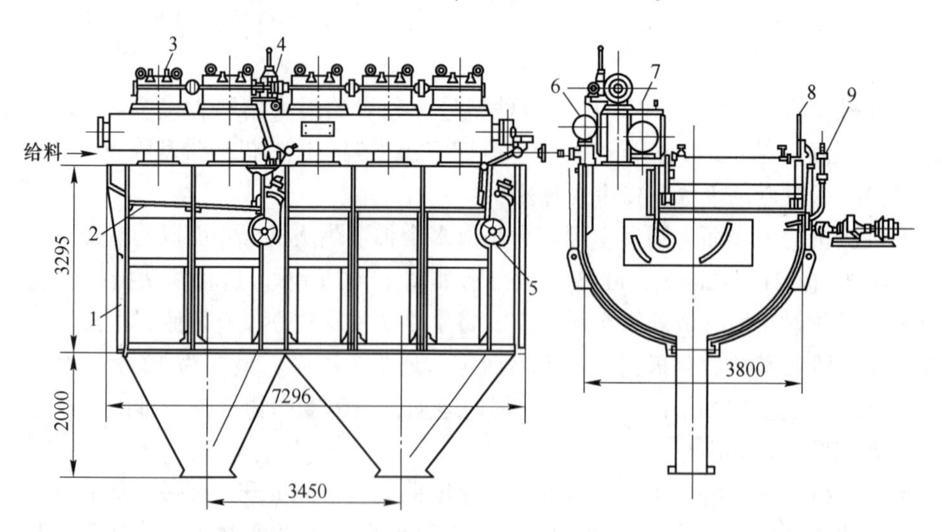

图 12-39　LTG-15 型筛侧空气室跳汰机（左式）

1—机体；2—筛板；3—风阀；4—风阀传动装置；5—排料装置；6—水管；7—风包；8—手动闸门；9—测压管

LTG-15 型筛侧空气室跳汰机的机体用纵向隔板分成空气室和跳汰室，两室下部相通。空气室的上部密封并与特制的风阀连通。借助于风阀交替地鼓入与排出压缩空气，即在跳汰室内形成相应的脉动水流。入选的原煤在脉动水流的作用下分层，并沿筛面的倾斜方向向一端移动。由跳汰室第一分选段选出的高密度产物为矸石，第二段选出的高密度产物为中煤。它们分别通过末端的排料闸门进入下部底箱，并与透筛产品合并，用斗子提升机捞出运走。上层低密度产物经溢流堰排出即为精煤。

通过风阀改变进入的风量，可以调节水流的冲程；改变风阀的旋转速度，可以调节水流的冲次。生产中使用的风阀有滑动风阀（立式风阀）、旋转风阀（卧式风阀）、滑动式数控风阀、电控气动风阀等。

12.3.3.6 离心跳汰机

目前生产中应用最多的离心跳汰机是澳大利亚一地质有限公司生产的 KELSEY 系列离心跳汰机，其中 J650 型 KELSEY 离心跳汰机的结构如图 12-40 所示。这种跳汰机的跳汰室呈水平安装，并在旋转驱动机构的带动下，以 4800r/min 左右的速度旋转。脉动臂在与跳汰室一起旋转的同时，还在凸轮机构的驱动下，每秒钟完成 17~34 次的连续往复运动。

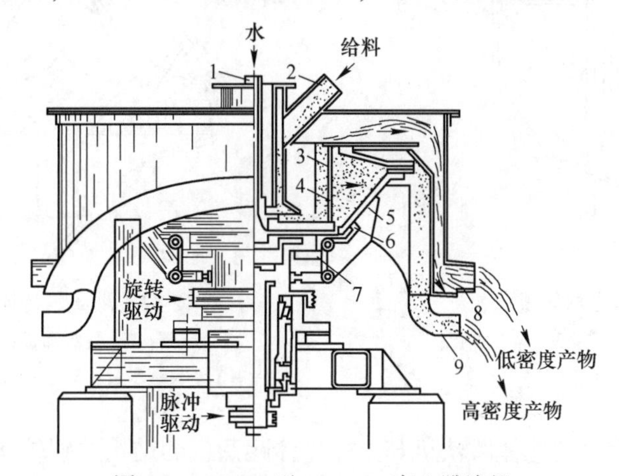

图 12-40 J650 型 KELSEY 离心跳汰机

1—给水管；2—给料管；3—人工床层；4—筛板；5—脉冲臂；6—橡胶隔膜；7—凸轮机构；8—低密度产物排出槽；9—高密度产物排出槽

给料从给料管给入跳汰机，离心惯性力使给入的物料分布在人工床层上，水自给水管送到脉冲臂和筛板之间的间隙内。高频连续往复运动的脉冲臂迫使水流产生一个通过人工床层向前的脉动运动，从而使人工床层发生交变的松散和紧密，脉动水流还使给料和人工床层的颗粒依据自身的密度产生不同的加速度，并在离心惯性力的联合作用下使给料中的不同密度组分得到分离。高密度产物透过人工床层和筛孔进入箱体后，通过排料阀排到高密度产物排出槽中。低密度产物在人工床层上面形成的旋转环被新给入的物料排挤到低密度产物排出槽中。

KELSEY 离心跳汰机适合于处理高密度成分含量较低的细粒物料，可有效分选 40μm 以下的固体物料。

12.3.3.7 国外其他跳汰机

国外使用的筛侧空气室跳汰机中，如苏联的 BOM 型、OMⅢ型、OMK 型，美国的麦克纳利巨型跳汰机，德国的维达克双侧室跳汰机、洪堡尔特连体跳汰机等，均是各具特色的一些典型设备。

例如，维达克双侧跳汰机的跳汰室，位于空气室两侧，相当于两台筛侧空气室跳汰机背靠背合并在一起，如图 12-41 所示。该机空气室窄而高，上下等宽，跳汰室要比空气室大许多。运转时，空气室两侧的跳汰室可独立工作。这就可大大减少占地面积，提高处理能力。电力气动风阀，就是首先在这种设备上使用的。

德国洪堡尔特连体筛侧空气室跳汰机（见图 12-42）的特点是，不仅下机体连通，而且风阀两侧共用。因此，它对入料量及原煤的筛分、浮沉组成的变化较为敏感。

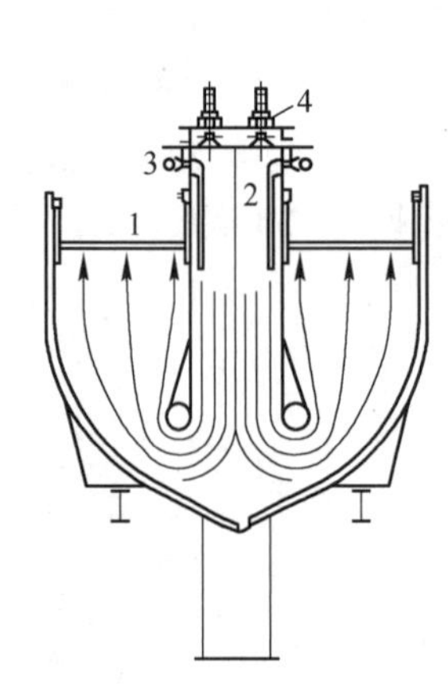

图 12-41　维达克双侧跳汰机

1—跳汰室；2—空气室；3—筛下水管；4—卧式风阀

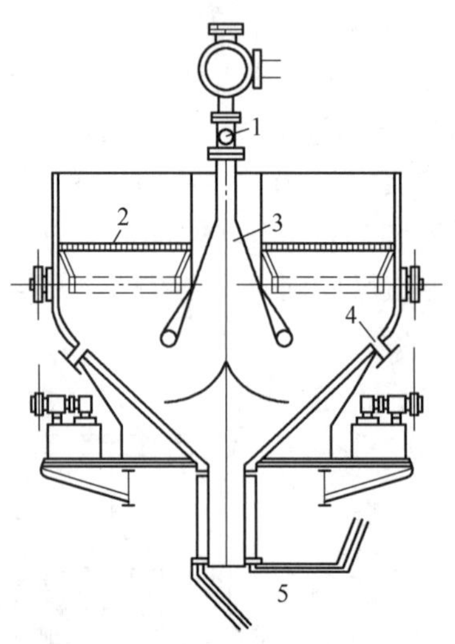

图 12-42　洪堡尔特连体跳汰机

1—风阀；2—跳汰筛板；3—空气室；4—水管；5—斗式提升机

德国蒙塔公司生产的连体跳汰机与上述连体跳汰机的结构差别较大。它是将两台筛侧空气室跳汰机的操作侧连在一起，将空气室分列两侧。有块煤连体跳汰机（见图 12-43），还有末煤连体跳汰机（见图 12-44）。

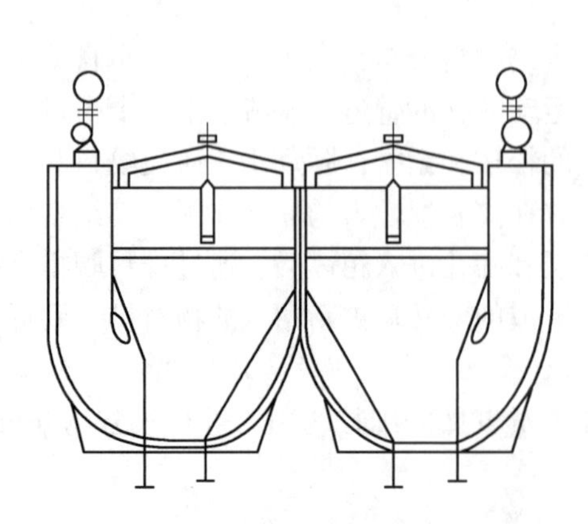

图 12-43　蒙塔型块煤连体跳汰机

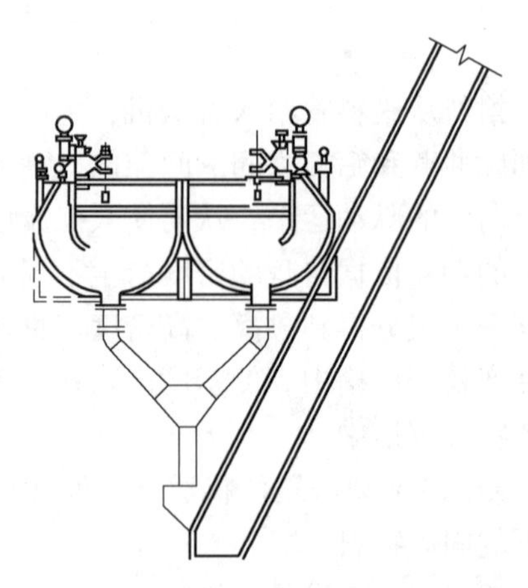

图 12-44　蒙塔型末煤连体跳汰机

12.3.4 影响跳汰分选的工艺因素

跳汰分选的工艺影响因素主要包括冲程、冲次、给矿水、筛下补加水、床层厚度、人工床层组成、给料量等生产中可调的因素。给料的粒度和密度组成、床层厚度、筛板落差、跳汰周期曲线形式等，虽然对跳汰的分选指标也有重要影响，但在生产过程中这些因素的可调范围非常有限。

12.3.4.1 冲程和冲次

冲程和冲次直接关系到床层的松散度和松散形式，对跳汰分选指标有着决定性的影响。需要根据处理物料的性质和床层厚度来确定，其原则是：

(1) 床层厚、处理量大时，应增大冲程，相应地降低冲次；

(2) 处理粗粒级物料时，采用大冲程、低冲次，而处理细粒级物料时则采用小冲程、高冲次。

过分提高冲次会使床层来不及松散扩展，而变得比较紧密，冲次特别高时，甚至会使床层像活塞一样呈整体上升、整体下降，导致跳汰分选指标急剧下降。所以隔膜跳汰机的冲次变化范围一般为150~360r/min，无活塞跳汰机和动筛跳汰机的冲次一般为30~80r/min。冲程过小，床层不能充分松散，高密度粗颗粒得不到向底层转移的适宜空间；而冲程过大，则又会使床层松散度太高，颗粒的粒度和形状将明显干扰按密度分层，当选别宽级别物料时，高密度细颗粒会大量损失于低密度产物中。适宜的跳汰冲程通常需要通过试验来确定。

12.3.4.2 给矿水和筛下补加水

给矿水和筛下补加水之和为跳汰分选的总耗水量。给矿水主要用来湿润给料，并使之有适当的流动性，给料中固体质量分数一般为30%~50%，并应保持稳定。筛下补加水是操作中调整床层松散度的主要手段，处理窄级别物料时筛下补加水可大些，以提高物料的分层速度；处理宽级别物料时，则应小些，以增加吸入作用。跳汰分选每吨物料的总耗水量通常为3.5~8m^3。

12.3.4.3 床层厚度和人工床层

跳汰机内的床层厚度（包括人工床层）是指筛板到溢流堰的高度。适宜的跳汰床层厚度由采用的跳汰机类型、给料中欲分开组分的密度差和给料粒度等因素决定。用隔膜跳汰机处理中等粒度或细粒物料时，床层总厚度不应小于给料最大粒度的5~10倍，一般在120~300mm之间。处理粗粒物料时，床层厚度可达500mm。

人工床层是控制透筛排料速度和排出的高密度产物质量的主要手段。生产中要求人工床层一定要保持在床层的底层，为此用作人工床层的物料，其粒度应为筛孔尺寸的2~3倍，并比入选物料的最大粒度大3~6倍；其密度以接近或略大于高密度产物的为宜。生产中常采用给料中的高密度粗颗粒作人工床层。分选细粒物料时，人工床层的铺设厚度一般为10~50mm，分选稍粗一些的物料时可达100mm。人工床层的密度越高、粒度越小、铺设厚度越大，高密度产物的产率就越小，回收率也就越低，但密度却越高。

12.3.4.4 筛板落差

相邻2个跳汰室筛板的高差称为筛板落差，它有助于推动物料向排料端运动。一般来说，处理粗粒物料或欲分开组分的密度差较大的物料时，落差应大些；处理细粒物料或难选物料时，落差应小些。旁动型隔膜跳汰机和梯形跳汰机的筛板落差通常为50mm，而粗粒跳汰机的筛板落差则可达100mm。

12.3.4.5 给料性质和给料量

跳汰机的处理能力与给料性质密切相关。当处理粗粒、易选物料，且对高密度产物的质量要求不高时，给料量可大些；反之则应小些。同时，为了获得较好的分选指标，给料的粒度组成、密度组成和给矿浓度应尽可能保持稳定，尤其是给料量，更不要波动太大。跳汰机的处理能力随给料粒度、给料中欲分开组分的密度差、作业要求和设备规格而有很大变化。为了便于比较，常用单位筛面的生产能力 $t/(m^2 \cdot h)$ 表示。

12.4 螺旋选矿

12.4.1 概述

借助于在斜槽中流动的水流进行物料分选的方法统称为溜槽分选。这是一种随着海滨砂矿或湖滨砂矿的开采而发展起来的古老的分选方法，但古老的设备绝大部分已被新型设备所代替。

根据处理物料的粒度，可把溜槽分为粗粒溜槽和细粒溜槽2种，粗粒溜槽用于处理2~3mm以上的物料，选煤时给料最大粒度可达100mm以上；细粒溜槽常用来处理-2mm的物料，其中用于处理2~0.074mm物料的又称为矿砂溜槽，用于处理-0.074mm物料的又称为矿泥溜槽。

粗粒溜槽主要用于选别含金、铂、锡及其他稀有金属的砂矿。粗粒溜槽工作时，槽内的水层厚度达10~100mm以上，水流速度较快，给料最大粒度可达数十毫米，槽底装有挡板或设置粗糙的铺物。

细粒溜槽的槽底一般不设挡板。仅有少数情况下铺设粗糙的纺织物或带格的橡胶板。细粒溜槽工作时，槽内水层厚度大者为数毫米，小者仅有1mm左右。矿浆以比较小的速度呈薄层流过设备表面，是处理细粒和微细粒级物料的有效手段，因而目前在生产中得到了非常广泛的应用。

溜槽类分选设备的突出优点是结构简单，生产费用低，操作简便，所以特别适合于处理高密度组分含量较低的物料。因而适合作粗选设备使用。目前广泛用于处理钨、锡、金、铂、铁及某些稀有金属矿石，尤其在处理低品位砂矿方面应用更多。

12.4.2 粗粒溜槽

12.4.2.1 分选原理

物料在粗粒流槽中的分选过程包括在垂直方向上的沉降和沿槽底运动2个阶段。前者主要受颗粒性质和水流法向脉动速度的影响，使得粒度粗或密度大的颗粒首先沉降到槽底，而细小的低密度颗粒则可能因沉降速度低于水流的法向脉动速度而始终呈悬浮状态。颗粒沉到槽底以后，基本上呈单层分布，不同性质的颗粒将按照沿槽底运动的速度不同发生分离。

图12-45是颗粒沿槽底运动时的受力情况，此时作用在颗粒上的力有：

(1) 颗粒在水中的有效重力 G_0：

$$G_0 = -\pi d^3(\rho_1 - \rho)g/6 \quad (12\text{-}46)$$

(2) 水流的纵向推力 R_x ：

$$R_x = \psi d^2 (u_{d,av} - v)^2 \rho \quad (12\text{-}47)$$

式中，$u_{d,av}$ 为作用于颗粒上的平均水速，m/s；v 为颗粒沿槽底的运动速度，m/s。

(3) 法向脉动速度的向上推力 R_{im}：

$$R_{im} = \psi d^2 u_{im}^2 \rho \quad (12\text{-}48)$$

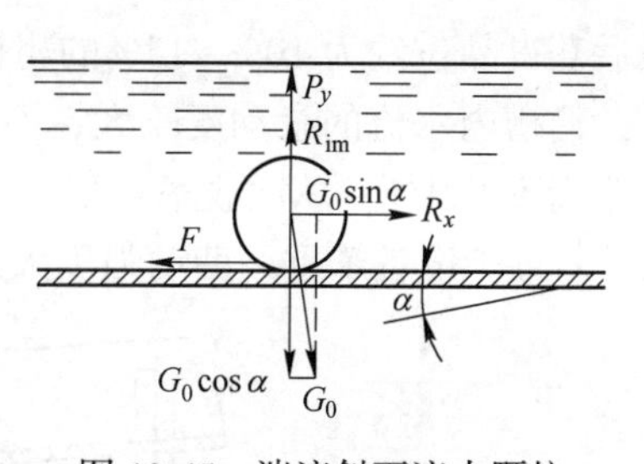

图 12-45 湍流斜面流中颗粒在槽底的受力情况

(4) 水流绕流颗粒产生的法向举力 P_y，这种力是由于水流绕流颗粒上表面时，流速加快，压强降低所引起。当颗粒的粒度较粗、质量相对较大时，这种力可以忽略不计。

(5) 颗粒与槽底间的摩擦力 F ：

$$F = fN \quad (12\text{-}49)$$

式中，f 为摩擦系数；N 为颗粒作用于槽底的正压力，其值为

$$N = G_0\cos\alpha - P_y - R_{im} \quad (12\text{-}50)$$

当颗粒以等速沿槽底运动时，沿平行于槽底方向上力的平衡关系为

$$G_0\sin\alpha + R_x = f(G_0\cos\alpha - P_y - R_{im}) \quad (12\text{-}51)$$

对于粗颗粒来说，法向举力 P_y 和脉动速度上升推力 R_{im} 均较小，可以略去不计。将其余各项的表达式代入式（12-51）得

$$(u_{d,av} - v)^2 = \pi d(\rho_1 - \rho)g(f\cos\alpha - \sin\alpha)/(6\psi\rho) \quad (12\text{-}52)$$

设水流推力 R_x 的阻力系数 ψ 与颗粒自由沉降的阻力系数值相等，则将颗粒的自由沉降末速 v_0 代入后，开方移项即得

$$v = u_{d,av} - v_0 (f\cos\alpha - \sin\alpha)^{1/2} \quad (12\text{-}53)$$

式（12-53）即是颗粒沿槽底运动的速度公式，它表明颗粒的运动速度随水流平均速度的增加而增大，随颗粒的自由沉降末速及摩擦系数的增大而减小。因而改变槽底的粗糙度可改善溜槽的分选指标。

式（12-53）还表明，颗粒的密度愈大，自由沉降末速也愈大，沿槽底运动的速度也就愈慢。自由沉降末速较大的高密度颗粒，在向槽底沉降阶段，随水流一起沿槽底运动的距离本来就比较短，加之沿槽底运动的速度又比较慢，从而得以同低密度颗粒实现分离。

12.4.2.2 典型的粗粒溜槽

粗粒溜槽有槽面固定的和可动的两种类型，后者包括槽面移动的胶带溜槽和振动溜槽等。

A 选锡用粗粒溜槽

最早的固定型粗粒溜槽是马来亚溜槽，这种溜槽的结构如图 12-46 所示，安装坡度为 0.02~0.08。槽内每隔 1~2m 安置挡板。在操作中挡板可重叠加高。给矿要预先除去粗粒卵石及细粒级。入选粒度范围大约是 1~10mm，工作开始时先从溜槽首端放入 2~5 条挡板。给矿后用特制的耙子从槽的末端逆着水流向上耙动，称为耙松，目的是使床层保持松散。随着沉积物向末端延伸，不断地加置挡板。直到沉积物在槽内积累到一定厚度时，停止给矿。接着放入清水，一面继续耙松一面取下上层挡板以便将轻矿物及矿泥清洗出去，

最后获得品位约为10%~15%的粗锡精矿。

溜槽内水流的紊动度较大，不可能有效地回收细粒重矿物。小于0.075mm的锡石回收率尚不及1%，总回收率一般为50%~60%。单位面积生产能力很低，只有0.2~0.3t/(m^2·h)，设备笨重，劳动强度大，它代表了一种原始的溜槽生产方式。

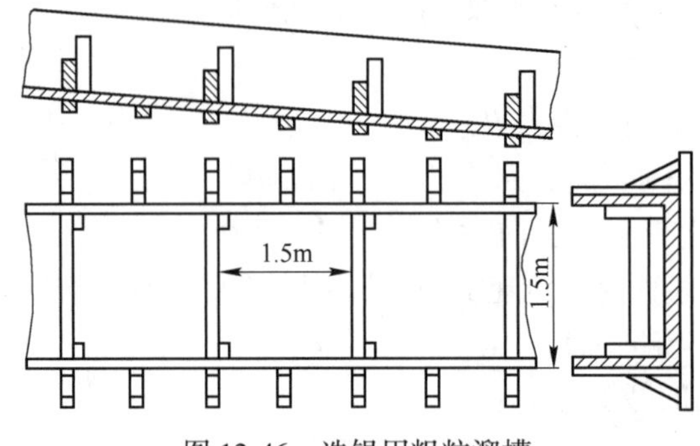

图12-46　选锡用粗粒溜槽

B　*扇形螺旋溜槽*

扇形溜槽的构造很简单，如图12-47所示。槽底为一光滑的平面，由给矿端向排矿端作直线收缩，故这种溜槽在西方国家又称为尖缩溜槽。槽底的倾角较大，给入的高浓度矿浆在沿槽流动过程中发生分层。重矿物不再沉积下来，而是以较低速度沿槽底流动。

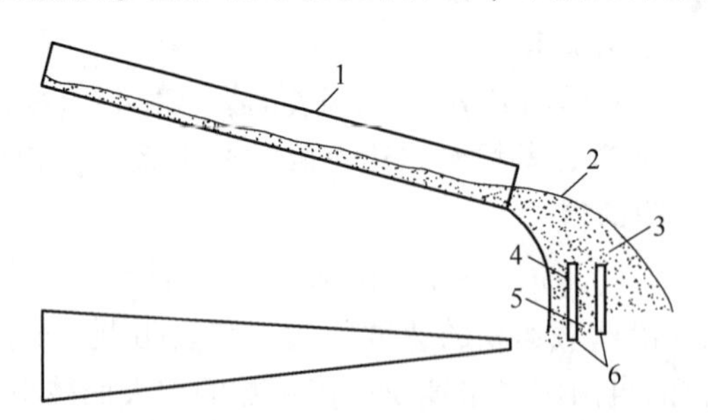

图12-47　扇形溜槽的工作示意图

1—溜槽；2—扇形面；3—轻产物；4—重产物；5—中矿；6—截矿板

轻矿物以较高速度在上层流动。由于槽壁收缩，矿流厚度不断增大。当流至端部窄口排出时，上层矿浆冲出较远，而下层则接近于垂直落下，矿浆呈扇形面展开。应用截取器将扇形面分割即可得到重产物，轻产物及介于两者之间的中间产物。这种溜槽以扇形面排矿为特征，故称其为扇形溜槽。

扇形溜槽产物的截取方式除直接沿扇形面切割外，亦可借扇形板分割或在排矿端的槽底沿横向开缝接出重产物，如图12-48所示。沿扇形面切割排矿最为简单，改变分割板的高度即可调节产物的数量和质量。采用扇形板排矿时，一般是将槽的一个侧壁延伸，在排矿口外制成扇形板。矿浆贴附于扇形板流动，流动宽度被更大程度的展开，分带情况可看得更加清楚。分割产物的楔形块安装在扇形板上。改变楔形块的位置即可调节产物的数量和质量。

扇形溜槽的分选原理可以从它的工作特点入手分析。主要的工作特点是给矿浓度高、槽面尖缩以及倾角较大。

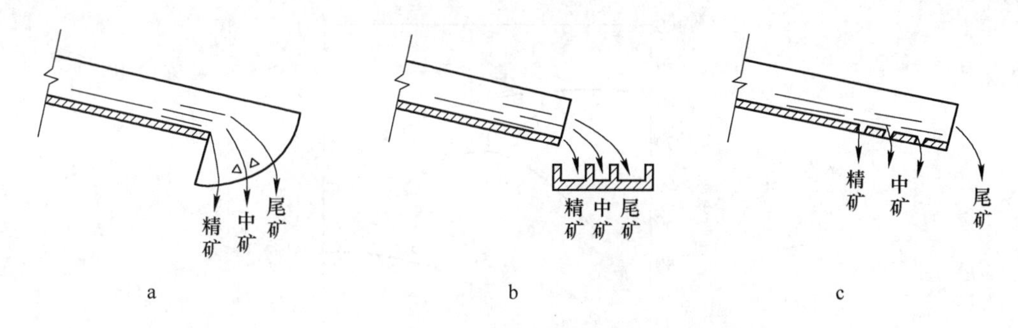

图 12-48 扇形溜槽产物的截取方式

a—扇形板截取；b—截料槽截取；c—开缝截取

扇形溜槽的较大坡度与高浓度给矿是互为补充的条件。前者保证了不发生沉积层，而后者又可借黏度的增大使矿流的紊动度减小，下部保持着较厚的黏性流层，称之为沿层运动，这与我们所说的流变层运动是一致的。

a 影响扇形溜槽工作的因素

影响扇形溜槽工作的因素可分为操作因素和设备结构因素两个方面，前者包括给矿浓度、溜槽坡度及处理能力等。

(1) 给矿浓度。给矿浓度是扇形溜槽操作中最为重要的条件，需要很好地控制。对不同物料给矿的浓度范围是50%~72%，矿浆浓度的影响还与固体给矿量有关。给矿量愈大，浓度的影响愈敏感。图 12-49 给出了在不同的处理量和重矿物含量下浓度对重矿物回收率的影响。

(2) 溜槽坡度。溜槽坡度和给矿浓度共同影响于矿浆的流动速度，对选别指标也有重要影响。由图 12-50 可见，降低给矿浓度和给矿量在小坡度条件下工作，可以达到高的回收率指标。

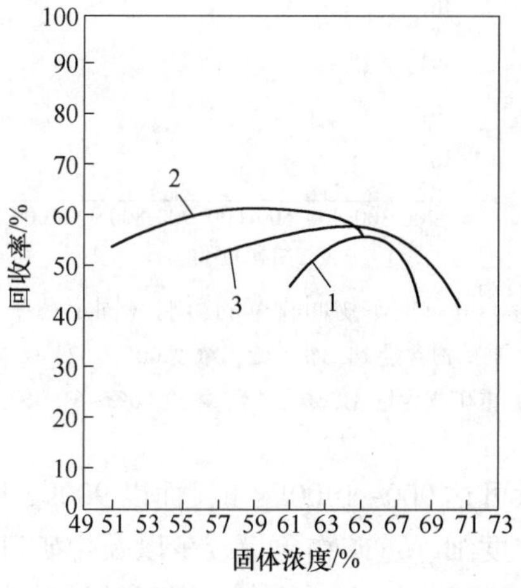

图 12-49 矿浆浓度对重矿物回收率的影响（固定精矿产率为20%）

1—处理尾矿，重矿物含量14.3%，给矿量700~799kg/h，溜槽倾角23°；

2—砂矿原矿，重矿物含量31.5%，给矿量300~499kg/h，溜槽倾角21°；

3—砂矿原矿，重矿物含量31.5%，给矿量550~699kg/h，溜槽倾角23°

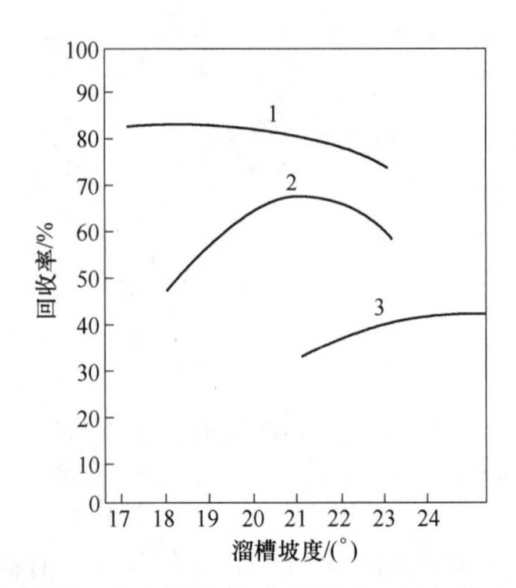

图 12-50　溜槽坡度对重矿物回收率的影响（固定精矿产率为 25%）

1—处理尾矿，重矿物含量 5.15%，给矿量 200～299kg/h，给矿浓度 49%～51.9%；

2—处理尾矿，重矿物含量 14.3%，给矿量 350～449kg/h，给矿浓度 64%～65.9%；

3—砂矿原矿，重矿物含量 31.5%，给矿量 900～1049kg/h，给矿浓度 69%～71.9%

（3）给矿量。即在一定浓度下的给矿体积，可以在较宽范围内变化而对分选指标影响不大。图 12-51 表示两种不同性质的原料给矿量对重矿物回收率的影响。

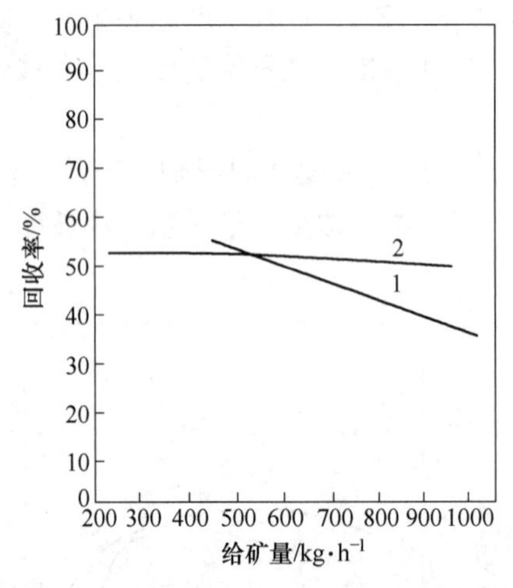

图 12-51　给矿量对重矿物回收率的影响（固定精矿产率为 25%）

1—处理尾矿，重矿物含量 14.3%，给矿浓度 60%～62.9%，溜槽倾角 23°；

2—砂矿原矿，重矿物含量 31.5%，给矿浓度 60%～61.9%，溜槽倾角 23°

扇形溜槽的单槽给矿量可达 900～1400kg/h，而以 900kg/h 为适宜。随着给矿量增加，重矿物回收率降低。给矿粒度细、重矿物含量减少以及排矿口变窄时均可使处理量减少。

设备的结构因素包括溜槽的尖缩比、长度、底面材料和结构形式等。

（1）尖缩比，是指排矿口与给矿端宽度之比。扇形溜槽的给矿端宽一般是 125～400mm，排矿端宽 10～25mm，故尖缩比介于 1/20～1/10 之间。据研究得出，处理大于 100μm 的原料时，尖缩比以 1/12～1/10 为宜，小于 100μm 的原料以 1/9～1/8 为佳。尖缩比还同溜槽的用途有关，粗选用溜槽常比精选及扫选用溜槽尖缩比大些。排矿口的宽度，从经验看，应不小于给矿中最大颗粒直径的20倍。

(2) 溜槽长度，目前应用的扇形溜槽长度在600~1500mm之间，一般认为适宜的长度为1000~1200mm。过分增大槽长对提高单位面积处理量不利。槽长减小到400~600mm，分层时间不足，处理量将急剧下降。

(3) 槽底材料及结构形式。槽底材料对分选的影响主要表现在粗糙度上。带有凸棱的槽底面会引起强的涡流，对保持稳定的层流层不利。过于光滑的底面又不易造成大的速度梯度，也不适用。经过多种材料的对比试验得出，玻璃钢、铝合金、聚乙烯塑料等最适于制造槽体。用木板制作时，最好涂以耐磨涂层，否则用久会出现纤维毛刺，分选效果随之下降。

b 扇形溜槽的应用

扇形溜槽的处理粒度范围是0.038~2.5mm，满足这一粒度要求的物料可不再分级入选。降低给矿粒度上限，其回收粒度下限亦可降低。但小于0.026mm的重矿物总是难以回收。设备处理量大是扇形溜槽的特长。故多作为粗选设备用于处理重矿物含量低且含泥少的海滨砂矿或陆地砂矿，至今尚很少用于选别磨碎的产物。它的优点是结构简单、易于制造，本身不需要动力。缺点是富集比低，对微细粒级回收效果差，且难以产出最终精矿，选出的粗精矿要在摇床、螺旋选矿机中进行精选。

12.4.2.3 螺旋选矿机

A 设备构造

螺旋选矿机的主体是一个3~5圈的螺旋槽，用支架垂直安装，如图12-52所示。槽的断面呈抛物线或椭圆形的一部分。矿浆自上部给入后，在沿槽流动过程中，矿物颗粒按密度发生分层，底层重矿物运动速度低，在槽的横向坡度影响下，趋向槽的内缘移动；轻矿物则随矿浆主流运动，速度较快，在离心力影响下，趋向槽的外缘，于是轻、重矿物在螺旋槽的横向展开分带，靠内缘运动的重矿物通过排料管排出，由上部第1、2个排料管得到的精矿质量最高，以下依次降低。轻矿物由槽的末端排出。在槽的内缘连续给入冲洗水，用以提高精矿的质量。

排料管安装在截料器的下面，图12-53为截料器的一种。从第二圈开始配置，一般有4~6个。用螺母固定在螺旋的内缘，上面有两个迎着矿流张开的刮板。刮板的张开角可调，用以调整接出的精矿质量和数量。

B 分选原理

常用螺旋选矿机的槽断面形状、螺距和螺旋外径均是不变的。槽面上某一点沿槽切线方向的倾角α，称为纵向倾角，纵向倾角的正切等于螺距与该点回转一周的周长之比，即

$$\tan\alpha = \frac{t}{2\pi r} \tag{12-54}$$

式中，t为螺距；r为螺旋槽面上任一点距回转轴线的半径。

可见，纵向倾角是随槽面上某点半径的减小而增大。在螺旋槽的垂直横向断面上，槽底某点的切线与水平面的夹角β称作横向倾角。横向倾角随半径的增大而增大。纵向倾角与横向倾角共同决定着该点横面的最大倾角γ，其间的关系为

$$\tan\gamma = \sqrt{\tan^2\alpha + \tan^2\beta} \tag{12-55}$$

γ角的方向总是偏向槽的内缘，是影响底层矿粒运动方向的重要因素。

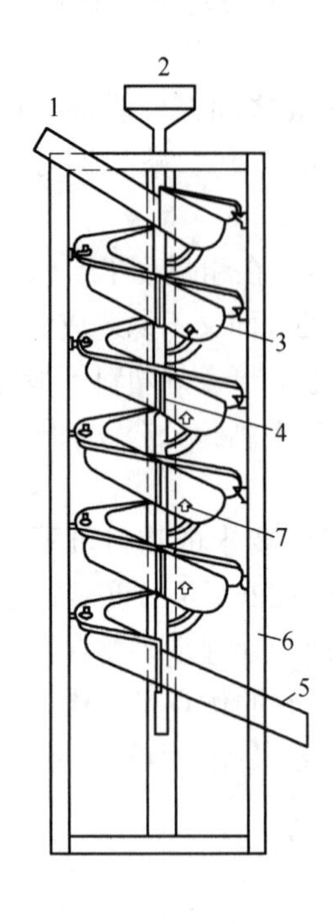

图 12-52　螺旋选矿机

1—给矿槽；2—冲洗水导槽；3—螺旋槽；
4—连接用法兰盘；5—尾矿槽；6—机架；
7—精矿排料管

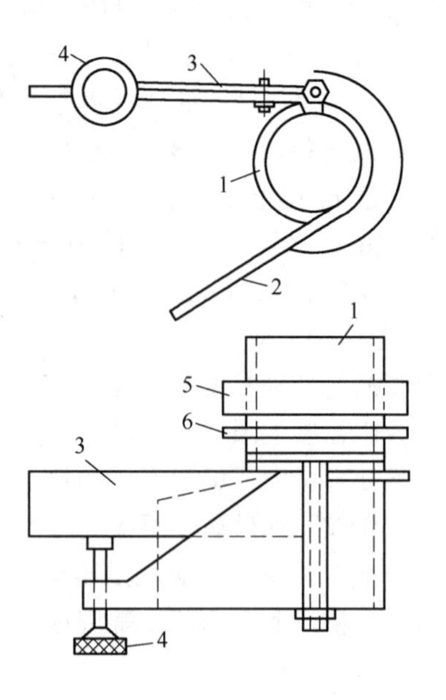

图 12-53　螺旋选矿机截料器

1—排料管；2—固定刮板；
3—可动刮板；4—压紧螺钉；
5—螺母；6—垫圈

螺旋槽内的矿浆在重力分力作用下沿槽流动，同时又受惯性离心力作用向外缘扩展。于是形成了内缘流层薄，流速低，外缘流层厚，流速高的流动特性。据测定，靠近内缘液流厚度只有 2~3mm，呈层流流态，靠近外缘流层厚达 7~16mm，流速达 1.5~2m/s，呈明显的紊流流态，给入的水量增大，湿周向外扩展，但对内缘的流动特性影响不大，图 12-54 给出了以水进行测定的结果。

液流除了沿槽的纵向流动外，还存在着内缘流体与外缘流体间的横向交换，称作二次环流，如图 12-55 所示。由于这种环流运动，使得在槽的内圈（区域 A）出现上升分速度，外圈（区域 B）则有下降分速度。液流的纵向流动与二次环流叠加结果，形成了液流在槽面上的螺旋线状运动。上层液体趋向外缘，下层则趋向内缘。

位于矿浆内的固体颗粒既受着流体运动特性的支配，同时也受自身重力、惯性离心力和槽底摩擦力的作用。矿浆给到螺旋槽后，在弱紊流作用下松散，接着按流膜分选原理分层。矿粒在沿槽面作回转运动中产生惯性离心力，其大小可用下式表示

$$F_0 = \frac{\pi}{6} d^3 (\delta - \rho) \frac{v_t^2}{r} \tag{12-56}$$

式中，v 为颗粒沿槽面回转运动的线速度；r 为颗粒所在位置的回转半径。

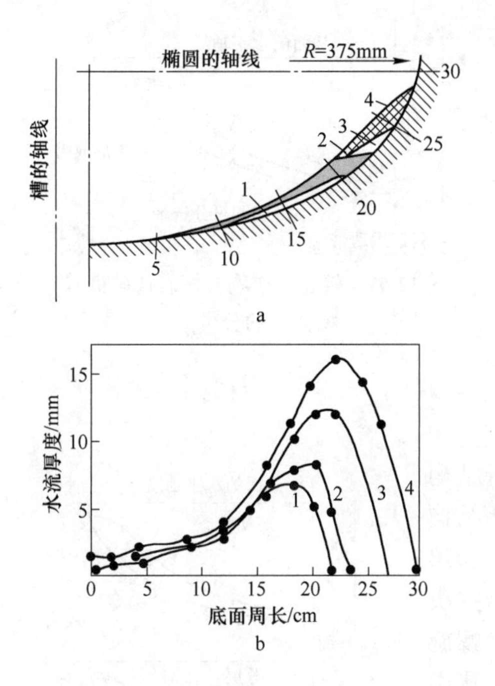

图 12-54 不同流量下水流厚度沿螺旋槽横断面的变化

a—不同流量下水流厚度沿螺旋槽横断面的变化；
b—不同流量下水流厚度和底面周长的对应关系
1—流量 0.61L/s；2—流量 0.84L/s；
3—流量 1.56L/s；4—流量 2.42L/s

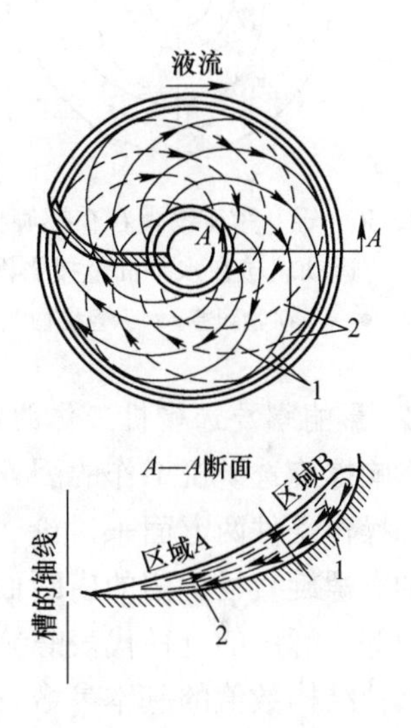

图 12-55 螺旋槽内液流的横向循环及上下层水流的运动轨迹

1—上层水流运动轨迹；
2—下层水流运动轨迹

进入底层的重矿物受槽底摩擦力影响，运动速度较低，离心力较小，在重力分力作用下，沿槽面的最大倾斜趋向槽的内缘运动；上层轻矿物颗粒接近随矿浆一起运动，速度大，被甩向槽的外缘。轻、重矿物颗粒的运动轨迹如图 12-56 所示。由于运动方向不同，于是在槽面上展开分带，重矿物靠近内圈，轻矿物移向外圈，最外圈矿浆中则悬浮着微细粒矿泥。这种分带现象在第一圈之后即已表现出来，并在以后继续完善着。二次环流不断地将矿粒沿槽底输送到槽的内缘，而同时又将内缘分出的轻矿物转移到外缘，促进着分带的发展。到第 3~4 圈时，矿粒运动趋于平衡，分带完成，结果如图 12-57 所示。

矿粒群在螺旋槽中的分选，大致经过三个阶段。第一阶段主要是分层。矿粒群在沿槽底运动过程中，重矿物逐渐转入底层，轻矿物进入上层，分层机理与一般弱紊流斜面流选矿是一样的。这一阶段在第一圈之后即初步完成。接着进入第二阶段，轻、重矿物沿横向展开（分带）。具有较小离心加速度的底层重矿物移向，上层轻矿物移向中间偏外区域，在水中悬浮着的矿泥则被甩到最外圈。矿浆的横向循环运动及槽底的横向坡度对这种分布有着重要作用。这一阶段大约要持续到螺旋槽的最后一圈。并且不同比重和粒度的矿物颗粒达到稳定运动所经过的距离亦不同。最后到第三阶段，运动达到平衡，不同性质的矿粒沿各自的回转半径运动，完成选别过程，如图 12-58 所示。

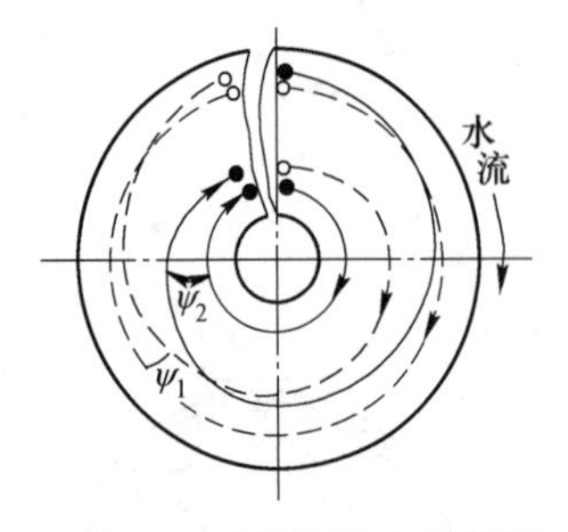

图 12-56 轻、重矿物颗粒在螺旋槽面上的运动轨迹在水平面上投影图

●—重矿物颗粒；○—轻矿物颗粒

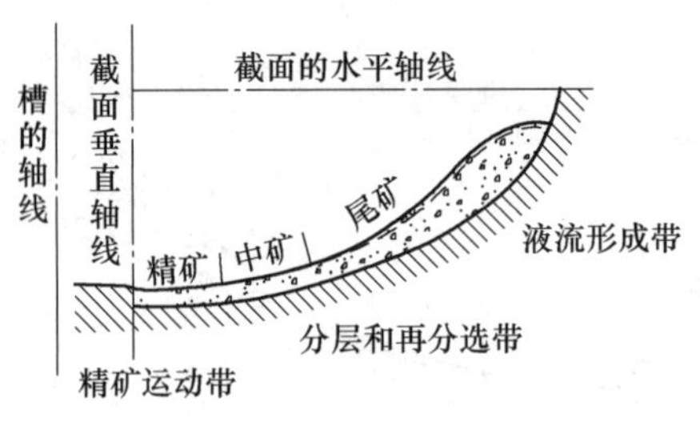

图 12-57 轻、重矿物在螺旋选矿机槽面上的分带

C 影响螺旋选矿机工作的因素

影响螺旋选矿机工作的因素可从螺旋的结构参数和操作条件两方面来讨论。属于螺旋槽结构参数的有螺旋直径、槽的横断面形状、螺距和螺旋圈数等。螺旋的直径代表螺旋选矿机规格并决定着其他结构数值的基本参数。研究表明，螺旋选矿机适用于处理 0.075～2mm 的原料，其中 0.075～1mm 细粒级原料应采用较小直径螺旋（小于 1000mm），1～2mm 粗粒级原料应采用大直径（大于 1000mm）螺旋。

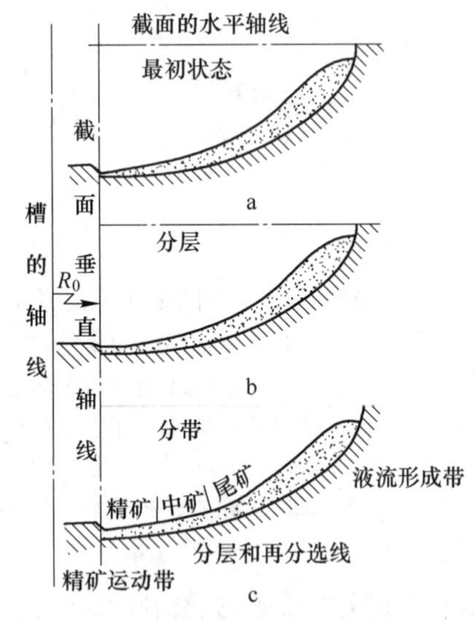

图 12-58 螺旋选矿机内分选过程的主要阶段

a—第一阶段；b—第二阶段；c—第三阶段

螺旋槽曾经采用过的断面形状有圆弧形、抛物线形、长轴为水平的椭圆弧形、长轴为垂直的椭圆弧形、倾斜的直线形等。研究表明，在处理小于 2mm 的原料时，以长短轴尺寸之比为 2∶1 的椭圆形断面效果最好（见图 12-59e），且长轴的一半应等于螺旋直径的 1/3。在处理-0.2mm 微细原料时，以采用抛物线断面为宜。

螺距的相对大小通常以螺距与螺旋直径之比表示。这一参数影响着矿浆在槽内的流动速度和厚度。处理粒度为 2～0.2mm 原料的螺旋选矿机，其螺距要比处理-0.2mm 原料的螺旋溜槽小些。螺距过小时不易形成精矿带。试验表明，对于工业型的螺旋选矿机螺距与直径之比以采用 0.4～0.6 为适宜，相应的外缘纵向倾角为 7°～11°。对于螺旋溜槽来说上述比值则应为 0.5～0.6，相应外缘纵向倾角是 9°～11°。

螺旋槽的长度和圈数取决于矿石分层和分带所需运行的距离。试验查明，对于水流来说由内缘运行到外缘沿槽所行经的距离约为 1.5 圈。但对于矿粒来说则远大于此数。螺旋槽的有效长度由圈数和直径共同决定。在同样的长度下，增加圈数比增大直径可收到更好的选别效果。一般处理易选的砂矿螺旋槽有 3 圈已足够用，处理难选矿石可增加到 5～6 圈。处理粒度为 0.075～0.2mm 钨矿石时螺旋圈数对工艺指标的影响如图 12-60 所示。

在操作条件方面影响螺旋选矿机工作的因素有给矿体积、给矿浓度、冲洗水量以及矿石本身的性质等。

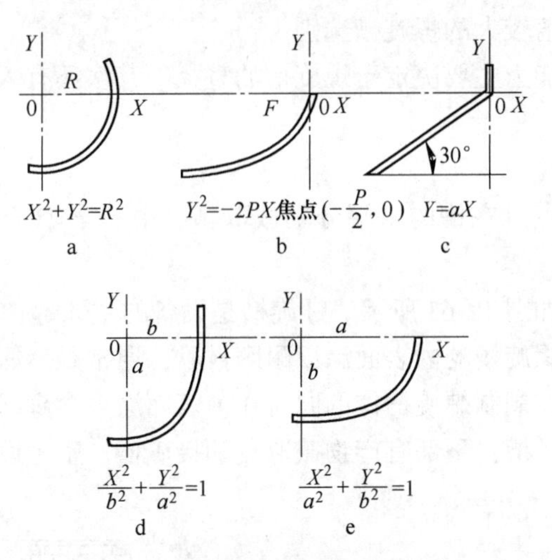

图 12-59 试验过的螺旋槽断面形状

a—圆；b—抛物线；c—斜面；d—椭圆 1；e—椭圆 2

给矿体积和给矿浓度是最重要的影响因素。它们又同时决定着固体处理量。试验表明，当给矿体积不变时，重矿物的回收率是随着浓度的增加呈曲线关系变化（见图 12-61 中曲线 1）。浓度过低时，固体颗粒成一薄层沿槽底运动，不再发生分带；浓度过高，矿浆流动变慢，亦将影响床层的有效松散和分层。在这两种情况下，重矿物的回收率均要下降。实践表明，螺旋选矿机有较宽的给矿浓度范围，在固体质量占 10%~35%时，对分选指标影响不大。

如果保持固定给矿量不变而增大给矿浓度，则给矿矿浆体积将减小。这时浓度对回转率的影响如图 12-61 中曲线 2 所示。

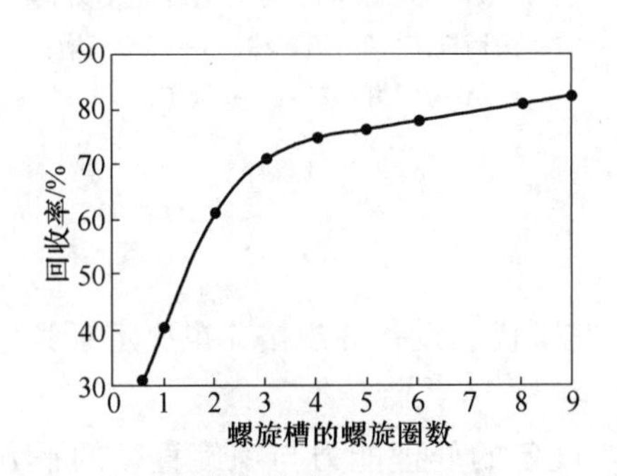

图 12-60 螺旋槽圈数对分选粒度为 0.07~0.2mm 钨矿石回收率的影响

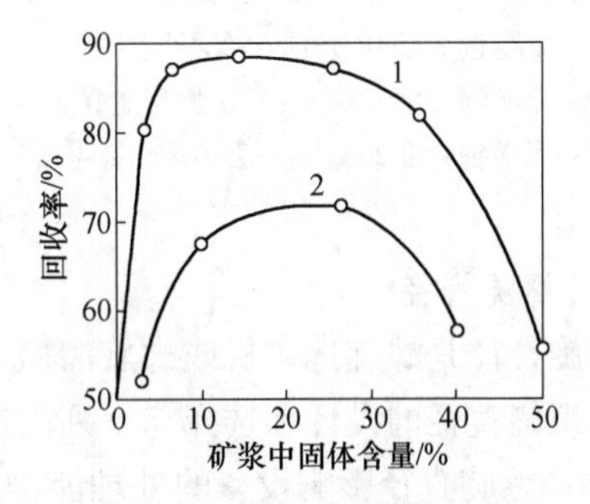

图 12-61 给矿浓度对重矿物回收率的影响

1—给矿体积不变时的人工混合矿石；

2—给矿量不变时的原矿石

保持给矿浓度不变而改变给矿体积，其对选别指标的影响与浓度变化的影响基本相同。适宜的给矿体积随设备规格和矿石性质不同而不同，通常需要由试验确定。

试验表明，原料中重矿物含量对分选效率有较大的影响。图 12-62 表示四种不同比例的人工混合试料在不同的螺距与直径之比的螺旋槽中选别结果对比。由图可见，当矿石中重矿物含量少时（图中曲线 1），宜采用螺距与直径比值较小的螺旋槽选别；而当重矿物含量高时，则应采用比值较大的螺旋槽选别。

螺旋选矿机的处理能力主要决定于螺旋槽的直径，其次还有入选原料的粒度、密度和矿浆浓度。

12.4.2.4　螺旋溜槽

螺旋溜槽的工作特点是在槽的末端分别截取精、中、尾矿，且在选别过程中不加冲洗水。

螺旋溜槽设备外形如图 12-63 所示。螺旋槽是设备的主体部件，由玻璃钢制成的螺旋片用螺栓连接而成。在螺旋槽的内表面涂以耐磨衬里，通常是聚氨酯耐磨胶或掺人造金刚砂的环氧树脂。最近则在糊制螺旋槽体的同时在内表面涂上含辉绿岩粉的耐磨层。在螺旋槽的上方有分矿器和给矿槽；下部有产物截取器和接矿槽。整个设备用槽钢垂直地架起。

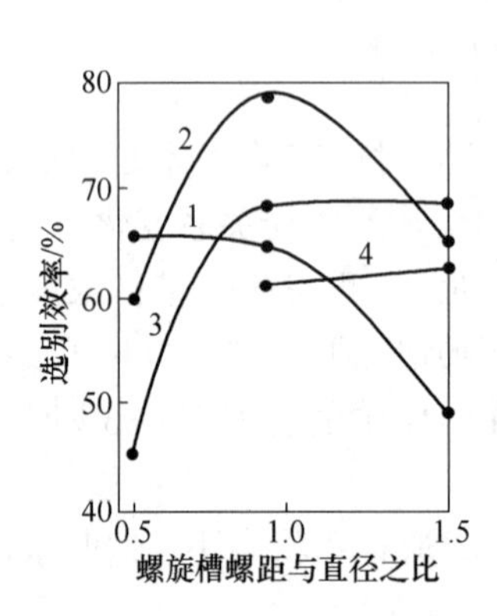

图 12-62　在不同的螺距与螺旋直径之比的螺旋选矿机中选别含有不同重矿

1—重矿物含量 2%；2—重矿物含量 10%；3—重矿物含量 20%；4—重矿物含量 40%

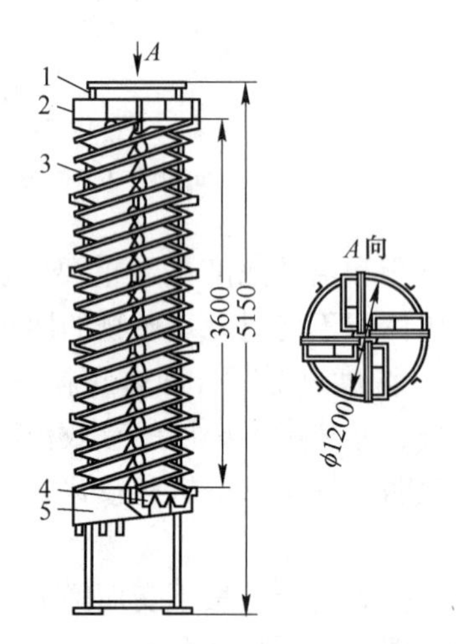

图 12-63　ϕ1200mm 四头螺旋溜槽外形

1—槽钢机架；2—给矿槽；3—螺旋溜槽；4—产物截取器；5—接矿槽

A　螺旋直径

螺旋直径是螺旋选矿机或螺旋溜槽的规格，它既代表设备的规格，也决定了其他结构参数。螺旋直径的设计和选择与下列因素有关：

（1）螺旋直径影响设备的处理能力。通常，设备的处理能力与螺旋直径的平方成正比，因此，处理量大的要采用直径大的螺旋槽，反之采用直径小的螺旋槽。

螺旋选矿机和螺旋溜槽的处理量可按下式进行近似计算

$$Q = 3D^2 d_{cp} n \rho_T \tag{12-57}$$

式中，Q 为螺旋选矿机处理量，t/h；D 为螺旋直径，m；ρ_T 为矿石密度，g/cm^3；d_{cp} 为给矿平均粒度，mm；n 为螺旋头（个）数。

（2）螺旋直径与入选矿石的粒度有关。选别粗粒的物料，应采用大的螺旋直径；选别细粒的物料，可适当减小螺旋直径。直径小的螺旋槽将使处理能力降低。为了提高处理能力，在选别细粒物料时也可以采用断面较平缓的直径大的螺旋槽并配以较大的螺距，这样螺旋槽内的水流厚度和流速小，对提高细粒矿物的选收有利。

B 螺旋槽横断面形状

在设计和选择螺旋槽的横断面形状时，主要是参考给料粒度。分选粒度粗的物料时，螺旋槽断面上的水流要厚，使粗粒的脉石在厚层水流的作用下以较快的速度沿着螺旋槽向下运动，在这个过程中，在惯性离心力的作用下，粗粒的脉石向螺旋槽的外侧移动，同时上层的水流也向外侧运动，促进脉石颗粒移动到螺旋槽的外侧。重矿物则在螺旋槽的内侧运动，从而形成轻、重矿物在螺旋槽横断面上的分带。采用断面较凹的螺旋槽，可以得到较厚的水流，满足选别粗粒物料的要求。选别粒度细的物料时，要求螺旋槽的断面平缓。

螺旋槽的断面形状为一立方抛物线，如图 12-64 所示方程式为

$$x = ay^2 \tag{12-58}$$

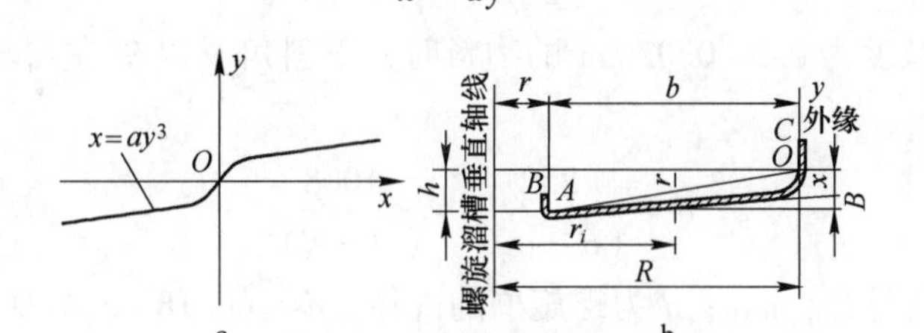

图 12-64 螺旋溜槽的横断面形状

a—坐标图；b—横断面图

取坐标原点 O 作为螺旋槽的外缘，立方抛物线上的一点 A 为螺旋槽的内缘，曲线 OA 即为立方抛物线螺旋槽的工作面；在内缘和外缘分别加挡板 AB 和 OC，以防止槽中矿浆外溢。立方抛物线两端点 O、A 的连线与水平轴的夹角 γ 称为下斜角，其值取决于内缘 A 点的位置：

$$\tan\gamma = \frac{y_A}{x_A} = \frac{1}{a^{1/3}(R-r)^{2/3}} \tag{12-59}$$

式中，R 为螺旋槽外缘距中心轴线的距离；r 为螺旋槽内缘距中心轴线的距离。

$$X_A = R - r \tag{12-60}$$

螺旋槽横断面上任一点的切线与水平轴线的夹角 β 称为横向倾角。

$$\tan\beta = \frac{d_y}{d_x} = \frac{1}{3a^{1/3}(R-r_i)^{2/3}} \tag{12-61}$$

$$d_x = R - r_i \tag{12-62}$$

螺旋槽横断面曲线上各点的斜率和横向倾角是不同的，外缘 O 点斜率为无限大，横向倾角 $\beta = 90°$；在外缘附近，斜率变化最显著，横向倾角急剧减小；随着螺旋槽半径减小，斜率变化较慢，横向倾角较小，内缘 A 点的横向倾角最小，A 点的横向倾角 β_A 称为初始角。

$$\tan\beta_A = \frac{1}{3a^{2/3}(R-r)^{2/3}} \tag{12-63}$$

由式（12-59）和式（12-63）得

$$\tan\gamma = 3\tan\beta_A \tag{12-64}$$

当角度很小时，$\gamma = 3\beta_A$。

立方抛物线方程式（12-58）中的 a 值可由下式求得

$$a = \frac{1}{\tan^3\gamma(R - r)^2} \tag{12-65}$$

在设计不同直径的螺旋溜槽时，为了使螺旋槽的立方抛物线横断面形状相似，保证矿浆在不同直径螺旋槽上有相似的运动，应该选定相同的下斜角 γ，在不同的 R 及槽宽 $R-r$ 时，按式（12-65）可计算出不同的 a 值，即不同直径的螺旋槽的抛物线方程是不相同的，而断面形状是相似的。下斜角 γ 与横向倾角 β 的关系为

$$\tan\beta = \frac{(R - r)^{2/3}}{3(R - r_i)^{2/3}}\tan\gamma \tag{12-66}$$

螺旋溜槽选别粒度为 0.3～0.02mm 的物料时，下斜角 γ 以 9°左右较适宜，初始角 β_A 约为 3°左右，则

$$a = \frac{252}{(R - r)^2} = \frac{1008}{(D - d)^2} \tag{12-67}$$

式中，D 为螺旋槽的外径，mm；d 为螺旋槽的内径，$d=(0.18\sim0.2)D$，mm。

设螺旋槽的外径 $D=1200$mm，内径 $d = 0.18D=216$mm，下斜角为 $\gamma = 9°$，初始角 β_A 为 3°，则按式（12-67）得 $a=0.001$，螺旋槽断面的立方抛物线方程为

$$x = 0.001y^3$$

$$d_x = R - r_i = 600 - r_i$$

由此按式（12-61）可求得任意半径 r_i 处的斜率和横向倾角的正切：

$$\frac{d_y}{d_x} = \tan\beta = \frac{1}{0.3 \times (600 - r_i)^{2/3}}$$

由不同半径 r_i 处的横向倾角 β 的变化，可将直径为 1200mm 的螺旋槽断面分为 3 个区：内区、中区和外区。内区宽约占槽宽的 1/2，横向倾角由 3°变至 5°，变化缓慢，这段断面曲线近似直线；中区占槽宽的 3/8，横向倾角由 5°增至 12°；外区占横宽的 1/8，横向倾角由 12°激增到 90°，变化十分显著。分选作用主要在内区和中区，外区实际上无大的分选作用。

C　螺旋槽的螺距或纵向倾角

螺旋槽的纵向倾角 α 用下式求得：

$$\tan\alpha = \frac{h}{\pi D} \tag{12-68}$$

式中，h 为螺旋的节距。

螺旋槽断面上各点的纵向倾角是不同的，通常用螺距与外径之比表示。这一参数影响到矿浆在槽内的厚度和流动速度。螺距与外径的比值必须适当，以使矿浆能顺利流动和获得良好的分选条件。纵向倾角越大，即螺距与外径比值越大，槽内的水流厚度越小，适合于选别细粒的物料；相反，粗粒的物料要用较小的纵向倾角，以得到较厚的水流，对于 −2mm 的未分级的物料，当纵向倾角过小时，轻重矿物分带不明显；若纵向倾角过大时，粗粒的重矿物也容易损失到尾矿中去。

螺旋选矿机的螺距与外径之比一般为0.4~0.6，外缘的纵向倾角为7°~11°；螺旋溜槽的螺距与外径的比值一般为0.5~0.6，外缘纵向倾角为9°~11°。

D 螺旋槽的圈数

螺旋槽的圈数影响螺旋槽的长度，进而影响矿粒的分选效果和设备的整体高度。物料给入螺旋槽后，其中的重矿物特别是靠近螺旋槽外缘的重矿物要运动到内缘成为精矿，需要经过一定长度的螺旋槽，螺旋槽的圈数越少，长度越短，矿物在槽内分带越不明显，富集程度越低，回收率也越低。螺旋槽合理的圈数，应根据入选物料的性质而定。一般来说，处理密度差较小或连生体较多的物料，圈数要多；反之，入选的有用矿物与脉石矿物的密度差大，圈数可少些。一般易选的砂矿，螺旋槽有4圈已足够，难选的矿物可增加到5~6圈。重矿物的回收率，在前3~4圈螺旋槽增加幅度较明显，超过4圈后，回收率增加较慢。

E 冲洗水装置形式

选别矿泥的螺旋溜槽不需要冲洗水。对于选矿砂的螺旋选矿机，为了将混入精矿带中的粗粒脉石清洗出去，提高精矿品位，要在螺旋槽的内缘向精矿带补加冲洗水。对冲洗水装置的要求是：冲洗水必须均匀地分布在螺旋槽的内缘，并可以调节。

冲洗水装置有如下3种形式：

(1) 将螺旋槽外缘的水流引入内缘作冲洗水；

(2) 在螺旋槽的内侧或外侧设计与螺旋槽连成一体的冲洗水槽，并用不同的方式将冲洗水槽中的水流引入到螺旋槽内缘；

(3) 在螺旋槽的内缘独立配置冲洗水装置。

第1种形式的冲洗水装置如图12-65所示。用固定于螺旋槽外侧的引水管将螺旋槽外缘的水流引入内缘清洗精矿带，引水管的进口端有可调节的挡条，从而可调节冲洗水量。

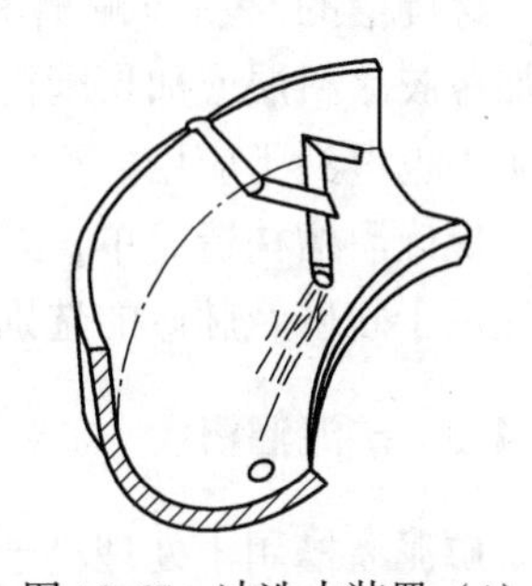

图12-65 冲洗水装置（1）

第2种形式可采用如图12-66所示的几种结构。图12-66a是从螺旋槽外侧的给水槽用引水管将冲洗水引入到螺旋槽内缘，引水管的进口端有调节挡条，在螺旋槽的不同地段设置引水管，从而调节不同地段的冲洗水量；图12-66b和c是在螺旋槽内侧有冲洗水槽，在不同地段引水管将冲洗水引入螺旋槽内缘，各引水管可以单独调节冲洗水量；图12-66d是在螺旋槽内侧的冲洗水槽壁上开口，冲洗水从开口处进入螺旋槽的内缘。

第3种形式是如图12-67所示的管式冲洗水装置，它是在螺旋槽内缘单独安置1根直径不大的螺旋状水管，冲洗水由上向下自流，沿冲洗水管一定的间距纵向开口，各开口用有孔的套管罩盖，调节套管与开口的相对位置可调节各段的冲洗水量。

F 截料器的形式和数目

在螺旋选矿机的内缘开孔装上截料器，以便及时将精矿外排。图12-68所示为几种截料器的构造，调节围板（见图12-68a）或盖板（见图12-68b）可以调节精矿的截出量。

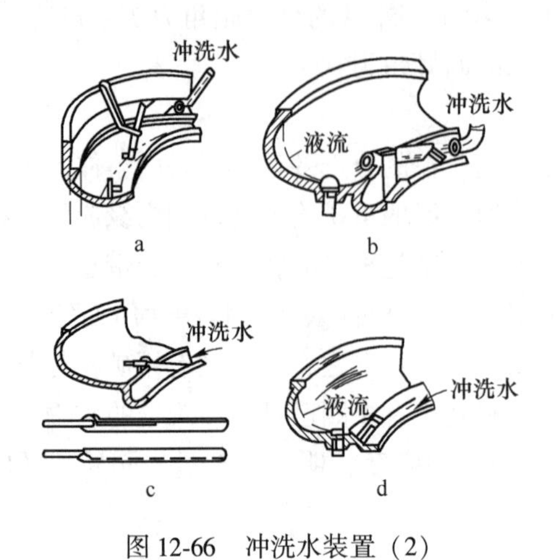

图 12-66　冲洗水装置（2）

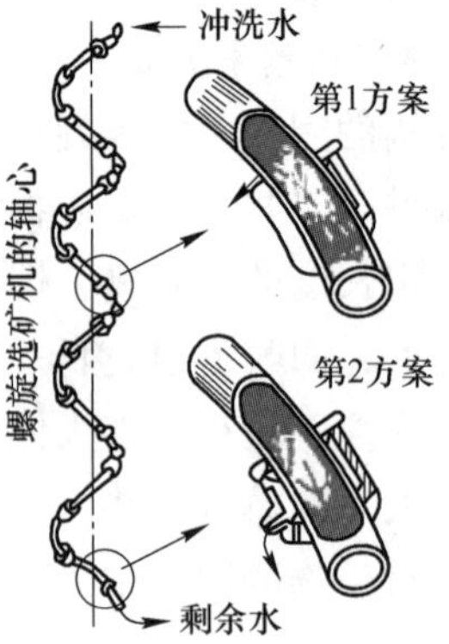

图 12-67　管式冲洗水装置（3）

截料器从螺旋槽的第 2 圈起开始配置，一般设置 4~6 个，精矿产量多时，截料器的数目可适当增加。

选矿泥的螺旋溜槽在槽体上不安设截料器，只在槽尾的矿流排出处，用隔板将已分带的矿流截出。

G　其他设计参数

螺旋溜槽可设计成多头，这样可以提高单位占地面积处理量。

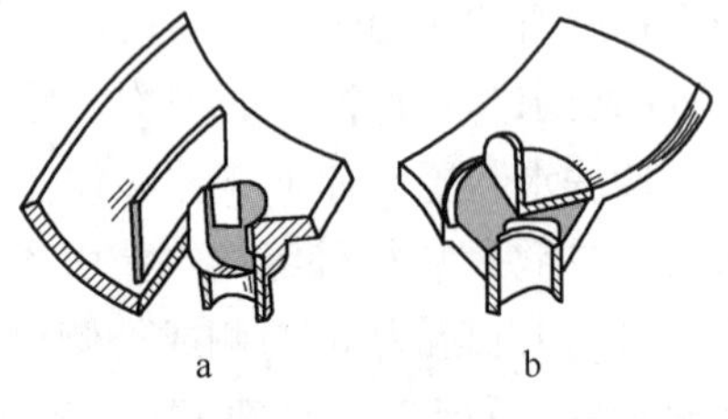

图 12-68　螺旋选矿机截料器的结构形式

螺旋槽的材质应耐磨和质量轻，最好采用玻璃钢加橡胶涂料层或加聚酯树脂与耐磨填料配制的耐磨层。用塑料制作的螺旋槽在我国海滨砂矿中也得到了应用。

螺旋溜槽构造简单，处理能力大，对给矿粒度、浓度及矿量变化不敏感，管理方便，广泛用于砂矿及脉矿的选别。

12.4.3　矿泥溜槽

矿泥溜槽用于处理小于 0.1mm 微细粒级矿石，流膜很薄，大约只有 1mm 左右。流态基本属层流。但由于受表面张力和流动的不均匀性影响，表面仍常出现鱼鳞波，产生轻微的紊动，故有人称此为假层流（pseudo-streaming）。紊动层作用深度不大，但足以悬浮极微细的颗粒不再沉降。在紊动层的下面，矿粒借剪切分散压维持松散悬浮，并依轻、重矿物的重力压差不同发生按密度分层。进入底层的重矿物颗粒一般停滞在槽面上不动，借助槽面的移动（如皮带溜槽）或间歇地停止给矿清洗，以获得精矿。

在国外流行过可以连续工作的带式溜槽和旋转式圆槽。这些设备占地面积大，回收率也不高（不超过 50%）。所以现在几乎均已不再使用。20 世纪 50 年代我国还制成了独具特色的 16 层翻床，性能大大优于 5 层自动溜槽，但到 20 世纪 60 年代中期以后则被离心选矿机所取代。国外则在 20 世纪 70 年代出现了摇动翻床。于是目前便形成了国内以离心选矿机为粗选设备、皮带溜槽等为精选设备的矿泥重选工艺，国外则以 40 层摇动翻床为粗选设备，横流皮带溜槽等为精选设备的重选工艺。

目前所用的矿泥溜槽按工作原理可分为三类：

（1）借矿浆在槽面上自然流动进行分选的溜槽，有自动溜槽、皮带溜槽；

（2）借槽面摇动以强化松散分层的溜槽，有振摆溜槽、摇动翻床、横流皮带溜槽以及双联选矿机等；

（3）借助离心力强化分层过程的溜槽，如离心选矿机等。

12.4.3.1 皮带溜槽

皮带溜槽的构造如图 12-69 所示，分选是在一根无极皮带上进行。带面长 3m，宽 1m，皮带两侧有挡边，并用张紧装置保持带面平整。皮带上方装有给矿匀分板和给水匀分板，使矿浆和冲洗水成帘状均匀分布在带面上。给矿匀分板以下为粗选区，一般长约 2.4m，矿浆沿带面顺流而下，在流动中轻、重矿物发生分层，重矿物沉到底部，随带面向上移动，过了给矿点进入精选区。精选区一般长 0.6m。在这里沉积的矿物受到水流冲洗，进一步将轻矿物脱出。然后，随着带面绕过首轮，利用带面下方的喷水将带面沉积物冲洗下来，排入精矿槽中。在喷水管后面还有精矿刷与带面做反方向转动，进一步将精矿卸净。带面坡度 13°~17°，用调坡螺杆调节。

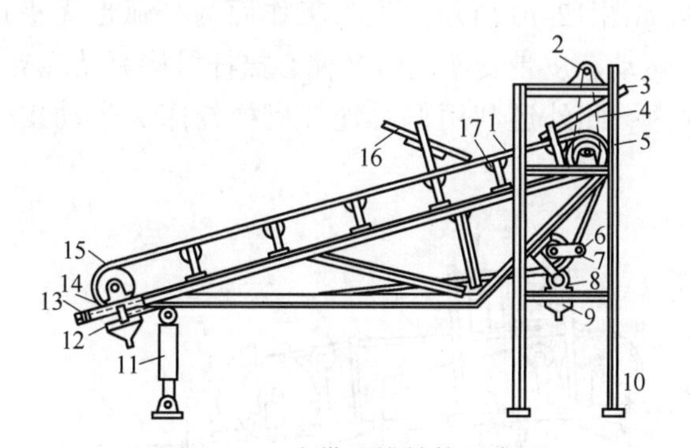

图 12-69 皮带溜槽结构示意图

1—带面；2—天轴；3—给水匀分板；4—传动链条；5—首轮；6—下张紧轮；
7—精矿冲洗管；8—精矿刷；9—精矿槽；10—机架；11—调坡螺杆；12—尾矿槽；
13—滑动支座；14—张紧螺杆；15—尾轮；16—给矿匀分板；17—托轮

影响皮带溜槽工作的因素主要有：带面坡度、带面速度、处理量、给矿浓度和洗涤水量。这种溜槽利用大坡度提高剪切流动速度，同时又在平整的带面上采取薄流膜形式流动。流态近似呈层流，避免了微细粒矿物损失。表 12-6 列出了国产皮带溜槽的技术规格。

表 12-6 皮带溜槽的技术规格及适宜操作条件

项　目	单层皮带溜槽	双层皮带溜槽	四层皮带溜槽
带面尺寸（长×宽）/mm×mm	3000×1000	3000×1000	3000×1000
选矿面积/m^2	3	6	12
带面坡度/(°)	13~17	13~17	13~17
带面速度/$m \cdot min^{-1}$	1.8	1.8	1.8
分选粒度/mm	0.074~0.019	0.074~0.019	0.074~0.019

续表 12-6

项　目		单层皮带溜槽	双层皮带溜槽	四层皮带溜槽
处理量/t · d^{-1}	粗选	2~3	4~6	8~12
	精选	0.9~1.2	1.8~2.4	3.6~4.8
给矿浓度/%		25~35	25~35	25~35
洗涤水量/t · d^{-1}	粗选	3~6	6~12	12~24
	精选	7~10	14~20	28~40
洗涤水压力/kPa		30~50	30~50	30~50
传动方式		四联共轴传动	两台共轴传动	单台四层联动
电机功率/kW		1.7	1.7	1.7
设备质量/t		3.13		2.7

12.4.3.2　振摆皮带溜槽

这是利用淘洗原理，兼有摆动、振动和皮带平移运动的溜槽型设备，由广州有色金属研究院研制成功，结构如图 12-70 所示。设备工作面为一弧形无极皮带，纵向坡度 1°~4°，在首轮带动下向上运动，皮带支架同时受偏心摇杆机构驱动绕支承轴做摆动运动，摆角约在 8.5°~25°范围内。此外还利用偏心连杆机构摇床头带动皮带支架作不对称往复振动。

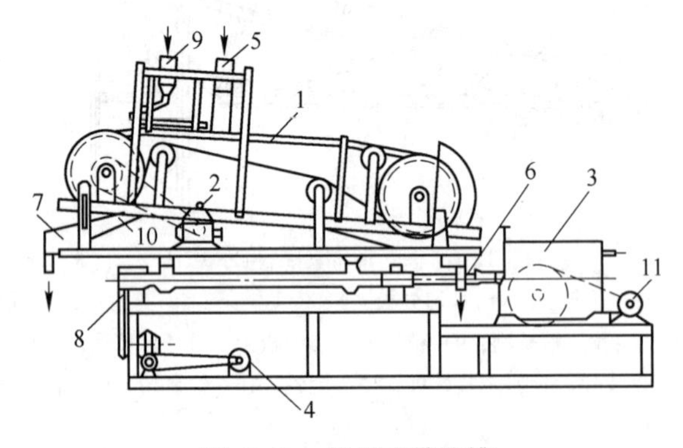

图 12-70　振摆皮带溜槽

1—选别皮带；2—皮带传动电机；3—摇床头；4—摆动驱动电机；5—给矿装置；6—尾矿排出管；7—精矿槽；8—摆动机构；9—给水斗；10—喷水管；11—振动驱动电机

在靠近上部精矿排出端三分之一处的两侧设置给矿槽。矿浆是在皮带摆动至高处时左右轮番给入。在带面的振动中轻、重矿物很快分层。溜槽的摆动促使矿浆在带面上作 S 形向下流动，并交替地出现浪头和浪尾。矿物颗粒随浪头运动到皮带边侧，在反向摆动中，浪头变为浪尾，流膜变薄，重矿物随即沉积在那里，而轻矿物则随着矿浆主流向下流动直至最后由皮带末端排出。在给矿点以下为粗、扫选区。

沉积在带面两侧的重矿物随带面一起向上运动，脱离给矿点后进入精选区，在那里继续受到从两侧给入的冲洗水淘洗，提高了富集比。最后当沉积物随皮带绕过首轮后，用喷水冲下，得到精矿。

皮带的移动速度，振次和摆次均可在一定范围内调节。皮带的纵向倾角、振幅和摆幅以及洗涤水量等亦可根据原料性质调节。表 12-7 列出了振摆皮带溜槽的技术性能。

表 12-7 振摆皮带溜槽的技术性能

项目	数值	项目		数值
皮带规格（长×宽）/mm×mm	800×2500	电机功率/kW	振动系统	1.1
振次/次 · min^{-1}	0~380		选别皮带系统	0.6
振幅/mm	0~12			
摆动次数/次 · min^{-1}	0~19.5		摆动系统	0.6
摆角范围（距垂直中心）	±4°10′~±11°28′	外形尺寸（长×宽×高）/mm×mm×mm		5550×1250×1700
皮带速度/m · min^{-1}	0~3.38	机重/t		1.63
纵向坡度/(°)	0~4	其他振动部分重/t		约 0.5

12.4.3.3 *横流皮带溜槽*

这是另一种利用偏重锤造成分选表面旋回运动的溜槽设备，分选过程见示意图 12-71 所示。矿浆由给矿槽（长 1.2 m）均匀给到带面上，在沿斜面流动过程中，受到带面的旋回摇动影响，而作椭圆形剪切流动。在层间斥力作用下，矿粒群发生松散分层。上层轻矿物随矿浆流进入尾矿槽，重矿物随带面进入清洗区，在这里受到更大的剪切摇动和水流冲洗，脉石和部分重矿物进到中矿槽，剩余重矿物运行到首轮下方，借助喷水和毛刷排至精矿槽。

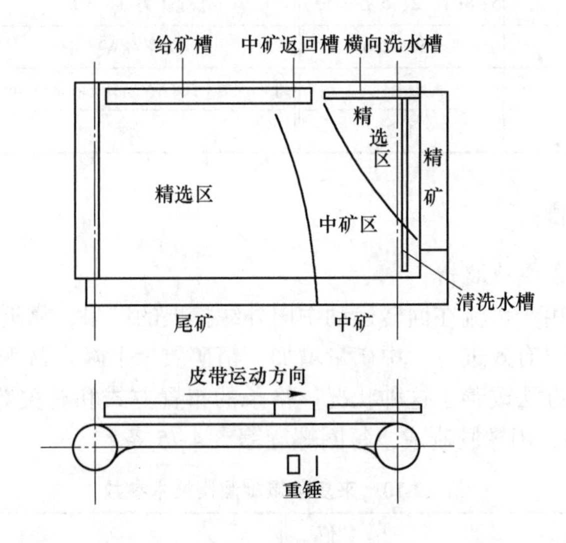

图 12-71 横流皮带溜槽工作过程示意图

影响横流皮带溜槽分选效果的因素主要有：偏重锤的质量、偏心距及旋转速度；皮带横向倾角和移动速度；给矿体积、浓度和冲洗水用量，这些参数可根据入选物料性质在选别过程中加以调整。

巴特莱斯公司还制造了双侧的横流皮带溜槽，用中间凸起的铝板将上部皮带撑起，两侧形成直线坡度，扩大处理能力一倍，技术性能见表 12-8。国产的单侧横流皮带溜槽性能见表 12-9。

表 12-8　英国巴特莱斯横流皮带溜槽技术性能

项　　目		数　　值	项　　目		数　　值
带面尺寸（长×宽）/mm×mm		2400×3000	用水量/L·min^{-1}		4
带面速度/mm·s^{-1}		0～36	处理能力/t·h^{-1}		可达 0.5
横向坡度/(°)	精矿端	1.5～3	作业回收率/%		可达 90
	尾矿端	0.5～2	富集比/倍		可达 50
重锤质量/kg		2～4	安装功率/kW	皮带驱动	0.18
重锤转速/r·min^{-1}		230～335		重锤旋转	0.28
重锤偏心距/mm		0～400	外形尺寸(长×宽×高)/mm×mm×mm		3454×2666×2000
有效回收粒度/μm		5～150（锡石）	质量/t		1.47
给矿浓度/%		15～20			

表 12-9　国产 XZH-1200×7500 横流皮带溜槽技术性能

项　　目	数　　值	项　　目	数　　值
带面尺寸（宽×长）（前后皮带轮中心距）/mm×mm	1200×2750	有效回收粒度/μm	10～100（石英）
带面运动速度/mm·s^{-1}	0～25	富集比/倍	10～50
重锤转速/r·min^{-1}	200～500	给矿浓度/%	10～30
重锤质量/kg	5～8(1、2、5 各一件)	处理能力/t·d^{-1}	4～5
重锤偏心距/mm	150～280	功率/kW	0.6
皮带横向调坡范围/(°)	0～3	外形尺寸(长×宽×高)/mm×mm×mm	3540×1690×1660
质量/t	1.2		

12.4.4　其他特殊溜槽

12.4.4.1　来复条螺旋溜槽

普通的螺旋溜槽由于水流在回转运动中向外缘扩展的结果，靠近内缘层流带常出现脱水现象。致使分层难以有效进行，中矿量增加，精矿质量下降。鞍钢矿山研究所采取在槽面上粘贴直线格条的办法改善了这种状况。格条的布置方式和有关数据见表 12-10。格条断面呈矩形，高 4mm，用橡胶制成，每圈螺旋镶有 4～5 条。

表 12-10　来复条螺旋溜槽技术参数

项　　目	数值	项　　目	数值
螺旋外径/mm	1200	与螺旋直径的夹角/(°)	45
螺距/mm	720	隔条高度/mm	4
横向下斜角/(°)	9	正螺旋槽外缘宽度 h/mm	60
圈数	5	正螺旋槽内缘宽度 H/mm	300
隔条数量/个	23	末条上端到接矿端外缘的弧长 S/mm	1100

12.4.4.2　旋转螺旋溜槽

旋转螺旋溜槽是在固定螺旋溜槽的基础上，使槽体旋转而成。设备结构如图 12-72 所示。螺旋槽体用铝合金制造，双层（头），由下部传动机构带动沿矿浆流动方向缓慢回转。槽断面呈立方抛物线形、椭圆形或斜直线形，槽面铺以橡胶衬里，上面与螺旋直径成斜向布置有格条或三角刻槽。槽面在回转中的轻微振动和加强了的离心力，促使给矿更快地分带，轻、重矿物运动轨迹差异明显，分选效果优于一般固定螺旋溜槽或螺旋选矿机。富集比高，有效分选粒度范围为0.05~0.6mm，粒度回收下限略高于螺旋溜槽。现已制成ϕ400mm、ϕ600mm、ϕ940mm、ϕ1200mm等几个规格产品。旋转螺旋溜槽的技术参数列于表12-11中。

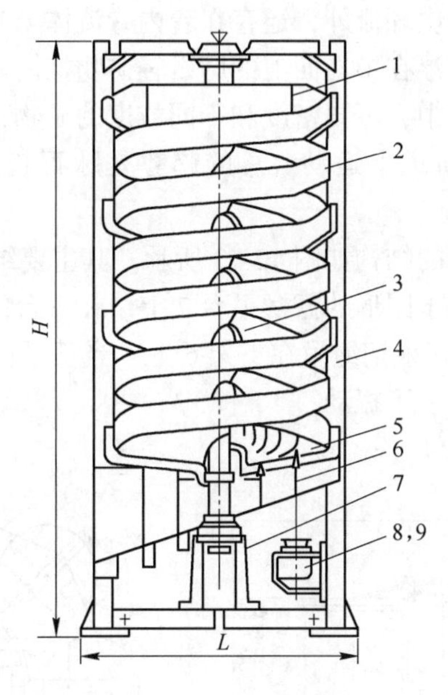

图12-72 旋转螺旋溜槽

1—给矿槽；2—螺旋槽；3—中心轴；4—机架；5—截取器；6—接矿斗；
7—V带轮；8，9—电动机

表12-11 ϕ940mm旋转螺旋溜槽主要技术参数

项 目	数值	项 目	数值
螺旋直径/mm	940	入选粒度/mm	<1.5
单层槽外壁高/mm	120	处理能力/t·台$^{-1}$·h^{-1}	2.4~3.0
槽面宽/mm	344	给矿浓度/%	30~40
螺距/mm	500	冲洗水量/t·台$^{-1}$·h^{-1}	0.4~0.8
横向倾角/(°)	9	电机功率/kW	0.8
螺旋圈数	3	设备质量/t	1
螺旋头数	2	外形尺寸（长×宽×高）/mm×mm×mm	1580×1410×2800
转速/r·min^{-1}	10~16		

旋转螺旋溜槽除槽体由电机带动做旋转（旋转方向与矿流方向相同）外，还可以在螺旋槽面上加设床条或刻槽。螺旋槽的转速为12~16r/min。旋转螺旋溜槽的富集比明显高于普通螺旋溜槽，富集比可达10~100，回收率比普通的螺旋溜槽要高，有效选别粒度

为0.05~1.5mm。旋转螺旋溜槽的槽体从上到下也可以设计成塔形，上部螺旋直径小，向下直径逐渐增大。

12.4.4.3　振摆螺旋选矿机

振摆螺旋选矿机是云锡机械设计院于1995年将螺旋溜槽和贝格诺尔德剪切理论相结合而研制成功的一种重选新设备，目的是为了云锡低品位砂锡矿和老尾矿的回收利用。

工作原理：螺旋溜槽是以离心力、槽面摩擦力、水流动压力和矿物自身重力的相互作用，使矿粒按密度、粒度和形状分选的一种重力选矿设备。从矿浆在槽内的流向来看，液流除了沿槽的纵向流动的一次环流外，还存在着内缘流体与外缘流体间的横向交换，称作二次环流。二次环流能把悬浮在中性面上的脉石轻矿物推向外缘而成为尾矿。矿浆在给入螺旋沿槽面向下流动的过程中，不同密度和不同粒度的矿物，在各种力的综合作用下，逐渐按自身的特性在特定的轨道上运动。总的趋势是脉石趋向外缘，细而重的矿物趋向内缘。

工业型振摆螺旋选矿机的结构如图12-73所示。其主要结构是将8台ϕ900mm双头螺旋溜槽8通过弓形架9固定于圆形的振摆平台7上。在平台的中心装有由重锤4和电动机3组成的驱动装置，平台由4根钢绳吊在支架6上。当不平衡重锤转动时，振摆平台和螺旋槽就产生轨道平面运动和上下振动。

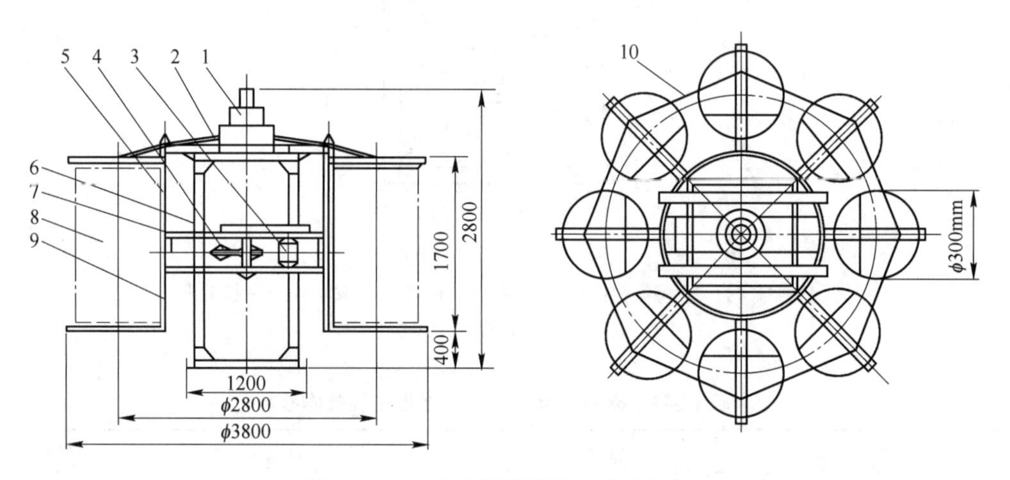

图12-73　工业型振摆螺旋选矿机结构

1—矿浆分配筒；2—给矿管；3—电动机；4—重锤；5—钢绳；6—支架；7—振摆平台；8—螺旋溜槽；9—弓形架；10—拉杆

12.5　摇床选矿

12.5.1　概述

摇床是选别-2mm细粒矿石的主要重选设备，在摇床面上矿粒分带明显，可同时得出多个产品，富集比高（最大可达300左右），一次选别可得到高品位的精矿和废弃的尾矿，因此摇床在以重选为主的选矿厂被广泛应用。

摇床的主要构造部件有：床头、床面、支承装置、调坡装置、传动装置等。平面摇床的床面近似呈矩形或菱形，横向有0.5°~5°的倾斜，在倾斜的上方设有给矿槽和给水槽，习惯上把这一侧称为给矿侧，与之相对应的一侧称为尾矿侧；床面与传动机构连接的那一端称为传动端，与之相对应的那一端称为精矿端。床面上沿纵向布置有床条，其高度自传动端向精矿端逐渐降低，但自给矿侧到尾矿侧却是逐渐增高，而且在精矿端沿1条或2条斜线尖灭。

摇床按床头的传动形式可以分为：

(1) 凸轮杠杆摇床，如云锡式摇床或CC-2摇床；

(2) 偏心连杆摇床，如图12-80所示的6-S摇床；

(3) 弹簧摇床；

(4) 悬挂式齿轮摇床；

(5) 谐振快速摇床。

按处理矿石的粒度范围，摇床又可分为：粗砂摇床、细砂摇床和矿泥摇床。

摇床的设计主要是设计床头、床面、支承装置和调坡装置。

12.5.2 摇床选矿理论基础

物料在摇床面上的分选主要包括松散分层和搬运分带两个基本阶段。

12.5.2.1 颗粒在床条沟中的松散分层

在摇床面上，促使物料松散的因素基本上有两种，其一是横向水流的流体动力松散，其二是床面往复运动的剪切松散。水流沿床面横向流动时，每越过一个床条，就产生一次水跃（见图12-74），由此产生的旋涡，推动上部颗粒松散，它的作用类似于在上升水流中悬浮物料，细小的颗粒即被水流带走。所以当给料粒度很细时，即应减弱这种水跃现象。

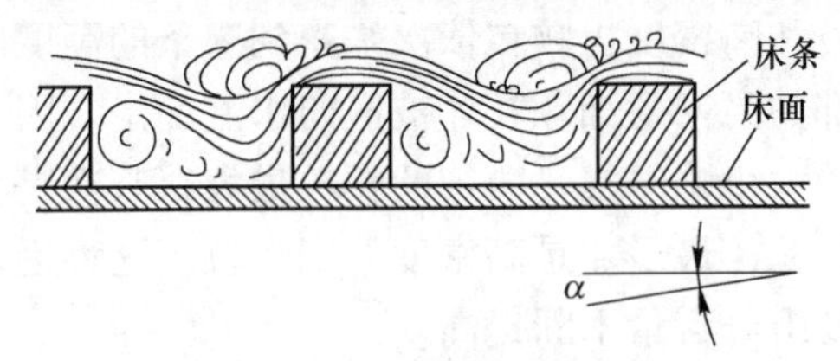

图12-74 在床条间产生的水跃现象和旋涡

上述旋涡的作用深度一般是很有限的，所以大部分下层颗粒的松散是借助于床面的差动运动实现的。由于紧贴床面的颗粒和水流接近于同床面一起运动，而上层颗粒和水流则因自身的惯性而滞后于下层颗粒和水流，所以产生了层间速度差，导致颗粒在层间发生翻滚、挤压、扩展，从而使物料层的松散度增大（见图12-75）。

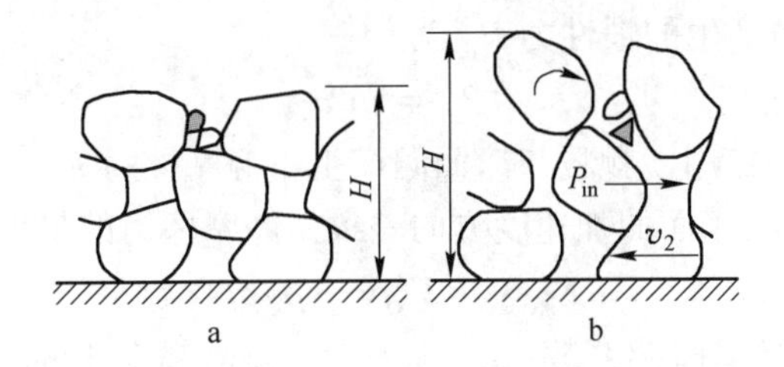

图12-75 借层间的速度差松散床层示意图

a—床层静止时；b—床层相对运动时

P_{in}—颗粒惯性力；v_2—下层颗粒的纵向运动速度

在这种特有的松散条件下，物料的分层几乎不受流体动力作用的干扰，近似按颗粒在介质中的有效密度差进行。其结果是高密度颗粒分布在下层，低密度颗粒被排挤到上层。同时由于颗粒在转移过程中受到的阻力主要是物料层的机械阻力，所以同一密度的细小颗粒比较容易地穿过变化中的颗粒间隙进入底层。这种分层即是前述的析离分层，分层后颗粒在床条沟中的分布情况如图 12-76 所示。

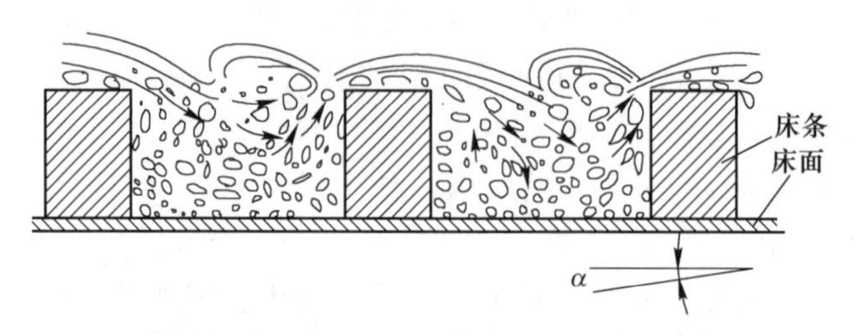

图 12-76　粒群在床条沟内的分层示意图

12.5.2.2　颗粒在床面上的运搬分带

颗粒在床面上的运动包括横向运动和纵向运动，前者是在给矿水、冲洗水以及重力的作用下产生的；而后者则是在床面差动运动作用下产生的。

A　颗粒在床面上的横向运动

颗粒在床面上的横向运动速度，可以说是水流冲洗作用和重力分力构成的推动力与床条所产生的阻碍保护作用共同产生的综合效果。微细的颗粒呈悬浮状态，首先被横向水流冲走，接着便是分层后位于上层的低密度粗颗粒；随着向精矿端推进，床条的高度逐渐降低，因而使低密度细颗粒和高密度粗颗粒依次暴露到床条的高度以上；直到到达了床条的末端，分层后位于最底部的高密度细颗粒才被横向水流冲走。因此，不同性质的颗粒在摇床面上沿横向运动速度的大小顺序是：微细的颗粒最大，其次是低密度的粗颗粒、低密度的细颗粒、高密度的粗颗粒，最后才是高密度的细颗粒。这种运动的结果是沿着床面的纵向，床层内物料的高密度组分含量不断提高。

B　颗粒在床面上的纵向运动

颗粒在床面上的纵向运动是由床面的差动运动引起的。当床面做变速运动时，在静摩擦力作用下随床面一起运动的颗粒即产生一惯性力。随着床面运动加速度的增加，颗粒的惯性力也不断增大，直到颗粒的惯性力超过了它与床面之间的最大静摩擦力时，颗粒即同床面发生相对运动。如图 12-77 所示，假定床面的瞬时加速度和瞬时速度分别为 a_x 和 v_x，位于床面上某一密度为 ρ_1、体积为 V 的颗粒，以有效重力 G_0 作用于床面上，则在床面加速度 a_x 的影响下，颗粒产生的惯性力 P_{in} 为

$$P_{in} = V\rho_1 a_x \tag{12-69}$$

由于有效重力 G_0 的作用，颗粒与床面间产生一静摩擦力 F_{st}，从而使颗粒随床面一起做变速运动，其加速度与床面的加速度方向一致，静摩擦力的最大值为

$$F_{st,max} = V(\rho_1 - \rho)gf_{st} \tag{12-70}$$

式中，f_{st} 为颗粒与床面的静摩擦系数；ρ_1，ρ 分别为颗粒和介质的密度，g/cm³。

如果 $F_{st,max} > P_{in}$，则颗粒具有与床面相同的运动速度和加速度，两者之间不发生相对运动。反之，如果 $F_{st,max} < P_{in}$，则摩擦力使颗粒产生的加速度将小于床面的运动加速

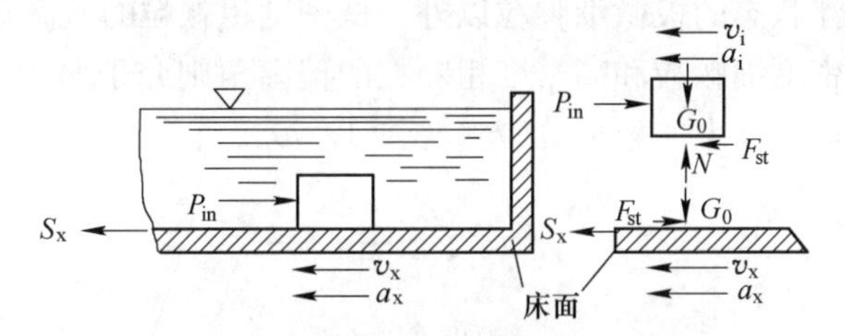

图 12-77 颗粒在床面上的受力分析

v_i—颗粒的运动速度；a_i—颗粒的运动加速度

度，所以颗粒即沿着床面加速度的相反方向同床面发生相对运动。因为对于特定的颗粒，摩擦力也为一定值，所以颗粒能否与床面发生相对运动，仅取决于床面的运动加速度。某一颗粒相对于床面刚要发生相对运动时，床面的加速度称为该颗粒的临界加速度，记为 a_{cr}，根据这一定义，有

$$V\rho_1 a_{cr} = V(\rho_1 - \rho)gf_{st}$$

由上式得

$$a_{cr} = (\rho_1 - \rho)gf_{st}/\rho_1 \tag{12-71}$$

由式（12-71）可以看出，颗粒的临界加速度与自身的密度及颗粒同床面之间的静摩擦系数有关。

由

$$\partial a_{cr}/\partial \rho_1 = \rho g f_{st}/\rho_1^2 > 0$$

得知颗粒的密度越大，越不容易产生相对运动。显然欲使颗粒沿床面向前运动，则床面的向后加速度必须大于颗粒的临界加速度。颗粒一旦开始同床面发生相对运动，静摩擦系数 f_{st} 即转变为动摩擦系数 f_{dy}，作用在颗粒上的摩擦力 F_{st} 也相应地变为动摩擦力 F_{dy}，颗粒在 F_{dy} 作用下产生的加速度 a_{dy} 为

$$a_{dy} = (\rho_1 - \rho)gf_{dy}/\rho_1 \tag{12-72}$$

因为 $f_{st} > f_{dy}$，所以当床面的加速度达到或超过 a_{cr} 以后，颗粒运动的加速度要小于床面的加速度，从而使得颗粒与床面间出现了速度差。

由于摇床面运动的正向加速度（方向为从传动端指向精矿端）小于负向加速度，所以颗粒在床面的差动运动作用下，朝着精矿端产生间歇性运动。

另一方面，由于流体黏性的作用，床面上的流层间在床面的振动方向上存在着速度梯度，紧贴床面的那一层与床面一起运动，而离开床面以后，液流的运动速度逐渐下降。分层后位于下层的高密度颗粒因与床面直接接触，所以向前移动的平均速度较大，而上层低密度颗粒向前移动的平均速度则较小，所以不同性质的颗粒沿床面纵向运动速度的大小顺序是：高密度细颗粒最大，其次是高密度粗颗粒、低密度细颗粒、低密度粗颗粒，纵向运动速度最小的是悬浮在水流表面的非常微细的颗粒。

颗粒在摇床面上的最终运动速度即是上述横向运动速度与纵向运动速度的矢量和。颗粒运动方向与床面纵轴的夹角 β 称为颗粒的偏离角。设颗粒沿床面纵向的平均运动速度为 v_{ix}，沿床面横向的平均运动速度为 v_{iy}，则

$$\tan\beta = v_{iy}/v_{ix} \tag{12-73}$$

由此可见，颗粒的横向运动速度越大，其偏离角就越大，它就越偏向尾矿侧移动；而颗粒的纵向运动速度越大，其偏离角则越小，它就越偏向精矿端移动。由前两部分的分析

结论可知，除了呈悬浮状态的极微细颗粒以外，低密度粗颗粒的偏离角最大，高密度细颗粒的偏离角最小，低密度细颗粒和高密度粗颗粒的偏离角则介于两者之间（见图 12-78），这样便形成了颗粒在摇床面上的扇形分带（见图 12-79）。

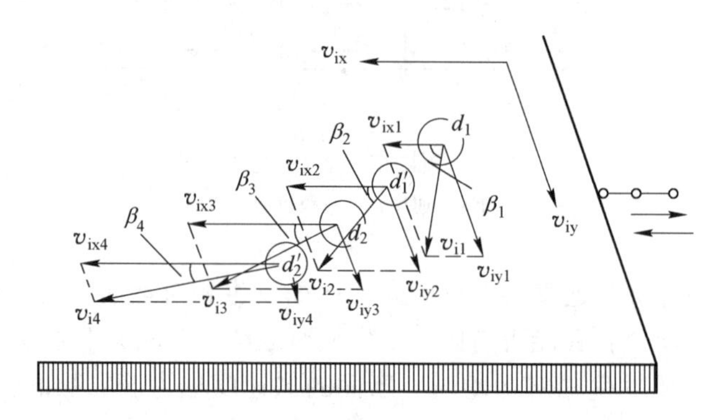

图 12-78　不同密度颗粒在床面上的偏离角

d_1，d_1'—低密度粗颗粒和细颗粒；d_2，d_2'—高密度粗颗粒和细颗粒；
v_{ix}，v_{iy}，v_i—颗粒的纵向、横向和合速度；β—颗粒的偏离角

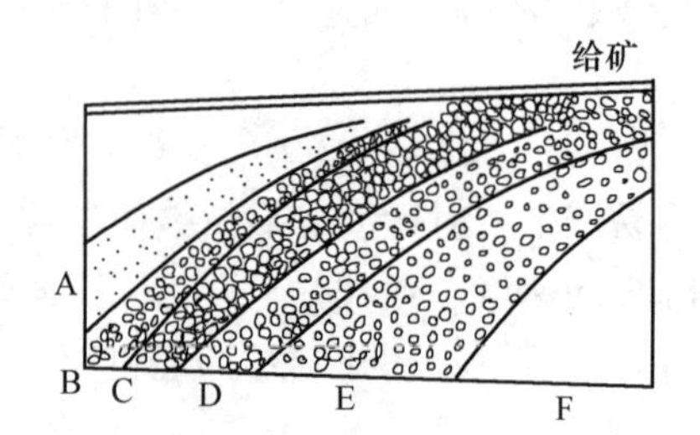

图 12-79　颗粒在床面上的扇形分带示意图

A—高密度产物；B～D—中间产物；E—低密度产物；F—溢流和细泥

颗粒的扇形分带越宽，分选的精确性就越高。而分带的宽窄又取决于不同性质颗粒沿床面纵向和横向上的运动速度差，因此所有影响颗粒两种运动速度的因素，都能对摇床的选别指标产生一定程度的影响。

12.5.3　摇床的类型

摇床按照机械结构又可分为 6-S 摇床、云锡式摇床、弹簧摇床、悬挂式多层摇床等，具体见表 12-12。

表 12-12　摇床主要形式

作用力场	床头机构	支承方式	床面运动轨迹	摇床名称
重力	凸轮杠杆	滑动	直线	云锡摇床、贵阳摇床、CC-2 摇床
	偏心连杆	摇动	弧线	6-S 摇床、衡阳摇床
离心力	惯性弹簧	滚动	直线	弹簧摇床
	多偏心惯性齿轮	悬挂	微弧	多层悬挂摇床
	惯性弹簧	中心轴	直线、回转	离心摇床

12.5.3.1 6-S 摇床

6-S 摇床的结构如图 12-80 所示，它的床头是图 12-81 所示的偏心连杆式。电动机通过皮带轮带动偏心轴转动，从而带动偏心轴上的摇动杆上下运动，摇动杆两侧的肘板即相应做上下摆动，前肘板的轴承座是固定的，而后肘板的轴承座则支撑在弹簧上，当肘板下降时后肘板座即压紧弹簧向后移动，从而通过往复杆带动床面后退；当肘板向上摆动时，弹簧伸长，保持肘板与肘板座不脱离，并推动床面前进。

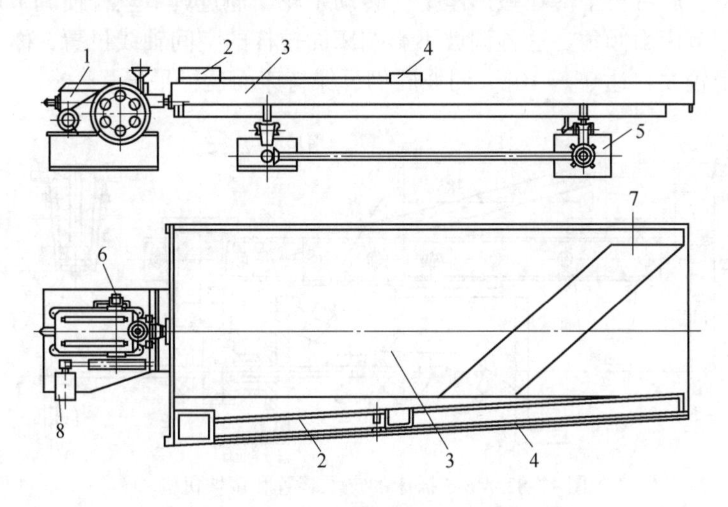

图 12-80 6-S 摇床的结构

1—床头；2—给矿槽；3—床面；4—给水槽；5—调坡结构；6—润滑系统；7—床条；8—电动机

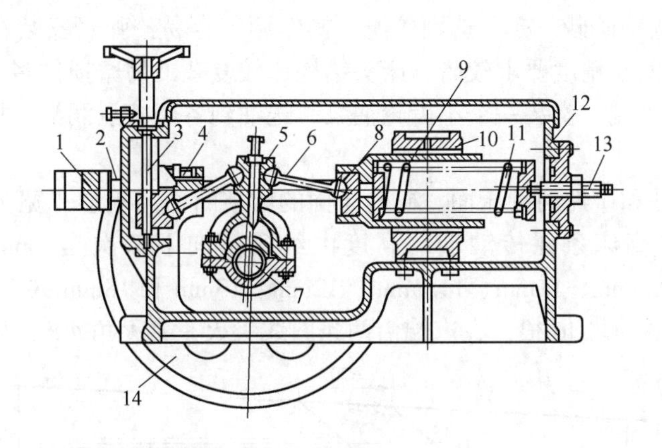

图 12-81 偏心连杆式床头

1—联动座；2—往复杆；3—调节丝杆；4—调节滑块；5—摇动杆；6—肘板；7—偏心轴；8—肘板座；9—弹簧；10—轴承座；11—后轴；12—箱体；13—调节螺栓；14—大皮带轮

床面向前运动期间，两肘板的夹角由大变小，所以床面的运动速度是由慢变快。反之，在床面后退时，床面的运动速度则是由快而慢，于是即形成了急回运动。固定肘板座又称为滑块，通过手轮可使滑块在 84mm 范围内上下移动，以此来调节摇床的冲程。调节床面的冲次则需要更换不同直径的皮带轮。

6-S 摇床的床面采用 4 个板形摇杆支撑，这种支撑方式的摇动阻力小，而且床面还会有稍许的起伏振动，这一点对物料在床面上松散更有利。但它同时也将引起水流波动，因而不适合处理微细粒级物料。6-S 摇床的床面外形呈直角梯形，从传动端到精矿端有 1°~2°上升斜坡。

支承装置和调坡机构安装在机架上，如图 12-82 所示。床面支撑在 4 块板形摇动杆上，可使床面运动呈一定的弧线，有助于床面上矿砂的运搬。支撑杆的座槽用夹持槽钢固定在调节座板上，后者再坐落在鞍形座上。转动手轮，通过调节丝杆使调节座板在鞍形座上回转，即可调节床面倾角。这种调坡不影响床面拉杆的空间轴线位置，称为定轴式调坡机构。调坡范围较大，达 0° ~10°。调坡后仍可保持床面运行平稳。

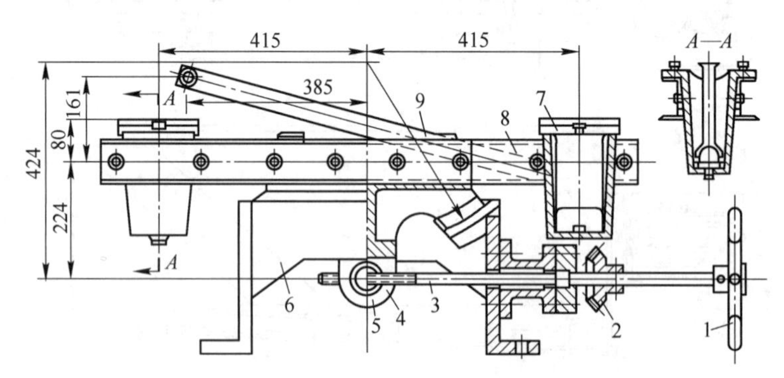

图 12-82　6-S 摇床的支承装置和调坡机构

1—手轮；2—伞齿轮；3—调节丝杆；4—调节座板；5—调节螺母；6—鞍形座；7—摇动支承机构；8—夹持槽钢；9—床面拉条

6-S 摇床适合选别矿砂，亦可选别矿泥，操作调节容易，弹簧安装在摇床头内，结构紧凑，但摇床头的安装精度要求较高，床头结构比较复杂，易磨损件多。改进的摇床头是在箱体外面偏心轴末端，安装一个小齿轮油泵，送油到各摩擦点润滑，并可避免传动箱内因装油多而漏油。

6-S 摇床有矿砂和矿泥两种床面。矿砂床面的床条断面为矩形，宽 7mm，每隔 3 根低床夹 1 根高床条，高床条在传动端的高度由给矿槽向下依次是 8mm、8. 5mm、9mm、9. 5mm、10mm、10. 5mm、11mm、11. 5mm、12mm、13mm 和 18mm 共 11 种尺寸。高床条 11 根，低床条 35 根，共 46 根，在末端沿两条斜线尖灭，尖灭角 40°，如图 12-83 所示。

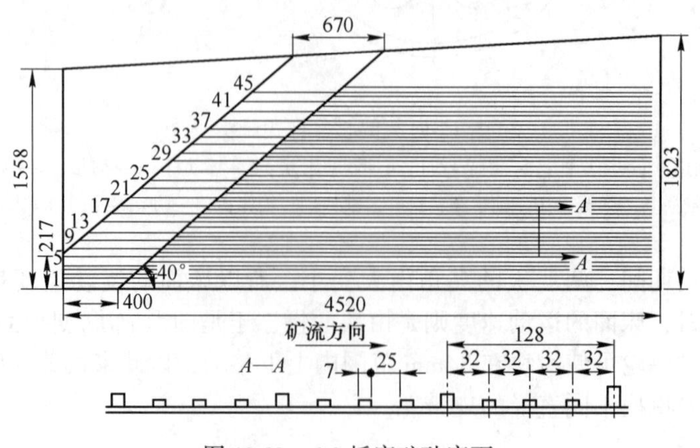

图 12-83　6-S 摇床矿砂床面

6-S矿泥床面断面为三角形，每隔11根低床条有1根高床条，高床条底面宽，在尾矿侧边缘1根为25mm，其余4根为25mm，高度自给矿槽以下分别为5.1mm、6.9mm、8.6mm、10.4mm和12mm。底床条底宽6mm，在传动端高1.6mm。

6-S摇床的冲程调节范围大，松散力强，最适合分选0.5~2mm的物料；冲程容易调节且调坡时仍能保持运转平稳。这种设备的主要缺点是结构比较复杂，易损零件多。

在6-S摇床的基础上改进而成的北矿摇床，采用由钢骨架与玻璃钢成型的玻璃钢床面，分选表面衬有刚玉制成的耐磨层。北矿摇床的技术参数见表12-13。

表12-13 北矿摇床的技术参数一览表

设备类型	给矿粒度/mm	给矿浓度/%	冲洗水量/$t \cdot h^{-1}$	横向坡度/(°)	纵向坡度/(°)	生产能力/$t \cdot h^{-1}$
矿砂摇床	0.2~2	20~30	0.7~1.0	2~3.6	1~2	0.5~1.8
矿泥摇床	0~0.2	15~20	0.4~0.7	1~2	0~0.5	0.3~0.5

12.5.3.2 云锡式摇床

云锡式摇床的结构如图12-84所示，其床头结构是图12-85所示的凸轮杠杆式。在偏心轴上套一滚轮，当偏心轮向下偏离旋转中心时，便压迫摇动支臂向下运动，再通过连接杆将运动传给曲拐杠杆，随之通过拉杆带动床面向后运动，此时位于床面下面的弹簧被压缩。随着偏心轮的转动，弹簧伸长，保持摇动支臂与偏心轮紧密接触，并推动床面向前运动。云锡式摇床的冲程可借改变滑动头在曲拐杠杆上的位置来调节。

云锡式摇床采用滑动支撑，在床面四角下方安置4个半圆形滑块，放置在凹形槽支座上，床面在支座上往复滑动，因此运动平稳。

云锡式摇床的床面外形和尺寸与6-S摇床的相同，上面也钉有床条，所不同的是床面沿纵向连续有几个坡度。

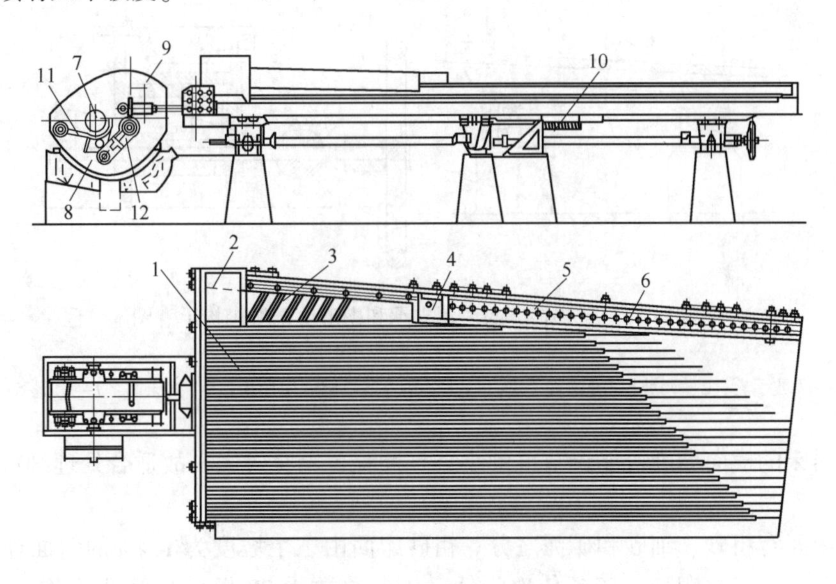

图12-84 云锡式摇床的结构

1—床面；2—给矿斗；3—给矿槽；4—给水斗；5—给水槽；6—菱形活瓣；7—滚轮；8—机座；9—机罩；10—弹簧；11—摇动支臂；12—曲拐杠杆

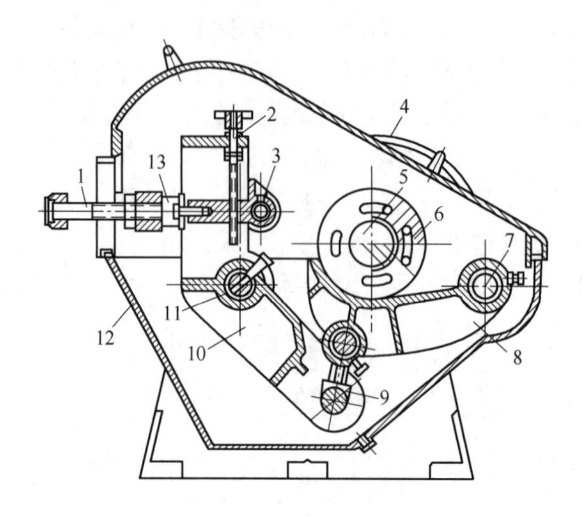

图 12-85　凸轮杠杆结构床头

1—拉杆；2—调节丝杆；3—滑动头；4—大皮带轮；5—偏心轴；
6—滚轮；7—台板偏心轴；8—摇动支臂（台板）；9—连接杆（卡子）；
10—曲拐杠杆；11—摇臂轴；12—机罩；13—连接叉

床面采用滑动支承方式。在床面四角的下方固定有四个半圆形凸起的滑块，滑块被下面长方形油槽中的凹形支座所支承。床面在滑块座上呈直线往复运动。在床面的给矿给水槽一侧的支承油槽下面各有三个支脚，支持在三个三角形楔形块上。转动手轮推动楔形块，即可改变床一侧的高度，从而调整床面坡度。这样调坡会使床面头拉杆的轴线位置发生变化，称之为变轴式调坡机构。支承装置和调坡机构示于图 12-86 中。

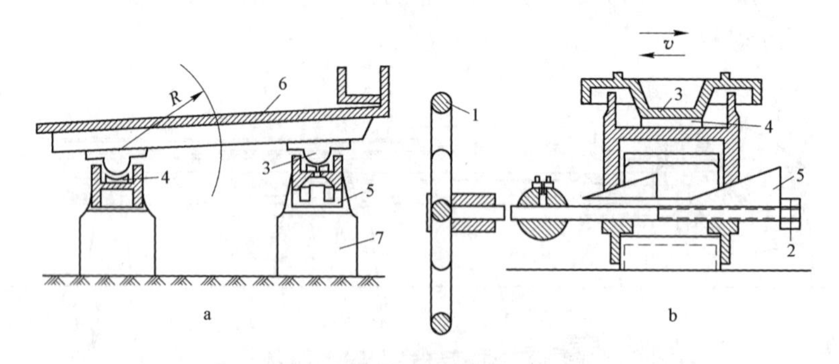

图 12-86　云锡摇床的滑动支承和楔形块调坡机构示意图

a—滑动支承；b—楔形块调坡机构

1—调坡手轮；2—调坡拉杆；3—滑块；4—滑块座；5—调坡楔形块；6—摇床面；7—水泥基础

云锡摇床的横向坡度可能调节范围小，且冲程也不宜过大，故适合处理细粒矿石或矿泥使用。

云锡床面有粗砂、细砂和矿泥之分。粗砂床面由三个坡度为 1.4%的斜面连接四个平面构成。矿粒经三次爬坡，床条依次降低。床条总数为 28 根，断面呈梯形。在粗选区，即靠近传动端平面最低处，在每根条上加一小凸条，以增大紊流强度并保护重矿物不致被冲走。粗砂床面及床条构成如图 12-87 和图 12-88 所示。

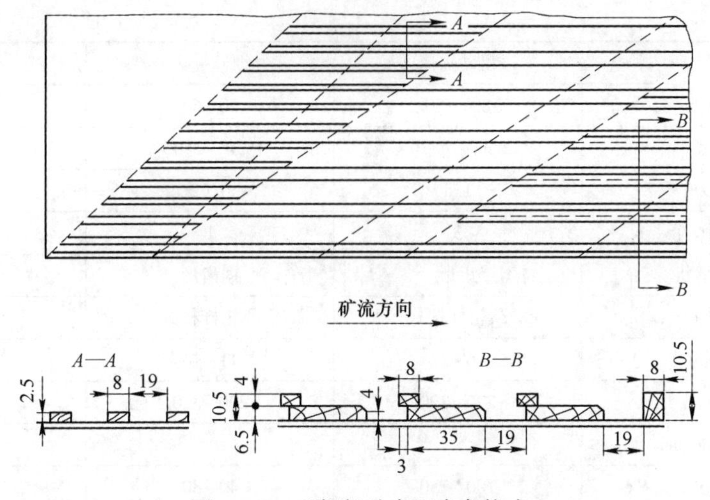

图 12-87 云锡粗砂床面床条构成

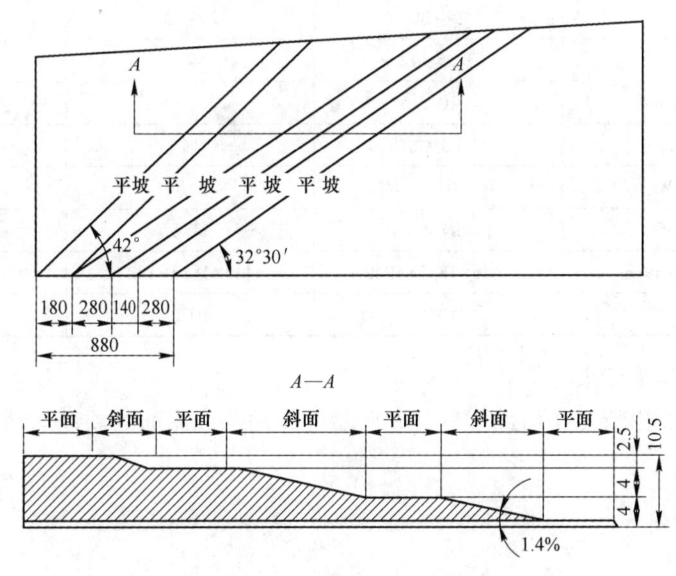

图 12-88 云锡粗砂床面纵坡形式

云锡式细砂床面采用较低的锯齿形床条构成较浅的槽沟。每 3 根床条增加一根 3mm 高的小条，以部分提高两根小条间的水位，有利于细粒锡石沉落，床条共 27 根。

云锡摇床的技术性能及主要参数列于表 12-14。

表 12-14 云锡摇床技术性能及主要参数列表

项　目		粗砂摇床	细砂摇床	矿泥摇床
床面尺寸/mm	长度	4330	4330	4330
	传动端宽	1810	1810	1810
	精矿端宽	1520	1520	1520
床面面积/m^2		7.4	7.4	7.4

续表 12-14

项　　目	粗砂摇床	细砂摇床	矿泥摇床
冲洗水量/t · d^{-1} · 台$^{-1}$	80～150	30～60	15～30
床面横坡	2°34′～4°30′	1°30′～3°30′	1°～2°
床面纵坡/%	1.4	0.92	0.73
床面纵坡数/个	3	1	1
床条断面形状	矩形	锯齿形	刻槽形
床头机构	凸轮杠杆式	凸轮杠杆式	凸轮杠杆式
冲程/mm	16～22	11～16	8～11
冲次/次 · min^{-1}	270～290	290～320	320～360
给矿最大粒度/mm	2	0.5	0.074
给矿体积/m^3 · d^{-1} · 台$^{-1}$	100～150	40～80	20～40
给矿量/t · d^{-1} · 台$^{-1}$	30～60	10～20	3～7
给矿浓度/%	25～30	20～25	15～20
床条尖灭角/(°)	32.5～42	45	40
槽沟最大深度/mm	10.5	5	4
槽沟宽度/mm	19	14	20
电机功率/kW	1.5	1.5	1.5
占地面积/m^2	11.6	11.6	11.6
外形尺寸/mm×mm×mm	5446×1825×1242	5446×1825×1227	5446×1825×1203
总质量/kg	1045	1030	1065

12.5.3.3　弹簧摇床

弹簧摇床的突出特点是借助于软、硬弹簧的作用造成床面的差动运动，其整体结构如图 12-89 所示。

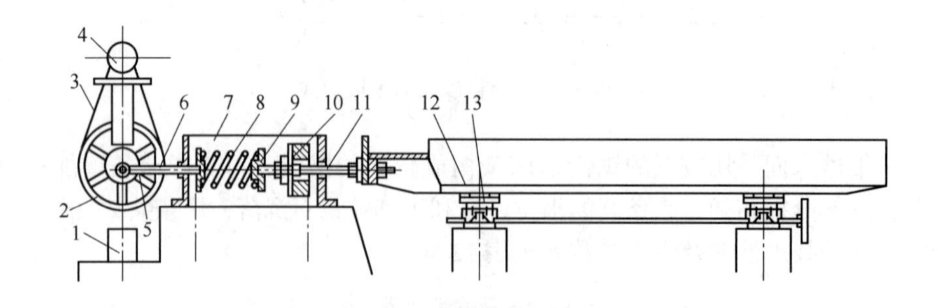

图 12-89　弹簧摇床结构示意图

1—电动机支架；2—偏心轮；3—三角皮带；4—电动机；5—摇杆；6—手轮；7—弹簧箱；8—软弹簧；9—软弹簧帽；10—橡胶硬弹簧；11—拉杆；12—床面；13—支承调坡装置

对于弹簧摇床，根据实践经验总结出偏心轮质量 m（kg）及偏心距 r（mm）与冲程 s(mm)之间的关系为

$$mr = 0.17Qs \tag{12-74}$$

式中，Q 为床面及负荷的质量，kg。

由式（12-74）可见，改变 m 或 r 均能改变冲程 s，但这需要更换偏心轮或在它上面加偏重物。为了简化冲程的调节，在弹簧箱上安装了一个手轮，当转动手轮使软弹簧压紧时，它储存的能量增加，即可使冲程增大，只是用这种方法可以调节的范围很有限。

弹簧摇床的床面支撑方式和调坡方法与云锡式摇床相同。弹簧摇床的床面的床条通常采用刻槽法形成，槽的断面为三角形。弹簧摇床的正、负向运动的加速度差值较大，可有效地推动微细颗粒沿床面向前运动。所以适合处理微细粒级物料。这种摇床的最大优点是造价低廉，仅为6-S摇床的1/2，且床头结构简单，便于维修、造价低、差动性大，适于分选矿泥；其缺点是冲程会随给料量而变化，当负荷过大时床面会自动停止运动，难保持稳定，且噪声较大。

弹簧摇床的技术性能及参数列于表12-15中。

表12-15 弹簧摇床技术性能及主要参数

项目		数值	项目	数值
床面尺寸/mm	长度	4493	处理能力/t·d^{-1}·台$^{-1}$	3~10
	传动端宽	1833	给矿浓度/%	15~30
			床面清洗水量/t·d^{-1}·台$^{-1}$	10~20
	精矿端宽	1577	床面横向坡度/(°)	1.5
床面面积/m^2		7.43	横坡调节机构	楔形块变轴式
冲程/mm		9~16	电机功率/kW	1.1
冲次/次·min^{-1}		320~380	总质量/kg	850~900

12.5.3.4 悬挂式多层摇床

图12-90是4层悬挂式摇床的基本结构。床头位于床面中心轴线的一端，通过球窝连接器与摇床的框架相连接。床面用具有蜂窝夹层结构的玻璃钢制造。各床面中心间距为400mm。悬挂钢架上设置能自锁的蜗轮蜗杆调坡装置，该装置与精矿端的一对悬挂钢丝绳相连接。拉动调坡链轮，悬挂钢丝绳即在滑轮上移动，从而改变床面的横向坡度。选别所得的产物，由固定在床面上的高密度产物槽和坐落在地面上的中间产物槽和低密度产物槽分别接出。

悬挂式多层摇床的床头为图12-91所示的1组多偏心的齿轮，在一个密闭的油箱内，将两对齿轮按图示方式组装在一起。其中大齿轮的齿数是小齿轮的2倍，驱动电动机安装在齿轮罩上方，直接带动小齿轮转动。在齿轮轴上装有偏重锤，当电动机带动齿轮转动时，偏重锤在垂直方向上产生的惯性力始终是相互抵消的。而在水平方向，当大齿轮轴上的偏重锤与小齿轮轴上的偏重锤同在一侧时，离心惯性力相加，达到最大值；而当大齿轮再转过半周、小齿轮转过一周时，离心惯性力相减，达到最小值。因此，在水平方向上产生一差动运动。大齿轮的转速即是床面的冲次。改变偏重锤的质量可以改变床面的冲程。而且，调节冲次时不会影响冲程。

悬挂式多层摇床占地面积小，单机的生产能力大，能耗低。其缺点是不便观察床面上物料的分带情况，产品接取不准确。

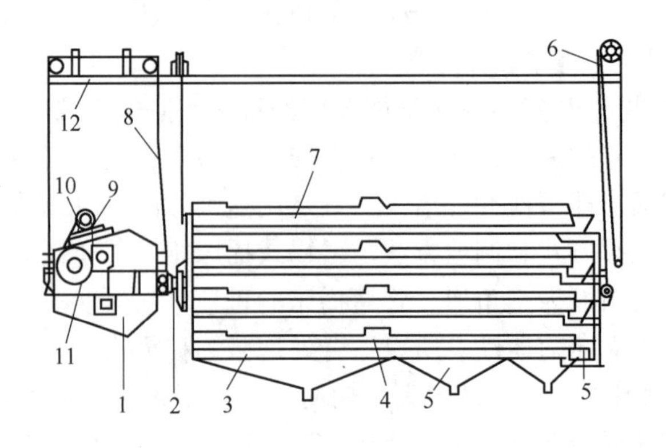

图 12-90　悬挂式 4 层摇床简图

1—床头；2—床头床架连接器；3—床架；4—床面；5—接料槽；6—调坡装置；
7—给矿及给水槽；8—悬挂钢丝绳；9—电动机；10—小皮带轮；11—大皮带轮；12—机架

12.5.3.5　台浮摇床

台浮摇床是一种集重选过程和浮选过程于一体的分选设备，其结构与常规摇床的区别仅仅在于床面，机架和传动结构与常规摇床的完全一样。台浮摇床主要用于分选粒度比较粗的、含有锡石和有色金属硫化物矿物的砂矿或含多金属硫化物矿物的钨、锡粗精矿或白钨矿-黑钨矿-锡石混合精矿等。

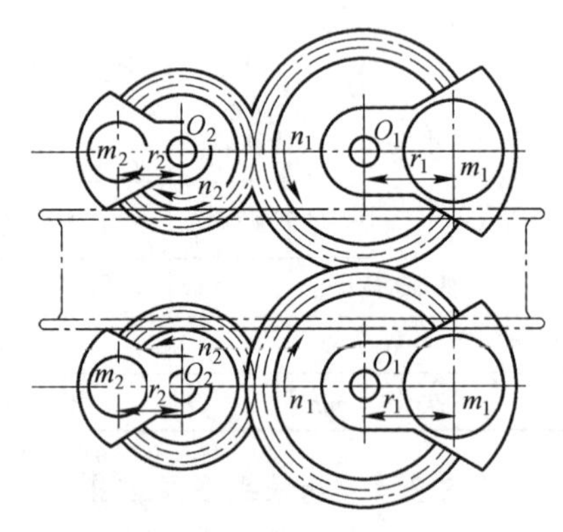

图 12-91　多偏心惯性床头简图

图 12-92 是台浮摇床的床面结构形式之一，与普通摇床床面的主要不同体现在两个方面，其一是这种床面在给矿侧和传动端的夹角处增加了一个坡度较大的给矿小床面（刻槽附加小床面）；其二是在其余部分的刻槽床面上增设了阻挡条。增加这两部分的目的是，给疏水性颗粒创造与气泡接触和发生黏着的条件，是将重选和浮选结合在一起的关键措施。

用台浮摇床对物料进行分选时，首先将浓度较高的矿浆和分选药剂（pH 值调整剂、捕收剂等）一起给入调浆槽内充分搅拌，使矿粒与药剂充分作用后，给到台浮摇床上；与捕收剂作用后的疏水性颗粒同气泡附着在一起，漂浮在矿浆表面，从低密度产物及溢流和细泥的排出区排出；不与捕收剂发生作用的其他矿物颗粒，由台浮摇床的精矿端排出。为了加强矿物颗粒与气泡的接触，有时在台浮摇床床面上加设吹气管，向矿浆表面吹气，或喷射高压水以带入空气。

12.5.3.6　新型智能摇床

众所周知，传统摇床存在自动化程度低、人员配置数量多、劳动强度大、无法实现不间断巡检操作、矿物回收率低、经验依赖度高、选矿指标波动大等诸多问题，严重制约了摇床的推广应用。

为了解决上述问题，国内外专家做了大量研究工作，也取得了一定的成绩，为摇床的智能化迈出了坚实的一步。

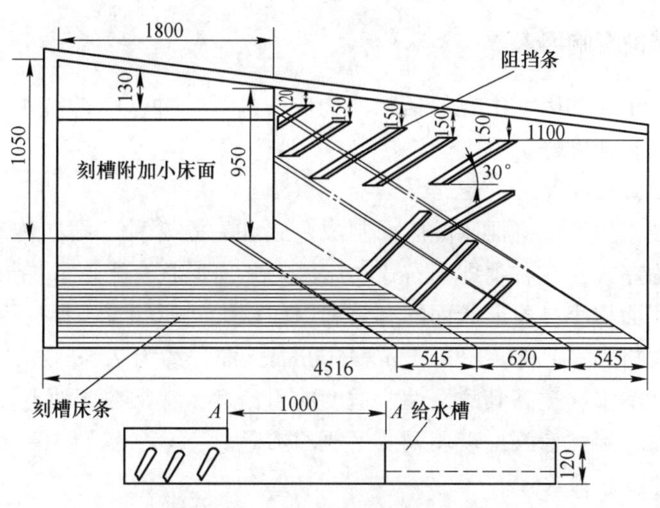

图 12-92 台浮摇床的床面结构

A 控制机理研究

当给矿条件（处理量、矿石性质、浓度）变化时，宽带特征（颜色、位置、宽度）也随之发生变化，操作人员就要对操作变量（冲程、冲次、给矿量、坡度、冲洗水、接矿板位置）进行调整。

B 主要设计思路

智能摇床的关键是自动识别、自动控制。主要包括三个方面：

第一，宽度图像采集识别。通过大量的试验工作，确定相机和光源的相关参数以及安装位置。并设计出宽带图像识别算法，为后面判断提供依据。相机和光源的类型、位置范围调节参数见表 12-16。

表 12-16 相机和光源的类型、位置范围调节参数

项 目	相 机	光 源	
床面高频振动/f·s^{-1}	15，30，50	外界光线干扰	点阵，面阵
安装高度/mm	500，550，600，650，700	补光角度	30，40，45，50
安装宽度/mm	350，400，450，500		

第二，巡检和接矿装置。可复用共享的摇床矿带巡检装置；根据实际情况，设计出智能型接矿执行机构。

第三，智能接矿策略。智能接矿策略是核心环节，通过多种偏移算法的对比，完成合适算法的选择，并进行大量的对比试验。

C 应用效果

（1）替代人工调节，大大降低工人的劳动强度。

（2）周期短、成本低，有效降低选厂的生产成本。

（3）根据宽带位置、宽带和颜色变化，随时自动调整。

（4）人为干扰因素少，选矿指标波动控制在一定范围内。

12.5.4　摇床分选的影响因素

影响摇床分选指标的因素主要包括床面构成、冲程、冲次、冲洗水、床面横向坡度、入选物料性质、给料速度等。

12.5.4.1　床面构成

为了配置方便，生产中将摇床的床面制成左式和右式 2 种，站在传动端向精矿端看，给料侧在左手者为左式，在右手即为右式。床面的几何形状有矩形、梯形和菱形 3 种，矩形床面的有效利用面积小，菱形床面的有效利用面积大，但配置不便，因此我国目前多采用梯形床面，其规格为（1500～1800）mm×4500mm，面积约为 7.5m^2。

为了防止床面漏水，提高其耐磨性，适度的粗糙度，常常在床面上设置铺面。常用的铺面材料包括橡胶、聚氨橡胶、玻璃钢及聚氯乙烯等。

12.5.4.2　冲程和冲次

冲程 s 和冲次 n 决定着床面运动的速度和加速度，通常速度与 ns 成正比，而加速度与 n^2s 成正比。用于分选粗粒物料的摇床采用大冲程、小冲次，以利于物料运输，用于分选细粒物料的摇床则采用小冲程、大冲次，以加强振动松散。

6-S 摇床冲程 s(mm)，冲次 n（次/min）的经验值为：

（1）粗砂床（选别-2mm 钨矿石），$ns=4000\sim4500$，$n^2s=1400\times10^3\sim1500\times10^3$。

（2）细砂床（选别-0.1mm 钨细泥），$ns=3000\sim4350$，$n^2s=900\times10^3\sim1000\times10^3$。

根据苏联资料，摇床的冲程、冲次与入选矿石最大粒度 d_{max} 的关系为

$$s = 18\sqrt[4]{d_{max}} \tag{12-75}$$

$$n = \frac{250}{\sqrt[5]{d_{max}}} \tag{12-76}$$

常用摇床适宜的冲程、冲次值见表 12-17。

表 12-17　常用摇床的冲程、冲次值

处理原料	冲程/mm			冲次/次 · min^{-1}		
	6-S	云锡式	弹簧摇床	6-S	云锡式	弹簧摇床
粗砂	18～24	16～20	15～20	250～300	270～290	300～330
细砂	18～24	11～16	11～15	250～300	290～300	300～330
矿泥	8～16	8～11	0～13	300～340	320～360	330～360

12.5.4.3　冲洗水和床面横向坡度

冲洗水由给矿水和洗涤水两部分组成，其大小和床面的横坡共同决定着颗粒在床面上的横向运动速度。当增大横坡时颗粒的下滑作用力增强，因而可减少用水量，即“小坡大水”或“大坡小水”可以使颗粒有相同的横向运动速度。增大冲洗水量对底层颗粒的运动速度影响较小，有助于物料在床面上展开分带，但水耗增加。增大床面横坡，分带变窄，但水耗可减小。通常在精选摇床上多采用小坡大水，而在粗选及扫选摇床上则采用大坡小水。摇床的清洗水量和横向倾角列于表 12-18。

表 12-18　摇床的冲洗水量和横向倾角

摇床类别	横向倾角/(°)	清洗水量/t·台$^{-1}$·h^{-1}
粗砂摇床	2.5~4.5	3.3~6.3
细砂摇床	1.5~3.5	1.3~2.6
矿泥摇床	1~2	0.6~1.3

12.5.4.4　*物料入选前的准备及给料量*

为了便于现场摇床的操作，提高分选指标，物料在给入摇床前大都要进行水力分级。当原料中 20μm 以下的微细粒级的含量较高时，还须进行预先脱泥。

摇床的给料量在一定范围内变化时，对分选指标的影响不大。但总的来说摇床的生产能力很低，且随处理原料粒度及对产品质量要求的不同而变化很大。处理粗粒物料的摇床，其单台处理能力为 1~3t/h；处理细粒物料的摇床，其单台处理能力为 0.2~0.5t/h。

摇床的处理能力随给矿粒度和对产品的质量要求不同，变化范围很大。苏联专家总结了摇床处理能力 Q(t/h) 与矿石密度、粒度及床面尺寸关系，提出经验式如下。

$$Q = 0.1\delta \left(F \cdot d_{mea} \frac{\delta_2 - 1}{\delta_1 - 1} \right)^{0.6} K \tag{12-77}$$

式中，δ 为矿石密度，g/cm^3；δ_1，δ_2 分别为轻矿物与重矿物密度，g/cm^3；d_{mea} 为平均给矿粒度，mm；F 为床面面积，m^2；K 为床面层数。

另一较简单的生产能力计算公式是

$$Q = 2.2 d_{mea}^{0.6} \tag{12-78}$$

云锡摇床处理不同磨矿段锡矿石的处理量列于表 12-19。

表 12-19　云锡摇床处理各选别段矿石的处理量

摇床类别		给矿粒度范围/mm	处理量/t·d^{-1}·台$^{-1}$
矿砂系统	第一段	0.074~2	20~25
	第二段	0.074~0.5	15~20
	第三段	0.074~0.2	10~15
矿泥系统	粗泥	0.037~0.074	5~7
	细泥	0.019~0.037	3~5

12.6　离心选矿

12.6.1　概述

离心选矿机是借助于离心力在薄层水流中分选细粒物料的设备，矿浆在截锥形转筒内流动。在这类选矿机中，除离心惯性力作用外，物料的松散-分层原理与在其他溜槽中一样。

颗粒的离心加速度与推动它作回转运动的向心加速度大小相等，方向相反。离心加速度与重力加速度的比值 i 称作离心力强度：

$$i = \frac{\omega^2 r}{g} \tag{12-79}$$

式中，ω 为回转角速度，rad/s；r 为回转半径，m。

现用离心选矿设备 i 值常达数十至百余倍（i 值从几十到一百多），重力的影响几乎可以忽略不计。

按设备的结构形式、运动方式和流层厚度，离心选矿设备可分作如下几类：

（1）鼓壁回转的离心流膜选矿设备，包括卧式离心选矿机、立式离心选矿机及离心盘选机等，矿浆在转鼓内壁连续受到剪切松散，适于处理微细粒级（-0.1mm），在我国应用很普遍；

（2）附以轴向振动的离心流膜选矿设备，主要有离心摇床、振动离心机等，轴向振动增强了床层松散作用，可以处理稍粗粒级矿石；

（3）有压给矿厚层回转流选矿设备，如短锥旋流器、水介质旋流器及虹吸旋流分选器等。设备本身并不运转，靠压力给矿造成回转运动，适于处理 2mm 或更粗粒级矿。

12.6.2　卧式离心选矿机

图 12-93 是 ϕ800mm×600mm 卧式离心选矿机的结构图，其主要工作部件为一截锥形转鼓，小直径端的直径为 800mm，向大直径端直线扩大，转鼓的垂直长度为 600mm。转鼓借锥形底盘固定在回转轴上，由电动机带动旋转。给矿嘴呈鸭嘴形，共有 2 个，一上一下插入不同深度，在给矿嘴的弧面对侧设有冲洗水嘴。

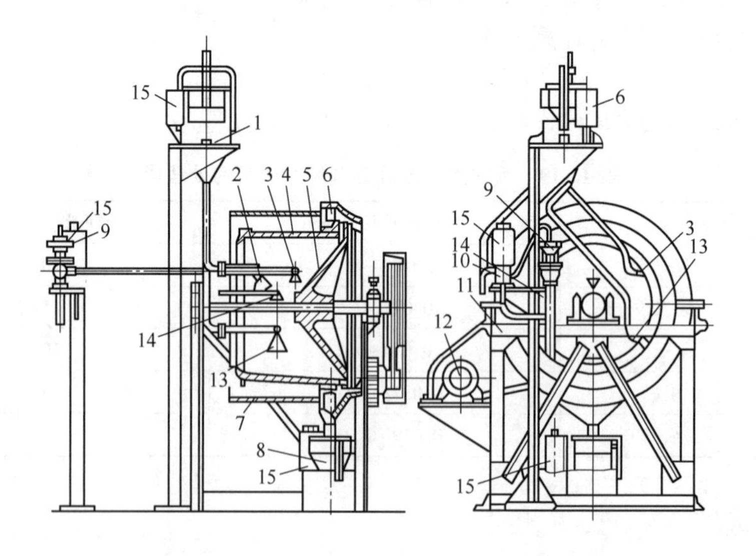

图 12-93　ϕ800mm×600mm 卧式离心选矿机的结构

1—给料斗；2—冲水嘴；3—上给矿嘴；4—转鼓；5—底盘；6—接料槽；7—防护罩；8—分料器；9—皮膜阀；10—三通阀；11—机架；12—电动机；13—下给矿嘴；14—洗涤水嘴；15—电磁铁

矿浆沿切线方向给到转鼓内后，随即贴附在转动的鼓壁上，随之一起转动。因液流在转鼓面上有滞后流动，同时在离心惯性力及鼓壁坡面作用下，还向排料的大直径端流动，于是在空间构成一种不等螺距的螺旋线运动。

矿浆在沿鼓壁运动的过程中，发生分层，高密度颗粒在鼓壁上形成沉积层，低密度颗粒则随矿浆流一起通过底盘的间隙排出。当高密度颗粒沉积到一定厚度时，停止给矿，给入高压冲洗水，冲洗下沉积的高密度产物。

卧式离心选矿机的分选过程是间断进行的，但给矿、冲水以及产物的间断排出都自动地进行。在给料斗上方和排料口下方均设有分料斗，在冲洗水管上有控制阀门，它们由时间继电器控制，电磁铁操纵，在将给料拨送到回流管的同时，给入冲洗水，下面排料口处的分料漏斗同时将矿浆流引到高密度产物排送管道中，大约30s后，停止冲水，两分料斗恢复原位，继续给矿分选。

12.6.2.1 卧式离心选矿机的分选原理

卧式离心选矿机内矿浆流沿鼓壁的运动情况如图12-94和图12-95所示。矿浆自给矿嘴喷出的速度大约为1~2m/s，而在给矿嘴处转鼓壁的线速度一般为14~15m/s。由于两者之间存在着很大的差异，所以矿浆将逆向流动，出现了滞后流速。此后受黏性牵制，滞后流速逐渐减小。在转鼓壁沿轴向的斜面上，由于离心惯性力及重力的作用，矿浆流的运动速度由零逐渐增大。

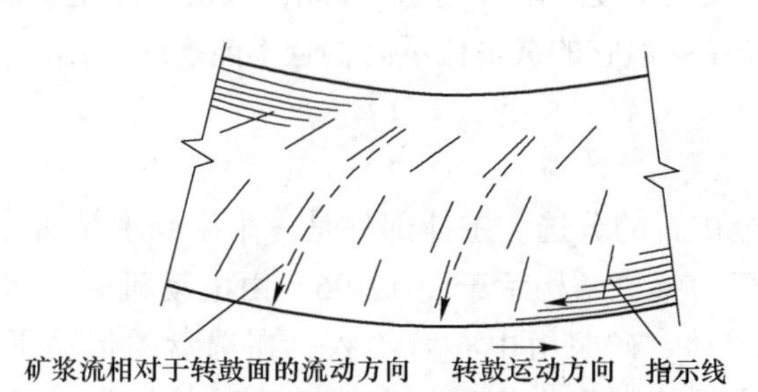

图12-94 矿浆流在转鼓壁上流动方向测定图示

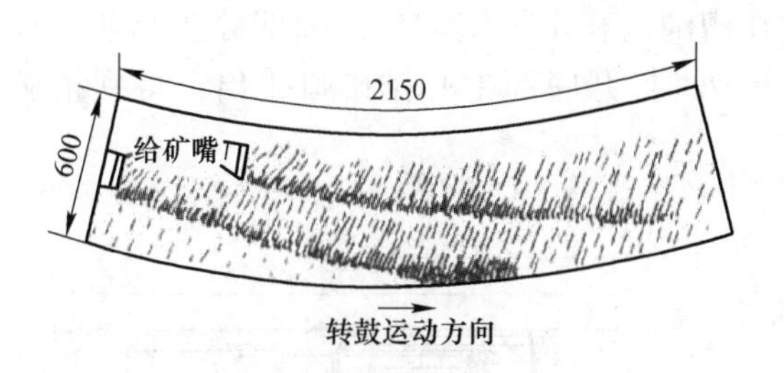

图12-95 液流在转鼓壁上的流动形式

卧式离心选矿机内矿浆流运动的合速度是上述切向速度与沿鼓壁斜面运动速度的矢量和，因此矿浆流层内的剪切作用既有沿斜面流速产生的也有切向流速产生的，只是随着矿浆流向排料端推进，剪切作用逐渐过渡到以沿斜面流速产生的为主。

物料在离心选矿机内的分选过程与其他细粒溜槽的基本相同，只是在这里一方面由于存在着明显呈湍流流态的峰波区和剪切应力很强并能产生旋涡扰动的流层分界面，而使得物料的松散得到了强化；另一方面由于颗粒受到了比重力大数十倍乃至上百倍的离心惯性力作用，大大加速了颗粒的沉降，从而使离心选矿机不仅具有比一般处理微细粒级物料溜槽更低的粒度回收下限，而且转鼓的长度也比一般重力溜槽的长度短很多。

12.6.2.2 离心选矿机的影响因素

影响离心选矿机分选指标的因素同样可分为结构因素和操作因素两个方面。但不同的是操作因素的影响情况与设备的结构参数相关。

在这里，结构因素主要包括转鼓的直径、长度及半锥角。增大转鼓直径可以使设备的生产能力成正比增加；而增大转鼓长度则可以使设备的生产能力有更大幅度的提高，但遗憾的是回收粒度下限也将随之上升。增大转鼓的半锥角可以提高高密度产物的质量，但回收率将相应降低。

卧式离心选矿机的操作因素主要包括：给矿浓度、给矿体积、转鼓转速、给矿时间及分选周期。当不同规格的离心选矿机处理同一种物料时，单位鼓壁面积的给矿体积应大致相等，而给矿浓度则应随着转鼓长度的增大而增加；当用相同的设备处理不同的物料时，给矿浓度和体积的影响与其他溜槽类设备相同。转鼓的转速大致与转鼓直径和长度乘积的平方根成反比。在一定的范围内增大转速可以提高回收率，但由于分层效果不佳而得到的高密度产物的质量相应降低。

卧式离心选矿机的回收粒度下限可达0.01mm，该设备的主要优点是处理能力大、回收粒度下限低、便于操作；但它的富集比不高，且不能连续工作。

12.6.3 离心盘选机

该机主要用于砂金矿石的分选。主体部件是一个半圆形转盘，转盘内表面铺有橡胶制带有环状槽沟的衬里，整机结构示于图12-96。由电动机驱动水平轴旋转，再由伞齿轮带动垂直轴使选盘转动。矿浆由中心管给入，在选盘的带动下，借助离心力附着在衬胶壁上，呈流膜状沿螺旋线向上流动。在流动中矿粒发生松散一分层。重矿物滞留在槽沟内，轻矿物随矿浆向上流动越过选盘的上缘进入尾矿槽。经过一段时间后（选金约20min），重矿物在槽沟内积聚一定数量，随即停止给矿，设备也停转，用人工加水冲洗槽沟内沉积的重砂，打开底部中心排矿口排出，得到精矿。设备技术性能和工艺参数列于表12-20。

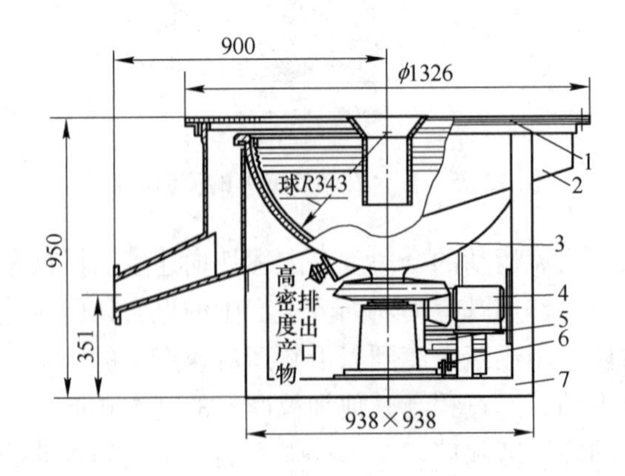

图12-96　离心盘选机的结构

1—防砂盖；2—低密度产物槽；3—半球冠分选盘；4—电动机；5—水平轴；6—电动机架；7—机架

表 12-20 离心盘旋机的工艺参数

项 目	工艺参数	项 目	工艺参数
选盘直径/mm	868	给矿时间/min	20
转速/r·min^{-1}	120	给矿液固比（液：固）	5：1
安装功率/kW	2.2	最大给矿粒度/mm	8
外形尺寸(长×宽×高)/mm×mm×mm	950×1326×1326	含泥量（-0.075mm 占比）/%	15
设备质量/kg	500	处理量/t·h^{-1}	5

12.6.4 离心选金锥

离心选金锥的结构如图 12-97 所示，在截锥形的分选锥内表面上镶有同心环状橡胶格条。物料由给料管给到底部分配盘上，分配盘在转动中将其甩到锥体内壁上。在离心力作用下，矿浆流越过沟槽向上流动，物料在流动中发生松散-分层，进入底层的高密度颗粒被沟槽阻留下来，而低密度颗粒则随矿浆流一起向上运动，越过锥体上缘进入低密度产物槽。经过一段时间，高密度颗粒在沟槽内积聚一定数量后，停止给料和设备运转，用水管引水人工清洗沟槽内沉积的高密度颗粒，使之由下部的高密度产物排出管排出。

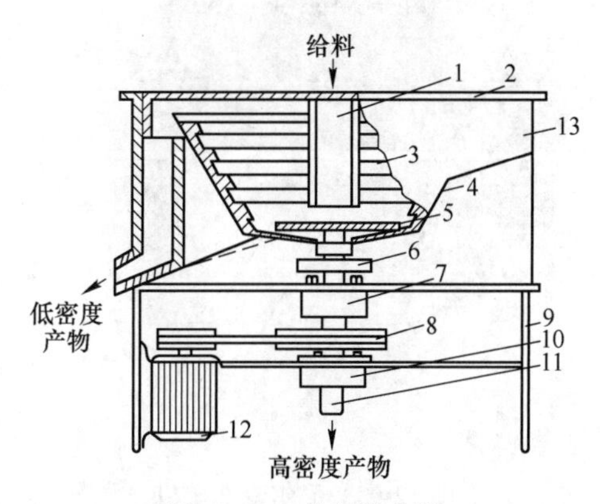

图 12-97 离心选金锥

1—给料管；2—上盖；3—橡胶格条；4—锥盘；5—矿浆分配盘；6—甩水盘；7—上轴承座；8—皮带轮；9—机架；10—下轴承座；11—空心轴；12—电动机；13—机械外壳

该机属于低离心强度的设备，对给矿粒度适应性强，可以用于处理砂金矿石或粗粒脉金矿石。在分选-5mm 砂金矿时，离心力强度可取 6~8 倍；处理-0.5mm 脉金磨矿产品时，离心力强度值可取 8~12 倍。给矿浓度亦可在较宽范围内变化，且不必预先脱泥。对单体金的回收率一般达到 90%~96%，富集比为 800~1600 倍。此种设备结构简单，质量轻，安装时不必预设水泥基础。

12.6.5 尼尔森选矿机

尼尔森选矿机是新型重力选矿设备，是基于离心原理并利用产生的强化重力场进行选矿的设备。尼尔森选矿机的核心结构即富集锥，当矿浆颗粒到达锥壁后，逐渐从分选锥底部开始充满每个环，在高强化重力场中，不同矿物之间的重力差异被有效放大，使得更加容易分离比重较大的目标矿物和比重较小的脉石矿物。与此同时在流态化水不断地作用下，分选床层可以保持松散的状态，从而轻重矿物可以自由地移动，实现按照密度大小分离的最终目标。

12.6.5.1 主要结构

尼尔森选矿机结构简单，主要进料管、分选锥体、衬里、外套、排矿口、机架、机架轴承座、主轴、橡胶座、马达等组成，具体如图12-98所示。分选锥体是尼尔森选矿机的核心，它是由浇铸在不锈钢外壳上的高耐磨聚氨酯化合物制成，在锥体内壁上加工有一系列间隔的环槽，环槽的直径自下而上逐渐增大，在环槽圆周上有一系列流态化水孔，使得压力水沿逆时针方向注入环槽，流态化水孔的数量、尺寸、位置是根据大量的研究成果设计出来的。分选锥外还有一个同心的外壳，外壳与锥之间的空间构成水腔。

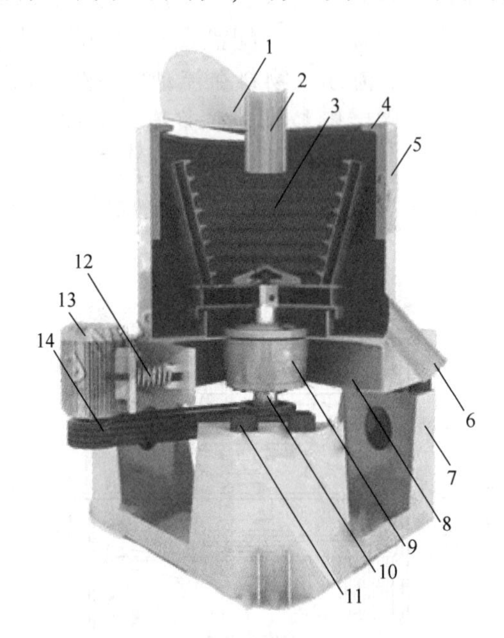

图12-98 尼尔森选矿机

1—检修门；2—进料管；3—分选锥体；4—衬里；5—外套；6—排矿口；7—支撑脚；8—机架；9—机架轴承座；10—主轴；11—橡胶座；12—弹簧；13—马达；14—皮带

12.6.5.2 分选原理

尼尔森选矿机的分选理论是依据矿粒在回转流中的离心运动。矿粒在回转流中同时受离心力、向心浮力、水流压力、介质阻力、矿粒的重力等的作用，但起主导作用的是离心力。所以尼尔森选矿机的转速高达400r/min，产生的离心力是重力的60倍。

矿浆给入预选筛、筛上粗矿粒（一般大于6mm）返回球磨机，筛下矿浆通过中心给矿管给入高速旋转（顺时针方向）的锥形转盘上，随后在离心力的作用下被甩到锥体侧壁上，矿粒到达侧壁后，自下而上填满侧壁上的环槽，与此同时被进入水室的压力水浸泡，当进入环槽的水流压与矿粒离心力达到平衡时，产生理想的浸泡效果，即环槽中矿物“床”处于悬浮松散状态，这就使得细小的重矿物颗粒通过矿物“床”缝隙进入环槽最底层沉积。轻矿物处于分散状态，随上升水流进入尾矿管排出。

尼尔森选矿机是周期排矿，工作周期的长短受重矿物多少的影响，用于排矿回路一般在2~5h。工作周期结束时，开始反冲洗，反冲洗可手动控制或自动控制。反冲洗开始时，驱动电机停止运转，转子也停止运转，浸泡水控制流量阀全部打开。压力水逆时针方向进入每一环槽中将存积在各个环槽的矿粒冲击进入矿物收集槽。整个反冲洗排矿过程只需几秒钟，然后尼尔森选矿机又进入正常工作状态。

加拿大麦吉尔大学的凌竞宏和 A. R. Laplante 推导出，在斯托克斯定律范围内，矿物颗粒在尼尔森选矿机内的瞬时径向沉降速度为

$$\frac{\mathrm{d}r}{\mathrm{d}t} = \frac{D^2(\rho_s - \rho)r\omega^2}{18\mu} - u_1 \tag{12-80}$$

式中，r 为球形固体颗粒在时刻 t 的径向位置；D 为球形固体颗粒的直径；ρ_s 为固体颗粒的密度；ρ 为液体颗粒的密度；μ 为液体黏度；u_1 为流态化水的径向速度；ω 为锥的角速度；$\frac{\mathrm{d}r}{\mathrm{d}t}$ 为球形固体颗粒瞬时径向沉降速度。

从式（12-80）可以看出，当转数给定时，改变流态化水的速度，可改变矿粒离心沉降速度的大小。

12.6.5.3 影响尼尔森选矿机分选的主要因素

影响尼尔森选矿机重选效果的因素主要为反冲水量、重力倍数、给矿量及隔粗等，具体影响情况如下所示：

（1）反冲洗水量对尼尔森重选指标的影响。随着反冲洗水量增加，金精矿品位逐步增加，增加到一定程度后，继续增大反冲洗水量，对提高富集比已无益；随着反冲洗水量增加，精矿中金回收率先增加再降低。

现场实际生产中，反冲洗水量需适中，建议生产中可以适当增加或者降低反冲洗水量进行指标对比，选择合适的反冲洗水量以提高尼尔森重选回收率。

（2）重力倍数对尼尔森重选指标的影响。随着尼尔森重力倍数增加，金精矿品位和回收率均有下降趋势。当给矿量和反冲洗水量一定时，随着重力倍数增加，物料受到的离心力逐渐增加，另外由于富集腔的体积是固定的，过分增加重力倍数，不仅颗粒金受到的离心力逐渐增加，其他物料受到的离心力也逐渐增加，由于反冲洗水量一定，因此很难实现颗粒金与其他物料的有效分离，还可能会导致富集腔内的中细粒级颗粒金被其他物料取代从而排至尾矿中，进而导致金品位和回收率均下降。

（3）给矿量对尼尔森重选指标的影响。随着给矿量增加，金精矿品位逐步增加，精矿中金回收率却逐渐降低，这是由于尼尔森选矿机富集腔的体积一定，即富集腔所容纳的精矿体积量基本确定，再者在其他条件一定的情况下，比重较小的颗粒必定受到较小的离心力，因此随着给矿量增加，比重较小的颗粒被比重较大的颗粒所替代，即脉石颗粒尽可能地被颗粒金所取代，从而导致随着给矿量增加，金精矿品位逐步增加，精矿中金回收率却逐渐降低。现场实际生产中，在控制合理给矿浓度（浓度不宜过大）的前提下，适当降低给矿量，即适当缩短富集时间，有利于提高尼尔森重选回收率。

（4）隔粗对尼尔森重选指标的影响。随着隔筛尺寸降低，尼尔森精矿品位和回收率均呈先增加后下降的趋势。从试验现象看，当有过粗粒级物料进入尼尔森选矿机时，会导

致物料在富集锥中堆积，不利于颗粒金的回收；从精矿产品形貌来看，随着隔筛尺寸逐渐减小，精矿产品粒度组成趋于均匀。

12.7　风力选矿

12.7.1　概述

以空气为介质的重选过程称为风力分选，主要用于干物料的分级、分选和除尘等。常用的风力分选设备有沉降箱、离心式分离器、风力跳汰机、风力摇床和风力尖缩溜槽等。

12.7.2　沉降箱

最简单的沉降箱的结构如图 12-99 所示，这种设备设在风力运输管道的中途，借沉降箱内过流断面的扩大，气流速度降低，使粗颗粒在箱中沉降下来。

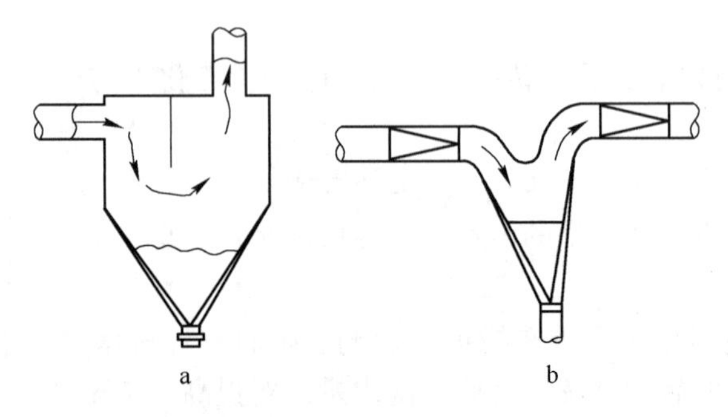

图 12-99　最简单的沉降箱结构示意图

a—带拦截板的沉降箱；b—不带拦截板的沉降箱

在沉降箱内，空气流的上升速度取决于临界颗粒的沉降速度。设在沉降箱内颗粒的沉降高度为 h，临界颗粒的沉降速度为 v_{cr}，则沉降 h 高度所需时间 t 为

$$t = h/v_{cr} \tag{12-81}$$

在同一时间内，颗粒以等于气流的水平速度 u 在沉降箱内运行了 l 距离，所以又有

$$t = l/u \tag{12-82}$$

由式（12-81）和式（12-82）得沉降箱的有效高度与长度之比为

$$h/l = v_{cr}/u \tag{12-83}$$

考虑到湍流流动时受脉动速度的影响，颗粒的沉降速度降低，所以当气流的速度超过 0.3m/s 时，颗粒的沉降速度应乘以 0.5 的修正系数。

12.7.3　离心式分离器

离心式分离器是借助气流的回转运动，将所携带的固体颗粒按粒度分离。造成气流回转的方法主要有两种：一是气流沿切线方向给入圆形分离器的内室；二是借室内叶片的转动使气流旋转。这类设备常用的有旋风集尘器、通过式离心分离器、离心式风力分级机等。

12.7.3.1 旋风集尘器

图 12-100 是除尘作业常用的旋风集尘器的结构示意图。这种设备的结构颇似水力旋流器，只是尺寸要大一些。含尘气体进入集尘器后，固体颗粒在回转运动中被甩到周边，与器壁相撞击后沿螺旋线向下运动，最后由底部排尘口排出。

旋风集尘器的结构简单，制造容易，使用方便。在处理含有 10μm 以上颗粒的气体时，集尘效率可达 70%~80%（按固体粉尘回收百分数计）。但这种设备的阻力损失较大、能耗高、易磨损。

12.7.3.2 通过式离心分离器

通过式离心分离器常用来对物料进行干式分级，它本身没有运动部件，其结构如图 12-101 所示。

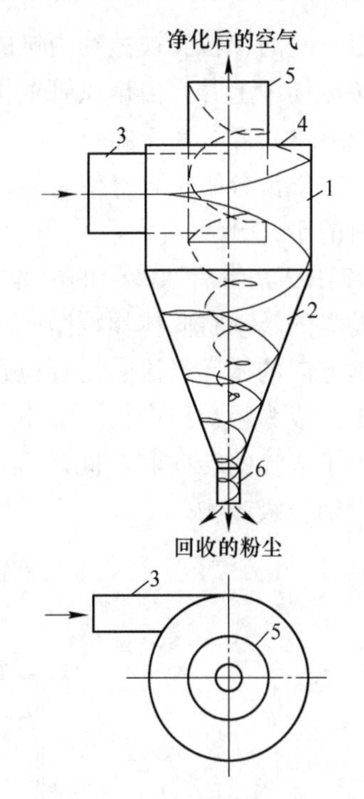

图 12-100 旋风集尘器

1—圆筒部分；2—锥体；3—进气管；4—上盖；5—排气管；6—排尘口

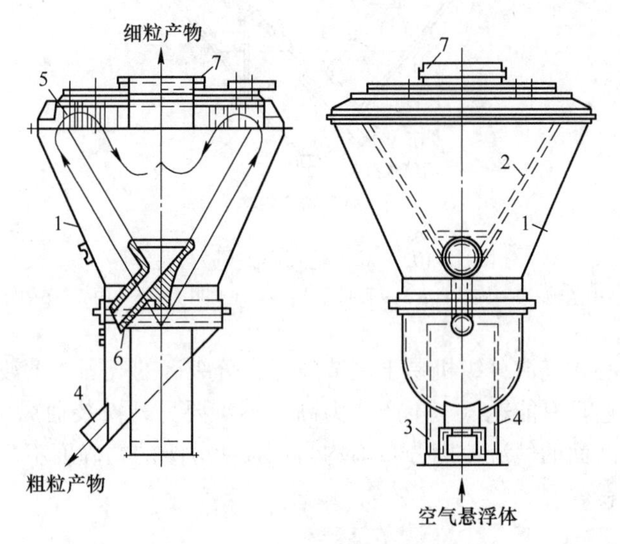

图 12-101 通过式离心分离器结构

1—外锥；2—内锥；3—进风管道；4，6—套筒；5—叶片；7—排风管道

这种设备主要由外锥和内锥组成，两者用螺旋状叶片在上部连接起来。含固体物料的气流沿下部管道以 18~20m/s 的速度向上流动，气流进入两圆锥间的环形空间后，速度降到 4~6m/s。由于速度降低，最粗的固体颗粒即沉降到外圆锥的内表面，并向下滑落经套筒 4 排出。较细的固体颗粒随气流穿过叶片，沿切线方向进入内锥，在离心惯性力的作用

下，稍粗一些的颗粒又被抛到内锥的锥壁，然后下滑，并经套筒 6 排出。携带细颗粒的气流在回转运动中上升，由排风管道排出。

12.7.3.3　离心式气流分级机

离心式气流分级机自身带有转动叶片或转子，其结构形式有很多种，广泛应用于微细粒级物料的干式分级。

图 12-102 是带有双叶轮的离心式风力分级机的结构简图。原料由中空轴给到旋转盘上，借助盘的转动将固体颗粒抛向内壳所包围的空间。在中空轴上还装有叶片，在转动中形成图示方向的循环气流。粗颗粒到达内壳的内壁后，克服上升气流的阻力落下，由底部内管排出，成为粗粒级产物。细小的颗粒被上升气流带走，进入内壳与外壳之间的环形空间内。由于气流的转向和空间断面的扩大，细颗粒也从气流中脱出落下，由底部孔口排出，成为细粒级产物。

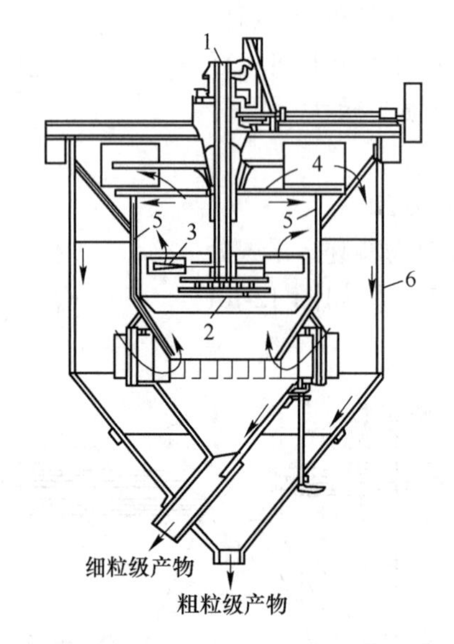

图 12-102　双叶轮离心式风力分级机

1—中空轴；2—旋转盘；3—下部叶片；4—上部叶片；5—内壳；6—外壳

叶片转子型离心式气流分级机易于调节粒径，分级区的气固浓度波动对分级粒度的影响显著减少，同时还具有能耗低、生产能力高、不需要另外安装通风机和集尘器等优点。其缺点是通过环形断面的气流速度分布不均匀，致使分级的精确度不高，另外还容易导致物料在循环过程中粉碎。

12.7.4　风力跳汰机

图 12-103 是简单的风力跳汰机，机中有二段固定的多孔分选筛面。由鼓风机送来的空气通过旋转闸门间断地通过筛板，形成鼓动气流。待分选的物料由筛板的一端给入，在气流的推动下间断地松散悬浮，并随之按密度发生分层。在第一段筛板上分出密度最大的高密度产物，选出的密度低一些的产物进入第二段筛板，进一步分选出低密度产物和中等密度的产物。整个跳汰机由特制的罩子封闭，分层情况从侧面观察孔探视。

12.7.5 风力摇床

风力摇床的结构与水力摇床类似，只是在风力摇床上固体颗粒在连续上升或间断上升的气流推动下发生松散和分层。图 12-104 是苏联生产的欧斯玻-100 型风力摇床的结构简图。整个床面沿纵向被分成 4 段，每段分别铺设粗糙的多孔板，孔径为 1.5～3mm，在多孔板表面按图示方向布置床条。床面由传动机构带动做往复运动。为了保持床层有一定的厚度，在床面的纵边和横边均设有挡条。压缩空气由下部通过软管给到床面，并用节流阀控制其流量。

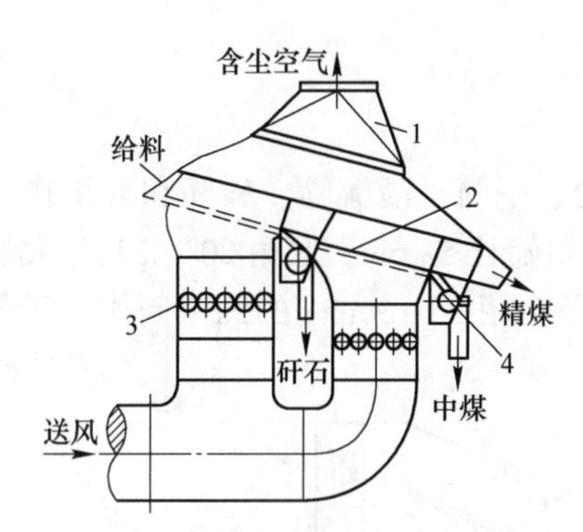

图 12-103 简单的风力跳汰机结构示意图

1—上罩；2—筛板；3—旋转闸门；4—排料滚轮

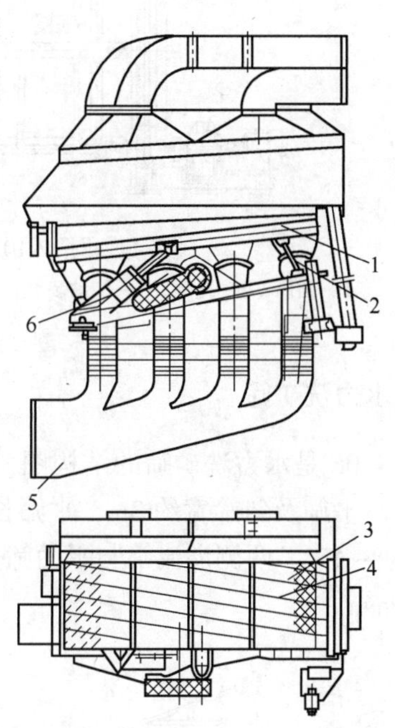

图 12-104 欧斯玻-100 型风力摇床

1—运动床面；2—支承杆；3—摇床工作面；4—床条；5—空气导管；6—传动机构

待分选物料从床面低的一端给入，在床面不对称的往复运动推动下，向高的一端运动。借助连续或间断鼓入的气流推动，床层呈松散悬浮状态，并随之发生分层。分层后位于上层的低密度颗粒沿着床面的横向倾斜从侧边排出；而进入底层的高密度颗粒则被床条阻挡，运动到床条末端排出。

12.8 洗矿

当分选与黏土或大量微细粒级胶结在一起的块状物料时，为了提高分选指标，常在分选前采用水力浸泡、冲洗和机械搅动等方法，将被胶结的物料块解离出来并与黏土或微细粒级相分离，完成这一任务的作业称为洗矿。因此，洗矿包括碎散和分离两项作业。这两项作业大都在同一设备中完成，个别情况下在不同设备中分别完成。

在生产中，除了可以在固定格筛、振动筛、滚轴筛等筛分机械上增设喷水管集筛分和洗矿在同一个作业中完成以外，常用的洗矿设备主要有低堰式螺旋分级机（螺旋洗矿机)、圆筒洗矿筛、水力洗矿筛、圆筒洗矿机和槽式洗矿机等。

12.8.1　圆筒洗矿筛

圆筒洗矿筛的结构如图 12-105 所示。筛分用圆筒是由冲孔的钢板或编织的筛网制成,筒内沿纵向设有高压冲洗水管。借助圆筒的旋转,促使物料块相互冲击,再加上水力冲刷而将物料碎散,洗下来的泥砂透过筛孔排出。

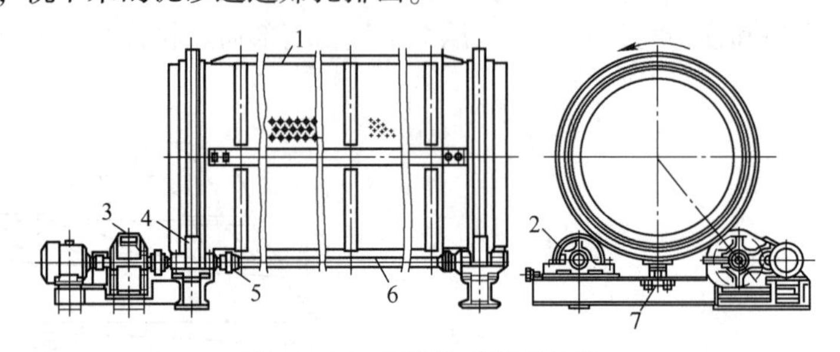

图 12-105　圆筒洗矿筛的结构

1—圆筒;2—托辊;3—传动装置;4—主传动轮;5—离合器;6—传动轴;7—支承轮

12.8.2　水力洗矿筛

图 12-106 是水力洗矿筛的结构图,它由水枪、平筛、溢流筛、斜筛和大块物料筛等部分组成。平筛及斜筛宽约 3m,平筛长 2~3m,斜筛长 5~6m,倾角 20°~22°,大块物料筛倾角 40°~45°。两侧溢流筛与平面筛垂直,筛条多用 25~30mm 的圆钢制作,间距一般为 25~30mm。

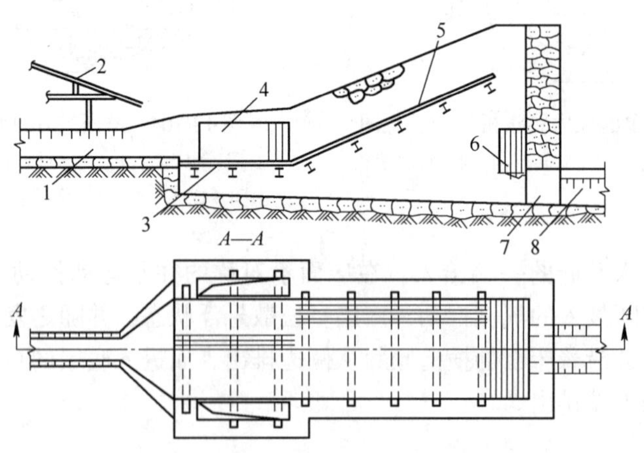

图 12-106　水力洗矿筛的结构

1,8—运料沟;2—高压水枪;3—平筛;4—溢流筛;
5—斜筛;6—大块物料筛;7—筛下产物排出口

物料由运料沟 1 直接给到平筛上,粒度小于筛孔的细颗粒随即透过筛孔漏下,而粗颗粒则堆积在平筛与斜筛的交界处,在高压水枪射出的水柱冲洗下,胶结团被碎散。碎散后的泥砂也漏到筛下,连同平筛的筛下产物一起沿运料沟 8 经筛下产物排出口排出。被冲洗干净的大块物料被高压水柱推送到大块物料筛上,然后排出。

水力洗矿筛的结构简单、生产能力大、操作容易。其缺点是水枪需要的水压强较高、动力消耗大、对细小结块的碎散能力低。

12.8.3 振动洗矿筛

洗矿用的各种振动洗矿筛都是在定型的筛分机上增加高压水冲洗装置而构成（见图12-107），常采用双层筛面，用于处理中碎或细碎前后的矿石。

冲洗水压强一般为0.2~0.3MPa，处理每吨矿石的水耗为1~2m^3。当原矿含泥量不很大、黏结性不强时，利用这类设备即可满足洗矿的要求。

为均匀地沿筛子的宽度喷射水流，可使用图12-108所示的特殊形状喷水嘴。喷水嘴中心线与筛上物料表面间的倾角一般为100°~110°，从喷水嘴到物料表面的距离以300mm为宜。

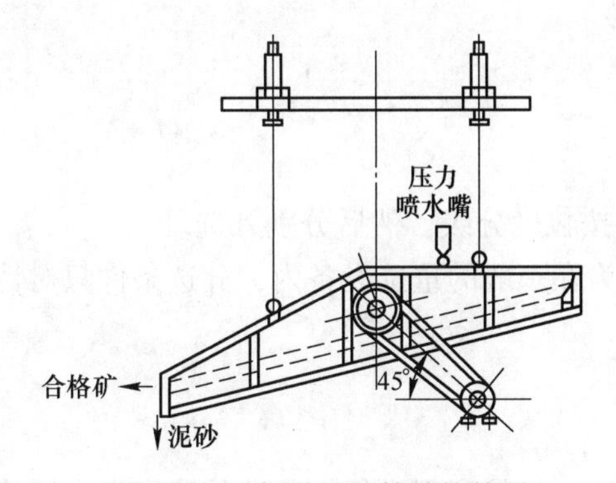

图12-107　振动洗矿筛结构简图

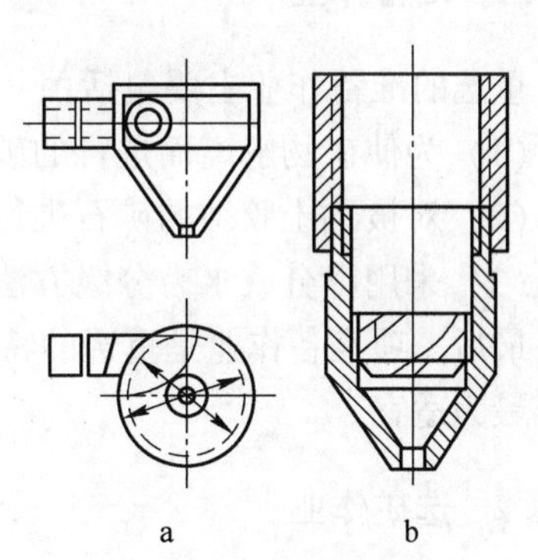

图12-108　洗矿机的喷水嘴结构图
a—旋流器式；b—旋涡式

喷水嘴可以做成旋流器的形式（水从切线方向进入），也可以做成旋涡式轴套（水从中心进入）。旋涡式轴套呈圆锥形，内壁为螺旋沟槽。水进入螺旋沟槽后产生旋涡，形成相对均匀的喷射。使用这两种喷嘴可以在降低水耗的同时提高洗矿效率。

13 重选工艺流程

13.1 重选流程的组成

矿石的重选生产也和其他选矿生产一样，是在一系列连续作业的流程中进行。按作业的性质可分为准备作业、选别作业和产品处理作业三大部分。

13.1.1 准备作业

重选的准备作业主要包括：

（1）为使矿物解离而进行的破碎与磨碎；

（2）对被黏土胶结的矿石进行洗矿及脱泥；

（3）采用筛分或水力分级方法对入选原料按粒度分级，然后分别入选。

最后一项准备作业是重选的特有要求，因为在一般的重选设备内，分选条件只对特定粒级最为适宜。

13.1.2 选矿作业

选别作业是分选矿物的主体环节，同样要按一定的流程进行，重选的流程组合繁简程度很不一样，但多数的流程结构比较复杂，这是由于：（1）重选的工艺方法较多，不同粒级的矿石应选用不同的工艺设备处理；（2）同样类型的设备在处理不同粒度给料时应选用不同的操作条件；（3）多数重选设备的富集比或降尾能力不高，需作多次精选或扫选方能获得最终产品。

重选的优势即在于它能够处理各种粒度矿石。从重选角度可将矿石分为粗粒（大于25mm）、中粒（25~2mm）、细粒（2~0.1mm）及微细粒（小于0.1mm）。处理粗、中以至细粒的重选设备处理能力大，能耗少，在可能条件下均乐于采用，有用矿物在粗、中以至细粒条件下选出，可以减少细磨损失并降低生产费用。处理微细粒级的重选设备分选效果差，除非不得已不宜于采用。重选在选矿生产中的功用可归纳为如下几方面：

（1）矿石预选，在粗粒或中、细粒条件下，预先选出部分最终尾矿，以减少主选入选矿量，降低生产成本；

（2）矿石的主选，将有用矿物与脉石或围岩相分离，得到最终精矿和最终尾矿（或中矿）；

（3）与其他选矿方法组成联合流程，进行有用成分的综合回收或粗、细粒级分别处理；

（4）选矿的补充作业，在主流程之后补充回收伴生成分。

重力选矿的应用正日益扩大，除用于分选传统的矿物原料外，也用于工业废渣和工业垃圾的处理，同时也用在老尾矿的再回收。

13.1.3 产品处理

重选产品的处理。重选精矿的脱水要比浮选或细磨磁选精矿的脱水容易得多，因为重选精矿中含微泥是很少的。对粗粒精矿只要适当晾晒或泄滤即可，微细粒精矿同样要进行过滤或干燥。重选的粗粒尾矿还可做建材或铺路石使用，细粒和微细粒尾矿仍要送尾矿坝堆存。

13.2 重选工艺流程类型

重选常用于处理密度比较大的金、锡石、钨、钍石、钛铁矿、金红石、锆石、独居石、钽铌矿等贵、稀有和有色金属矿物，还可用于分选粗粒嵌布及少数细粒嵌布的赤铁矿、锰矿石等黑色金属矿物，以及石棉、金刚石等非金属矿物和固体废弃物。

13.2.1 金矿石的重选工艺流程

紫金山金矿原矿的金品位仅有 0.8g/t，选矿厂采用堆浸—溜槽重选—氰化炭浸工艺回收矿石中的金，技术经济指标较好，金的回收率超过 80%，选矿厂的经济效益和社会效益都十分显著。选矿厂的生产工艺流程如图 13-1 所示。

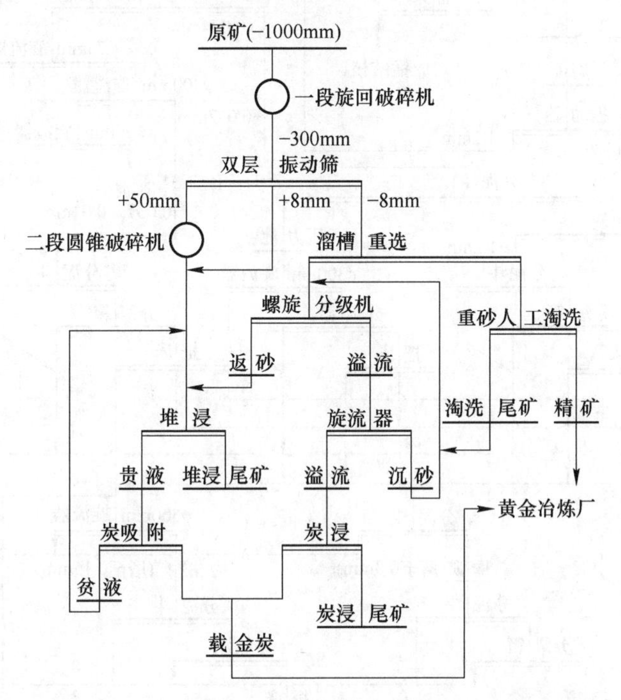

图 13-1 紫金山金矿选矿厂的生产原则工艺流程

13.2.2 锡矿石的重选工艺流程

锡主要用于焊料、镀锡薄板马口铁、青铜合金的生产等。我国锡资源的储量和产量均居世界首位，2008 年锡产量 5 万吨。具有工业价值的主要锡矿物是锡石，故常用重选法与脉石分离。锡矿可分为砂锡矿和脉锡矿两类。

云锡公司所属选矿厂处理的矿石类型主要是残破积锡矿床、氧化脉锡矿、锡石多金属硫化矿，还有堆存尾矿。残破积砂锡矿和氧化脉锡矿的矿物组成相近，且具有锡石粒度细、含泥多，锡、铁矿物结合紧密，伴生的铅、锌、铜、钨、铟、铋、镉等元素均比较难回收。两者相比，脉锡矿的锡品位较高、块矿较多、锡石粒度稍粗、含泥量也相对较少。

处理氧化矿的选矿工艺流程基本相同，由原矿准备、矿砂选别、矿泥选别等三大系统组成。残坡积砂锡矿的原矿准备系统包括洗矿、破碎、筛分、分级脱泥等作业。矿砂（+37μm粒级）的分选采用图 13-2 所示的全摇床选别流程，主要包括三段磨矿、三段选别、粗精矿集中预先复洗、中矿再磨再选、溢流单独处理等作业。矿泥（−37μm 粒级）系统包括离心选矿机粗选、皮带溜槽精选、刻槽矿泥摇床或六层悬挂式矿泥摇床扫选等作业（见图 13-3）。全厂生产指标为：原矿锡品位为 0.3%~0.5%、锡精矿品位 45%~50%、锡总回收率 53%~57%，其中矿泥系统锡回收率占 5%。

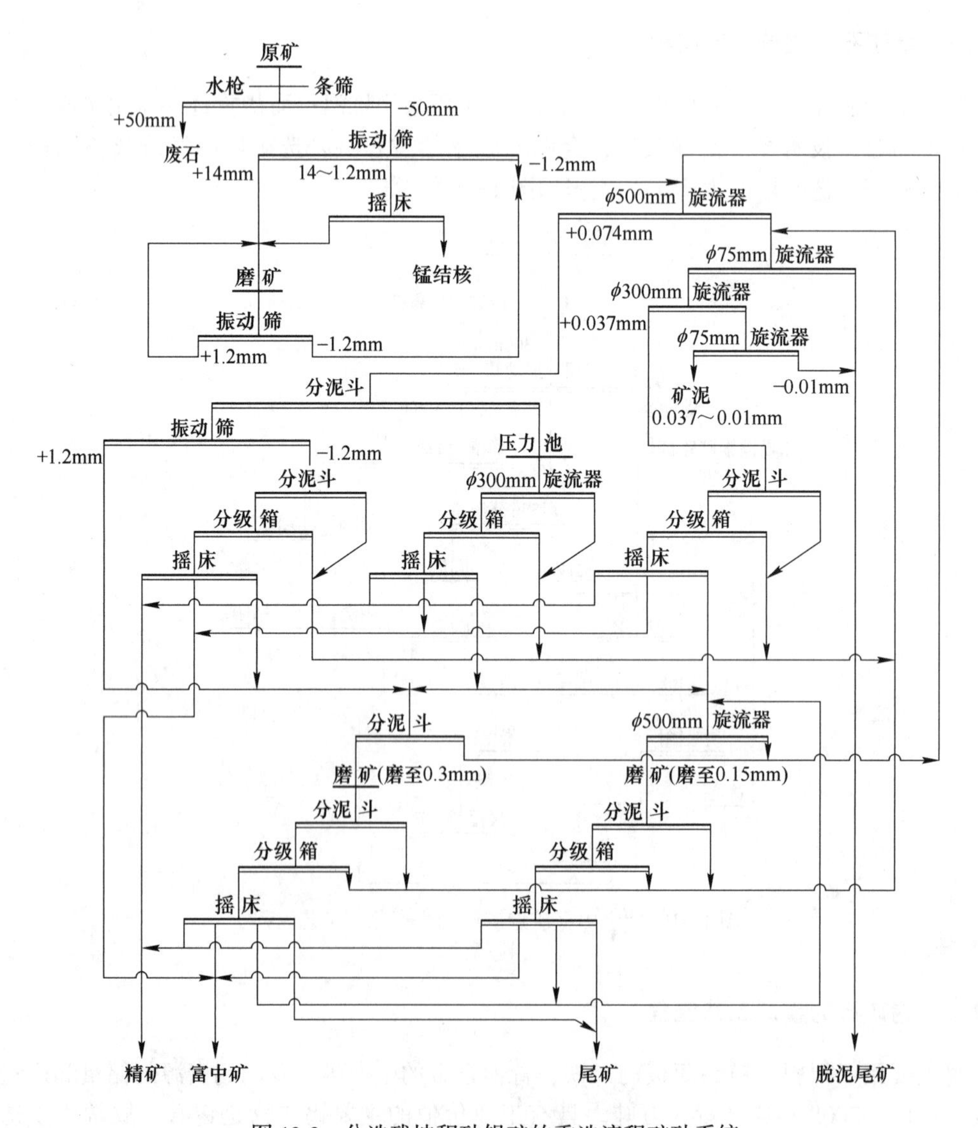

图 13-2　分选残坡积砂锡矿的重选流程矿砂系统

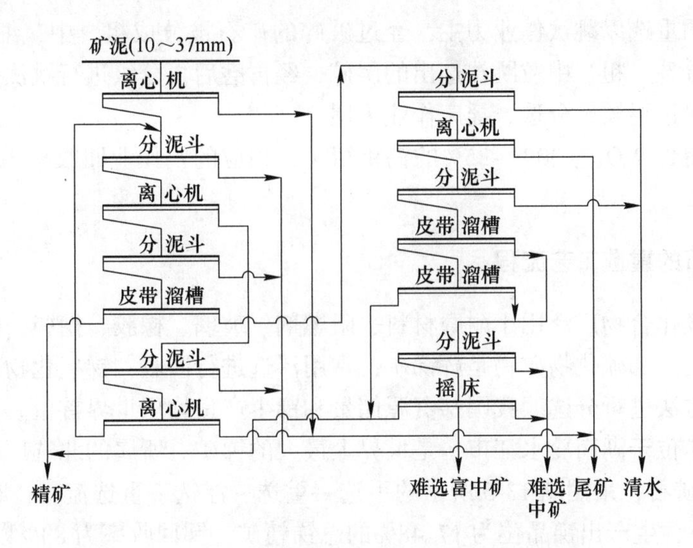

图 13-3　分选残坡积砂锡矿的重选流程矿泥系统

13.2.3　黑钨矿石的重选工艺流程

钨具有熔点高、密度大、硬度高的特点，广泛用于电力照明、冶金、机械加工、军事等领域。我国钨资源储量居世界首位，约占世界总储量的61%。具有工业价值的钨矿物是黑钨矿、白钨矿。黑钨矿主要用重选法回收，白钨矿的分选则以浮选或浮-重联合流程为主。2008 年我国的钨精矿产量折合 WO_3 为 84470t，其中，江西省的产量为 39306t，湖南省的产量为 275900t。

在几十年的生产实践中，江西钨矿山积累了丰富的经验，选矿工艺日益完善。根据钨矿石的性质，选矿厂均采用了以重选为核心预先富集、手选抛废、三级跳汰、多级摇床、阶段磨矿、摇床丢尾、细泥集中处理、多种工艺精选、矿物综合回收的选矿流程（见图 13-4）。

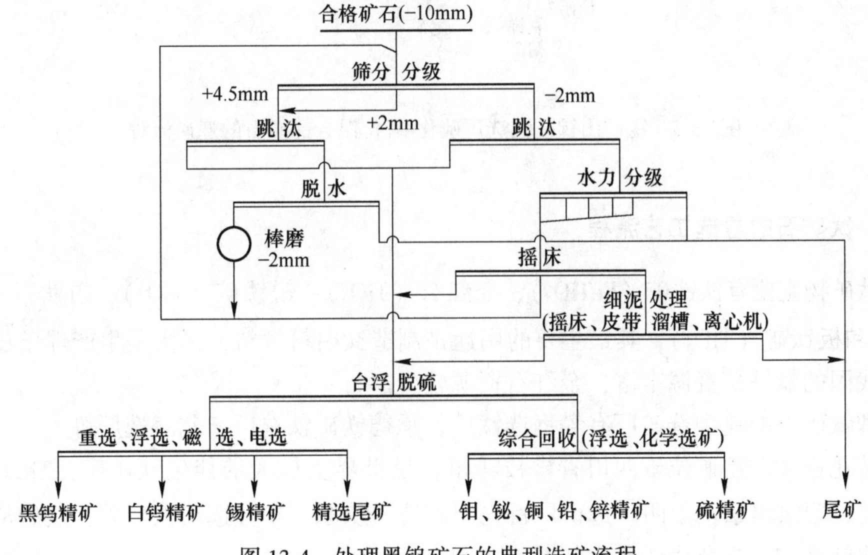

图 13-4　处理黑钨矿石的典型选矿流程

黑钨矿石的重选以跳汰作业为主，经过破碎的矿石被分成粗、中、细 3 个粒度级别，分别进行跳汰分选，粗、中粒跳汰选出的尾矿，经再磨后再分级进行跳汰分选，细粒跳汰选出的尾矿直接进行摇床分选，摇床作业丢尾。

重选段获得含 WO_3 为 30%~35%的钨粗精矿，相应的钨作业回收率为 88%~92%，最高达 96%。

13.2.4　锑矿石的重选工艺流程

金属锑及其化合物广泛用于耐磨材料、阻燃剂、玻璃、橡胶、搪瓷、陶瓷、颜料、涂料等等。主要的含锑硫化物矿物是辉锑矿，常用浮选进行回收；锑氧化物矿物主要是黄锑华，常用重选方法进行分选。我国锑资源储量和锑生产量均居世界首位。

锡矿山锑矿位于湖南冷水江市，是世界上最大的锑矿。所属的北选厂处理的矿石为硫化-氧化混合锑矿石，采用图 13-5 所示的手选—重选—浮选—重选流程，在原矿锑品位为 3.74%的条件下，生产出锑品位为 17.48%的总锑精矿，锑回收率为 83%以上。

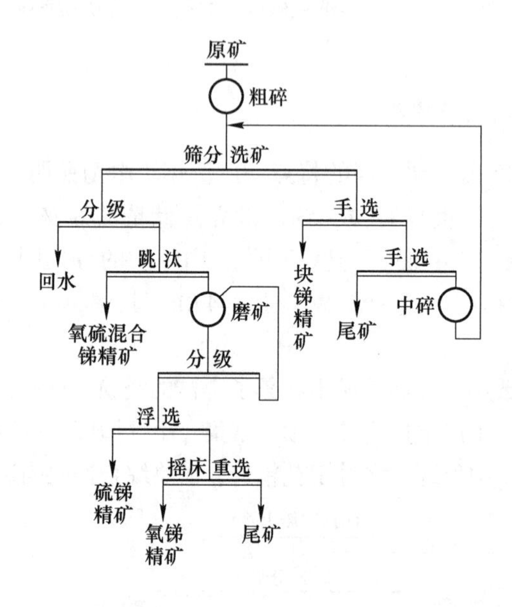

图 13-5　锡矿山锑矿北选厂硫化-氧化混合锑矿石的选矿流程

13.2.5　钛矿石的重选工艺流程

含钛矿物主要有钛铁矿（$FeTiO_3$）、金红石（TiO_2）、锐钛矿（TiO_2）、白钛石（$TiO_2 \cdot nH_2O$）和板钛矿（TiO_2），其最主要的用途是制造钛白粉颜料，其次是生产焊条皮料和海绵钛。我国的钛铁矿资源丰富，金红石资源较少。

处理钛矿石的典型选矿厂有攀钢选钛厂、承德铁矿钛选厂、北海选厂等。

攀枝花钒钛磁铁矿位于四川省攀枝花市，是世界上最大的伴生钛矿床，TiO_2 储量 5×10^8t 以上，现隶属攀钢集团。选矿厂首先用磁选法从原矿中分选出铁精矿，然后从选铁尾矿中回收钛铁矿，主要生产流程如图 13-6 所示。

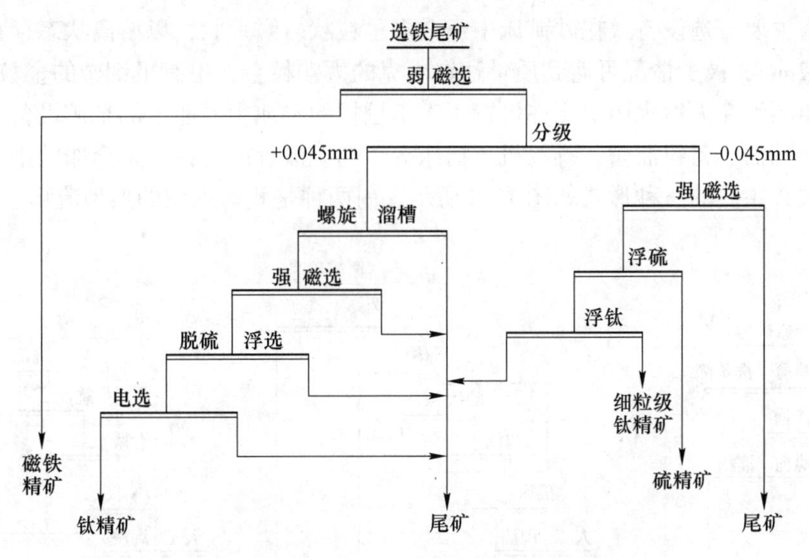

图 13-6 攀钢钒钛磁铁矿矿石选铁尾矿回收钛流程

对于海滨金红石砂矿，通常采用联合分选流程进行有用矿物的综合回收，国外典型的选矿工艺流程如图 13-7 所示。

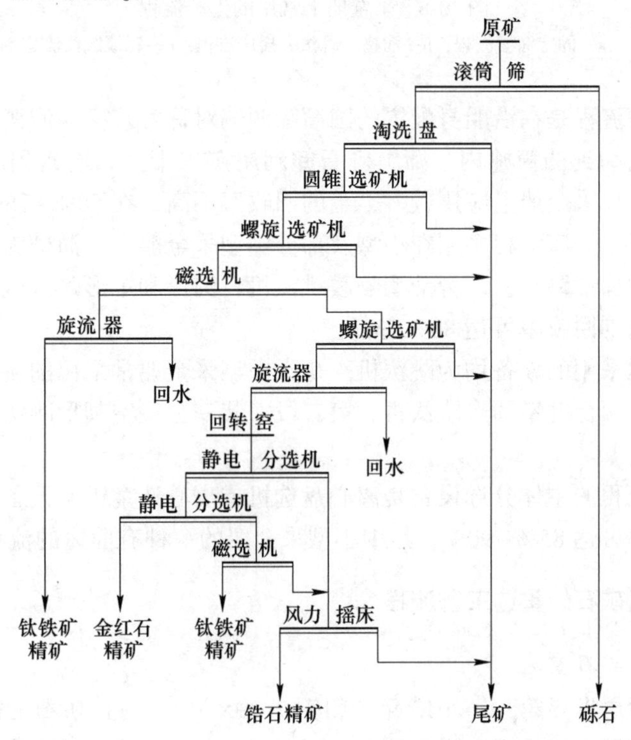

图 13-7 金红石型海滨砂矿联合选厂的工艺流程

13.2.6 含金冲积砂矿的重选工艺流程

砂金选矿以重选为主，其中冲积砂金矿以采金船为主要分选设备；陆地砂金以溜槽和洗选机组为主要分选设备。在砂矿床中，金多呈粒状、鳞片状，以游离状态存在。粒径通常为0.5~2mm，极少情况可遇到质量达数十克的大颗粒金，也有极细微的金粒。

采金船漂浮在天然水面上，亦可置于人工挖掘的水池中。船上的选矿设备主要有圆筒筛、矿浆分配器、粗粒溜槽、跳汰机、摇床等。选矿流程的选择与采金船的生产能力及矿砂性质有关，主要的三种形式如图13-8所示，前两种是我国采用的典型流程。

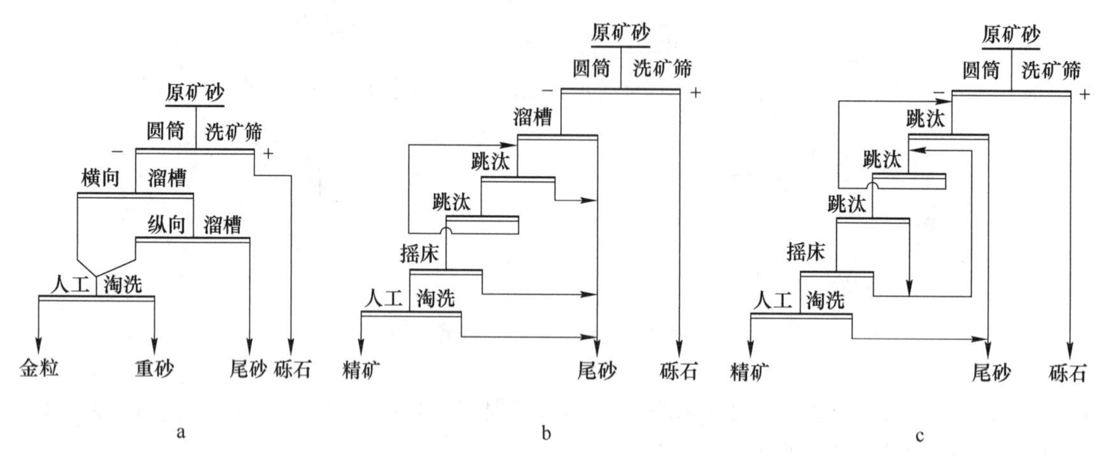

图13-8　采金船上常用的生产流程

a—固定溜槽流程；b—溜槽—跳汰—摇床流程；c—三级跳汰流程

固定粗粒溜槽流程是在沿船身配置的圆筒筛两侧对称安装横向溜槽和纵向溜槽。由链斗挖出的矿砂直接卸到圆筒筛内，筛上砾石卸到尾矿皮带上，输送到船尾。这种流程简单、造价低，在小型采金船上应用较多，金的回收率不高，在58%~75%。

溜槽—跳汰机—摇床流程多用在小型及部分中型采金船上。溜槽为固定的带格胶带溜槽，跳汰机可采用梯形跳汰机、旁动型隔膜跳汰机、圆形和矩形跳汰机等。摇床为工业型设备。金的最终选别回收率可达80%左右。

三段跳汰流程采用的设备均为跳汰机，是大中型采金船常采用的流程。在大型采金船上第一段可以安装两台九室圆形跳汰机，第二段安装一台三室圆形跳汰机，第三段为二室矩形跳汰机。

离心盘选机流程的主体分选设备是离心盘选机或离心选金锥，设备的工作效率高，占地面积小，回收率可达85%~90%，是中小型采金船的一种有前途的流程组合。

13.2.7　黑色金属矿石的重选工艺流程

13.2.7.1　铁矿石重选

我国的钢产量居世界第一，2013年产粗钢7.79×10^8t，对铁矿石的需求巨大，铁矿石自产量和进口量均居世界前列。强磁性铁矿石（如磁铁矿），采用简单有效的弱磁场磁选设备即可分选，而弱磁性铁矿石（如赤铁矿）则采用强磁、浮选、重选等联合流程分选，亦可焙烧、磁选等联合流程分选。

工业生产中处理赤铁矿矿石的典型工艺是阶段磨矿—粗细分级—重选—弱磁选—强磁选—反浮选流程。比较典型的选矿厂有鞍钢集团下属的齐大山铁矿选矿分厂、弓长岭选矿厂、鞍千矿业有限责任公司选矿厂和东鞍山烧结厂选矿车间。齐大山铁矿选矿分厂使用的生产工艺流程如图 13-9 所示。

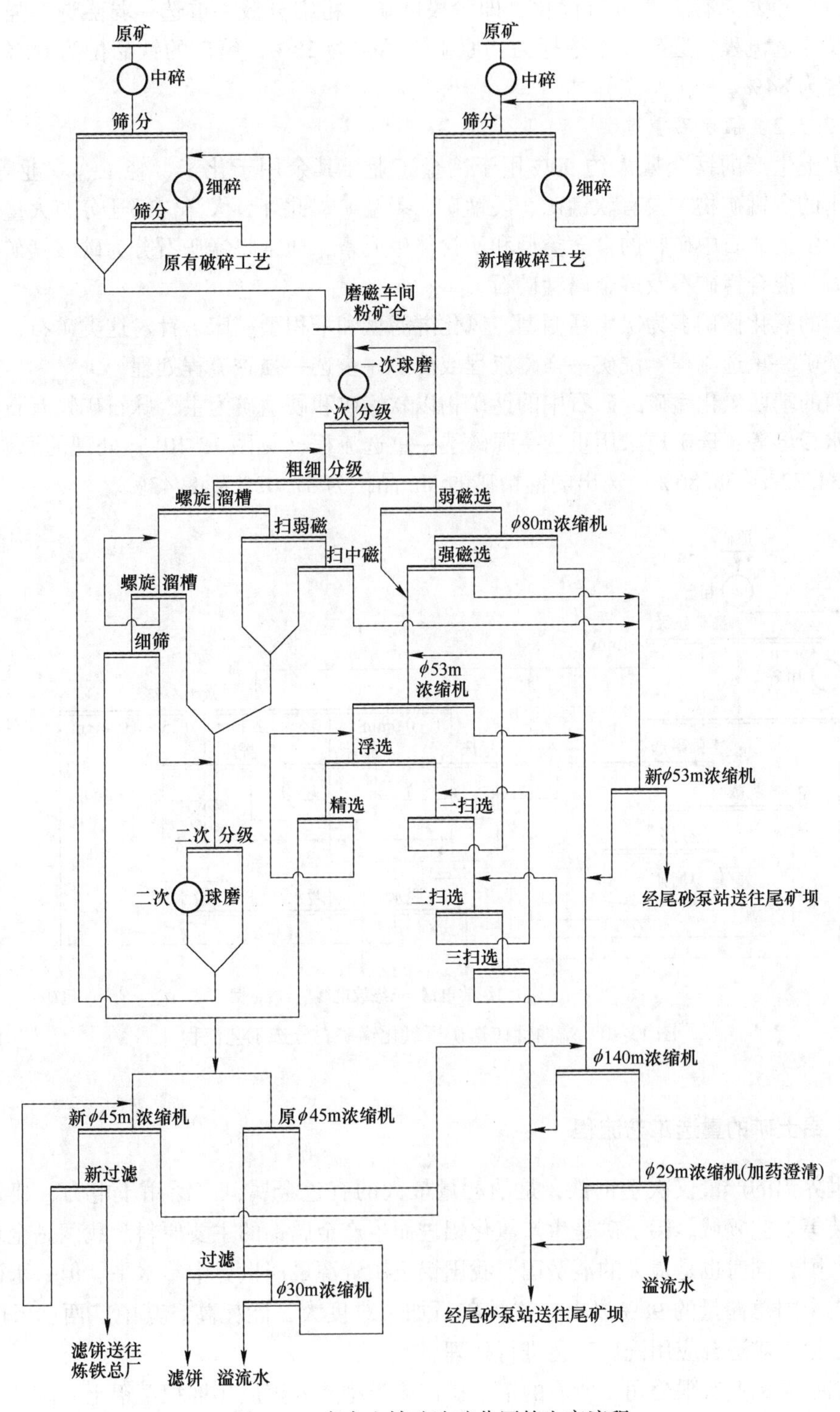

图 13-9 齐大山铁矿选矿分厂的生产流程

齐大山铁矿选矿分厂最初建成投产时，采用连续磨矿—弱磁—强磁—阴离子反浮选流程，选矿技术指标为：原矿铁品位为 29.69%，精矿的铁品位为 66.50%、铁回收率为 84%；2007 年对原有工艺进行优化，即阶段磨矿—粗细分级—重选—弱磁选—强磁选—阴离子反浮选流程，选矿技术指标为：原矿铁品位为 28%，精矿的铁品位为 68%、尾矿中铁品位为 84%。

13.2.7.2　*锰矿石重选*

世界上生产的锰金属大约 90%用于冶金工业，其余用于化工、轻工、农业等方面。锰矿石中的含锰矿物主要有软锰矿、硬锰矿、菱锰矿。此外，大洋深部还分布大量多金属锰结核。依据矿石中矿物的自然类型和所含伴生元素，通常将锰矿石分为碳酸锰矿石、氧化锰矿石、混合锰矿石及多金属锰矿石。

我国的氧化锰矿多为次生锰帽型、风化淋滤型和堆积型矿床。针对这类矿石，现阶段主要用洗矿—重选流程、洗矿—强磁流程或洗矿—重选—强磁流程处理。

广西的靖西氧化锰矿，矿石中的锰矿物以软锰矿和硬锰矿为主，脉石矿物有石英、高岭石、水云母等；选矿厂采用重选—强磁选—重选流程（见图 13-10），处理的原矿的 Mn 品位为 34.22%~38.86%，选出的锰精矿的 Mn 品位为 37.02%~48.43%。

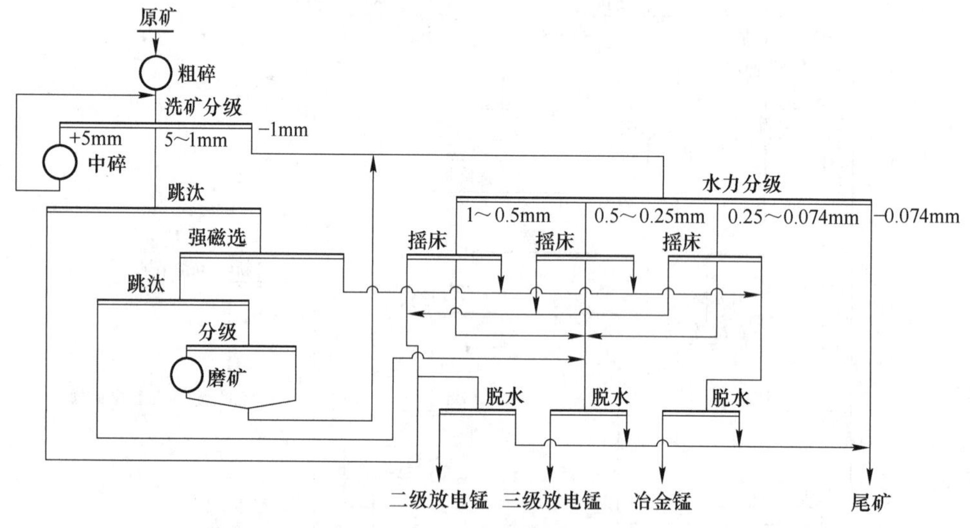

图 13-10　靖西锰矿选矿厂氧化锰矿石分选工艺流程

13.2.8　铝土矿的重选工艺流程

全世界铝的产量仅次于钢铁，是消耗量最大的有色金属，广泛用于电力、建筑、交通、包装等工艺领域。铝土矿是生产氧化铝进而生产金属铝的主要原料。我国是全球最大的铝生产国，同时也是最大的消费国。我国铝土矿资源量居世界中等水平，但一水硬铝石型矿石占全国总储量的 98%以上，这类矿石加工难度大，能耗高。其中广西、云南的风化堆积型铝土矿适合应用洗矿工艺进行处理。

中铝平果铝业有限公司，所属的铝土矿矿床类型是岩溶风化堆积型铝土矿床，矿石属于铝低硅高铁型，矿泥含量高，一般在 44.21%~75.92%，平均含泥量为 63.5%，黏土塑性指数平均为22.8，需经过洗矿脱泥处理以后，供氧化铝厂用作生产原料。

选矿厂采用的洗矿流程为原选矿给入圆筒洗矿机产出+50mm块精矿，矿砂部分经筛分后，+3mm粒级经2200mm×8400mm槽式洗矿机进行洗矿；-3mm粒级经脱泥斗脱泥，分出的沉砂用小槽式洗矿机进行再次洗矿。最终获得产率为51.5%，含Al_2O_3 63.49%的铝土矿精矿。洗矿作业产出的矿泥经浓密机浓密后输送到尾矿库，浓密机的溢流水返回洗矿作业。优化后的洗矿流程如图13-11所示。

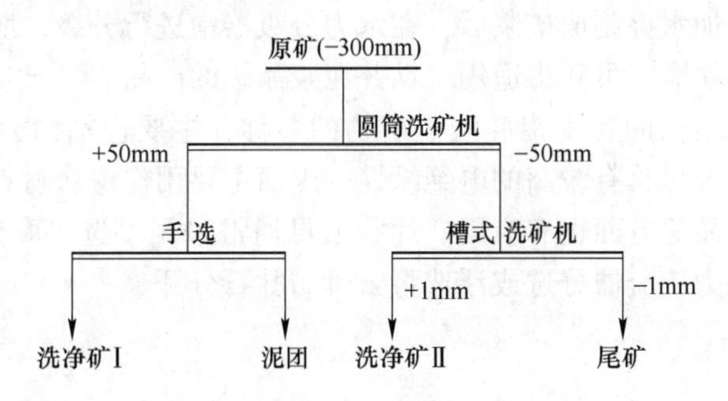

图13-11　平果铝业有限公司铝土矿矿石洗矿分选工艺流程

13.2.9　非金属矿石的重选工艺流程

采用重选方法处理的非金属矿石主要有磷灰石、高岭土、重晶石、红柱石、天青石、金刚石、膨润土、云母、石棉等。

磷灰石是主要的工业磷矿物，是制造磷肥和生产磷化工产品的主要原料。对于某些风化硅质磷块岩，常采用分级—擦洗—脱泥流程进行分选。

高岭土是一种以高岭土族黏土矿物为主的黏土或黏土岩，广泛用于陶瓷、造纸、橡胶、塑料及耐火材料等工业部门。高岭土的分选方法主要有两大类：一是原矿含Fe和Ti等杂质很低时，一般是原矿经破碎捣浆后，用水力旋流器脱出粗颗粒杂质并分出合理细度的高岭土（见图13-12）；二是原矿含铁和钛比较高时，则需采用强磁选除铁。必要时可进一步用水簸精选和化学漂白处理。

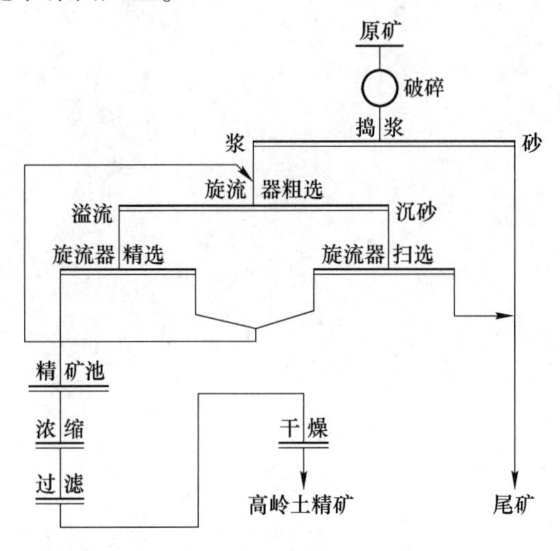

图13-12　常见高岭土选矿厂的工艺流程

金刚石是地球上最硬的物质。工业级金刚石常用于切割、钻具和研磨材料。山东蒙阴金刚石矿原矿品位为0.59g/m^3，采用多段破碎、多段分选的流程，包括洗矿、跳汰、X射线拣选等作业，金刚石的回收率为70%～80%。

膨润土是指由蒙脱石类矿物组成的岩石，主要用于制陶、能源、化工、建筑、铸造、医药和纺织行业。原矿质量较好的膨润土可直接破碎，再用雷蒙磨和其他辊碾机粉碎成-0.15mm、-0.10mm、-0.074mm等级别的产品。对蒙脱石含量30%～80%的低品位膨润土，常将原矿粉碎，加水捣制成矿浆后，在水力分级器中进行分级，所获细级别精矿经浓缩、干燥后，再进行粉磨，可获得适用于钻井泥浆品级的产品。

云母是具有层状结构的含水铝硅酸盐矿物的总称，主要包括白云母、黑云母、金云母、锂云母等。由于云母具有较高的电绝缘性，因而主要用作绝缘材料，同时在建材、勘探、油漆、润滑、食品等方面也有应用。片状云母通常采用手选、摩擦电选和形状分选，碎云母采用风选、水力旋流器分选或浮选将云母与脉石分开。

参考文献

[1] 张卯均．选矿手册［M］. 北京：冶金工业出版社，1990.
[2] 刘炯天，樊民强．试验研究方法［M］. 徐州：中国矿业大学出版社，2006.
[3] 姚书典．重选原理［M］. 北京：冶金工业出版社，1992.
[4] 孙玉波．重力选矿［M］. 北京：冶金工业出版社，1993.
[5] 张鸿起，刘顺，王振生．重力选矿［M］. 北京：煤炭工业出版社，1987.
[6] 李国贤，张荣曾．重力选矿原理［M］. 北京：煤炭工业出版社，1992.
[7] 张家俊，霍旭红．物理选矿［M］. 北京：煤炭工业出版社，1992.
[8] 魏德州．固体物理分选学［M］. 北京：冶金工业出版社，2009.
[9] 孙时元．最新中国选矿设备手册［M］. 北京：机械工业出版社，2006.
[10] 孙传尧．选矿工程师手册［M］. 北京：冶金工业出版社，2014.
[11] 编委会．现代矿山选矿机械设备实用技术手册［M］. 北京：北京矿业出版社，2006.
[12] 朱书全．当代世界的选矿创新技术与装备［M］. 北京：冶金工业出版社，2007.
[13] 孙仲元，龚文勇．选矿设备工艺设计基础［M］. 长沙：中南大学出版社，2019.

附　　录

各种矿物的介电常数和电阻，见附表1。

附表1　各种矿物的介电常数和电阻

矿物名称	分子式	主要元素或氧化物的含量/%	密度 /g·cm^{-3}	电阻/Ω	介电常数	导电性能
金刚石	C	100C	3.2~3.5	10^{10}	5.7	非导体
锐钛矿	TiO_2	60Ti	3.8~3.9	$10^3 \sim 10^{10}$	48	导体
辉锑矿	Sb_2S_3	71.4Sb	4.5~4.6	$10^4 \sim 10^{11}$	>12	导体
硬石膏	$CaSO_4$	41.2CaO	2.8~3.0	—	5.7~7.0	非导体
磷灰石	$Ca_5(PO_4)_3F$	42.3P_2O_5	3.1~3.2	10^{12}	7.4~10.5	非导体
毒砂	FeAsS	46.0As	5.9~6.2	$10^{-4} \sim 10^{-1}$	81	导体
辉银矿	Ag_2S	87.1Ag	7.2~7.4	10^{-4}	>81	高温时导体
重晶石	$BaSO_4$	65.7BaO	4.3~4.6	10^{12}	6.2~7.9	非导体
绿柱石	$Be_3Al_2(Si_6O_8)$	14.1BeO	2.6~2.9	$10^{11} \sim 10^{16}$	3.9~7.7	非导体
黑云母	$K(Mg, Fe)_3(Si_3AlO)_{10}(OH, F)_2$	—	3.0~3.1	$10^{11} \sim 10^{16}$	6.0~10.0	非导体
斑铜矿	Cu_5FeS_4	63.3Cu	4.9~5.2	$10^{-3} \sim 10^{-1}$	>81	导体
褐铁矿针铁矿	$2Fe_2O_3 \cdot 3H_2O$	89.9Fe_2O_3	3.3~4.0	$10^3 \sim 10^7$	3.2~10.0	导体
硫锑铅矿	Pb_3SbS_{11}	55.4Pb	6.23	$10^3 \sim 10^5$	—	导体
铁白云石	$Ca(Mg, Fe)(CO_3)_2$	—	2.9~3.1	—	—	非导体
硅灰石	$Ca(Si_3O_9)$	48.3CaO	2.8~2.9	$10^{11} \sim 10^{15}$	6.17	非导体
黑钨矿	$(Mn, Fe)WO_4$	75.0WO_3	7.3	$10^5 \sim 10^6$	15.0	导体
辉铋矿	Bi_2S_3	81.2Bi	6.4~6.6	$10 \sim 10^4$	>27	导体
碳酸钡矿	$BaCO_3$	77.7BaO	4.2~4.3	—	7.5	非导体
闪锌矿	ZnS	67.1Zn	4.0~4.3	10	8.3	非导体
方铅矿	PbS	86.6Pb	7.4~7.6	$10^{-5} \sim 10^{-2}$	>81	导体
岩盐	NaCl	60.6Cl	2.1~2.2	—	5.6~7.3	非导体
黑锰矿	Mn_3O_4	72.0Mn	4.7~4.9	$10^4 \sim 10^5$	—	导体
赤铁矿/假象赤铁矿	Fe_2O_3	70.0Fe	5.0~5.3	$10 \sim 10^3$	25	导体

续附表 1

矿物名称	分子式	主要元素或氧化物的含量/%	密度 /g·cm^{-3}	电阻/Ω	介电常数	导电性能
石膏	$CaSO_4 \cdot 2H_2O$	32.5CaO	2.3	$10^{13} \sim 10^{17}$	8.0~11.6	非导体
石榴石	$Mg_3Al(SiO_4)_3$	—	3.5~4.2	5.0	5.0	非导体
石墨	C	100C	2.09~2.23	$10^{-6} \sim 10^{-4}$	>81	导体
蓝晶石	$Al_2(SiO_4)O$	63.1Al_2O_3	3.6~3.7	$10^{13} \sim 10^{16}$	5.7~7.2	非导体
脆硫锑铅	$Pb_4FeSb_6S_4$	—	5.63	$10^{2} \sim 10^{3}$	—	导体
白云石	$CaMg(CO_3)_2$	30.4CaO	1.8~2.9	$10^{12} \sim 10^{14}$	6.8~7.8	非导体
金	Au	90.0Au	15.6~18.3	$10^{-6} \sim 10^{-2}$	>81	导体
钛铁矿	$FeTiO_3$	52.6TiO_2	4.7	$10^{-3} \sim 1$	33.7~81.0	导体
方解石	$CaCO_3$	56.0CaO	2.6~2.7	$10^{7} \sim 10^{11}$	7.8~8.5	非导体
锡石	SnO_2	78.8Sn	6.8~7.0	10	21.0	导体
石英	SiO_2	100.0SiO_2	2.5~2.8	$10^{12} \sim 10^{17}$	4.2~5.0	非导体
辰砂	HgS	86.2Hg	8.1~8.2	10^{7}	33.7~81.0	导体
辉钴矿	CoAsS	35.4Co	6.0~6.5	$10^{-4} \sim 10$	>33.7	导体
铜蓝	CuS	66.5Cu	4.59~4.67	$10^{-5} \sim 10^{-3}$	33.7~81.0	导体
刚玉	Al_2O_3	53.2Al	3.9~4.1	$10^{12} \sim 10^{15}$	5.6~6.3	非导体
赤铜矿	Cu_2O	88.8Cu	6.0	$10^{-2} \sim 10^{2}$	16.2	导体
磁铁矿	Fe_3O_4	72.4Fe	4.9~5.2	$10^{-4} \sim 10^{-3}$	33.7~81.0	导体
白铁矿	FeS_2	46.6Fe	4.6~4.9	$10^{-5} \sim 10^{-4}$	33.7~81.0	导体
微斜长石	$K(Ali_3O_4)$	—	2.5	10^{3}	5.6~6.9	非导体
细晶石	$(Na, Ca)_2Ta_2O_6(F, OH)$	68~77 Ta_2O_5	5.6~6.4	$10^{12} \sim 10^{14}$	4.5~5.7	非导体
辉钼矿	MoS_2	60Mo	4.7~5.0	$10^{-3} \sim 10^{2}$	>81	导体
独居石	$(Ce, La, Th)PO_4$	5~28ThO_2	4.9~5.5	$>10^{10}$	8.0	非导体
白云母	$KAl_2(AlSi_3O_{10})(OH)_2$	—	2.8~3.1	$<10^{10}$	6.5~8.0	非导体
砷镍矿	NiAs	43.9Ni	7.6~7.8	10^{-6}	>33.7	导体
橄榄石	$(Mg, Fe)_2SiO_4$	45~50MgO	3.3~3.5	$10^{11} \sim 10^{13}$	6.8	非导体
正长石	$K(AlSi_3O_8)$	64.7SiO_2	2.6	$10^{11} \sim 10^{16}$	5.0~9.0	非导体
镍黄铁矿	$(Fe, Ni)_9S_8$	10~42Ni	4.5~5.0	—	—	导体
黄铁矿	FeS_2	53.4	4.9~5.2	$10^{-5} \sim 10^{-1}$	33.7~81.0	导体
软锰矿	MnO_2	63.2Mn	4.7~5.0	$<10^{4}$	>81	导体
磁黄铁矿	$Fe_{1-x}S$	<40S	4.6~4.7	$10^{-5} \sim 10^{-3}$	>81	导体
镁铝榴石	$Mg_3Al_2(SiO_4)_3$	44.8SiO_2	3.5	$>10^{10}$	—	非导体

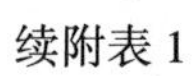

续附表 1

矿物名称	分子式	主要元素或氧化物的含量/%	密度 /g · cm^{-3}	电阻/Ω	介电常数	导电性能
黄绿石	$(Na, Ca, \cdots)_2(Nb, Ti)_2XO_6(F, OH)$	<63Nb_2O_5	4.0~4.4	10^{11}~10^{14}	4.1~4.5	非导体
斜长石	$Na(AlSi_3O_8)$	—	2.5~2.8	10^{11}~10^{16}	4.5~6.2	非导体
钼钙矿	$CaMoO_4$	72MoO_3	4.3~4.5	—	—	非导体
硬锰矿	$m Mn \cdot MnO_3 \cdot n H_2O$	60~80MnO_2	4.2~4.7	10^{-15}~10^{-2}	49~58	导体
雌黄	AsS	70.1As	3.4~3.6	10^2~10^3	17.4	导体
金红石	TiO_2	60Ti	4.2~5.2	1~10^2	87~173	导体
菱铁矿	$FeCO_3$	48.3Fe	3.9	10~10^2	>81	导体
硅线石	$Al(AlSiO_5)$	63.1Al_2O_3	3.2~3.3	10^{12}~10^{16}	7~9	非导体
蛇纹石	$Mg(Si_4O_{10})(OH)_8$	43MgO	2.5~2.7	10^{11}~10^{14}	10	非导体
菱锌矿	$ZnCO_3$	52.0Zn	4.1~4.5	10^{10}	8.0	非导体
锂辉石	$LiAl(Si_2O_6)$	8.1Li_2O	3.1~3.2	10^{11}~10^{13}	8.4	非导体
十字石	$FeAl_4(SiO_4)_2O_2(OH)_2$	—	3.6~3.8	10^{11}~10^{16}	6.8	非导体
黄锡矿	Cu_2FeSnS_4	—	4.3~4.5	10~10^3	>27	导体
闪锌矿	ZnS	67.1Zn	3.5~4.0	10^{-5}；10^6	7.8	非导体
榍石	$CaTiSiO_5$	40.8TiO_2	3.3~3.6	10^4~10^7	>27	非导体
钽铁矿	$(Fe, Mn)Ta_2O_6$	77.6Ta_2O_5	5.8~8.2	10^2	>27	导体
黑铜矿	CuO	77.9Cu	5.6~6.4	10^3	>27	导体
黝铜矿	$Cu_{12}Sb_4S_{18}$	22~53Cu	4.4~5.4	10^3；10^{-3}	<10	导体
钛磁铁矿	Fe_3O_4	72.4Fe	4.9~5.2	10^{-2}	>81	导体
电气石	$NaR_3Al_6[Si_6O_{18}][BO_3]_3(OH, F)_4$		3.0~3.2	10^{11}~10^{14}	5.17	非导体
黄玉	$Al_2(SiO_4)(F, OH)_2$	48.2~62Al_2O_3	3.5~3.6	10^{13}~10^{16}	6.6	非导体
金云母	$KMg_3(Si_3AlO_{10})(F, OH)_2$	—	2.7~2.9	10^{11}~10^{12}	5.9~9.3	非导体
萤石	CaF_2	51.2Ca	3.0~3.2	10^{10}	6.7~7.0	非导体
辉铜矿	Cu_2S	79.8Cu	5.5~5.8	10^{-6}；10^{-1}	>81	导体
黄铜矿	$CuFeS_2$	34.57Cu	4.1~4.3	10^{-4}~10	>81	导体
绿泥石	$(Mg, Fe)_5Al(AlSi_3O_{10})(OH)_8$	—	2.54~3.45	10^{11}~10^{13}	7~12	非导体
铬磁铁矿	Fe_3O_4	72.4Fe	4.9~5.2	10^{-2}	>81	导体
白铅矿	$PbCO_3$	77.5Pb	6.4~6.6	10^4~10^7	23.1	导体

续附表 1

矿物名称	分子式	主要元素或氧化物的含量/%	密度 /g·cm^{-3}	电阻/Ω	介电常数	导电性能
锆石	$ZrSiO_4$	67.1ZrO_2	4.6~4.7	10^{13}~10^{18}	8~12	非导体
白钨矿	$CaWO_4$	80.6WO_3	5.8~6.2	10^{11}	8~12	非导体
尖晶矿	$MgAl_2O_4$	71.8Al_2O_3	3.5~3.7	10^{11}~10^{16}	6.8	非导体
绿帘石	$Ca_2(Al,Fe)_3Si_3O_{12}(OH)$	17.0 Fe_2O_3	3.3~3.4	10^{11}~10^{14}	6.2	非导体

矿物的比导电度和整流性，见附表 2。

附表 2 矿物的比导电度和整流性

序号	矿物名称	化学成分	比导电度	电位/V	整流性
		自然元素			
1	鳞片石墨	C	1.00	2800	全整流
2	石墨	C	1.28	3588	全整流
3	硫	S	3.90	10920	正整流
4	砷	As	2.34	6522	全整流
5	锑	Sb	2.78	7800	全整流
6	铋	Bi	1.67	4680	全整流
7	银	Ag	2.34	6522	全整流
8	铁	Fe	2.78	7800	全整流
		硫化物			
9	辉锑矿	Sb_2S	2.45	6864	全整流
10	辉钼矿	MoS_2	2.51	7020	全整流
11	方铅矿	PbS	2.45	6864	全整流
12	辉铜矿	CuS	2.34	6552	负整流
13	闪锌矿	ZnS	3.06	8400	全整流
14	红砷镍矿	NiAs	2.78	7800	全整流
15	磁硫铁矿	Fe_5S_6~$Fe_{16}S_{17}$	2.34	6552	全整流
16	斑铜矿	$Cu_2SiCuS \cdot FeS$	1.67	4680	全整流
17	黄铜矿	$CuFeS_2$	1.67	4680	全整流
18	黄铁矿	FeS_2	2.78	5460	全整流
19	砷钴矿	$CoAs_2$	2.28	6396	全整流
20	白铁矿	FeS_2	1.95	5460	全整流

续附表 2

序号	矿物名称	化学成分	比导电度	电位/V	整流性
		卤化物			
21	岩盐	$NaCl$	1.45	4056	全整流
22	萤石	CaF_2	1.84	5148	全整流
23	冰晶石	Na_3AlF_6	1.95	5460	正整流
		氧化物			
24	石英	SiO_2	3.17	8892	负整流
25	石英	SiO_2	3.45	9672	负整流
26	石英	SiO_2	3.63	10140	负整流
27	石英	SiO_2	3.63	10140	负整流
28	石英	SiO_2	4.80	13416	负整流
29	石英	SiO_2	5.30	14820	负整流
30	石英	SiO_2	5.30	14820	负整流
31	刚玉	Al_2O_3	4.90	13720	全整流
32	赤铁矿	Fe_2O_3	2.23	6240	全整流
33	钛铁矿	$FeTiO_3$	2.51	7020	全整流
34	磁铁矿	Fe_3O_4	2.78	7800	全整流
35	锌铁矿	$(Fe, Zn, Mn)O_2$	2.90	8112	全整流
36	铬铁矿	$FeCr_2O_4$	2.01	5616	全整流
37	金红石	TiO_2	2.62	7332	全整流
38	软锰矿	MnO_2	1.67	4680	全整流
39	水锰矿	$MnO(OH)$	2.01	5616	全整流
40	褐铁矿	$2Fe_2O_3 \cdot 3H_2O$	3.06	8850	全整流
41	水矾土	$Al_2O_3 \cdot 2H_2O$	3.06	8580	负整流
42	方解石	$CaCO_3$	3.90	10920	正整流
43	方解石	$CaCO_3$	3.90	10920	正整流
44	白云石	$CaMg(CO_3)_2$	2.95	8268	正整流
45	菱镁矿	$MgCO_3$	3.06	8580	正整流
46	菱铁矿	$FeCO_3$	2.56	7176	全整流
47	菱锰矿	$MnCO_3$	3.06	8580	全整流
48	菱锌矿	$ZnCO_3$	4.45	12480	负整流
49	霰石（文石）	$CaCO_3$	5.29	14800	正整流
50	微斜长石	$KAlSi_5O_8$	2.67	7488	全整流
51	曹灰长石	$NaAlSi_3O_8$	2.23	6240	负整流
52	灰曹长石	$NaAlSi_3O_8$	1.78	4992	全整流

续附表 2

序号	矿物名称	化学成分	比导电度	电位/V	整流性
		氧化物			
53	玩火辉石	$MgSiO_3$	2.78	7800	负整流
54	辉石	Ca，Mg，Fe，Al_2 (Si，$Al)_2O_6$	2.17	6084	负整流
55	角闪石	$(OH)_2Ca_2Na(Mg, Fe)_4$ $(Al, Fe)(Al, Si)_8O_{22}$	2.51	7020	负整流
56	霞石	$KNa_3[AlSiO_4]_4$	2.23	6240	全整流
57	石榴石	$A_3B_2(SiO_4)_3$	6.48	18000	全整流
58	蔷薇辉石	$(Mn, Fe, Ca)_5Si_5O_{15}$	5.85	16380	正整流
59	铁铝石榴子石	$Fe_3Al_2(SiO_4)_3$	4.45	12480	全整流
60	橄榄石	$(MgFe)_2SiO_4$	3.28	9204	正整流
61	锆石	$ZrSiO_4$	4.18	11700	负整流
62	黄玉	$(AlF)SiO_4$	4.45	12480	正整流
63	蓝晶石	$4(Al_2SiO_5)$	3.28	9240	全整流
64	斧石	$(Ca, Fe, Mn, Mg)_3$ $Al_2BSi_4O_{15}(OH)$	3.68	10296	负整流
65	异极矿	$Zn_4Si_2O_7(OH)_2 \cdot H_2O$	3.23	9040	全整流
66	电气石	$NaR_3Al_6[Si_6O_{18}]$ $[BO_3]_3(OH, F)_4$	2.56	7176	负整流
67	白云母	$KAl_2[Si_3AlO_{10}]$ $(OH, F)_2$	1.06	2964	正整流
68	锂云母	$4[K(Li, Al)_3$ $(Si, Al)_4O_{10}$ $(F, OH)_2]$	1.78	4992	全整流
69	黑云母	$K(Mg, Fe^{2+})_3$ (Al, Fe^{3+}) $Si_3O_{10}(OH, F)_2$	1.73	4836	全整流
70	蛇纹石	$H_4Mg_3SiO_2O_4$	2.17	6084	正整流
71	滑石	$H_2Mg_3(SiO_2)_4$	2.34	6552	全整流
72	高岭土	$Al_2O_3 \cdot 2SiO_2 \cdot 2H_2O$	2.39	6708	负整流
73	白色黏土岩	SiO_2、Al_2O_3 及铁氧化物	1.28	3588	全整流
74	膨润土	$(Al_2, Mg_3)Si_4O_{10}OH_2 \cdot$ nH_2O	1.28	3588	全整流

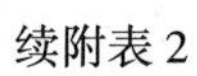

续附表 2

序号	矿物名称	化学成分	比导电度	电位/V	整流性
		磷酸盐类			
75	独居石	$(Ce, La)[PO_4]$	2.34	6522	全整流
76	磷灰石	$Ca_5(PO_4)_3(F, Cl, OH)$	4.18	11700	正整流
77	重晶石	$BaSO_4$	2.06	5772	全整流
78	硬石膏	$CaSO_4$	2.78	7800	正整流
79	石膏	$CaSO_4 \cdot 2H_2O$	2.73	7644	正整流
		钨酸盐及钼酸盐类			
80	黑钨矿	$(Fe, Mn)WO_4$	2.62	7332	全整流
81	白钨矿	$CaWO_4$	3.06	8580	全整流
82	钼铅矿	$PbMoO_4$	4.18	11700	全整流
		碳氢化合物			
83	无烟煤	C	1.28	3588	全整流
84	沥青煤		1.45	4056	正整流
85	炼焦碳沥青		2.23	6240	正整流
86	金红石	TiO_2	3.03	8892	全整流
		海滨砂			
87	锆英石	$ZrSiO_4$	3.96	11076	正整流
88	金红石	TiO_2	2.67	7488	全整流